面向新工科的电工电子信息基础课程系列教材

教育部高等学校电工电子基础课程教学指导分委员会推荐教材

国家级一流本科课程配套教材

数字电子技术基础

臧利林　徐向华　姚福安　编著

U0362144

清华大学出版社

北京

内 容 简 介

本书借鉴先进教学经验,吸收最新教学成果,优化课程内容结构,注重实用性,并结合信息化教学新模式、新形态编著而成。本书主要讲述数字电子技术理论及其应用,深度剖析原理和方法,并提供了教学大纲、PPT 课件、大量动画、视频及扩展文献作为配套教学资源,方便教师开展线上线下混合式教学。

本书共分 10 章,内容主要包括数字电路基础、逻辑代数、逻辑门电路、组合逻辑电路、记忆单元电路、时序逻辑电路、脉冲单元电路、半导体存储器、数模与模数转换电路、可编程逻辑器件。本书深入浅出,逻辑严谨,章节自成体系又联系紧密,系统性强。本书要点论述透彻,便于自学,读者可结合本书的配套学习指导与习题解答进行全面、深入的学习。

本书可作为高等学校自动化类、电气类、电子信息类、计算机类、仪器仪表类、机电工程类等专业的教材,也可供其他相关理工科专业选用,还可供有需要的工程技术人员和一般读者阅读。

图书在版编目(CIP)数据

数字电子技术基础/臧利林,徐向华,姚福安编著. —北京:清华大学出版社,2022.5(2025.2重印)
面向新工科的电工电子信息基础课程系列教材
ISBN 978-7-302-59704-9

Ⅰ. ①数… Ⅱ. ①臧… ②徐… ③姚… Ⅲ. ①数字电路-电子技术-高等学校-教材
Ⅳ. ①TN79

中国版本图书馆 CIP 数据核字(2021)第 251431 号

责任编辑:文 怡
封面设计:王昭红
责任校对:李建庄
责任印制:杨 艳

出版发行:清华大学出版社
  网 址:https://www.tup.com.cn,https://www.wqxuetang.com
  地 址:北京清华大学学研大厦 A 座 邮 编:100084
  社 总 机:010-83470000 邮 购:010-62786544
  投稿与读者服务:010-62776969,c-service@tup.tsinghua.edu.cn
  质量反馈:010-62772015,zhiliang@tup.tsinghua.edu.cn
  课件下载:https://www.tup.com.cn,010-83470236
印 装 者:三河市铭诚印务有限公司
经 销:全国新华书店
开 本:185mm×260mm 印 张:23.75 字 数:550 千字
版 次:2022 年 7 月第 1 版 印 次:2025 年 2 月第 3 次印刷
印 数:2001~2500
定 价:75.00 元

产品编号:089166-01

　　山东大学控制科学与工程学院的电子学教研室成立于 20 世纪 80 年代,经过几代人的传承与革新,形成了深厚的文化积淀和昂然正气。伴随着学校与学院的发展,电子技术教学团队始终深耕教学,追求卓越,在一流课程建设、精品教材编写、教改课题研究、教学方法实践等方面取得了诸多成果和荣誉。本书是教学团队长期积累的教学成果的凝练。

　　本书依据教育部高等学校电工电子基础课程教学指导委员会修订的"数字电子技术基础"课程教学基本要求,在团队前任带头人范爱平、周常森编著《数字电子技术基础》的基础上,融合先进教学模式,吸收最新教学成果,提炼概念与方法,斟酌内容与过程,并根据当前信息化教学新态势和近几年团队教学创新举措,制作了动画、视频等形式多样的配套网络教学资源,从而形成新形态教材。本书具有以下特点:

　　首先,本书遵循知识和技术形成过程,体系结构趋于完整,并经过多年教学实践检验。在内容安排上力求做到由浅入深,层层铺垫,循序渐进,有序展开。每章内容自成一体又紧密联系,最后以附录形式增加了数字电路常用逻辑符号和常用数字集成电路型号索引等内容,形成完备、系统、科学的体系结构,实用性更强。

　　其次,本书采用知识点模块化编写思路,坚持"剖析经典,突出重点,循序渐进,学以致用"的原则,从理论基础到应用举例,从分立元器件到集成电路,从简单电路到复杂大规模电路,逐步揭示数字电子技术核心知识点,并遵循技术发展规律,体现了技术进步的历史节点,具有更强的可读性与可教性。

　　最后,在本书编写工作的同时,编者团队还重新制作相应的教学课件,针对重、难点设计和制作动画、视频资源,在中国大学 MOOC 平台建设线上课程,积极实践线上线下混合式教学模式,不断提升数字化教学水平和教学效果。学生可以结合本书的线上资源及配套的《数字电子技术基础学习指导与习题解答》自行深入学习。

　　本书作为高等学校自动化类、电气类、电子信息类、计算机类、仪器仪表类、机电工程类等各专业的教科书,适用理论授课学时为 48～64 学时,教师在讲授时,可以根据各专业的培养需求,对书中内容进行适当取舍。本书及相关资源适用于线上线下混合式教学模式,建议线下授课不低于 32 学时,线上学习不低于 16 学时。

　　本书共 10 章,由山东大学臧利林组织编写并担任主编,负责全书的策划和统稿,编写了第 1～4、7～10 章,徐向华编写了第 5、6 章。姚福安对全书内容进行了仔细推敲和认真审阅,并提出了宝贵的修改意见。

　　在本书的编写过程中,编者参阅了大量的著作、期刊、动画、视频等资料,在此谨向这

前言

些文献的作者致以诚挚的谢意。教材编写、出版获得了山东大学本科生院、控制科学与工程学院和清华大学出版社的大力支持和帮助,在此一并表示衷心的感谢。

由于编者水平所限,书中难免存在纰漏和不当之处,敬请广大读者批评指正,请发信至 E-mail: tupwenyi@163.com。

团队前任带头人范爱平、周常森为课程建设付出了艰辛努力和心血,本书部分内容延续了系列教材的风格,保留了精华,在此向她们表示崇高的敬意和特别的感谢。范爱平老师在本书编写前已逝世,在此向她表示由衷的深切怀念之情。

编者

2022 年 5 月于山东大学

教学大纲+课件

目录

目录

目录

目录

目录

第1章

数字电路基础

扩展阅读

内容提要:

随着信息时代的到来,"数字"一词正以越来越高的频率出现在各个领域,如数字相机、数字电视、数字通信、数字控制……。数字化已成为当今电子技术的发展潮流。数字电路是数字电子技术的核心,是计算机、数字通信系统及工业控制系统等所有数字系统的硬件基础。本章主要学习数字电路的基础知识,首先介绍数字电路的一些基本概念及数字电路的特点,然后介绍数字系统中常用的数制、不同数制之间的转换以及常用的二进制算术运算方法;最后介绍常见的编码。

学习目标:

1. 了解模拟信号、数字信号的特点和区别,了解数字电路的特点。

2. 了解常用数制,掌握各种数制之间的转换方法。

3. 掌握二进制算术运算方法,能够分析数字系统中的运算过程。

4. 了解编码的基本概念,掌握常用的编码。

重点内容:

1. 各种数制之间的转换方法。

2. 数字系统中二进制算术运算方法。

3. 数字系统中的常用编码。

1.1 数字电路的基本概念

1.1.1 模拟信号和数字信号

1. 模拟量与数字量

按照变化规律的不同,自然界中存在的物理量可以分为两大类。其中,一类物理量在时间上和数值上都是连续变化的,称为**模拟量**(analog quantity),如速度、温度、声音等;另一类物理量在时间上和数值上都是不连续变化的,即离散的,称为**数字量**(digital quantity),如人口统计、记录生产流水线上零件的个数、乒乓球比赛记分等。除了自然界中存在的数字量外,人们也可以将模拟量用数字形式表示,从而人为地制造出数字量,例如室内温度是一个模拟量,如果按照每小时采样一次,1小时即为采样时间间隔,这样采样获得的温度值是不连续的,这就是模拟量的数字表示法。很显然,用数字法表示模拟量是有误差的,取样点越多,量化单位越小,误差就越小。

2. 模拟信号与数字信号

在电子系统中,电信号通常是指随时间变化的电压或电流。表示模拟量的电信号称为**模拟信号**。在电路中,模拟信号一般是随时间连续变化的电压或电流,如图1.1.1所示的正弦波信号是一种典型的模拟信号。传输和处理模拟信号的电子电路称为**模拟电路**。表示数字量的电信号称为**数字信号**。在电路中,数字信号往往表现为突变的电压或电流,如图1.1.2所示的方波信号是一种典型的数字信号。传输和处理数字信号的电子电路称为**数字电路**。

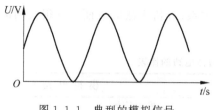

图 1.1.1　典型的模拟信号

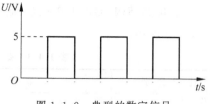

图 1.1.2　典型的数字信号

1.1.2　数字信号的表示方法

1. 高、低电平与正、负逻辑体制

图 1.1.2 所示的数字信号只有两个电压值,即 5V 和 0V,人们习惯称之为**高电平**和**低电平**,并分别用"1"和"0"来表示。这里的"1"和"0"代表两种对立的状态,称为**逻辑 1**和**逻辑 0**,一般没有大小之分,也称为二值数字逻辑。在实际电路中,高电平与低电平都不是一个固定不变的值,而是一个电压范围。例如,在 TTL 电路中,0～0.8V 的输入电压都是低电平,2～5V 的输入电压都是高电平。

在数字电路中有两种逻辑体制,即正逻辑体制与负逻辑体制。正逻辑体制规定:高电平为逻辑 1,低电平为逻辑 0;负逻辑体制规定:低电平为逻辑 1,高电平为逻辑 0。本书中如果没有特殊说明,均采用正逻辑体制。

2. 数字波形的两种类型

数字信号是在高电平和低电平两个状态之间作阶跃式变化的信号,它有两种形式,即电平型和脉冲型,如图 1.1.3 所示。在图 1.1.3 中,一定的时间间隔 T 称为一个节拍或位(1bit)。电平型信号是在一个节拍内用高电平代表 1、低电平代表 0。脉冲型信号是在一个节拍内用"有脉冲"代表 1、"无脉冲"代表 0。由于电平型信号在一个节拍内不会归 0,所以又称为非归零信号;而脉冲型信号在一个节拍内会归 0,所以又称为归零信号。在数字电路中,脉冲型信号常用作控制信号,如时序电路的时钟脉冲;而电平型信号则是电路中主要的传输信号。

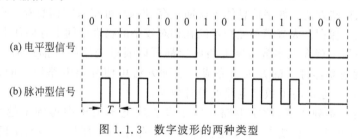

图 1.1.3　数字波形的两种类型

1.1.3　数字电路

1. 数字电路与模拟电路的比较

数字电路和模拟电路是电子电路的两大分支。由于它们产生、传输和处理的信号不

同,所以在电路结构、器件工作状态、输出与输入关系、分析方法等方面都有很大的区别,如表1.1.1所示。

表 1.1.1　数字电路与模拟电路的比较

比 较 类 别	数 字 电 路	模 拟 电 路
工作信号	数字信号	模拟信号
晶体管的工作状态	开关状态(饱和与截止)	放大状态
输出与输入的关系	逻辑关系	线性关系
基本电路	门电路、组合逻辑电路、时序逻辑电路、半导体存储器、模数和数模转换电路、可编程逻辑器件等	放大电路、运算电路、振荡电路、滤波电路、稳压电路等
分析方法	逻辑代数、真值表、卡诺图、状态转换图、时序图等	模型分析法、图解法、近似估算法等
电路结构	数字电路的基本单元电路是逻辑门和触发器	模拟电路的基本单元电路是基本放大器和运算放大器

2. 数字电路的特点

(1) 设计简单,便于集成。数字电路是以二值数字逻辑为基础的,只有 0 和 1 两个基本数字,易于用电路来实现,比如可用二极管、三极管的导通与截止这两个对立的状态来表示数字信号的逻辑 0 和逻辑 1。所以,数字电路设计简单,容易制造,允许电路有较大的离散性,比模拟电路更便于集成化及系列化生产。

(2) 抗干扰能力强,可靠性高。数字电路中电压的准确值并不重要,只要能区分高、低电平就可以,因此抗干扰能力强,数字化的信息在处理过程中不会降低精度,此外,还可以通过整形电路很方便地去除叠加于数字传输信号上的噪声与干扰,并能利用差错控制技术对传输信号进行查错和纠错。

(3) 功能强大。数字电路不仅能完成数值算术运算,而且能进行逻辑判断和运算。一个问题一旦被转换成为数字的形式,就可以采用空间和时间上的一组逻辑步骤进行解决,并实现实时控制,这在控制系统中是不可或缺的。

(4) 信息存储方便。数字信息便于长期保存,例如,可将数字信息存入磁盘、光盘等根据需要进行长期保存。大规模存储技术能在相对较小的物理空间上存储几十亿位信息。

(5) 可编程。现今大多数数字电路设计都可以通过先用硬件描述语言进行编程,再下载到可编程逻辑器件上的方法来完成。这种方法可使复杂电路烦琐的设计工作变得简单而快捷,极大地提高了数字电路的设计效率。

由于具有一系列优点,数字电路在电子设备或电子系统中得到了越来越广泛的应用。但是,数字电路也有缺点,主要是:自然界中存在的物理量大多数是模拟量,为了充分发挥和利用数字电子技术的优势,首先要把实际生活中的模拟量转换为数字量,然后进行数字信息处理,最后再把数字输出转换为模拟输出,这就增加了系统的复杂性,比如需要专门的模数转换电路和数模转换电路等。

3. 数字集成电路

数字集成电路是将元器件和连线集成于同一半导体芯片上而制成的数字逻辑电路

或系统。根据数字集成电路中包含的门电路或元器件数量,可将数字集成电路分为小规模集成(SSI)电路、中规模集成(MSI)电路、大规模集成(LSI)电路、超大规模集成(VLSI)电路和特大规模集成(ULSI)电路。

数字电路走过了继电器—电子管—晶体管—集成电路的发展历程。20 世纪 30 年代,贝尔实验室开发了第一个基于继电器的电控逻辑电路。20 世纪 40 年代中期,第一台基于真空管的数字计算机(ENIAC)问世,它使用了 18000 个电子管,占地面积 $170 m^2$,重达 30t,耗电量 150kW。这个现在看起来笨重的家伙,却是数字电路发展的一个里程碑。1948 年,第一只半导体晶体管研制成功,这使得数字计算机及所有的数字系统的体积更小、速度更快。1962 年,第一块包含 4 个逻辑门的集成电路诞生,这是电子技术发展的一次重大飞跃。从 20 世纪 60 年代至今,集成电路从 SSI 到 MSI,到 LSI,到 VLSI,再到 ULSI,芯片的集成度几乎每年翻一番。与模拟电路相比,数字集成电路的集成度更高、功能更强、种类更多。数字集成电路集成度的分类如表 1.1.2 所示。现在,一块集成芯片就是一个功能齐全的电子系统,世界跨入了信息化、数字化、智能化时代。

表 1.1.2 数字集成电路集成度的分类

分　类	集　成　度	典型的数字集成电路
小规模(SSI)	小于 100 个元件/片	各种逻辑门电路、触发器
中规模(MSI)	$100 \sim 1000$ 个元件/片	计数器、译码器、寄存器、转换电路
大规模(LSI)	$1000 \sim 10^5$ 个元件/片	小型存储器、门阵列、中央控制器
超大规模(VLSI)	$10^5 \sim 10^6$ 个元件/片	大型存储器、单片机、各种接口电路
特大规模(ULSI)	大于 10^6 个元件/片	可编程逻辑器件、多功能集成电路

1.2 数制

人们在长期的生产实践中发明和积累了多种不同的计数方法,如现实生活中广泛使用的十进制数。用不同的数码既可以表示不同数量的大小,又可以表示不同的事物或同一事物的不同状态。在表示数量大小时,仅用一位数往往会不够用,这就需要用多位数来表示。在多位数码中,每一位的构成及从低位向高位进位的规则称为**进位计数制**,简称**数制**。

在日常生活中,人们习惯于使用十进制,而在数字电路中常使用二进制,有时也使用八进制或十六进制。

1.2.1 几种常用的数制

1. 十进制

十进制(Decimal)是以 10 为基数的计数体制,它由 0~9 十个不同的数字符号组成,其计数规律为"逢十进一"或"借一当十"。

每一个数字处在不同数位时所代表的数值是不同的,例如,十进制数 555.5 可表示为

$$555.5 = 5 \times 10^2 + 5 \times 10^1 + 5 \times 10^0 + 5 \times 10^{-1}$$

式中,10^2、10^1、10^0、10^{-1} 分别为百位、十位、个位、小数点右边第一位的"权",也就是相应位的1所代表的实际数值,由此可见,位数越高,权值越大,相邻高位权值是相邻低位权值的10倍。

通常在数的右下角用字母D表示该数是十进制数,若无标注,则默认该数是十进制数。任意十进制数可表示为

$$(N)_D = \sum_{i=-\infty}^{\infty} K_i \times 10^i \tag{1.2.1}$$

式中,K_i 为基数10的 i 次幂的系数,它可为0~9的任一个数字。

虽然十进制是人们最习惯的计数体制,但是很难在数字电路中实现。因为要使一个电路或者一个电子器件具有能严格区分的十个状态来与十进制的十个不同的数字符号一一对应,是比较困难的,因此在数字电路中一般不直接使用十进制。

2. 二进制

二进制(Binary)是以2为基数的计数体制,只由两个数字符号0和1组成,计数规律为"逢二进一"或"借一当二"。通常在数的右下角用字母B表示该数是二进制数。

与十进制数一样,每个数字处在不同数位时代表不同数值。例如,二进制数10111所代表的十进制数是

$$(10111)_B = 1 \times 2^4 + 0 \times 2^3 + 1 \times 2^2 + 1 \times 2^1 + 1 \times 2^0 = 23$$

式中,2^4、2^3、2^2、2^1、2^0 分别为相应位的"权",相邻高位是相邻低位权值的2倍。

同样,二进制数的表示法可扩展到小数,小数点右边的权值是基数2的负幂。例如,二进制小数11.1101可以表示为

$$(11.1011)_B = 1 \times 2^1 + 1 \times 2^0 + 1 \times 2^{-1} + 0 \times 2^{-2} + 1 \times 2^{-3} + 1 \times 2^{-4}$$

任意二进制数可表示为

$$(N)_B = \sum_{i=-\infty}^{\infty} K_i \times 2^i \tag{1.2.2}$$

式中,K_i 为基数2的 i 次幂的系数,它只能是0或1。

二进制与十进制相比,其优点主要包括以下两方面。

(1) 二进制数只有两个数字符号0和1,因此很容易用电路元件的状态来表示。例如,三极管的截止和饱和,继电器的接通和断开,灯泡的亮和灭,电平的高和低等,都可以将其中一个状态规定为0,另一个状态规定为1,以表示二进制数。

(2) 二进制的基本运算规则与十进制运算规则相似,但要简单得多。例如两个一位十进数相乘,其规律要用"九九乘法表"才能表示,而两个一位二进制数相乘,只有四种组合,因此用电路来实现二进制运算十分方便可靠。

二进制的缺点是:人们对二进制数不熟悉,使用不习惯;表示同样一个数时,二进制数要比十进制数位数多。例如,2位的十进制数87,其二进制数为1010111,需要7位。因此,用数字系统运算时,通常先将人们熟悉的十进制原始数据转换成二进制数;运算结束后,再转换成人们容易接受的十进制数。

3. 十六进制与八进制

十六进制(Hexadecimal)与八进制(Octal)是多位二进制数的简写形式。

十六进制数有 0、1、2、3、4、5、6、7、8、9、A、B、C、D、E、F 共 16 个数字符号,计数规律为"逢十六进一"或"借一当十六"。十六进制是以 16 为基数的计数体制。通常在数的右下角用字母 H 表示该数是十六进制数。

每一个数字处在不同数位时代表不同的数值,例如将十六进制数 5AE 转换成十进制数

$$(5AE)_H = 5 \times 16^2 + 10 \times 16^1 + 14 \times 16^0 = 1454$$

式中,16^2、16^1、16^0 分别表示相应位的"权"。

十六进制数可表示为

$$(N)_H = \sum_{i=-\infty}^{\infty} K_i \times 16^i \tag{1.2.3}$$

式中,K_i 为基数 16 的 i 次幂的系数,它可以是 0～F 16 个数字中的任意一个。

同理,八进制数有 0、1、2、3、4、5、6、7 共 8 个数字符号,计数规律为"逢八进一"或"借一当八"。八进制是以 8 为基数的计数体制。通常在数的右下角用字母 O 表示该数是八进制数。

八进制数可表示为

$$(N)_O = \sum_{i=-\infty}^{\infty} K_i \times 8^i \tag{1.2.4}$$

式中,K_i 为基数 8 的 i 次幂的系数,它可以是 0～7 八个数字中的任意一个。

4. 常用数制对照表

十进制、二进制、十六进制、八进制之间的对照比较如表 1.2.1 所示。

表 1.2.1 数制对照表

特点	数 制			
	十进制	二进制	十六进制	八进制
数字符号	0、1、2、3、4、5、6、7、8、9	0、1	0、1、2、3、4、5、6、7、8、9、A、B、C、D、E、F	0、1、2、3、4、5、6、7
计数规律	逢十进一	逢二进一	逢十六进一	逢八进一
基数	10	2	16	8
位权	10^i	2^i	16^i	8^i
表达式	$(N)_D = \sum\limits_{i=-\infty}^{\infty} K_i \times 10^i$	$(N)_B = \sum\limits_{i=-\infty}^{\infty} K_i \times 2^i$	$(N)_H = \sum\limits_{i=-\infty}^{\infty} K_i \times 16^i$	$(N)_O = \sum\limits_{i=-\infty}^{\infty} K_i \times 8^i$

1.2.2 不同数制之间的相互转换

1. 二进制转换成十进制

把二进制数按式(1.2.2)展开即可将该二进制数转换成相应的十进制数。

例 1.2.1 将二进制数 10011.101 转换成十进制数。

解：将每一位二进制数乘以位权,然后相加,可得

$$(10011.101)_B = 1 \times 2^4 + 0 \times 2^3 + 0 \times 2^2 + 1 \times 2^1 + 1 \times 2^0 + 1 \times 2^{-1} + 0 \times 2^{-2} + 1 \times 2^{-3}$$
$$= (19.625)_D$$

2. 十进制转换成二进制

(1) 用"除 2 取余法"将十进制的整数部分转换成二进制。

除 2 取余法的原理如下：

十进制整数可写成

$$(N)_D = b_n \times 2^n + b_{n-1} \times 2^{n-1} + \cdots + b_1 \times 2^1 + b_0 \times 2^0 \quad (1.2.5)$$

式中,$b_n, b_{n-1}, \cdots, b_1, b_0$ 是二进制数各位数字。将等式两边分别除以 2,得

$$(N)_D/2 = b_n \times 2^{n-1} + b_{n-1} \times 2^{n-2} + \cdots + b_1 \times 2^0 + b_0/2 \quad (1.2.6a)$$

由此可知,将十进制数除以 2,其余数为 b_0。将式(1.2.6a)的商再除以 2,得

$$(N)_D/2^2 = b_n \times 2^{n-2} + b_{n-1} \times 2^{n-3} + \cdots + b_2 \times 2^0 + b_1/2 \quad (1.2.6b)$$

其余数为 b_1。由此可见,将十进制整数每除以一次 2,就可根据余数得到二进制数的 1 位数字。因此,只要连续除以 2 直到商为 0,就可由所有的余数求出二进制数。

例 1.2.2 将十进制数 23 转换成二进制数。

解：根据除 2 取余法的原理,按如下步骤转换：

$$
\begin{array}{r|l}
2 & 23 \quad \cdots\cdots\cdots \text{余} 1 \quad b_0 \\
2 & 11 \quad \cdots\cdots\cdots \text{余} 1 \quad b_1 \\
2 & 5 \quad \cdots\cdots\cdots \text{余} 1 \quad b_2 \\
2 & 2 \quad \cdots\cdots\cdots \text{余} 0 \quad b_3 \\
2 & 1 \quad \cdots\cdots\cdots \text{余} 1 \quad b_4 \\
& 0
\end{array}
$$

读取次序 ↑

则 $(23)_D = (10111)_B$。

(2) 用"乘 2 取整法"将十进制的小数部分转换成二进制。其原理如下：

十进制小数可以写成

$$(N)_D = b_{-1} \times 2^{-1} + b_{-2} \times 2^{-2} + \cdots + b_{-(n-1)} \times 2^{-(n-1)} + b_{-n} \times 2^{-n} \quad (1.2.7)$$

将上式两边分别乘以 2,得

$$(N)_D \times 2 = b_{-1} \times 2^0 + b_{-2} \times 2^{-1} + \cdots + b_{-(n-1)} \times 2^{-(n-2)} + b_{-n} \times 2^{-(n-1)}$$

$$(1.2.8)$$

由此可见,将十进制小数乘以 2,取其整数,即为 2^0 的系数 b_{-1}。

不难推知,将十进制小数每次减去上次所得积中 2^0 的系数(整数),连续乘以 2,直到满足误差要求进行四舍五入为止,各次取整所得的系数即依次为 $b_{-1}, b_{-2}, \cdots, b_{-n}$。

例 1.2.3 将十进制数 $(0.562)_D$ 转换成误差 ε 不大于 2^{-6} 的二进制数。

解：用乘 2 取整法,按如下步骤转换：

扩展阅读

$$取整$$

$$0.562 \times 2 = 1.124 \cdots\cdots 1 \cdots\cdots b_{-1}$$
$$0.124 \times 2 = 0.248 \cdots\cdots 0 \cdots\cdots b_{-2}$$
$$0.248 \times 2 = 0.496 \cdots\cdots 0 \cdots\cdots b_{-3}$$
$$0.496 \times 2 = 0.992 \cdots\cdots 0 \cdots\cdots b_{-4}$$
$$0.992 \times 2 = 1.984 \cdots\cdots 1 \cdots\cdots b_{-5}$$

由于最后的小数 $0.984 > 0.5$，可知 b_{-6} 应为 1。因此

$$(0.562)_D = (0.100011)_B$$

其误差 $\varepsilon \leqslant 2^{-6}$。

任何十进制数均可将其整数部分和小数部分分别用上述方法转换成二进制数形式，进而得到十进制数所对应的二进制数。

3. 二进制转换成十六进制、八进制

由于十六进制基数为 16，而 $16 = 2^4$，因此，4 位二进制数就相当于 1 位十六进制数。

将多位二进制数转换为十六进制数的方法是：先将其整数部分从最低有效位向左，每 4 位分成一组，最后一组不足 4 位时，可在高位补零；再将其小数部分由小数点起向右，每 4 位分成一组，最后一组不足 4 位时，可在低位补零；最后将每组的 4 位二进制数转换成一位十六进制数即可。

例 1.2.4 将二进制数 1001101.100111 转换成十六进制数。

解：用 4 位分组法转换

$$(1001101.100111)_B = (0100\ 1101.1001\ 1100)_B = (4D.9C)_H$$

同理，若将一个二进制数转换为八进制数，按照每 3 位分成一组的方法，然后将每组的 3 位二进制数转换成与之相应的一位八进制数即可。

4. 十六进制、八进制转换成二进制

由于每位十六进制数对应于 4 位二进制数，因此，十六进制数转换成二进制数，只需将每一位变成 4 位二进制数，然后按位的高低依次排列即可。

例 1.2.5 将十六进制数 6E.3A5 转换成二进制数。

解：$(6E.3A5)_H = (110\quad 1110.0011\quad 1010\quad 0101)_B$

同理，若将八进制数转换为二进制数，只需将每一位变成 3 位二进制数，然后按位的高低依次排列即可。

5. 十六进制、八进制转换成十进制

若将一个十六进制数或八进制数转换成十进制数，可将各位按权值展开后相加求得。

例 1.2.6 将十六进制数 7A.58 转换成十进制数。

解：$(7A.58)_H = 7 \times 16^1 + 10 \times 16^0 + 5 \times 16^{-1} + 8 \times 16^{-2}$

$$= 112 + 10 + 0.3125 + 0.03125 = (122.34375)_D$$

1.3 二进制算术运算

1.3.1 二进制数的四则运算

二进制数与十进制数一样,同样可以进行加、减、乘、除四则运算。二进制算术运算规则与十进制算术运算规则是相似的,只是在进位时按照"逢二进一",而在借位时按照"借一当二"。

1. 加法运算

二进制数的加法运算法则是:$0+0=0,0+1=1+0=1,1+1=10$(向高位进位)。

例 1.3.1 求$(101101.10001)_B+(1011.11001)_B$的值。

解:
```
    1 0 1 1 0 1 . 1 0 0 0 1
  +     1 0 1 1 . 1 1 0 0 1
  ─────────────────────────
    1 1 1 0 0 1 . 0 1 0 1 0
```

因此,$(101101.10001)_B+(1011.11001)_B=(111001.01010)_B$。

2. 减法运算

二进制数的减法运算法则是:$0-0=1-1=0,1-0=1,0-1=1$(借一当二)。

例 1.3.2 求$(110000.11)_B-(001011.01)_B$的值。

解:
```
    1 1 0 0 0 0 . 1 1
  - 0 0 1 0 1 1 . 0 1
  ───────────────────
    1 0 0 1 0 1 . 1 0
```

因此,$(110000.11)_B-(001011.01)_B=(100101.10)_B$。

3. 乘法运算

二进制数的乘法运算法则是:$0\times0=0,0\times1=1\times0=0,1\times1=1$。

例 1.3.3 求$(1010)_B\times(1011)_B$的值。

解:
```
          1 0 1 0
        × 1 0 1 1
      ───────────
          1 0 1 0
        1 0 1 0
      0 0 0 0
    1 0 1 0
  ─────────────────
    1 1 0 1 1 1 0
```

因此,$(1010)_B\times(1011)_B=(1101110)_B$。

由以上运算过程可知,当两数相乘,乘数的相应位为1时,该次的部分积等于被乘数;为0时,该次的部分积为0。每次的部分积依次左移一位,然后相加就得到了最终结果。

4. 除法运算

二进制数除法运算规则是：$0 \div 0 = 0, 0 \div 1 = 0, 1 \div 0$ 无意义，$1 \div 1 = 1$。

例 1.3.4 求 $(111101)_B \div (1100)_B$ 的值。

解：

```
                  1   0   1
    1100 )  1   1   1   1   0   1
          — 1   1   0   0
            ─────────────
                1   1   0   1
                1   1   0   0
                ─────────────
                            1
```

上式的结果是：商为 101，余数为 1。

由以上运算过程可知，除法运算也可以由移位（右移）和减法运算完成。

总结：二进制算术运算和十进制算术运算规则基本相同，区别是"逢二进一、借一当二"。由后面内容可知，减法运算也可以由加法运算实现，因此，加、减、乘、除全部可以用移位和相加这两种操作实现，这大大简化了电路结构。

1.3.2 原码、反码、补码及其运算

前面所讲述的四则运算中的数都是正数，没有涉及数的符号问题。然而，数字系统既要处理正数，又要处理负数。那么一个数的正、负在数字系统中是如何区分的呢？带符号的数又如何表示并进行运算呢？

在通常的算术运算中，用"+"号表示正数，用"—"号表示负数，若用二进制数表达，则为"真值"，例如 +5 和 −5 的真值分别是 101 和 −101。在数字系统中，表示有符号的二进制数的方法有三种：原码、反码和补码，具体表达形式由符号位和数值位构成，按照符号位在前、数值位在后的规则表示。符号位为 0 表示这个数是正数，符号位为 1 表示这个数是负数。

1. 原码及其运算

原码就是符号位加上真值的绝对值，即用最高位（左侧第一位）表示符号，符号位为"0"表示正数，为"1"表示负数，其余位表示真值的绝对值。例如，十进制数 +23 和 −23 的二进制原码可以分别写成 010111 和 110111。

注意：对于真值为 0 的数，其原码有两种形式，即"正零"和"负零"，其原码分别表示为 $[+0]_\text{原} = 00\cdots0$ 和 $[-0]_\text{原} = 10\cdots0$。

原码的运算规则如下：

(1) 原码中的符号位不参加运算，单独处理；

(2) 同符号数相加做加法，不同符号数相加做减法。

例 1.3.5 在 5 位二进制系统中，$X = -0011, Y = 1011$，求 $[X+Y]_\text{原}$ 和 $[X-Y]_\text{原}$。

解： $[X]_\text{原} = 10011, [Y]_\text{原} = 01011$

求 $[X+Y]_原$,绝对值相减,则

```
     1011
  −  0011
  ──────
     1000
```

经判断,结果取 Y 的符号,即 $[X+Y]_原=01000$,因此可知真值为 $X+Y=1000$。

求 $[X-Y]_原$,绝对值相加,则

```
     0011
  +  1011
  ──────
     1110
```

经判断,结果取 X 的符号,即 $[X-Y]_原=11110$,同样可知真值为 $X-Y=-1110$。

显然,原码的运算法则与传统的加减法相同,由于在运算中要对符号进行判断后才能决定加减算法,这在使用二进制运算的数字系统中是十分不方便的。

2. 反码及其运算

原码的表示方法虽然简单易懂,但在数字系统中使用起来并不方便。如果进行两个异号数原码的加法运算,必须先判断两个数的大小,然后从大数中减去小数,最后还要判断结果的符号位,这样就增加了运算时间。事实上,在数字系统中更适合的方法是采用补码表示方法,而一个数的补码可以通过其反码获得。

反码的符号位与原码的符号位表示方法相同,即符号位为"0"表示正数,为"1"表示负数。对于正数,其反码表示与原码表示相同;对于负数,符号位不变,仍然为1,其余各位取反。例如,十进制数 $+23$ 和 -23 的二进制原码为 010111 和 110111,将原码分别转换成反码,即为 010111 和 101000。

注意:真值 0 的反码也有 2 种:$[+0]_反=000\cdots00$,$[-0]_反=111\cdots11$。

对于反码的运算,遵循规则如下:

(1) 符号位和数值一起参加运算,不单独处理;

(2) 如果符号位产生了进位,则此进位应加到和数的最低位,称为循环进位。

假设 X、Y 为两个二进制数,则有:

$$[X+Y]_反=[X]_反+[Y]_反 \qquad [X-Y]_反=[X]_反+[-Y]_反$$

例 1.3.6 已知 $X=-0011$,$Y=1011$,求 $[X+Y]_反$ 和 $[X-Y]_反$。

解:$[X]_反=11100$,$[Y]_反=01011$,$[-Y]_反=10100$。

(1) 求 $[X+Y]_反$

```
     1 1 1 0 0
  + 0 1 0 1 1
  ──────────
  1 0 0 1 1 1
  +         1
  ──────────
     0 1 0 0 0
```

$[X+Y]_反=01000$,真值为 $X+Y=1000$。

（2）求 $[X-Y]_{反}$

$$
\begin{array}{r}
1\,1\,1\,0\,0 \\
+\,1\,0\,1\,0\,0 \\
\hline
\boxed{1}\,1\,0\,0\,0\,0 \\
+\qquad\quad 1 \\
\hline
1\,0\,0\,0\,1
\end{array}
$$

$[X-Y]_{反}=10001$，真值为 $X-Y=-1110$。

运算中，符号位产生了进位，因此需将此进位加到和的最低位。从运算过程可见，反码加法运算后，须判断是否需要做循环进位运算，而循环进位运算又相当于一次加法运算，因此会影响数字电路的运算速度。

3. 补码及其运算

在补码表示法中，正数的补码与原码和反码的表示相同。但是对于负数，从原码到补码的规则是：符号位保持不变，其余各位按位取反后再加 1。负数的补码也可以由其反码加 1 求得。

注意：这里有一个特殊情况，即 0 的补码，它只有一种形式，假设 0 是一个 8 位的数，第一位为符号位，则 0 的补码为 00000000。

对于补码的运算，遵循的规则是：

（1）符号位和数值一起参加运算，不单独处理，这也是补码运算的最大优势；

（2）若符号位产生进位，则将进位位舍弃即可。

对于补码的运算，假设 X、Y 为两个二进制数，则有：

$$
[X+Y]_{补}=[X]_{补}+[Y]_{补} \qquad [X-Y]_{补}=[X]_{补}+[-Y]_{补}
$$

例 1.3.7 在 5 位二进制系统中，$X=-0011$，$Y=1011$，求 $[X+Y]_{补}$ 和 $[X-Y]_{补}$。

解：$[X]_{补}=11101$，$[Y]_{补}=01011$，$[-Y]_{补}=10101$

（1）求 $[X+Y]_{补}$

$$
\begin{array}{r}
1\,1\,1\,0\,1 \\
+\,0\,1\,0\,1\,1 \\
\hline
\text{舍弃}\rightarrow\boxed{1}\,0\,1\,0\,0\,0
\end{array}
$$

$[X+Y]_{补}=11101+01011=01000$，真值为 $X+Y=1000$。

（2）求 $[X-Y]_{补}$

$$
\begin{array}{r}
1\,1\,1\,0\,1 \\
+\,1\,0\,1\,0\,1 \\
\hline
\text{舍弃}\rightarrow\boxed{1}\,1\,0\,0\,1\,0
\end{array}
$$

$[X-Y]_{补}=11101+10101=10010$，真值为 $X-Y=-1110$。

需要强调的是，补码运算时，参与运算的每个数的符号位与数值位一样要参与运算，运算结果也是补码形式。若符号位产生进位，则将进位舍弃。由于不需要做进位判断，从而简化了电路设计，给运算带来方便。

例 1.3.8 在 5 位二进制系统中,用二进制补码完成十进制的加法运算。

(1) 8+5

解:01000+00101=01101,真值为 1101,即为十进制数 13。

在该例中,符号位与两个值的符号位一致,没有产生溢出,计算结果正确。

(2) 13+8

解:01101+01000=10101,真值为−1011,即为十进制数−11。

在该例中,计算结果的符号位与两个值的符号位不一致,显然,计算结果一定是错误的。错误的原因是 5 位二进制系统中数值位表示的最大数是 15,即:1111,13+8=21,其值超出了有效数值位所能表示的最大数,因此产生溢出,导致计算结果错误。

(3) −8−5

解:−8 的补码是 11000,−5 的补码是 11011,舍弃进位可得:11000+11011=10011,真值为−1101,即为十进制数−13。

在该例中,符号位与两个值的符号位一致,没有产生溢出,计算结果正确。

(4) −13−8

解:−13 的补码是 10011,−8 的补码是 11000,舍弃进位可得:10011+11000=01011,真值为 1011,即为十进制数 11。

在该例中,计算结果的符号位与两个值的符号位是不一致的,显然,计算结果是错误的。错误的原因是两个数的绝对值之和超过了有效数值位所能表示的最大数,因此产生溢出,导致计算结果错误。

通过上述例子可知,在两个同符号数相加时,它们的绝对值之和不能超过有效数值位所能表示的最大值,否则会得到错误的计算结果。若将上述计算结果错误的例子在 6 位及以上二进制数字系统中进行运算,不会产生溢出,其计算结果是正确的。

1.4 编码

由于数字系统是以二值数字逻辑为基础的,因此数字系统中的信息(包括数值、文字、控制命令等)都是用一定位数的二进制数码表示的。**编码**就是将各种数据、信息、文字、符号等用二进制数码表示的过程,这些有特定含义的二进制数码称为**二进制代码**,简称**代码**。常见的编码包括二-十进制码、格雷码、ASCII 码等。

1. 二-十进制码

数字系统使用二进制,但人们习惯使用十进制。为此,在二进制数与十进制数之间建立一种联系,即用二进制代码来表示十进制的 0~9 十个数,这就是二-十进制码,又称 BCD 码(Binary-Coded Decimal)。

要用二进制代码来表示十进制的 0~9 十个数,至少要用 4 位二进制数。4 位二进制数有 16 种组合,可从这 16 种组合中选择 10 种组合分别表示十进制的 0~9 十个数。选哪 10 种组合,有多种编码规则,这就形成了不同的 BCD 码。具有一定规律的常用的 BCD 码见表 1.4.1。

表 1.4.1　常用 BCD 码

十 进 制 数	8421 码	2421 码	5421 码	余 3 码
0	0 0 0 0	0 0 0 0	0 0 0 0	0 0 1 1
1	0 0 0 1	0 0 0 1	0 0 0 1	0 1 0 0
2	0 0 1 0	0 0 1 0	0 0 1 0	0 1 0 1
3	0 0 1 1	0 0 1 1	0 0 1 1	0 1 1 0
4	0 1 0 0	0 1 0 0	0 1 0 0	0 1 1 1
5	0 1 0 1	1 0 1 1	1 0 0 0	1 0 0 0
6	0 1 1 0	1 1 0 0	1 0 0 1	1 0 0 1
7	0 1 1 1	1 1 0 1	1 0 1 0	1 0 1 0
8	1 0 0 0	1 1 1 0	1 0 1 1	1 0 1 1
9	1 0 0 1	1 1 1 1	1 1 0 0	1 1 0 0
位权	8 4 2 1 $b_3 b_2 b_1 b_0$	2 4 2 1 $b_3 b_2 b_1 b_0$	5 4 2 1 $b_3 b_2 b_1 b_0$	无权

(1) 8421 码。8421 码是从 4 位二进制数的 0000~1111 共 16 种组合中选取了前 10 种,即 0000~1001,其余 6 种组合是无效的。在这种编码方式中,二进制数码每位的位权与自然二进制码的位权是一致的,即 b_0 位的权为 $2^0 = 1$,b_1 位的权为 $2^1 = 2$,b_2 位的权为 $2^2 = 4$,b_3 位的权为 $2^3 = 8$。例如,二进制码 0101 所表示的十进制数为 $0 \times 8 + 1 \times 4 + 0 \times 2 + 1 \times 1 = 5$,因此,这种 BCD 码称为 8421BCD 码,简称为 8421 码,是一种有权码。8421 码是最基本、最常用的一种编码方案,习惯上将其称为 BCD 码。

(2) 2421 码和 5421 码。2421 码和 5421 码同样是用 4 位二进制代码表示一位十进制数,它们都是有权码,只是 b_3 位的权分别为 2 和 5,其他位的权与 8421 码相同。

(3) 余 3 码。余 3 码是由 8421 码加 3(0011)得来的,例如,8421 码的 4(0100)加 3(0011)得余 3 码的 4(0111)。余 3 码没有固定的权值,是一种无权码。

注意:BCD 码用 4 位二进制码表示的只是十进制数的一位。若用 BCD 码表示十进制数,只要把十进制数的每一位数码分别用 BCD 码取代即可。反之,若要知道 BCD 码代表的十进制数,首先将 BCD 码以小数点为起点向左、向右每 4 位分成一组,然后写出每组代码代表的十进制数,并保持原顺序不变。

例 1.4.1　将十进制数 83.65 分别用 8421 码、2421 码和余 3 码表示。

解:将十进制数的每一位转换为其相应的 4 位 BCD 码,由表 1.4.1 可得

$(83.65)_D = (1000\ 0011.0110\ 0101)_{8421}$

$(83.65)_D = (1110\ 0011.1100\ 1011)_{2421}$

$(83.65)_D = (1011\ 0110.1001\ 1000)_{余3}$

注意:这是对一个十进制数进行编码,而不是不同数制之间的转换,因为它们不存在数值间的等价关系。

2. 格雷码

格雷码(Gray Code)又称循环码。表 1.4.2 是 4 位格雷码与二进制代码对照表,从

中可以看出格雷码的构成方法和规律：每一位的状态变化都按一定的顺序循环。如果从0000开始，最右边一位的状态按0110顺序循环变化，右边第二位的状态按00111100顺序循环变化，右边第三位的状态按0000111111110000顺序循环变化。可见，自右向左，每一位状态循环中连续的0、1数目都增加一倍。由于4位格雷码只有16个，所以最左边一位的状态只有半个循环，即0000000011111111。按照上述原则，很容易得到更多位数的格雷码。

与普通的二进制代码相比，格雷码的最大优点就在于当它按照表1.4.2的编码顺序依次变化时，相邻两个代码之间只有一位发生变化。在数字系统中，常要求代码按一定顺序变化。例如，按自然数递增计数，若采用8421码，则二进制代码0111变到1000时4位均要变化，而在实际电路中，4位的变化不可能绝对同时发生，则计数中可能出现短暂的其他代码(1100、1111等)，在特定情况下可能导致电路状态错误或输入错误，这时就必须采取措施加以避免，而使用格雷码可以避免这种错误。

表1.4.2　4位格雷码与二进制代码对照表

十 进 制 数	二进制代码	格 雷 码
0	0000	0000
1	0001	0001
2	0010	0011
3	0011	0010
4	0100	0110
5	0101	0111
6	0110	0101
7	0111	0100
8	1000	1100
9	1001	1101
10	1010	1111
11	1011	1110
12	1100	1010
13	1101	1011
14	1110	1001
15	1111	1000

BCD码中的BCD格雷码(0000～1101)、余3循环码(0010～1010)都是取上述4位格雷码中的10个代码组成的，它们仍然具有格雷码的优点，即两个相邻代码之间仅有一位不同。由于实际应用中并不常见，本书没有说明这两种编码方法，读者可根据需要自行查阅相关资料。

格雷码与二进制码之间经常相互转换，具体方法如下。

(1) 二进制码转换为格雷码。

① 格雷码的最高位(最左边一位)与二进制的最高位相同。

② 从高位到低位(从左到右)，依次将二进制码的两个相邻位相加，舍去进位后作为

格雷码的下一位。

例 1.4.2 将二进制数 1001 转换成格雷码。

解：按照二进制码转换为格雷码的方法，步骤如下，转换后的格雷码是 1101。

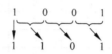

(2) 格雷码转换为二进制码。

① 二进制码的最高位(最左边一位)与格雷码的最高位相同。

② 从高位到低位(从左到右)，依次将产生的每一位二进制码与格雷码的相邻低一位相加，舍去进位后作为二进制码的下一位。

例 1.4.3 将格雷码 0111 转换成二进制数。

解：按照格雷码转换为二进制码的方法，步骤如下，转换后的格雷码是 0101。

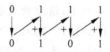

3. ASCII 码

数字系统处理的数据不仅有数码，还有字母、标点符号、运算符号及其他特殊符号等，这些符号都必须使用二进制代码来表示。

ASCII 码即美国信息交换标准码(American Standard Code for Information Interchange)，由美国国家标准学会(ANSI)制定，是目前计算机和通信领域中应用最广泛的字符集及其编码。ASCII 码已经由国际标准化组织(ISO)认定为国际通用的标准代码。

ASCII 码用 7 位二进制代码($b_6 b_5 b_4 b_3 b_2 b_1 b_0$)表示 128 个不同的数字、字母和符号，如表 1.4.3 所示。0～31 号及 127 号(共 33 个)是控制字符或通信专用字符(其余为可显示字符)，如控制符：LF(换行)、CR(回车)、FF(换页)、DEL(删除)、BS(退格)、BEL(响铃)等，通信专用字符：SOH(文头)、EOT(文尾)、ACK(确认)等，它们并没有特定的图形显示，但会按照不同的应用程序，对文本显示有不同的影响；32～126 号(共 95 个)是字符，其中，48～57 号为 0～9 十个阿拉伯数字，65～90 号为 26 个大写英文字母，97～122 号为 26 个小写英文字母，其余为一些标点符号、运算符号等。

表 1.4.3 ASCII 编码表

$b_3 b_2 b_1 b_0$	$b_6 b_5 b_4$							
	000	001	010	011	100	101	110	111
0000	NUL	DLE	SP	0	@	P	、	p
0001	SOH	DC1	!	1	A	Q	a	q
0010	STX	DC2	"	2	B	R	b	r
0011	ETX	DC3	#	3	C	S	c	s
0100	EOT	DC4	$	4	D	T	d	t
0101	ENQ	NAK	%	5	E	U	e	u

扩展阅读

$b_3 b_2 b_1 b_0$	$b_6 b_5 b_4$							
	000	001	010	011	100	101	110	111
0110	ACK	SYN	&	6	F	V	f	v
0111	BEL	ETB	'	7	G	W	g	w
1000	BS	CAN	(	8	H	X	h	x
1001	HT	EM	)	9	I	Y	i	y
1010	LF	SUB	*	:	J	Z	j	z
1011	VT	ESC	+	;	K	[	k	{
1100	FF	FS	,	<	L	]	l	|
1101	CR	GS	—	=	M	\	m	}
1110	SO	RS	.	>	N	^	n	~
1111	SI	US	/	?	O	_	o	DEL

例 1.4.4 一组信息的 ASCII 码如下,请分析这些信息表示的字符是什么。

$$1001000 \quad 1000101 \quad 1001100 \quad 1010000$$

解:以 $b_6 b_5 b_4 b_3 b_2 b_1 b_0 = 1001000$ 为例,查阅表 1.4.3 可知,其所表示的字符为 H。按照同样的方法,可确定上述 ASCII 码所表示的符号为 HELP。

小结

1. 数字信号在时间上和数值上均是离散的。工作在数字信号下的电路称为数字电路。由于数字电路是以二值数字逻辑为基础的,即利用数字 1 和 0 表示信息,因此数字信息的存储、分析和传输比模拟信息容易。

2. 数字电路中用高电平和低电平分别表示逻辑 1 和逻辑 0,它和二进制数中的 1 和 0 正好对应。因此,数字系统中常用二进制数来表示数据。所谓二进制是以 2 为基数的计数体制。在二进制位数较多时,常用十六进制作为二进制的简写。二进制、十六进制和十进制之间可以相互转换。

3. 数字电路采用二进制算术运算,多位二进制进行运算时,按照逢二进一、借一当二的原则进行。带符号的二进制算术运算方法包括原码、反码、补码运算方法。利用补码加法可以实现减法运算。

4. 将各种数据、信息、文字、符号等用二进制数码表示的过程称为编码。BCD 码、格雷码、ASCII 码是几种常见的通用代码。常用 BCD 码有 8421 码、2421 码、5421 码、余 3 码等,其中 8421 码使用最广泛。另外,格雷码由于可靠性高,在实际中也是一种常用码。

习题

1.1 将下列二进制数转换为等值的十进制数。

(1) $(11001011)_B$;(2) $(101010.101)_B$;(3) $(0.0011)_B$

1.2　将下列十进制数转换为等值的二进制数,转换误差 ε 小于 2^{-6}。

(1) $(145)_D$；(2) $(27.325)_D$；(3) $(0.897)_D$

1.3　将下列二进制数转换为等值的八进制数和十六进制数。

(1) $(1101011.011)_B$；(2) $(111001.1101)_B$；(3) $(100001.001)_B$

1.4　将下列十六进制数转换为等值的二进制数、八进制数和十进制数。

(1) $(26E)_H$；(2) $(4FD.C3)_H$；(3) $(79B.5A)_H$

1.5　将下列有符号的十进制数转换成相应的二进制数真值、原码、反码和补码。

(1) $+19$；(2) -29；(3) $+115$；(4) -37

1.6　已知 $X=+1110101,Y=+0101001$,求 $[X-Y]_{补}$。

1.7　将下列十进制数转换为等值 8421BCD 码、5421BCD 码和余 3 BCD 码。

(1) $(54)_D$；(2) $(87.15)_D$；(3) $(239.03)_D$

第

2

章

逻辑代数

内容提要：

一个实际的数字系统，其电路往往是非常复杂的。在分析和设计数字电路时，常常借助一种数学工具——逻辑代数。逻辑代数又称为布尔代数，是由英国数学家乔治·布尔于 19 世纪中叶提出的，是一种用于描述客观事物逻辑关系的数学方法。逻辑代数和普通代数一样，有一套完整的运算规则，包括公理、定理和定律，用它们对逻辑函数表达式进行处理，可以完成对电路的化简、变换、分析与设计。本章主要学习分析与设计数字电路的数学工具——逻辑代数，首先介绍逻辑代数基础内容，包括逻辑代数的逻辑运算、基本公式、基本规则，然后介绍逻辑函数的表示方法和标准形式，最后介绍逻辑函数的化简方法：代数化简法和卡诺图化简法。

学习目标：

1. 理解并掌握基本逻辑运算和常用的复合逻辑运算。
2. 熟练掌握逻辑代数的基本公式、基本定理和基本规则。
3. 掌握逻辑函数的表示方法以及它们之间的相互转换。
4. 掌握逻辑函数的代数化简法和卡诺图化简法。

重点内容：

1. 基本逻辑运算和常用的复合逻辑运算。
2. 逻辑代数的基本公式、基本定理和基本规则。
3. 代数化简法和卡诺图化简法。

2.1 逻辑运算

逻辑代数描述的是逻辑关系，逻辑关系是指某事物的条件（或原因）与结果之间的关系。条件与结果均包含相互对立的两个方面，所以逻辑代数中的逻辑变量和逻辑值也只有两个值，即 0 和 1。这里的 0 和 1 不表示数量的大小，只表示相互对立的两个方面：1 表示条件具备或事情发生；0 表示条件不具备或事情不发生。

2.1.1 基本逻辑运算

逻辑代数中的基本逻辑运算有三种类型：与、或、非运算。

1. 与运算

现实生活中有这样一种因果关系：只有当决定一件事情的条件全部具备之后，这件事情才会发生。这种因果关系称为**与逻辑**，也称为**逻辑与**或**逻辑乘**。

图 2.1.1 是一个典型的与逻辑电路，用逻辑变量 A 和 B 表示开关的状态，如果 A 和 B 等于 1 就表示开关闭合，等于 0 表示开关断开；用逻辑变量 L 表示灯的状态，L 等于 1 表示灯亮，等于 0 表示灯灭。由图 2.1.1 可知，只有当开关全闭合时，即 A 与 B 等于 1，灯才会亮，即 $L=1$；A、B 在其他状态时，灯都不会亮。所以这个电路符合与逻辑关系。

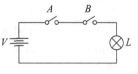

图 2.1.1　与逻辑电路

可以用列表的方式表示上述逻辑关系,如表 2.1.1 所示,左边列出两个开关所有可能的组合(或状态),右边列出相应的灯的状态。这种完整地表达所有可能的逻辑关系的表格称为**真值表**。如果用二值逻辑 0 和 1 来表示,则得到如表 2.1.2 所示的表格,称为**逻辑真值表**。

表 2.1.1 与逻辑关系

开关 A	开关 B	灯 L
不闭合	不闭合	不亮
不闭合	闭合	不亮
闭合	不闭合	不亮
闭合	闭合	亮

表 2.1.2 与逻辑真值表

A	B	L
0	0	0
0	1	0
1	0	0
1	1	1

若用逻辑表达式来描述,与逻辑表达式可写为

$$L = A \cdot B \tag{2.1.1}$$

式中小圆点"$\cdot$"表示 A、B 的与运算。在不致引起混淆的前提下,乘号"$\cdot$"可以省略。与运算的规则为:$0 \cdot 0 = 0$;$0 \cdot 1 = 0$;$1 \cdot 0 = 0$;$1 \cdot 1 = 1$。可概括为一句话:"输入有 0,输出为 0;输入全 1,输出为 1"。

在数字电路中,能实现与运算的电路称为**与门**,其逻辑符号如图 2.1.2 所示。与运算可以推广到多变量:$L = A \cdot B \cdot C \cdots$。

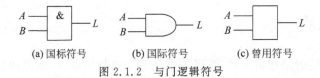

(a) 国标符号   (b) 国际符号   (c) 曾用符号

图 2.1.2 与门逻辑符号

2. 或运算

现实生活中还有这样一种因果关系:当决定一件事情的几个条件中,只要有一个或一个以上条件具备,这件事情就会发生。这种因果关系称为**或逻辑**也称为**逻辑或**或**逻辑加**。

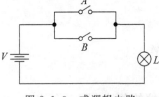

图 2.1.3 或逻辑电路

将图 2.1.1 中的两个开关由串联改为并联,如图 2.1.3 所示,就成为一个或逻辑电路。很显然,只要开关 A 或 B 闭合或二者都闭合,则灯亮;而当 A 和 B 均不闭合时,则灯不亮,其真值表如表 2.1.3 所示,逻辑真值表如表 2.1.4 所示。

表 2.1.3 或逻辑关系

开关 A	开关 B	灯 L
不闭合	不闭合	不亮
不闭合	闭合	亮
闭合	不闭合	亮
闭合	闭合	亮

表 2.1.4 或逻辑真值表

A	B	L
0	0	0
0	1	1
1	0	1
1	1	1

若用逻辑表达式来描述,或逻辑表达式可写为

$$L = A + B \qquad (2.1.2)$$

式中,符号"+"表示 A、B 或运算。或运算的规则为:$0+0=0$;$0+1=1$;$1+0=1$;$1+1=1$。可概括为一句话:"输入有 1,输出为 1;输入全 0,输出为 0"。

在数字电路中,能实现或运算的电路称为**或门**,其逻辑符号如图 2.1.4 所示。或运算也可以推广到多变量:$L = A + B + C + \cdots$。

| (a) 国标符号 | (b) 国际符号 | (c) 曾用符号 |

图 2.1.4 或门逻辑符号

3. 非运算

非逻辑是指这样一种因果关系:某事情发生与否,仅取决于一个条件,而且是对该条件的否定。即条件具备时事情不发生;条件不具备时事情才发生。

例如,如图 2.1.5 所示的电路,当开关 A 闭合时,灯不亮;而当 A 不闭合时,灯亮,其真值表如表 2.1.5 所示,逻辑真值表如表 2.1.6 所示。

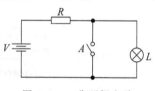

图 2.1.5 非逻辑电路

表 2.1.5 非逻辑关系

开关 A	灯 L
不闭合	亮
闭合	不亮

表 2.1.6 非逻辑真值表

A	L
0	1
1	0

若用逻辑表达式来描述,非逻辑表达式可写为

$$L = \overline{A} \qquad (2.1.3)$$

式中,A 上面的一横"‾"表示非运算,读作"非"或者"反"。非运算的规则为:$\overline{0}=1$;$\overline{1}=0$。在数字电路中,实现非运算的电路称为**非门**,也称为**反相器**,其逻辑符号如图 2.1.6 所示。

| (a) 国标符号 | (b) 国际符号 | (c) 曾用符号 |

图 2.1.6 非门逻辑符号

2.1.2 复合逻辑运算

在数字系统中,除了基本的与、或、非运算之外,常用的逻辑运算还有通过这三种基本运算组合而成的逻辑运算,这些运算通常称为**复合逻辑运算**,包括与非运算、或非运

算、与或非运算、异或运算、同或运算等。类似地,实现与非、或非、与或非、异或、同或等运算的,分别称为与非门、或非门、与或非门、异或门、同或门等。

1. 与非运算

与非运算是由与运算和非运算组合而成,运算优先级为先"与"后"非",其逻辑表达式为

$$L = \overline{A \cdot B} \qquad (2.1.4)$$

与非运算的逻辑真值表如表 2.1.7 所示,与非门的逻辑符号如图 2.1.7 所示。

表 2.1.7　与非逻辑真值表

A	B	L
0	0	1
0	1	1
1	0	1
1	1	0

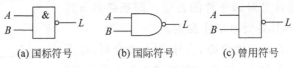

(a) 国标符号　　　　(b) 国际符号　　　　(c) 曾用符号

图 2.1.7　与非门逻辑符号

2. 或非运算

或非运算是由或运算和非运算组合而成,运算优先级为先"或"后"非",其逻辑表达式为

$$L = \overline{A + B} \qquad (2.1.5)$$

或非运算的逻辑真值表如表 2.1.8 所示,与非门的逻辑符号如图 2.1.8 所示。

表 2.1.8　或非逻辑真值表

A	B	L
0	0	1
0	1	0
1	0	0
1	1	0

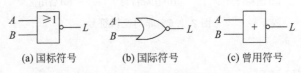

(a) 国标符号　　　　(b) 国际符号　　　　(c) 曾用符号

图 2.1.8　或非门逻辑符号

3. 与或非运算

与或非运算是由与、或、非三种基本运算组合而成,运算优先级为先"与"后"或"再

"非"(读者可自行分析逻辑真值表),其逻辑表达式为

$$L = \overline{A \cdot B + C \cdot D} \tag{2.1.6}$$

与或非门的逻辑符号如图 2.1.9 所示。

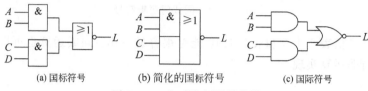

（a）国标符号   （b）简化的国标符号   （c）国际符号

图 2.1.9　与或非门逻辑符号

4. 异或运算

异或运算是一种二变量逻辑运算,当两个变量取值相同时,逻辑函数值为 0;当两个变量取值不同时,逻辑函数值为 1,其逻辑表达式为

$$L = A \oplus B = \overline{A}B + A\overline{B} \tag{2.1.7}$$

异或的逻辑真值表如表 2.1.9 所示,异或门的逻辑符号如图 2.1.10 所示。

表 2.1.9　异或逻辑真值表

A	B	L
0	0	0
0	1	1
1	0	1
1	1	0

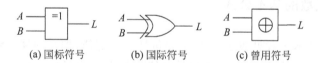

（a）国标符号   （b）国际符号   （c）曾用符号

图 2.1.10　异或门逻辑符号

5. 同或运算

同或运算也是一种二变量逻辑运算,当两个变量取值相同时,逻辑函数值为 1;当两个变量取值不同时,逻辑函数值为 0,其逻辑表达式为

$$L = A \odot B = \overline{A}\,\overline{B} + AB \tag{2.1.8}$$

同或的逻辑真值表如表 2.1.10 所示,同或门的逻辑符号如图 2.1.11 所示。

表 2.1.10　同或逻辑真值表

A	B	L
0	0	1
0	1	0
1	0	0
1	1	1

扩展阅读

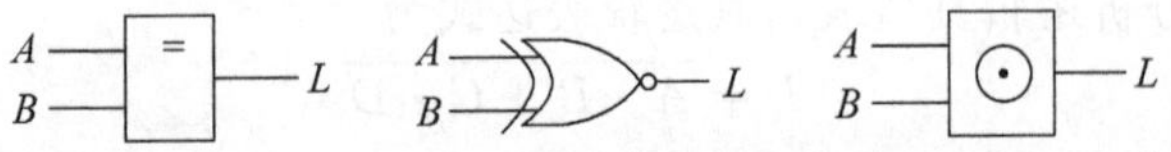

(a) 国标符号　　　　(b) 国际符号　　　　(c) 曾用符号

图 2.1.11　同或门逻辑符号

通过对比真值表 2.1.9 和表 2.1.10 能够很容易看出：同或运算也可以通过异或运算之后再进行非运算实现。

2.2　逻辑代数的基本公理、基本公式与基本规则

2.2.1　逻辑代数的基本公理

逻辑代数有以下 5 个基本公理：

公理 1：设 A 为逻辑变量，若 $A \neq 0$，则 $A = 1$；若 $A \neq 1$，则 $A = 0$。

这个公理说明了逻辑变量具有二值性，注意，这里的 0 和 1 不是数值的 0 和 1，而是代表两种逻辑状态。

公理 2：$0 \cdot 0 = 0$；$1 + 1 = 1$。

公理 3：$1 \cdot 1 = 1$；$0 + 0 = 0$。

公理 4：$0 \cdot 1 = 0$；$1 + 0 = 1$。

公理 5：$\overline{0} = 1$；$\overline{1} = 0$。

2.2.2　逻辑代数的基本公式

逻辑代数的基本公式见表 2.2.1，主要包括 9 个定律，即交换律、结合律、分配律、互补律、0-1 律、对合律、重叠律、吸收律和反演律。其中有的定律与普通代数相似，有的定律与普通代数不同，使用时切勿混淆。

表 2.2.1　逻辑代数的基本公式

名　　称	公式 1	公式 2
0-1 律	$A \cdot 1 = A$ $A \cdot 0 = 0$	$A + 0 = A$ $A + 1 = 1$
互补律	$A\overline{A} = 0$	$A + \overline{A} = 1$
重叠律	$AA = A$	$A + A = A$
交换律	$AB = BA$	$A + B = B + A$
结合律	$A(BC) = (AB)C$	$A + (B + C) = (A + B) + C$
分配律	$A(B + C) = AB + AC$	$A + BC = (A + B)(A + C)$
反演律	$\overline{AB} = \overline{A} + \overline{B}$	$\overline{A + B} = \overline{A}\,\overline{B}$

续表

名　　称	公式1	公式2
吸收律	$A(A+B)=A$ $A(\bar{A}+B)=AB$ $(A+B)(\bar{A}+C)(B+C)=(A+B)(\bar{A}+C)$	$A+AB=A$ $A+\bar{A}B=A+B$ $AB+\bar{A}C+BC=AB+\bar{A}C$
对合律	$\bar{\bar{A}}=A$	

表2.2.1中的互补律、0-1律、对合律、重叠律等是根据与、或、非三种基本运算法则推导出来的,表中略为复杂的公式可用其他更简单的公式来证明。

例 2.2.1　证明吸收律 $A+\bar{A}B=A+B$。

证：$A+\bar{A}B=A(B+\bar{B})+\bar{A}B=AB+A\bar{B}+\bar{A}B=AB+AB+A\bar{B}+\bar{A}B$
$\qquad\qquad =A(B+\bar{B})+B(A+\bar{A})=A+B$

表中的公式还可以用真值表来证明,即检验等式两边函数的真值表是否一致。

例 2.2.2　用真值表证明反演律 $\overline{AB}=\bar{A}+\bar{B}$ 和 $\overline{A+B}=\bar{A}\bar{B}$。

证：分别列出两公式等号两边函数的真值表即可得证,见表2.2.2和表2.2.3。

表 2.2.2　证明 $\overline{AB}=\bar{A}+\bar{B}$

A	B	$\overline{AB}$	$\bar{A}+\bar{B}$
0	0	1	1
0	1	1	1
1	0	1	1
1	1	0	0

表 2.2.3　证明 $\overline{A+B}=\bar{A}\bar{B}$

A	B	$\overline{A+B}$	$\bar{A}\bar{B}$
0	0	1	1
0	1	0	0
1	0	0	0
1	1	0	0

反演律又称摩根定律,是非常重要又非常有用的公式,它经常用于逻辑函数的变换,以下是它的两个变形公式,也是常用的。

$$AB=\overline{\bar{A}+\bar{B}}, \quad A+B=\overline{\bar{A}\bar{B}}$$

扩展阅读

2.2.3　逻辑代数的基本规则

1. 代入规则

代入规则的基本内容是:对于任何一个逻辑等式,用某个逻辑变量或逻辑函数同时取代等式两端任何一个逻辑变量后,等式依然成立。

利用代入规则可以方便地扩展公式。例如,在反演律 $\overline{AB} = \overline{A} + \overline{B}$ 中用 BC 代替等式中的 B,则新的等式仍成立:

$$\overline{ABC} = \overline{A} + \overline{BC} = \overline{A} + \overline{B} + \overline{C}$$

2. 对偶规则

将一个逻辑函数 L 进行下列变换:

$$\cdot \rightarrow +, \quad + \rightarrow \cdot$$
$$0 \rightarrow 1, \quad 1 \rightarrow 0$$

所得新函数表达式称为 L 的对偶式,用 L' 表示。

对偶规则的基本内容是:如果两个逻辑函数表达式相等,那么它们的对偶式也一定相等。

利用对偶规则可以帮助我们减少公式的记忆量。例如,表 2.2.1 中的公式 1 和公式 2 就互为对偶,只需记住一边的公式就可以了。因为利用对偶规则,由一个公式不难得出另一边的对偶式。

3. 反演规则

将一个逻辑函数 L 进行下列变换:

$$\cdot \rightarrow +, \quad + \rightarrow \cdot$$
$$0 \rightarrow 1, \quad 1 \rightarrow 0$$
$$原变量 \rightarrow 反变量, \quad 反变量 \rightarrow 原变量$$

所得新函数表达式称为 L 的反函数,用 $\overline{L}$ 表示。

利用反演规则,可以非常方便地求得一个函数的反函数。

例 2.2.3 求函数 $L = \overline{A}C + B\overline{D}$ 的反函数。

解: $\overline{L} = (A + \overline{C}) \cdot (\overline{B} + D)$

例 2.2.4 求函数 $L = A \cdot \overline{B + C + \overline{D}}$ 的反函数。

解: $\overline{L} = \overline{A} + \overline{\overline{B} \cdot \overline{C} \cdot D}$

在应用反演规则求反函数时要注意以下两点:

(1) 保持运算的优先顺序不变,必要时加括号表明,见例 2.2.3。

(2) 变换中,多个变量的公共非号保持不变,见例 2.2.4。

2.3 逻辑函数

描述逻辑关系的函数称为逻辑函数,前面讨论的与、或、非、与非、或非、异或都是逻辑函数。逻辑函数是从生活和生产实践中抽象出来的,但是只有那些能明确地用"是"或"否"做出回答的事物,才能定义为逻辑函数。

2.3.1 逻辑函数的建立

下面通过一个例子来说明逻辑函数的建立过程。

例 **2.3.1** 三个人表决一件事情,结果按"少数服从多数"的原则决定,试建立该逻辑函数。

解:第一步,设置自变量和因变量。

将三个人的意见设置为自变量 A、B、C,并规定只能有"同意"或"不同意"两种意见(两个状态)。将表决结果设置为因变量 L,显然也只有两种情况(两个状态)。

第二步,状态赋值。

对于自变量 A、B、C,设"同意"为逻辑"1","不同意"为逻辑"0"。对于因变量 L,设"事情通过"为逻辑"1","没有通过"为逻辑"0"。

第三步,根据题意及上述规定列出函数的真值表如表 2.3.1 所示。

表 **2.3.1** 例 2.3.1 真值表

A	B	C	L
0	0	0	0
0	0	1	0
0	1	0	0
0	1	1	1
1	0	0	0
1	0	1	1
1	1	0	1
1	1	1	1

由真值表可以看出,当自变量 A、B、C 取确定值后,因变量 L 的值就完全确定,所以 L 就是 A、B、C 的函数。A、B、C 通常称为输入逻辑变量,L 称为输出逻辑变量。

一般地说,若输入逻辑变量 A,B,C⋯的取值确定以后,输出逻辑变量 L 的值也唯一地确定,就称 L 是 A,B,C⋯的逻辑函数,写作:

$$L = f(A, B, C, \cdots)$$

逻辑函数与普通代数中的函数相比较,有两个突出的特点:

(1) 逻辑变量和逻辑函数只能取 0 和 1 两个值。

(2) 函数和变量之间的关系是由"与""或""非"三种基本运算决定的。

2.3.2 逻辑函数的表示方法

一个逻辑函数有四种表示方法,即真值表、函数表达式、逻辑图和卡诺图。这里先介绍前三种,卡诺图将在 2.5 节中详细介绍。

1. 真值表

真值表是将输入逻辑变量的各种可能取值和相应的函数值排列在一起而组成的表格。真值表由两栏组成,左边一栏列出变量的所有取值组合,右边一栏列为对应的逻辑函数值。一个逻辑变量只有 0 和 1 两种可能的取值,所以 n 个逻辑变量一共有 2^n 种可能的取值组合。为避免遗漏,各变量的取值组合应按照二进制递增的次序排列。

真值表的优点是直观明了。把一个实际的逻辑问题抽象成一个逻辑函数时,使用真值表是最方便的。真值表的缺点是,当变量比较多时,表比较大,显得过于烦琐。

2. 函数表达式

函数表达式就是由逻辑变量和"与""或""非"三种运算符所构成的表达式。

由真值表可以求出对应的函数表达式,其方法将在本章后续内容中介绍。反之,由函数表达式也可以转换成真值表,方法为:画出真值表的表格,将变量及变量的所有取值组合按照二进制递增的次序列入表格左边,然后按照表达式,依次对变量的各种取值组合进行运算,求出相应的函数值,填入表格右边对应的位置,即得真值表。

例 2.3.2 列出函数 $L = A \cdot B + \overline{A} \cdot \overline{B}$ 的真值表。

解:该函数有两个变量,有四种取值的可能组合,即 $A=0,B=0$;$A=0,B=1$;$A=1$,$B=0$;$A=1,B=1$。按逻辑式进行运算可分别得到 $L=1$;$L=0$;$L=0$;$L=1$。将它们按顺序排列起来即得真值表,如表 2.3.2 所示。

表 2.3.2 $L = A \cdot B + \overline{A} \cdot \overline{B}$ 的真值表

A	B	L
0	0	1
0	1	0
1	0	0
1	1	1

3. 逻辑图

逻辑图就是由逻辑符号及它们之间的连线构成的图形。

由函数表达式可以画出其相应的逻辑图。

例 2.3.3 画出逻辑函数 $L = A \cdot B + \overline{A} \cdot \overline{B}$ 的逻辑图。

解:这里的输入变量为 A、B,输出变量为 L。可用两个非门、两个与门和一个或门符号组成,如图 2.3.1 所示。

由逻辑图也可以写出其相应的函数表达式。

例 2.3.4 写出如图 2.3.2 所示逻辑图的函数表达式。

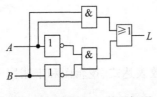

图 2.3.1 例 2.3.3 的逻辑图

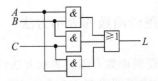

图 2.3.2 例 2.3.4 的逻辑图

解:该逻辑图是由基本的"与""或"逻辑符号组成的,可由输入至输出逐步写出逻辑表达式:$L = AB + BC + AC$。

以上通过几个简单的例子说明了逻辑函数的三种表示方法,这三种方法各有特点。一个实际的逻辑函数往往比较复杂,可根据具体情况选用表示方法。

2.3.3 逻辑函数的标准形式

一个逻辑函数的表达式不是唯一的,可以有多种形式,并且能互相转换。例如:

$$L = AC + \overline{A}B \qquad \text{与或表达式}$$

$$= (A + B)(\overline{A} + C) \qquad \text{或与表达式}$$

$$= \overline{\overline{AC} \cdot \overline{\overline{A}B}} \qquad \text{与非-与非表达式}$$

$$= \overline{\overline{A + B} + \overline{\overline{A} + C}} \qquad \text{或非-或非表达式}$$

$$= \overline{\overline{AC} + \overline{\overline{A}B}} \qquad \text{与-或-非表达式}$$

在上述表达式中,同一个逻辑函数有 5 种形式,即与或表达式、或与表达式、与非-与非表达式、或非-或非表达式和与-或非表达式。为了便于研究,使逻辑函数能与唯一的逻辑函数表达式对应,这里引入逻辑函数标准形式的概念。

逻辑函数的标准形式是建立在最小项和最大项概念的基础上的,因此,本节首先介绍最小项和最大项的概念,然后阐述标准与或表达式和标准或与表达式,即把逻辑函数转换为标准与或表达式和标准或与表达式,最后讨论两种标准形式的相互转换。

1. 最小项的定义与性质

1) 最小项的定义

在 n 个变量的逻辑函数中,包含全部变量的乘积项称为**最小项**。其中每个变量在该乘积项中可以以原变量的形式出现,也可以以反变量的形式出现,但只能出现一次。n 变量逻辑函数的全部最小项共有 2^n 个。

如三变量逻辑函数 $L = f(A, B, C)$ 的最小项共有 $2^3 = 8$ 个,列入表 2.3.3 中。一般规定变量以原变量形式出现时,用 1 表示;以反变量形式出现时,用 0 表示,则 8 个最小项的变量取值组合为二进制数 $000 \sim 111$。将其变换为对应的十进制数便为该最小项的编号。如最小项 $A\overline{B}C$ 对应的变量取值为 101,对应的十进制数为 5,因此,最小项 $A\overline{B}C$ 的编号为 m_5。其余最小项的编号以此类推,如表 2.3.3 所示。

表 2.3.3 三变量逻辑函数的最小项及编号

最 小 项	变量取值			编 号
	A	B	C	
$\overline{A}\overline{B}\overline{C}$	0	0	0	m_0
$\overline{A}\overline{B}C$	0	0	1	m_1
$\overline{A}B\overline{C}$	0	1	0	m_2
$\overline{A}BC$	0	1	1	m_3
$A\overline{B}\overline{C}$	1	0	0	m_4
$A\overline{B}C$	1	0	1	m_5
$AB\overline{C}$	1	1	0	m_6
ABC	1	1	1	m_7

如果两个最小项中只有一个变量互为反变量,其余变量均相同,则称这两个最小项为逻辑相邻,简称**相邻最小项**。例如,三变量函数 $L=f(A,B,C)$ 的最小项 ABC 和 $A\bar{B}C$ 两项中只有 B 变量互为反变量,其余变量 A、C 均相同,所以它们是相邻最小项。显然,如果两个相邻最小项出现在同一个逻辑函数中,可以合并为一项,同时消去互为反变量的那个量。如

$$ABC + A\bar{B}C = AC(B+\bar{B}) = AC$$

可见,利用相邻项的合并可以进行逻辑函数化简。

2) 最小项的性质

以三变量情况为例说明最小项的性质,三变量函数 $L=f(A,B,C)$ 的全部最小项的真值表如表 2.3.4 所示。

表 2.3.4　三变量全部最小项的真值表

变　　量			m_0	m_1	m_2	m_3	m_4	m_5	m_6	m_7
A	B	C	$\bar{A}\bar{B}\bar{C}$	$\bar{A}\bar{B}C$	$\bar{A}B\bar{C}$	$\bar{A}BC$	$A\bar{B}\bar{C}$	$A\bar{B}C$	$AB\bar{C}$	ABC
0	0	0	1	0	0	0	0	0	0	0
0	0	1	0	1	0	0	0	0	0	0
0	1	0	0	0	1	0	0	0	0	0
0	1	1	0	0	0	1	0	0	0	0
1	0	0	0	0	0	0	1	0	0	0
1	0	1	0	0	0	0	0	1	0	0
1	1	0	0	0	0	0	0	0	1	0
1	1	1	0	0	0	0	0	0	0	1

从表 2.3.4 中可以看出最小项具有以下几个性质:

(1) 对于任意一个最小项,只有一组变量取值使它的值为 1,而其余各种变量取值均使它的值为 0。

(2) 对于变量的任一组取值,任意两个最小项的乘积为 0。

(3) 对于变量的任一组取值,全体最小项的和为 1。

(4) 由 n 个变量构成的逻辑函数最小项,每个最小项有 n 个相邻最小项。

2. 最大项的定义与性质

1) 最大项的定义

在 n 个变量的逻辑函数中,包含全部变量的或项称为**最大项**。其中每个变量在该或项中以原变量或反变量的形式出现一次,且仅出现一次。n 变量逻辑函数的全部最大项共有 2^n 个。如三变量逻辑函数 $L=f(A,B,C)$ 的最大项共有 $2^3=8$ 个,如表 2.3.5 所示。

输入变量的每一组取值都使一个对应的最大项的值为 0。例如,在三变量 A、B、C 的最大项中,当 $A=0$、$B=0$、$C=0$ 时,$A+B+C=0$,将最大项为 0 的 ABC 取值变换为对应的十进制数记为该最大项的编号,则 $(A+B+C)$ 可记作 M_0。同理,最大项 $A+\bar{B}+C$ 对

应的变量取值为 010,对应的十进制数为 2,因此,编号为 M_2,其余最大项的编号以此类推,如表 2.3.5 所示。

表 2.3.5　三变量逻辑函数的最大项及编号

最　大　项	变　量　取　值			编　　号
	A	B	C	
$A+B+C$	0	0	0	M_0
$A+B+\bar{C}$	0	0	1	M_1
$A+\bar{B}+C$	0	1	0	M_2
$A+\bar{B}+\bar{C}$	0	1	1	M_3
$\bar{A}+B+C$	1	0	0	M_4
$\bar{A}+B+\bar{C}$	1	0	1	M_5
$\bar{A}+\bar{B}+C$	1	1	0	M_6
$\bar{A}+\bar{B}+\bar{C}$	1	1	1	M_7

如果两个最大项中只有一个变量互为反变量,其余变量均相同,则称这两个最大项为**相邻最大项**。例如,三变量函数 $L=f(A,B,C)$ 的最大项 $A+B+C$ 和 $A+B+\bar{C}$ 两项中只有 C 变量互为反变量,其余变量 A、B 均相同,所以它们是相邻最大项。

2) 最大项的性质

根据最大项的定义,同样也可以得到它的主要性质。

(1) 对于任意一个最大项,只有一组变量取值使它的值为 0,而其余各种变量取值均使它的值为 1。

(2) 对于变量的任一组取值,任意两个最大项的和为 1。

(3) 对于变量的任一组取值,全体最大项的乘积为 0。

(4) 由 n 个变量构成的逻辑函数最大项,每个最大项有 n 个相邻最大项。

3. 标准与或表达式

任何一个逻辑函数都可以表示成最小项之和的形式,称为标准与或表达式。如果逻辑函数不是以最小项之和的形式给出,则可以利用公式 $A+\bar{A}=1$ 展开成最小项之和的形式。

例 2.3.5　将逻辑函数 $L(A,B,C)=AB+\bar{A}C$ 转换成标准与或表达式。

解:该函数为三变量函数,而表达式中每项只含有两个变量,不是最小项。要变为最小项,就应补齐缺少的变量,办法为将各项乘以 1,如 AB 项乘以 $(C+\bar{C})$。

$$L(A,B,C)=AB+\bar{A}C=AB(C+\bar{C})+\bar{A}C(B+\bar{B})=ABC+AB\bar{C}+\bar{A}BC+\bar{A}\bar{B}C$$
$$=m_7+m_6+m_3+m_1$$

为了简化,也可用最小项下标编号来表示最小项,故上式也可写为

$$L(A,B,C)=\sum m(1,3,6,7)$$

注意:要把非"与或表达式"的逻辑函数变换成最小项表达式,应先将其变成"与或表达式"再转换,式中有很长的非号时,先把非号去掉。

例 2.3.6 将逻辑函数 $F(A,B,C)=AB+\overline{\overline{AB}+\overline{A}\overline{B}+\overline{C}}$ 转换成标准与或表达式。

解： $F(A,B,C)=AB+\overline{\overline{AB}+\overline{A}\overline{B}+\overline{C}}$

$$=AB+\overline{AB}\cdot\overline{\overline{A}\overline{B}}\cdot C=AB+(\overline{A}+\overline{B})(A+B)C=AB+\overline{A}BC+A\overline{B}C$$

$$=AB(C+\overline{C})+\overline{A}BC+A\overline{B}C=ABC+AB\overline{C}+\overline{A}BC+A\overline{B}C$$

$$=m_7+m_6+m_3+m_5=\sum m(3,5,6,7)$$

4. 标准或与表达式

任何一个逻辑函数都可以表示成最大项之积的形式，称为标准或与表达式。如果逻辑函数不是以最大项之积的形式给出，则可以利用公式 $A\overline{A}=0$ 及其他逻辑代数公式展开成最大项之积的形式。

例 2.3.7 将逻辑函数 $L(A,B,C)=(A+\overline{B})(A+B+C)$ 写成标准或与表达式。

解： $L(A,B,C)=(A+\overline{B})(A+B+C)=(A+\overline{B}+C\overline{C})(A+B+C)$

$$=(A+\overline{B}+C)(A+\overline{B}+\overline{C})(A+B+C)=\prod M(0,2,3)$$

例 2.3.8 将逻辑函数 $L(A,B,C)=\overline{A}B+AC$ 转换成标准或与表达式。

解： 首先利用逻辑代数公式 $A+BC=(A+B)(A+C)$ 将 L 转换成或与表达式

$$L(A,B,C)=\overline{A}B+AC$$

$$=(\overline{A}B+A)(\overline{A}B+C)$$

$$=(A+B)(\overline{A}+C)(B+C)$$

然后利用公式 $A\overline{A}=0$，可以得到

$$L(A,B,C)=(A+B+C\overline{C})(\overline{A}+B\overline{B}+C)(A\overline{A}+B+C)$$

$$=(A+B+C)(A+B+\overline{C})(\overline{A}+B+C)(\overline{A}+\overline{B}+C)$$

$$=\prod M(0,1,4,6)$$

5. 两种形式的相互转换

若给出了逻辑函数的真值表，可以由真值表直接求得标准与或表达式，方法为：在真值表中依次找出函数值等于 1 的变量组合，变量值为 1 的写成原变量，变量值为 0 的写成反变量，把组合中各个变量相乘，这样，对应于函数值为 1 的每一个变量组合就可以写成一个乘积项即最小项。然后，把这些最小项相加，就得到该逻辑函数的标准与或表达式了。

同样，也可以由真值表直接求得标准或与表达式，方法为：在真值表中依次找出函数值等于 0 的变量组合，变量值为 0 的写成原变量，变量值为 1 的写成反变量，把组合中各个变量相加，就可以得到每一个最大项。然后，把这些最大项相乘，就得到该逻辑函数的标准或与表达式了。

例 2.3.9 已知逻辑函数 L 的真值表如表 2.3.6 所示，请写出该函数的标准与或表达式和标准或与表达式。

表 2.3.6　三变量逻辑函数的最小项及编号

A	B	C	L	最　小　项	最　大　项
0	0	0	0	m_0	M_0
0	0	1	1	m_1	M_1
0	1	0	1	m_2	M_2
0	1	1	1	m_3	M_3
1	0	0	0	m_4	M_4
1	0	1	1	m_5	M_5
1	1	0	0	m_6	M_6
1	1	1	0	m_7	M_7

解：由表 2.3.6 可得

$$L = \overline{A}\,\overline{B}C + \overline{A}B\overline{C} + \overline{A}BC + A\overline{B}C = \sum m(1,2,3,5)$$

$$= (A+B+C)(\overline{A}+B+C)(\overline{A}+\overline{B}+C)(\overline{A}+\overline{B}+\overline{C}) = \prod M(0,4,6,7)$$

由此可见，对于一个 n 变量的逻辑函数 L，若 L 的标准与或表达式由 k 个最小项之和构成，则 L 的标准或与表达式一定由 $2^n - k$ 个最大项之积构成，并且对于任何一组变量取值组合对应的 i，若标准与或表达式中不含 m_i，则标准或与表达式中一定含有 M_i。

2.4　逻辑函数的代数化简法

同一个逻辑函数，可以写成不同的表达式，有的简单，有的复杂。例如，有两个逻辑函数

$$L = \overline{A}BC + A\overline{B}C + AB\overline{C} + ABC$$

$$L = AB + BC + AC$$

画出它们的真值表，可见它们是同一个函数。显然，后式比前式要简单得多。对于一个逻辑函数来说，表达式越简单，实现该逻辑函数所需要的器件越少，电路越简单，成本越低，同时电路的可靠性也越高。因此，在设计电路时，经常需要通过一定的手段对逻辑函数进行化简。

一般而言，"与或表达式"需要满足下列两个条件，方可称为"最简"：

（1）与项最少，即表达式中"+"号最少；

（2）每个与项中的变量数最少，即与项中"·"号最少。

与项最少，可以使电路实现时所需的逻辑门的个数最少；每个与项中的变量数最少，可以使电路实现时所需逻辑门的扇入系数即输入端个数最少。这样就可以保证电路最简、成本最低。

对于"或与表达式"，其"最简"的标准为：或项最少，即表达式中"·"号最少；每个或项中的变量数最少，即或项中"+"号最少。

用代数法化简逻辑函数，就是直接利用逻辑代数的基本公式和基本规则进行化简，因而代数化简法又称为公式化简法。代数化简法没有固定的步骤，常用的化简方法有以

下几种。

1. 并项法

并项法是运用公式 $A+\bar{A}=1$,将两项合并为一项,消去一个变量。如

$$L=AB\bar{C}+ABC=AB(\bar{C}+C)=AB$$

$$L=A(BC+\bar{B}\bar{C})+A(B\bar{C}+\bar{B}C)=ABC+A\bar{B}\bar{C}+AB\bar{C}+A\bar{B}C$$

$$=AB(C+\bar{C})+A\bar{B}(C+\bar{C})$$

$$=AB+A\bar{B}=A(B+\bar{B})=A$$

2. 吸收法

吸收法是运用吸收律 $A+AB=A$ 消去多余的与项。如

$$L=A\bar{B}+A\bar{B}(C+DE)=A\bar{B}$$

3. 消去法

消去法是运用吸收律 $A+\bar{A}B=A+B$ 消去多余的因子。如

$$L=AB+\bar{A}C+\bar{B}C=AB+(\bar{A}+\bar{B})C=AB+\overline{AB}C=AB+C$$

$$L=\bar{A}+AB+\bar{B}E=\bar{A}+B+\bar{B}E=\bar{A}+B+E$$

4. 配项法

配项法是先通过乘以 $A+\bar{A}(=1)$ 或加上 $A\bar{A}(=0)$,增加必要的乘积项,再用以上方法化简。如

$$L=AB+\bar{A}C+BCD=AB+\bar{A}C+BCD(A+\bar{A})$$

$$=AB+\bar{A}C+ABCD+\bar{A}BCD=AB+\bar{A}C$$

$$L=AB\bar{C}+\overline{ABC}\cdot\overline{AB}=AB\bar{C}+\overline{ABC}\cdot\overline{AB}+AB\cdot\overline{AB}$$

$$=AB(\bar{C}+\overline{AB})+\overline{ABC}\cdot\overline{AB}$$

$$=AB\cdot\overline{ABC}+\overline{ABC}\cdot\overline{AB}=\overline{ABC}(AB+\overline{AB})=\overline{ABC}$$

在化简逻辑函数时,要灵活运用上述方法,才能将逻辑函数化为最简。下面再举几个例子。

例 2.4.1 化简逻辑函数 $L=A\bar{B}+A\bar{C}+A\bar{D}+ABCD$。

解:$L=A(\bar{B}+\bar{C}+\bar{D})+ABCD=A\overline{BCD}+ABCD=A(\overline{BCD}+BCD)=A$

例 2.4.2 化简逻辑函数 $L=AD+A\bar{D}+AB+\bar{A}C+BD+A\bar{B}EF+\bar{B}EF$。

解:$L=A+AB+\bar{A}C+BD+A\bar{B}EF+\bar{B}EF$(利用 $A+\bar{A}=1$)

$$=A+\bar{A}C+BD+\bar{B}EF$$(利用 $A+AB=A$)

$$=A+C+BD+\bar{B}EF$$(利用 $A+\bar{A}B=A+B$)

例 2.4.3 化简逻辑函数 $L=AB+A\bar{C}+\bar{B}C+\bar{C}B+\bar{B}D+\bar{D}B+ADE(F+G)$。

解:$L=A\overline{\bar{B}\bar{C}}+\bar{B}C+\bar{C}B+\bar{B}D+\bar{D}B+ADE(F+G)$(利用反演律)

$$=A+\bar{B}C+\bar{C}B+\bar{B}D+\bar{D}B+ADE(F+G)$$(利用 $A+\bar{A}B=A+B$)

$$=A+\bar{B}C+\bar{C}B+\bar{B}D+\bar{D}B$$(利用 $A+AB=A$)

$$=A+\overline{B}C(D+\overline{D})+\overline{C}B+\overline{B}D+\overline{D}B(C+\overline{C})\quad（配项法）$$
$$=A+\overline{B}CD+\overline{B}C\overline{D}+\overline{C}B+\overline{B}D+\overline{D}BC+\overline{D}B\overline{C}$$
$$=A+\overline{B}C\overline{D}+\overline{C}B+\overline{B}D+\overline{D}BC\quad（利用\ A+AB=A）$$
$$=A+C\overline{D}(\overline{B}+B)+\overline{C}B+\overline{B}D$$
$$=A+C\overline{D}+\overline{C}B+\overline{B}D\quad（利用\ A+\overline{A}=1）$$

例 2.4.4 化简逻辑函数 $L=A\overline{B}+B\overline{C}+\overline{B}C+\overline{A}B$。

解法 1：

$$L=A\overline{B}+B\overline{C}+\overline{B}C+\overline{A}B+A C\quad（增加冗余项\ AC）$$
$$=A\overline{B}+\overline{B}C+\overline{A}B+AC\quad（消去 1 个冗余项\ B\overline{C}）$$
$$=\overline{B}C+\overline{A}B+AC\quad（再消去 1 个冗余项\ A\overline{B}）$$

解法 2：

$$L=A\overline{B}+B\overline{C}+\overline{B}C+\overline{A}B+\overline{A}\,\overline{C}\quad（增加冗余项\ \overline{A}\,\overline{C}）$$
$$=A\overline{B}+B\overline{C}+\overline{A}B+\overline{A}C\quad（消去 1 个冗余项\ \overline{B}C）$$
$$=A\overline{B}+B\overline{C}+\overline{A}C\quad（再消去 1 个冗余项\ \overline{A}B）$$

由上例可知,逻辑函数的化简结果不是唯一的。

代数化简法的优点是不受变量数目的限制。但它也存在明显的缺点:没有固定的步骤可循;需要熟练运用各种公式和定理;在化简一些较为复杂的逻辑函数时还需要一定的技巧和经验;有时很难判定化简结果是否最简。

2.5　逻辑函数的卡诺图化简法

本节介绍一种比代数法更简便、直观的化简逻辑函数的方法。它是一种图形法,是由美国工程师卡诺(Karnaugh)提出来的,所以称为卡诺图化简法。

扩展阅读

2.5.1　与或表达式的卡诺图表示方法

1. 卡诺图中最小项的排列规则

对于标准形式的与或表达式,卡诺图是用小方格来表示最小项,一个小方格代表一个最小项,然后将这些最小项按照**相邻性**排列起来。即用小方格几何位置上的相邻性来表示最小项逻辑上的相邻性。卡诺图实际上是真值表的一种变形,一个逻辑函数的真值表有多少行,卡诺图就有多少个小方格,所不同的是真值表中的最小项是按照二进制加法规律排列的,而卡诺图中的最小项则是按照相邻性排列的。

1）二变量卡诺图

2 个变量 A、B 共有 4 个最小项 $\overline{A}\,\overline{B}$、$\overline{A}B$、$A\overline{B}$、$AB$,用 4 个相邻的小方格表示这 4 个最小项之间的相邻关系,如图 2.5.1 所示。图 2.5.1(a)中标出了每个小方格对应的最小项,方格外标出了两个变量取值的区域,如右边两列标有“A”,意思为在这个区域中的最小项 A 变量都为原变量,反之,另外两列中 A 变量都为反变量。同样,中间两列标有“B”,意思为在两列中的最小项 B 变量都为原变量,另外两列中 B 变量都为反变量。图 2.5.1(b)中标出了每个小方格对应的最小项的编号,方格外标出了两个变量 A、B 的取值。

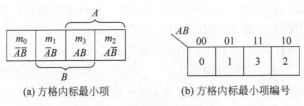

(a) 方格内标最小项   (b) 方格内标最小项编号

图 2.5.1 二变量卡诺图

2) 三变量卡诺图

3 个变量 A、B、C 共有 8 个最小项,用 8 个相邻的小方格表示这 8 个最小项之间的相邻关系,如图 2.5.2 所示。

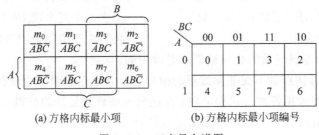

(a) 方格内标最小项   (b) 方格内标最小项编号

图 2.5.2 三变量卡诺图

3) 四变量卡诺图

4 个变量 A、B、C、D 共有 16 个最小项,用 16 个相邻的小方格表示这 16 个最小项之间的相邻关系,如图 2.5.3 所示。

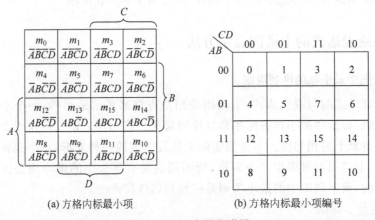

(a) 方格内标最小项   (b) 方格内标最小项编号

图 2.5.3 四变量卡诺图

仔细观察可以发现,卡诺图具有很强的相邻性。首先是直观相邻性,只要小方格在几何位置上相邻(上下左右),它代表的最小项在逻辑上一定是相邻的。如图 2.5.3(a) 中的 m_5($\overline{A}B\overline{C}D$)和 m_7($\overline{A}BCD$),只有变量 C 不同;m_{13}($AB\overline{C}D$)和 m_9($A\overline{B}\overline{C}D$),只有变量 B 不同。其次是对边相邻性,即与中心轴对称的左右两边和上下两边的小方格也具有相邻性。如图 2.5.3(a)中的 $m_4(\overline{A}B\overline{C}\overline{D})$ 和 $m_6(\overline{A}B\overline{C}\overline{D})$，只有变量 C 不同；$m_2(\overline{A}B\overline{C}D)$ 和 $m_{10}(A\overline{B}C\overline{D})$，只有变量 A 不同。

五变量以上的卡诺图原则上可以按类似方法得到。但当逻辑函数超过 5 变量时，卡诺图的直观相邻性变差，用卡诺图化简已无多少优势可言，故这里不再介绍。

2. 卡诺图表示方法

按照上述相邻性排列规则，可以由真值表和逻辑表达式获得卡诺图。

1）从真值表到卡诺图

从真值表到卡诺图非常简单，只要将函数 L 在真值表中各行的取值填入卡诺图上对应的小方格即可。

例 2.5.1 某逻辑函数的真值表如表 2.5.1 所示，用卡诺图表示该逻辑函数。

解：该函数为三变量，先画出三变量卡诺图，然后根据表 2.5.1 将 8 个最小项 L 的取值 0 或 1 填入卡诺图中对应的 8 个小方格中即可，如图 2.5.4 所示。

表 2.5.1　例 2.5.1 的真值表

A	B	C	L
0	0	0	0
0	0	1	0
0	1	0	0
0	1	1	1
1	0	0	0
1	0	1	1
1	1	0	1
1	1	1	1

2）从逻辑表达式到卡诺图

如果逻辑表达式为最小项表达式，则只要将函数式中出现的最小项在卡诺图对应的小方格中填入 1，没出现的最小项则在卡诺图对应的小方格中填入 0。

例 2.5.2 用卡诺图表示逻辑函数 $F=\overline{A}\,\overline{B}\,\overline{C}+\overline{A}BC+AB\overline{C}+ABC$。

解：该函数为三变量，且为最小项表达式，写成简化形式 $F=m_0+m_3+m_6+m_7$，然后画出三变量卡诺图，将卡诺图中 m_0、m_3、m_6、m_7 对应的小方格填 1，其他小方格填 0，如图 2.5.5 所示。

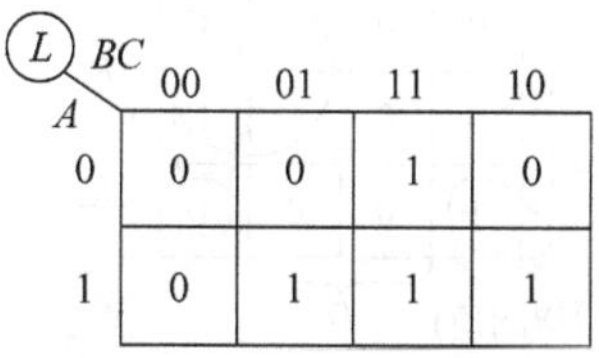

$L\backslash BC$	00	01	11	10
A 0	0	0	1	0
1	0	1	1	1

$F\backslash BC$	00	01	11	10
A 0	1	0	1	0
1	0	0	1	1

图 2.5.4　例 2.5.1 的卡诺图 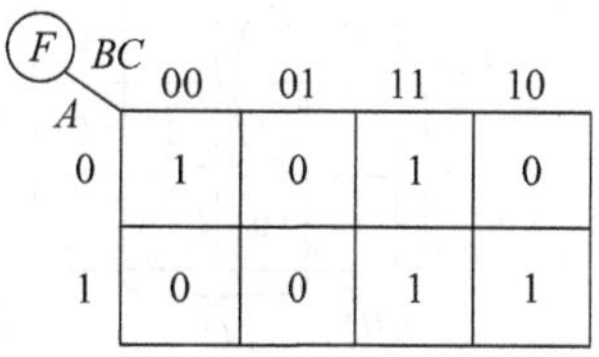　　　图 2.5.5　例 2.5.2 的卡诺图

如果逻辑表达式不是最小项表达式,而是与或表达式,可将其先化成最小项表达式,再填入卡诺图。也可直接填入,直接填入的具体方法是:分别找出每一个与项所包含的所有小方格,全部填入1。

例 2.5.3 用卡诺图表示逻辑函数 $G = A\bar{B} + B\bar{C}D$。

解:第一步,该函数为四变量,先画出四变量卡诺图,如图2.5.6所示。

第二步,填第一个与项 $A\bar{B}$,将 A 取值为1与 B 取值为0相交区域的小方格都填入1,即8、9、11、10号4个小方格都填入1。

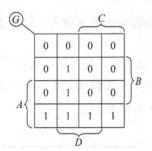

图 2.5.6 例 2.5.3 的卡诺图

第三步,填第二个与项 $B\bar{C}D$,将 B 取值为1、C 取值为0和 D 取值为1相交区域的小方格都填入1,即5、13号2个小方格都填入1。

这样就完成了卡诺图的填写,如图2.5.6所示。注意在填写过程中,如果有重复填1的小方格,只需填一次1即可。

如果逻辑表达式不是与或表达式,可先将其化成与或表达式再填入卡诺图。

2.5.2 与或表达式的卡诺图化简

1. 卡诺图化简原理

由于卡诺图中任意2个在几何位置上相邻或与中心轴对称的小方格取值为1时,则它们代表的最小项为相邻项,化简时可以合并为一项,消去取值不同的那个变量。同理,4个、8个、……、2^n 个最小项相邻时也可以合并为一项,这正是卡诺图化简逻辑函数的原理。

卡诺图中合并最小项的规律为:

(1)2个相邻的最小项结合(用一个包围圈表示),可以消去1个取值不同的变量而合并为1项,如图2.5.7所示。

(2)4个相邻的最小项结合(用一个包围圈表示),可以消去2个取值不同的变量而合并为1项,如图2.5.8所示。

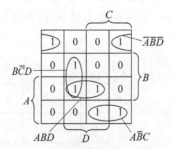

图 2.5.7 2个相邻的最小项合并

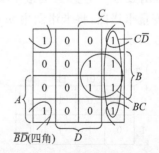

图 2.5.8 4个相邻的最小项合并

（3）8 个相邻的最小项结合（用一个包围圈表示），可以消去 3 个取值不同的变量而合并为 1 项,如图 2.5.9 所示。

总之,2^n 个相邻的最小项结合,可以消去 n 个取值不同的变量而合并为 1 项。

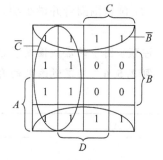

图 2.5.9　8 个相邻的最小项合并

2. 卡诺图化简原则

用卡诺图化简逻辑函数,就是在卡诺图中找相邻的最小项,即画圈。为了保证将逻辑函数化到最简,画圈时必须遵循以下原则:

（1）圈要尽可能大,这样消去的变量就多。但每个圈内只能含有 2^n（$n=0,1,2,3,\cdots$）个相邻项。要特别注意对边相邻性和四角相邻性。

（2）圈的个数尽量少,这样化简后的逻辑函数的与项就少。

（3）卡诺图中所有取值为 1 的方格均要被圈过,即不能漏下取值为 1 的最小项。

（4）取值为 1 的方格可以被重复圈在不同的包围圈中,但在新画的包围圈中至少要含有 1 个未被圈过的 1 方格,否则该包围圈是多余的。

3. 卡诺图化简步骤

（1）画出逻辑函数的卡诺图。

（2）合并相邻的最小项,即根据前述原则画圈。

（3）写出化简后的表达式。每一个圈写一个最简与项,规则是:取值为 1 的变量用原变量表示,取值为 0 的变量用反变量表示,将这些变量相与。然后将所有与项进行逻辑加,即得**最简与或表达式**。

例 2.5.4　用卡诺图化简逻辑函数:
$$L(A,B,C,D)=\sum m(0,2,3,4,6,7,10,11,13,14,15)$$

解：（1）由表达式画出卡诺图如图 2.5.10 所示。

（2）画包围圈合并最小项,得简化的与或表达式:
$$L=C+A\overline{D}+ABD$$

注意图中的包围圈 $A\overline{D}$ 是利用了对边相邻性。

例 2.5.5　用卡诺图化简逻辑函数:$F=AD+A\overline{B}\overline{D}+\overline{A}\overline{B}\overline{C}D+\overline{A}BC\overline{D}$。

解：（1）由表达式画出卡诺图如图 2.5.11 所示。

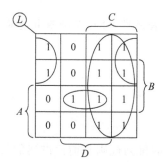

图 2.5.10　例 2.5.4 的卡诺图

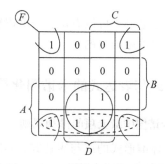

图 2.5.11　例 2.5.5 的卡诺图

（2）画包围圈合并最小项,得简化的与或表达式:

$$F = AD + \overline{B}\,\overline{D}$$

注意:图中的虚线圈是多余的,应去掉;图中的包围圈 $\overline{B}\,\overline{D}$ 是利用了四角相邻性。

例 2.5.6 某逻辑函数的真值表如表 2.5.2 所示,用卡诺图化简该逻辑函数。

表 2.5.2　例 2.5.6 的真值表

A	B	C	L
0	0	0	0
0	0	1	1
0	1	0	1
0	1	1	1
1	0	0	1
1	0	1	1
1	1	0	1
1	1	1	0

解法 1:(1)由真值表画出卡诺图,如图 2.5.12 所示。

(2)画包围圈合并最小项,如图 2.5.12(a)所示,得简化的与或表达式:

$$L = \overline{B}C + \overline{A}B + A\overline{C}$$

解法 2:(1)由表达式画出卡诺图,如图 2.5.12 所示。

(2)画包围圈合并最小项,如图 2.5.12(b)所示,得简化的与或表达式:

$$L = A\overline{B} + B\overline{C} + \overline{A}C$$

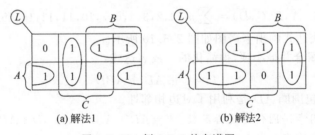

(a)解法1　　　　　　(b)解法2

图 2.5.12　例 2.5.6 的卡诺图

通过这个例子可以看出:一个逻辑函数的真值表是唯一的,卡诺图也是唯一的,但化简结果有时不是唯一的。

2.5.3　或与表达式的卡诺图化简

1. 卡诺图中最大项的排列规则

对于标准形式的或与表达式,卡诺图中最大项的排列规则与前面讲述的最小项的排列规则相同,卡诺图中的每一个小方格代表一个最大项。以三变量卡诺图为例,3 个变量

A、B、C 共有 8 个最大项,用 8 个相邻的小方格表示这 8 个最大项之间的相邻关系,如图 2.5.13 所示。

同理,可以获得四变量卡诺图。4 个变量 A、B、C、D 共有 16 个最大项,用 16 个相邻的小方格表示这 16 个最大项之间的相邻关系,如图 2.5.14 所示。从图中可以发现,由最大项组成的卡诺图同样具有直观相邻性和对边相邻性的特点。

A \ BC	00	01	11	10
0	M_0 $A+B+C$	M_1 $A+B+\overline{C}$	M_3 $A+\overline{B}+\overline{C}$	M_2 $A+\overline{B}+C$
1	M_4 $\overline{A}+B+C$	M_5 $\overline{A}+B+\overline{C}$	M_7 $\overline{A}+\overline{B}+\overline{C}$	M_6 $\overline{A}+\overline{B}+C$

图 2.5.13　三变量卡诺图

AB \ CD	00	01	11	10
00	M_0	M_1	M_3	M_2
01	M_4	M_5	M_7	M_6
11	M_{12}	M_{13}	M_{15}	M_{14}
10	M_8	M_9	M_{11}	M_{10}

图 2.5.14　四变量卡诺图

2. 或与表达式的卡诺图表示方法

若逻辑函数表达式为标准形式的或与表达式,卡诺图的表示方法是:把表达式中的每一个最大项所对应的小方格中填入 0,其余小方格填入 1,就得到了该逻辑函数的卡诺图。对于非标准形式的或与表达式,可将其变换为标准形式。

例 2.5.7　用卡诺图表示逻辑函数:$F=(A+B+C)(A+\overline{B}+C)(\overline{A}+\overline{B}+C)(\overline{A}+B+\overline{C})$。

解:根据逻辑表达式画出卡诺图如图 2.5.15 所示。

F A \ BC	00	01	11	10
0	0	1	1	0
1	1	0	1	0

图 2.5.15　例 2.5.7 的卡诺图

3. 或与表达式的卡诺图化简

由或与表达式的卡诺图可知,2 个相邻最大项化简时可以合并为一项,消去取值不同的那个变量,同理,4 个、8 个、……、2^n 个最大项相邻时也可以合并为一项,从而得到化简后的或项。或与表达式的卡诺图化简过程和与或表达式的卡诺图化简过程基本上是相同的,只不过对卡诺图中的“0”进行画圈而产生合并的或项,需要注意的是,取值为 0 的变量用原变量表示,取值为 1 的变量用反变量表示,将各合并的或项相与,即可得到所求的**最简或与表达式**。

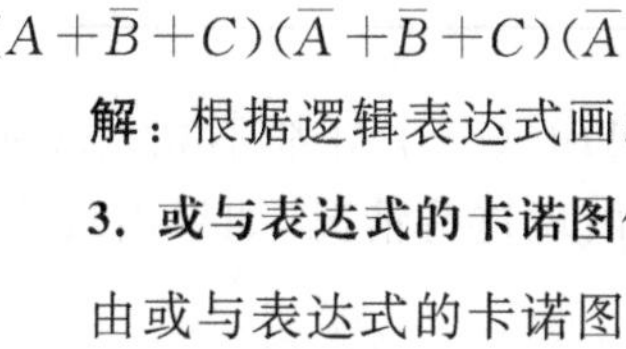

例 2.5.8　用卡诺图化简逻辑函数:$F=(A+B+C)(A+\overline{B}+C)(\overline{A}+\overline{B}+C)(\overline{A}+B+\overline{C})$。

解:根据逻辑表达式画出卡诺图并对卡诺图中的“0”进行画圈,如图 2.5.16 所示。将 3 个圈对应的或项相与,就得到最简或与表达式:

$$F=(A+C)(\overline{B}+C)(\overline{A}+B+\overline{C})$$

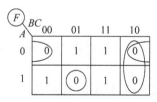

图 2.5.16　例 2.5.8 的卡诺图

2.5.4 具有无关项的逻辑函数的化简

1. 什么是无关项

前面讨论的逻辑函数,对于自变量的所有取值,都有一个确定的函数值与之对应,不是0就是1。但有一些实际问题,抽象成逻辑函数后,输入变量的某些取值组合不会出现,或者一旦出现,逻辑值可以是任意的。这样的取值组合所对应的最小项称为**无关项**、**任意项**或**约束项**,在卡诺图中用符号"×"表示其逻辑值。

例 2.5.9 在十字路口有红绿黄三色交通信号灯,规定红灯亮停,绿灯亮行,黄灯亮等一等,试分析车行与三色信号灯之间的逻辑关系。

解:设红、绿、黄灯分别用 A、B、C 表示,且灯亮为1,灯灭为0;车用 L 表示,车行 $L=1$,车停 $L=0$。列出该函数的真值表如表 2.5.3 所示。

表 2.5.3 真值表

红灯 A	绿灯 B	黄灯 C	车 L
0	0	0	×
0	0	1	0
0	1	0	1
0	1	1	×
1	0	0	0
1	0	1	×
1	1	0	×
1	1	1	×

显而易见,在这个函数中,有5个最小项为无关项,如 $\overline{A}\,\overline{B}\,\overline{C}$(三个灯都不亮)、$AB\overline{C}$(红灯、绿灯同时亮)等。因为一个正常的交通灯系统不可能出现这些情况,如果出现了,车可以行也可以停,即逻辑值任意。

用 d 表示无关项,则带有无关项的逻辑函数的最小项表达式为:

$$L = \sum m(\quad) + \sum d(\quad)$$

如本例函数可写成 $L = \sum m(2) + \sum d(0,3,5,6,7)$

2. 具有无关项的逻辑函数的化简

化简具有无关项的逻辑函数时,要充分利用无关项既可以当0也可以当1的特点,尽量扩大卡诺图中的圈,使逻辑函数更简。

画出例 2.5.9 的卡诺图如图 2.5.17 所示,如果不考虑无关项,包围圈只能包含一个最小项,如图 2.5.17(a)所示,写出表达式为 $L=\overline{A}B\overline{C}$。

如果把与它相邻的3个无关项当作1,则包围圈可包含4个最小项,如图 2.5.17(b)所示,写出表达式为 $L=B$,其含义为:只要绿灯亮,车就行。

注意,在考虑无关项时,哪些无关项当作1,哪些无关项当作0,要以尽量扩大卡诺图中的圈、减少圈的个数、使逻辑函数更简为原则。

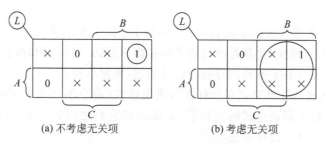

(a) 不考虑无关项   (b) 考虑无关项

图 2.5.17 例 2.5.9 的卡诺图

例 2.5.10 某逻辑函数输入是 8421BCD 码(即不可能出现 1010～1111 这 6 种输入组合),其逻辑表达式为 $L(A,B,C,D)=\sum m(1,4,5,6,7,9)+\sum d(10,11,12,13,14,15)$,用卡诺图法化简该逻辑函数。

解:(1)画出四变量卡诺图,如图 2.5.18(a)所示。将 1、4、5、6、7、9 号小方格填入 1;将 10、11、12、13、14、15 号小方格填入×。

(2)合并最小项。与 1 方格圈在一起的无关项被当作 1,没有圈的无关项被当作 0。注意,1 方格不能漏;×方格根据需要,可以圈入,也可以放弃。

(3)写出逻辑函数的最简与或表达式:$L=B+\overline{C}D$。

如果不考虑无关项,如图 2.5.18(b)所示,写出表达式为 $L=\overline{A}B+\overline{B}CD$,可见不是最简。

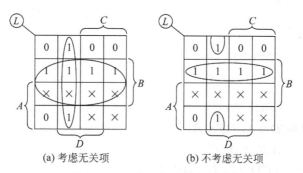

(a) 考虑无关项   (b) 不考虑无关项

图 2.5.18 例 2.5.10 的卡诺图

卡诺图化简法的优点是简单、直观,有一定的化简步骤可循,不易出错,且容易化到最简。但是在逻辑变量超过 5 个时,就失去了简单、直观的优点,其实用性大打折扣。

小结

1. 与、或、非是逻辑代数中的三种基本逻辑运算,与非、或非、与或非、异或、同或是由三种基本逻辑运算复合而成的常用逻辑运算。

2. 逻辑代数的公式和定理是推演、转换和化简逻辑函数的依据,有些与普通代数相似,有些则完全不同,例如吸收律、反演律等,要特别注意记忆和掌握这些特殊的公式、定理和规则。

3. 逻辑函数的常用表示方法有四种:真值表、卡诺图、逻辑表达式和逻辑图。它们各有特点,但可相互转换,尤其是由真值表到逻辑表达式、卡诺图和由逻辑表达式到真值表、卡诺图,直接涉及数字电路的分析与设计问题,更加重要。

4. 逻辑表达式的标准形式包括标准与或表达式(最小项之和)、标准或与表达式(最大项之积),在掌握不同表达式的规律后,正确理解它们之间的关系,在实际中根据电路分析与设计的需要合理选择表达形式。

5. 用逻辑代数的基本公式与基本规则可以化简一个逻辑函数表达式,从而用较简单的电路实现给定的逻辑功能,这种方法称为代数化简法,又称为公式化简法。卡诺图化简法是化简逻辑函数表达式的另一种方法,它是用合并相邻项的原理进行化简的。这两种方法各有优缺点,可根据需要选择使用。

习题

2.1 用真值表法证明下列恒等式。

(1) $A+\overline{A}B=A+B$

(2) $(A\oplus B)\oplus C=A\oplus(B\oplus C)$

2.2 用代数法化简下列各式。

(1) $AB(BC+A)$

(2) $\overline{\overline{\overline{A}BC}(B+\overline{C})}$

(3) $\overline{AB+\overline{A}\overline{B}+\overline{A}B+A\overline{B}}$

(4) $(A+B+\overline{C})(A+B+C)$

(5) $\overline{\overline{AC+\overline{A}BC}+\overline{B}C+AB\overline{C}}$

(6) $ABD+A\overline{B}C\overline{D}+A\overline{C}DE+AD$

(7) $(A\oplus B)C+ABC+\overline{A}\overline{B}C$

(8) $\overline{A}(C\oplus D)+B\overline{C}D+AC\overline{D}+A\overline{B}\overline{C}D$

(9) $(A+\overline{A}C)(A+CD+D)$

2.3 下列逻辑式中,变量 A、B、C 取哪些值时,L 的值为1。

(1) $L=(A+B)C+AB$

(2) $L=AB+\overline{A}C+\overline{B}C$

(3) $L=(A\overline{B}+\overline{A}B)C$

2.4 求下列函数的反函数并化成最简"与-或"形式。

(1) $L=AB+C$

(2) $L=(A+B\overline{C})\overline{C}D$

(3) $L=\overline{(A+\overline{B})(\overline{A}+C)}AC+BC$

（4）$L = A\overline{D} + \overline{A}\overline{C} + \overline{B}CD + C$

2.5　将下列各函数式分别化成标准与或表达式和标准或与表达式。

（1）$L = \overline{A}BC + AC + \overline{B}C$

（2）$L = A\overline{B}\overline{C}D + BCD + \overline{A}D$

（3）$L = \overline{(A+\overline{B})(\overline{A}+C)}AC + BC$

2.6　用卡诺图化简法将下列各式化简成标准与或表达式。

（1）$L = A\overline{C} + \overline{A}C + B\overline{C} + \overline{B}C$

（2）$L = ABC + ABD + \overline{C}D + A\overline{B}C + \overline{A}CD + A\overline{C}D$

（3）$L = \overline{\overline{A}C + \overline{A}BC + \overline{B}C + AB\overline{C}}$

（4）$L = A\overline{B}CD + D(\overline{B}\overline{C}D) + (A+C)B\overline{D} + \overline{A}\overline{(\overline{B}+C)}$

（5）$L(A,B,C,D) = \sum m(3,4,5,6,9,10,12,13,14,15)$

（6）$L(A,B,C,D) = \sum m(0,2,5,7,8,10,13,15)$

（7）$L(A,B,C,D) = \sum m(1,4,6,9,13) + \sum d(0,3,5,7,11,15)$

（8）$L(A,B,C,D) = \sum m(2,4,6,7,12,15) + \sum d(0,1,3,8,9,11)$

2.7　用与非门实现下列逻辑函数，画出逻辑图。

（1）$L = AB + BC$

（2）$L = \overline{D(A+C)}$

（3）$L = \overline{AB\overline{C} + A\overline{B}C + \overline{A}B}$

2.8　已知逻辑函数 $L = A\overline{C} + \overline{A}B + \overline{B}C$，试用真值表、卡诺图和逻辑图（与非-与非）表示。

2.9　分别写出如题图 2.9 所示逻辑电路的逻辑表达式，并列出真值表。

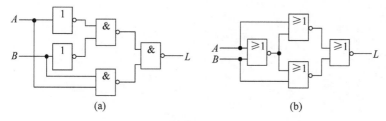

（a）　　　　　　　　　　　　（b）

题图　2.9

第3章

逻辑门电路

内容提要：

在第 2 章里,我们学习了与、或、非三种基本逻辑运算和与非、或非、异或等常用的复合逻辑运算,初步认识了实现上述逻辑运算功能的门电路符号。而在工程中每一个逻辑符号都对应着不同的电路,并通过集成工艺制成一种集成器件,称为集成逻辑门电路。逻辑符号仅是这些集成逻辑门电路的"黑匣子",本章将逐步揭开这些"黑匣子"的奥秘,首先由普通开关电路引出数字电路中的半导体二极管及二极管门电路、三极管的开关特性及其门电路,然后重点分析和介绍 TTL 门电路和 MOS 门电路的工作原理、逻辑功能、电气特性及主要参数等,最后介绍集成门电路的应用和两种有效电平及两种逻辑符号。

学习目标：

1. 理解二极管、三极管和场效应管的工作原理,掌握其开关特性。
2. 熟练掌握 TTL 门电路的结构、工作原理、特性。
3. 熟练掌握 MOS 门电路尤其是 CMOS 门电路的结构、工作原理、特性。
4. 掌握常用集成逻辑门电路的使用方法。
5. 理解两种有效电平及两种逻辑符号。

重点内容：

1. TTL 门电路、CMOS 门电路的结构、工作原理、特性。
2. 常用集成逻辑门电路的使用方法。

3.1　概述

在二值逻辑中,逻辑变量的取值不是 1 就是 0,在数字电路中,与之对应的是高、低电平,分别用电子开关的两种状态去实现。而半导体二极管、三极管和 MOS 管,则是构成这种电子开关的基本开关元件。

如图 3.1.1 所示的开关电路中,当开关 K 断开时,输出电压 u_O 为高电平(V_{CC});而当 K 接通后,则输出为低电平(0V)。假设 K 是一个理想开关,则其特性如下。

1. 静态特性

(1) 当 K 断开时,无论其两端电压在多大范围内变化,其等效电阻无穷大,通过其中的电流等于 0。

(2) 当 K 闭合时,无论流过其中的电流在多大范围内变化,其等效电阻为 0,两端电压等于 0。

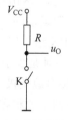

图 3.1.1　开关电路示意图

2. 动态特性

(1) 开通时间 t_{on}

当开关 K 由断开状态切换到闭合状态时,开关切换不需要时间,可以瞬间完成,即开通时间 $t_{on}=0$。

(2) 关断时间 t_{off}

当开关 K 由闭合状态切换到断开状态时,开关切换也不需要时间,可以瞬间完成,即

关断时间 $t_{on}=0$。

在现实中，当然没有上述特性的理想开关。日常生活中使用的机械开关、继电器、接触器等，在一定电压和电流范围内，其静态特性十分接近理想开关，但动态特性很差，根本不满足数字电路每秒开关几百万乃至数千万次的需要。虽然，二极管、三极管、MOS管在开关电路使用时，其静态特性不如机械开关，但其动态特性却是机械开关无法比拟的。

3.2 二极管的开关特性及二极管门电路

3.2.1 二极管的开关特性

1. 二极管的伏安特性

半导体二极管是由一个 PN 结加上电极引线和外壳构成的，图 3.2.1 为半导体二极管的结构示意图和符号。标"＋"号的一端与 PN 结的 P 区相连，称为阳极；标"－"号的一端与 PN 结的 N 区相连，称为阴极。

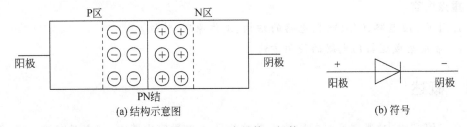

(a) 结构示意图　　　　　　　　　　　　　(b) 符号

图 3.2.1　半导体二极管

采用不同的掺杂工艺，将 P 型半导体与 N 型半导体制作在同一块硅片上，在它们的交界面附近，P 区出现负离子区，N 区出现正离子区，称为空间电荷区，从而形成内电场，当参与扩散运动的多子数量等于参与漂移运动的少子数目时，空间电荷区的宽度不再变化，形成 PN 结。PN 结中存在着两种载流子的运动，一种是多子克服内电场阻力的扩散运动；另一种是少子在内电场的作用下的漂移运动。PN 结加正向电压时(P 区接电源正极，N 区接电源负极)，可以有较大的正向扩散电流，即呈现低电阻，称为 PN 结导通，PN

结处于正向偏置状态，简称正偏；PN 结加反向电压时(P 区接电源负极，N 区接电源正极)，只有很小的反向漂移电流，即呈现高电阻，称为 PN 结截止，PN 结处于反向偏置状态，简称反偏，这就是 PN 结的**单向导电性**。

二极管实际上是一个封装的 PN 结，若忽略封装中很小的引线电阻和寄生电容，则二极管的伏安特性与 PN 结完全相同。

PN 结的伏安特性的表达式为

$$i = I_S(e^{\frac{qu}{kT}} - 1) = I_S(e^{\frac{u}{U_T}} - 1) \tag{3.2.1}$$

其中，i 为流过 PN 结的电流，I_S 为 PN 结的反向饱和电流，k 为玻尔兹曼常数($k=1.381\times 10^{23}$J/K)，T 为热力学温度，q 为一个电子的荷量($q=1.6\times 10^{-19}$C)，u 为 PN 结的两端

电压，$U_T = \dfrac{kT}{q}$，称为温度电压当量，常温下，即 $T = 300\text{K}$ 时，$U_T \approx 26\text{mV}$。

当 PN 结加正向电压（$u > 0$），且 $u \gg U_T$ 时，i 近似表示为

$$i = I_S e^{\frac{u}{U_T}} \tag{3.2.2}$$

即 PN 结正向电流随正向电压按指数规律变化。

当 PN 结加反向电压（$u < 0$），且 $|u| \gg U_T$ 时，i 近似表示为

$$i = -I_S \tag{3.2.3}$$

即反向电流不随反向电压变化，而且反向电流很小，硅管为 nA 数量级，锗管为 μA 数量级。

当反向电压的数值超过一定数值 U_{BR} 后，反向电流急剧增加，PN 结被击穿。

PN 结的伏安特性曲线如图 3.2.2 所示，其中 $u > 0$ 的部分称为正向特性，$u < 0$ 的部分称为反向特性。

二极管实际的伏安特性曲线与 PN 结的伏安特性曲线是有差别的，图 3.2.3 给出了实测的硅二极管的特性曲线，对比图 3.2.2，二者差别表现在以下两点。

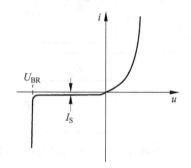

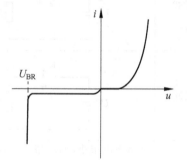

图 3.2.2　PN 结的伏安特性　　　　　图 3.2.3　二极管的伏安特性

其一，当二极管两端加正向电压时（$u > 0$），即二极管的正向特性，若电压较小，电流几乎为零，则可以认为二极管是不导通的，只有电压大到一定值时，才有电流出现，这个电压称为二极管的**门限电压** U_{th}，也称为**死区电压**或**阈值电压**。一般硅二极管的死区电压为 0.5V，锗二极管的死区电压为 0.1V。二极管存在死区电压的原因在于，当外加正向电压很小时，外电场不足以克服内电场的影响，其正向电流几乎为零；当外加正向电压大于死区电压 U_{th} 后，正向电流迅速增加。当外加正向电压相同时，二极管的实际电流要小于 PN 结的电流，因为实际的二极管 P 区和 N 区都存在体电阻，引线和半导体区域之间存在接触电阻，这些电阻都会使相应的电流减小，而在 PN 结的伏安特性中，则没有考虑这些因素。二极管正向导通后，外加电压稍有上升，电流即有很大增加。因此，二极管的正向电压变化范围很小，硅二极管的正向导通电压为 0.6~0.8V，典型值为 0.7V，锗二极管的正向导通电压为 0.2~0.4V，典型值为 0.3V。

其二，当二极管外加的反向电压小于击穿电压时，反向电流很小，而且其大小基本不随反向电压变化而变化。实际二极管的反向电流比 PN 结的反向饱和电流略大一点，这是由二极管的表面漏电流引起的。

当二极管外加的反向电压大于击穿电压时,反向电流急剧增加,二极管被反向击穿。

2. 二极管的静态开关特性

二极管的开关特性实际上源于其单向导电性,是对其伏安特性的近似,通过控制二极管两端的电压可以控制二极管导通与截止,实现开关功能。加正向电压时,二极管导通,导通电阻很小,相当于开关闭合;加反向电压时,二极管截止,截止电阻很大,相当于开关断开。所以,可把二极管看作一个受外加电压控制的开关,表 3.2.1 中列出了二极管开关的工作条件、特点及等效电路。

表 3.2.1 二极管的开关特性

工作状态	导　　通	截　　止
条件	外加正向电压,且电压值大于死区电压	外加反向电压,或加正向电压,但电压值小于死区电压
电路形式	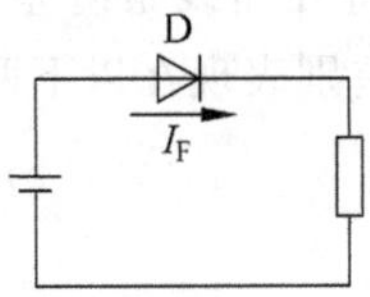	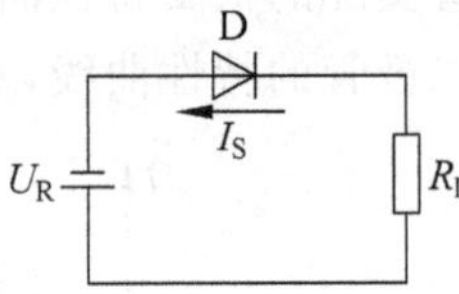
等效电路	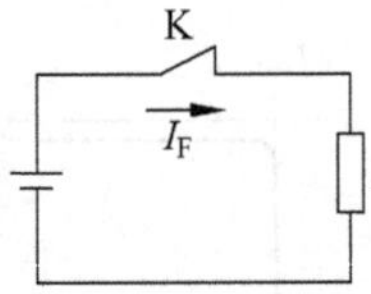	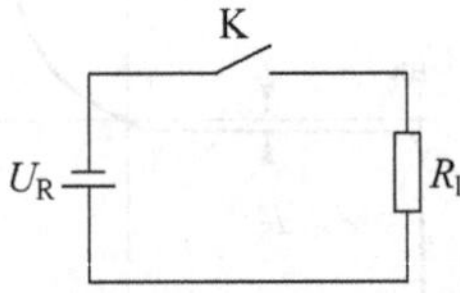
特点	等效电阻很小,如忽略正向压降,相当于开关闭合	等效电阻很大,如忽略反向电流 I_S,相当于开关断开

3. 二极管的动态开关特性

当给二极管两端加一脉冲信号时,二极管将随着脉冲电压的变化在"开"与"关"两种状态之间转换,这个转换过程就是二极管开关的动态特性。由于二极管的 PN 结具有等效电容,二极管的通断转换伴随着电容的充放电,需要一定的时间。二极管从截止转换为导通所需的时间称为**开通时间** t_{on};从导通转换为截止所需的时间称为**关断时间** t_{off},通常也称为**反向恢复时间** t_{re}。

1) 开通时间 t_{on}

二极管的开关时间是由穿越 PN 结的电荷移动引起的,即 PN 结的等效电容效应。在图 3.2.4(a)所示的最简单的二极管电路中,在 t_1 时刻加入一个如图 3.2.4(b)所示的正脉冲输入信号,输入电压由 $-U_R$ 跳变到 $+U_F$,按照理想情况,二极管应立刻由截止转为导通,波形如图 3.2.4(c)所示,但实际的电流波形却如图 3.2.4(d)所示,即二极管并不立刻导通,要经过导通延迟时间 t_d 和上升时间 t_r 之后,才能由截止转换为导通。其原因在于,当输入电压 u_I 正跳变时,只有当 PN 结中电荷量减少,PN 结由反偏转换为正偏,二极管才会导通,从而产生延迟时间 t_d,此后,u_I 为正向电压 U_F,正向电压削弱 PN 结内

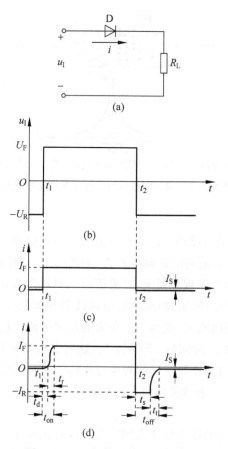

图 3.2.4 二极管开关的动态特性

电场,多数载流子不断地向对方区域扩散,并在对方区域中作为非平衡少数载流子被存储,建立起一定的浓度分布,如图 3.2.5 所示,即 P 区中的空穴扩散到 N 区以后,并非立即全部与 N 区电子复合而消失,而是在一定的路程 L_P(L_P 通常称为空穴扩散长度)内一方面与电子复合,另一方面又不断继续扩散,一部分与外电场送来的相反电荷复合,这样会在 N 区的 L_P 范围内存储一定数量的空穴,形成空穴浓度分布 n_P,距离 PN 结越远,电荷浓度越低。正向电流越大,存储的载流子的数目越多,浓度分布的梯度也越大。同理,电子从 N 区扩散到 P 区以后的情况,与空穴从 P 区扩散到 N 区的情况相似,会在 P 区的 L_N(L_N 通常称为电子扩散长度)范围内存储一定数量的电子,形成电子浓度分布 n_N。这种正向导通时少数载流子积累的现象称为电荷存储效应。

所以二极管的开通时间为

$$t_{on} = t_d + t_r \qquad (3.2.4)$$

经过开通时间 t_{on} 之后,二极管达到动态平衡并形成稳定的电荷分布和稳定的正向电流,$u_I = U_F$,二极管的导通电压为 U_D,电路中的电流为正向电流 I_F,则有

$$I_F = \frac{U_F - U_D}{R_L} \approx \frac{U_F}{R_L} \qquad (3.2.5)$$

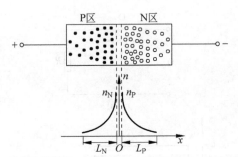

n—存储电荷浓度；x—距离；n_N—电子浓度；n_P—空穴浓度

图 3.2.5 加正向电压时二极管存储电荷的分布

2) 关断时间 t_{off}

在图 3.2.4(a)所示的电路中，在 t_2 时刻加入一个负脉冲信号，如图 3.2.4(b)所示。由上述分析可知，二极管导通时的正向电流 I_F 如式(3.2.5)所示，在 t_2 时刻，输入电压突然从 $+U_F$ 变为 $-U_R$ 时，按照理想情况，二极管应立刻转为截止，电路中只有很小的反向电流 I_S，波形如图 3.2.4(c)所示，但实际的电流波形却如图 3.2.4(d)所示，即二极管并不立刻截止，而是先由正向的 I_F 变到一个很大的反向电流 $-I_R$，这个电流维持一段时间 t_s 后才开始下降，再经过 t_t 时间后，下降到 I_S，这时二极管才进入截止状态。通常把二极管从正向导通转为反向截止所经过的转换过程称为反向恢复过程，其中 t_s 称为存储时间，t_t 称为渡越时间，用 t_{re} 表示反向恢复时间，则有

$$t_{re} = t_{off} = t_s + t_t \tag{3.2.6}$$

那产生反向恢复时间的原因是什么呢？当二极管正向导通后，多数载流子不断地向对方区域扩散，并在对方区域中作为非平衡少数载流子被存储，建立起一定的浓度分布，如图 3.2.5 所示。当外加电压突然从 $+U_F$ 变为 $-U_R$ 时，这些存储的电荷像电容器中的电荷一样，不会突然消失。它们将通过两个途径逐渐减少：一是载流子的复合；二是在反向电场作用下形成漂移电流 $I_R \approx \dfrac{U_R}{R_L}$，这就是对应于 t_s 时间内的情况。以后随着存储电荷的逐渐消散，浓度梯度逐渐减小，反向电流下降，这一过程就是渡越时间 t_t。经过 t_s 和 t_t 这两段时间后，存储电荷消散掉，PN 结的空间电荷区开始由窄变宽，二极管内阻加大，转入截止状态。所以二极管的反向恢复时间 t_{re} 就是存储电荷消散所需的时间。

由于二极管的开通时间 t_{on} 比关断时间 t_{off} 要小得多，所以一般情况下可以忽略不计，而只考虑关断时间，即反向恢复时间。二极管的反向恢复时间一般只有几纳秒。当二极管的通断频率达到每秒百万次以上时，必须考虑其开关时间，反之，可以忽略。

3.2.2 二极管门电路

1. 二极管与门电路

图 3.2.6(a)所示是由二极管组成的二输入端与门电路，其中 A、B 为输入端，L 为输

出端。输入电压为 +5V 或 0V,忽略二极管的正向压降,此电路按输入信号的不同有以下四种工作情况:

(1) $u_A = u_B = 0$V。此时二极管 D_1 和 D_2 都导通,由于二极管正向导通时的钳位作用,$u_L \approx 0$V。

(2) $u_A = 0$V,$u_B = 5$V。此时二极管 D_1 导通,由于钳位作用,$u_L \approx 0$V,D_2 因反向电压而截止。

(3) $u_A = 5$V,$u_B = 0$V。此时 D_2 导通,$u_L \approx 0$V,D_1 因反向电压而截止。

(4) $u_A = u_B = 5$V。此时二极管 D_1 和 D_2 都截止,$u_L = V_{CC} = 5$V。

把上述分析结果列入表 3.2.2 中,可见这个电路的输入和输出电压只有两个值 5V 和 0V。如果采用正逻辑体制,规定高电平 5V 为逻辑 1;低电平 0V 为逻辑 0,则表 3.2.2 可转换为表 3.2.3 的形式。很容易看出表 3.2.3 正是二变量与逻辑的真值表,所以称图 3.2.6(a) 中电路为与门电路,它实现逻辑运算 $L = A \cdot B$,图 3.2.6(b) 是它的逻辑符号。

如果在图 3.2.6(a) 中增加一个输入端和一个二极管,就可变成三输入端与门,按此方法可构成更多输入端的与门。

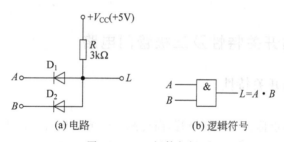

图 3.2.6 二极管与门

表 3.2.2 与门输入输出电压的关系		
输 入		输出 u_L/V
u_A/V	u_B/V	
0	0	0
0	5	0
5	0	0
5	5	5

表 3.2.3 与逻辑真值表		
输 入		输出 L
A	B	
0	0	0
0	1	0
1	0	0
1	1	1

2. 二极管或门电路

电路如图 3.2.7(a) 所示,分析方法同上,其输出电压与输入电压之间的关系列入表 3.2.4 中。采用正逻辑体制,则表 3.2.4 转换为表 3.2.5 的形式。该表为二变量或逻辑的真值表,所以称图 3.2.7(a) 的电路为或门电路,它实现或逻辑运算 $L = A + B$,图 3.2.7(b) 是它的逻辑符号。同样,可以通过增加输入端和二极管的方法,构成更多输入端的或门。

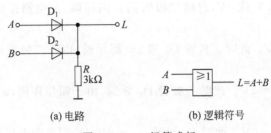

(a) 电路　　　　　　　　(b) 逻辑符号

图 3.2.7　二极管或门

表 3.2.4　或门输入输出电压的关系

输　　入		输出 u_L/V
u_A/V	u_B/V	
0	0	0
0	5	5
5	0	5
5	5	5

表 3.2.5　或逻辑真值表

输　　入		输出 L
A	B	
0	0	0
0	1	1
1	0	1
1	1	1

3.3　三极管的开关特性及三极管门电路

3.3.1　三极管的开关特性

动画

半导体三极管,也称为晶体三极管,简称晶体管或三极管。由于工作时,多数载流子和少数载流子都参与运行,因此,三极管还称为双极性晶体管(Bipolar Junction Transistor,BJT)。

1. 三极管的输入特性与输出特性

三极管是由三块两两不同的半导体材料构成的,两端是两块相同的半导体材料,中间一块的极性相反。根据材料排列方式的不同,三极管有 NPN 和 PNP 型两种类型,如

视频

图 3.3.1 所示,图 3.3.1(a)是 NPN 型三极管的内部结构示意图和符号,图 3.3.1(b)是 PNP 型三极管的内部结构示意图和符号。从图中可以看出,不论是哪一种三极管,都有三个区域:发射区、基区、集电区;每个区域对外引出一个电极,分别是发射极 e(emitter)、基极 b(base)和集电极 c(collector);有两个 PN 结,发射区与基区之间的 PN 结是发射结,基区与集电区之间的 PN 结是集电结。

本节将以 NPN 型硅管为例,讲述三极管的输入特性、输出特性和开关特性。

1) 输入特性

如图 3.3.2 所示,将一个 NPN 型硅三极管接成共射极电路,输入特性反映的是以 u_{CE} 为参变量,基极电流 i_B 与发射结压降 u_{BE} 之间的关系,其表达式为

$$i_B = f(u_{BE})\Big|_{u_{CE}=常数} \tag{3.3.1}$$

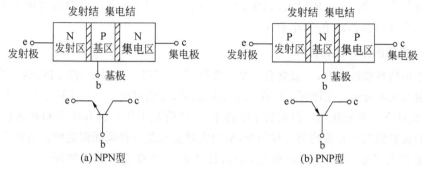

图 3.3.1　三极管的结构示意图和符号

当 $u_{CE}=0$V 时,相当于集电极与发射极短路,这时三极管等效为两个并联的 PN 结。因此,输入特性曲线与 PN 结的伏安特性曲线相类似,呈指数关系,如图 3.3.3 所示的 $u_{CE}=0$V 的曲线。

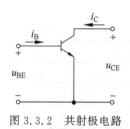

图 3.3.2　共射极电路

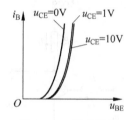

图 3.3.3　输入特性

当 u_{CE} 从 0V 增大到 1V 时,特性曲线向右移动了一段距离。当 $u_{CE}=1$V 时,集电结电压由正偏变为反偏,集电结吸引电子的能力增强了,这样,在发射结正偏下,从发射区流入基区的电子大部分流向集电区,形成集电极电流,与 $u_{CE}=0$V 时相比,相同 u_{BE} 所对应的基极电流 i_B 减小了。

如果 u_{CE} 继续增大,这时测得的特性曲线虽然也右移了一点,但与 $u_{CE}=1$V 时差别很小。这是因为在 $u_{CE}>1$V 后,集电结已经将大部分电子吸引过去形成了集电极电流,即使 u_{CE} 继续增大,集电结收集电子的能力继续增强,但所能增加的电子的数量已经很小了,因此,基极电流 i_B 的变化很小。

2) 输出特性

输出特性曲线反映的是以基极电流 i_B 为参变量,集电极电流 i_C 和管压降 u_{CE} 之间的关系,其表达式为

$$i_C = f(u_{CE})\,|_{i_B=常数} \qquad (3.3.2)$$

如图 3.3.4 所示,对于每一个确定的 i_B,都有一条曲线。对于不同的 i_B,输出特性是一组形状大体相同的曲线。对于某一条曲线,当 u_{CE} 从零逐渐增大时,集电极收集电子的能力随之增强,因而 i_C 显著增大;而当 u_{CE} 增大到一定数值时,集电极收集电子的能力足够强,发射区扩散到基区的绝大部分

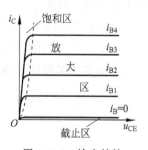

图 3.3.4　输出特性

电子都被收集起来；u_{CE} 再增大,收集能力已不能明显提高,表现为曲线大体上是一条相当平坦的直线,此时,i_C 的大小取决于 i_B。

2. 三极管的静态开关特性

从输出特性曲线来看,三极管有三个工作区域：饱和区、放大区、截止区,这三个区域的分布如图 3.3.4 所示。三极管工作在三个不同区域,分别对应于三种不同工作状态,即饱和状态、放大状态和截止状态。但在数字电路中,三极管只工作在饱和状态和截止状态,这两种对立的状态相当于开关的闭合和断开,而放大状态仅是一种瞬间即逝的过渡状态。

三极管电路如图 3.3.5(a)所示,输出特性曲线及直流负载线如图 3.3.5(b)所示。当输入电压 u_I 小于三极管发射结死区电压(硅管为 0.5V)时,$i_B = I_{CBO} \approx 0$(I_{CBO} 是集电极-基极反向饱和电流),$i_C = I_{CEO} \approx 0$(I_{CEO} 是集电极-发射极反向饱和电流),$u_{CE} \approx V_{CC}$,三极管工作在截止区,对应图 3.3.5(b)中的 A 点。三极管工作在截止区的特点是电流很小,集电极回路中的 c、e 之间近似开路,相当于开关断开。

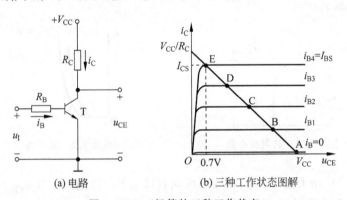

(a) 电路   (b) 三种工作状态图解

图 3.3.5　三极管的三种工作状态

当输入电压 u_I 为正值且大于死区电压时,三极管导通,有

$$i_B = \frac{u_I - U_{BE}}{R_B} \approx \frac{u_I}{R_B} \tag{3.3.3}$$

此时,若继续增加 u_I,则 i_B 增大,i_C 增大,u_{CE} 减小,工作点沿着负载线由 A 点→B点→C 点→D 点向上移动。在此期间,三极管工作在放大区,其特点为 $i_C = \beta i_B$,β 为电流放大系数,即 i_C 随 i_B 的增加而成比例地增加。三极管在模拟电路中做放大功能使用时就工作在这种状态。

继续增加 u_I,当 u_{CE} 减小至 0.7V 时,集电结由反偏变为零偏,称为临界饱和状态,对应图 3.3.5(b)中的 E 点。此时的集电极电流称为集电极临界饱和电流,用 I_{CS} 表示,基极电流称为基极临界饱和电流,用 I_{BS} 表示,有

$$I_{CS} = \frac{V_{CC} - 0.7V}{R_C} \approx \frac{V_{CC}}{R_C} \tag{3.3.4}$$

$$I_{BS} = \frac{I_{CS}}{\beta} = \frac{V_{CC}}{\beta R_C} \tag{3.3.5}$$

若再增加 u_I，i_B 会继续增加，但 i_C 已接近于最大值 V_{CC}/R_C，受 V_{CC} 和 R_C 的限制，不再随 i_B 的增加按 β 倍的比例增加，三极管进入饱和状态，所以三极管工作在饱和状态的条件为

$$i_B > I_{BS} \tag{3.3.6}$$

进入饱和状态后，i_B 增加时，i_C 会略有增加，$u_{CE} < 0.7\text{V}$，集电结变为正向偏置。所以也常把集电结和发射结均正偏作为三极管工作在饱和状态的条件。饱和时的 u_{CE} 电压为饱和压降 U_{CES}，其典型值为 0.3V。

三极管工作在饱和区的特点是 u_{CE} 很小，集电极回路中的 c、e 之间近似短路，相当于开关闭合。

为了便于比较，将 NPN 型三极管截止、放大、饱和三种工作状态的特点列于表 3.3.1 中。

表 3.3.1　NPN 型三极管三种工作状态的特点

工作状态		截　　止	放　　大	饱　　和
条件		$i_B \approx 0$	$0 < i_B < I_{BS}$	$i_B > I_{BS}$
工作特点	偏置情况	发射结电压 $u_{BE} < 0.5\text{V}$，集电结反偏	发射结正偏且 $u_{BE} > 0.5\text{V}$，集电结反偏	发射结正偏且 $u_{BE} > 0.5\text{V}$，集电结正偏
	集电极电流	$i_C \approx 0$	$i_C = \beta i_B$	$i_C = I_{CS} \approx V_{CC}/R_C$
	管压降	$u_{CE} = V_{CC}$	$u_{CE} = V_{CC} - i_C R_C$	$u_{CE} = U_{CES} \approx 0.3\text{V}$
	近似等效电路	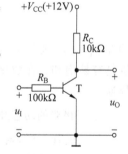		
	c、e 间等效电阻	很大，约为数百 kΩ，相当于开关断开	可变	很小，约为数百 Ω，相当于开关闭合

视频

例 3.3.1　电路及参数如图 3.3.6 所示，设输入电压 $u_I = 3\text{V}$，三极管的 $U_{BE} = 0.7\text{V}$。

（1）若 $\beta = 60$，试判断三极管是否饱和，并求出 i_C 和 u_O 的值。

（2）若 $R_C = 6.8\text{k}\Omega$，重复以上计算。

（3）若 $R_C = 6.8\text{k}\Omega$，$R_B = 60\text{k}\Omega$，重复以上计算。

（4）若 $R_C = 6.8\text{k}\Omega$，$\beta = 100$，重复以上计算。

解：根据饱和条件 $i_B > I_{BS}$ 解题。

（1）

图 3.3.6　例 3.3.1 电路

$$i_B = \frac{u_I - U_{BE}}{R_B} \approx \frac{3 - 0.7}{100} = 0.023(\text{mA})$$

$$I_{BS} = \frac{V_{CC}}{\beta R_C} = \frac{12}{60 \times 10} = 0.020(\text{mA})$$

因为 $i_B > I_{BS}$，所以三极管饱和。

$$i_C = I_{CS} = \frac{V_{CC}}{R_C} = \frac{12}{10} = 1.2(\text{mA})$$

$$u_O = U_{CES} \approx 0.3(\text{V})$$

（2）i_B 不变，仍为 0.023mA。

$$I_{BS} = \frac{V_{CC}}{\beta R_C} = \frac{12}{60 \times 6.8} \approx 0.029(\text{mA})$$

因为 $i_B < I_{BS}$，所以三极管处在放大状态。

$$i_C = \beta \times i_B \approx 60 \times 0.023 \approx 1.4(\text{mA})$$

$$u_O = u_{CE} = V_{CC} - i_C \times R_C \approx 12 - 1.4 \times 6.8 = 2.48(\text{V})$$

（3）$i_B = \frac{3-0.7}{60} \approx 0.038(\text{mA})$，$I_{BS} \approx 0.029(\text{mA})$。

因为 $i_B > I_{BS}$，所以三极管饱和。

$$i_C = I_{CS} = \frac{V_{CC}}{R_C} = \frac{12}{6.8} \approx 1.76(\text{mA})$$

$$u_O = U_{CES} \approx 0.3(\text{V})$$

（4）$I_{BS} = \frac{V_{CC}}{\beta R_C} = \frac{12}{100 \times 6.8} \approx 0.0176(\text{mA})$，$i_B \approx 0.023(\text{mA})$。

因为 $i_B > I_{BS}$，所以三极管饱和。

$$i_C = I_{CS} = \frac{V_{CC}}{R_C} = \frac{12}{6.8} \approx 1.76(\text{mA})$$

$$u_O = U_{CES} \approx 0.3(\text{V})$$

由上例可见，R_B、R_C、β 等参数都能决定三极管是否饱和。将式（3.3.3）及式（3.3.5）代入式（3.3.6），则饱和条件变为

$$\frac{u_I}{R_B} > \frac{V_{CC}}{\beta R_C}$$

即在 u_I 一定（要保证发射结正偏）和 V_{CC} 一定的条件下，R_B 越小，β 越大，R_C 越大，三极管越容易饱和。在数字电路中总是合理地选择这几个参数，使三极管在导通时为饱和导通。

3. 三极管的动态开关特性

与二极管一样，给三极管加上脉冲信号，三极管可能截止，也可能饱和导通，在两种状态之间相互转换时，其内部电荷有消散和建立的过程，即动态特性。

在图 3.3.5(a)所示电路的输入端加入一个如图 3.3.7(a)所示的输入电压，按照前面的分析，应得理想的集电极电流波形如图 3.3.7(b)所示，实际的波形却如图 3.3.7(c)所示，上升沿和下降沿均有延迟且变得缓慢。为描述其动态过程，引入如下 4 个开关参数：

延迟时间 t_d——从输入信号 u_I 正跳变的瞬间开始，到集电极电流 i_C 上升至 $0.1I_{CS}$ 所需的时间；

上升时间 t_r——集电极电流 i_C 从 $0.1I_{CS}$ 上升至 $0.9I_{CS}$ 所需的时间；

存储时间 t_s——从输入信号 u_1 下跳变的瞬间开始，到集电极电流 i_C 下降至 $0.9I_{CS}$ 所需的时间；

下降时间 t_f——集电极电流从 $0.9I_{CS}$ 下降至 $0.1I_{CS}$ 所需的时间。

t_d 和 t_r 之和称为**开通时间 t_{on}**，即 $t_{on}=t_d+t_r$；t_s 和 t_f 之和称为**关闭时间 t_{off}**，即 $t_{off}=t_s+t_f$。

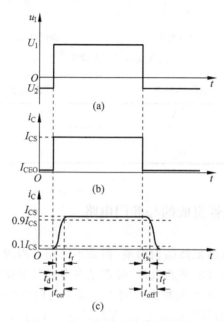

图 3.3.7 三极管开关的动态特性

三极管的开通时间和关闭时间总称为三极管的开关时间，一般为几纳秒到几十纳秒。三极管的开关时间对电路的开关速度影响很大，开关时间越小，电路的开关速度越快。如果三极管的开关时间可与输入脉冲周期相比拟，则电路的输出波形明显变坏，甚至使输出的高低电平达不到规定值，而使开关电路不能正常工作。

3.3.2 三极管非门电路

图 3.3.8(a)是由三极管组成的非门电路。仍设输入信号为 +5V 或 0V，则此电路只有以下两种工作情况：

(1) $u_A=0V$。此时三极管的发射结电压小于死区电压，满足截止条件，所以三极管处于截止状态，$u_L=V_{CC}=5V$。

(2) $u_A=5V$。此时三极管的发射结正偏，只要合理选择电路参数，使其满足饱和条件 $i_B>I_{BS}$，则三极管工作于饱和导通状态，$u_L=U_{CES}\approx0V(0.3V)$。

把上述分析结果列入表 3.3.2 中，此电路满足非运算的逻辑关系，其逻辑真值表如

表 3.3.3 所示,图 3.3.8(b)为它的逻辑符号。

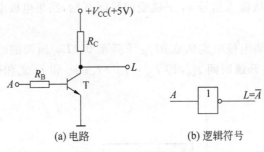

(a) 电路　　　　　　　(b) 逻辑符号

图 3.3.8　三极管非门

表 3.3.2　非门输入输出电压的关系	
u_{Λ}/V	u_{L}/V
0	5
5	0

表 3.3.3　非逻辑真值表	
A	L
0	1
1	0

3.3.3　二极管和三极管组成的与非门电路

二极管与门和或门电路虽然结构简单,但是不实用。因为当信号通过门电路时,二极管的正向压降将引起信号电平的偏离,特别是在多级门电路串接使用时,容易导致错误的逻辑值。例如在图 3.3.9 所给出的两级二极管与门电路中,当第一级输入信号为 0V 时,由于二极管的正向压降(硅管为 0.7V),经过一个与门后输出变成 0.7V,经过两个与门变成了 1.4V。这样,串接的级数越多,低电平偏离标准数值就越远,将导致逻辑上的错误。同时,二极管门的带负载能力也很差。为此,常将二极管与门和或门与三极管非门组合起来组成与非门和或非门电路,以消除在串接时产生的电平偏离,并提高带负载能力。

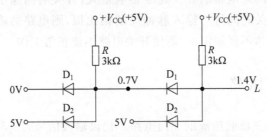

图 3.3.9　两级二极管与门串接使用的情况

图 3.3.10 所示是由三输入端的二极管与门和三极管非门组合而成的与非门电路,其中做两处必要的改进:一是将原来三极管非门电路中的电阻 R_{B} 换成两个二极管 D_4 和 D_5,作用是提高输入低电平的抗干扰能力,即当输入低电平有波动时,保证三极管可靠截止,以输出高电平;二是增加了 R_1,目的是当三极管从饱和向截止转换时,给基区存储电荷提供一个泄放回路。

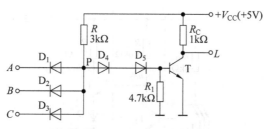

图 3.3.10　DTL 与非门电路

该电路的逻辑关系为：

(1) 当三输入端 A、B、C 接高电平时(即 $u_A = u_B = u_C = 5V$)，二极管 $D_1 \sim D_3$ 都截止，而 D_4、D_5 和 T 导通，则 $u_P \approx 0.7 \times 3 \approx 2.1V$。合理选择 R_1 及 R_C，使三极管饱和，则 $u_L = U_{CES} \approx 0.3V$，即输出低电平。

(2) 在 A、B、C 中只要有一个接低电平 0.3V 时，则阴极接低电平的二极管导通，由于二极管正向导通时的钳位作用，$u_P \approx 1V$，从而使 D_4、D_5 和 T 都截止，$u_L = V_{CC} = 5V$，即输出高电平。可见该电路满足与非逻辑关系，即

$$L = \overline{A \cdot B \cdot C}$$

把一个电路中的所有元件，包括二极管、三极管、电阻及导线等都制作在一片半导体芯片上，封装在一个管壳内，就是集成电路。图 3.3.10 是早期的简单集成与非门电路，称为二极管-三极管逻辑门电路，简称 DTL 电路。

3.4　TTL 逻辑门电路

TTL 电路是由 DTL 电路改进而来的，其输入级和输出级都采用三极管，所以称为三极管-三极管逻辑电路，简称 TTL 电路。

3.4.1　TTL 与非门的基本结构及工作原理

1. TTL 与非门的基本结构

TTL 与非门的电路结构如图 3.4.1 所示，与图 3.3.10 所示的 DTL 与非门电路相比较，做了以下几方面的改进。

第一，注意到 DTL 电路中的 D_1、D_2、D_3、D_4 的阳极是相连的，如图 3.4.2(a)所示。我们可用集成工艺将它们制成一个多发射极三极管，如图 3.4.2(b)所示。这样它既是 4 个 PN 结，不改变原来的逻辑关系，又具有三极管的特性。一旦满足放大的外部条件，就具有放大作用，为 T_2 从饱和到截止提供足够大的反向基极电流，从而大大提高了 T_2 的关闭速度。这一级称为输入级。

第二，将二极管 D_5 改换成三极管 T_2。这样 T_2 的发射结代替了 D_5，逻辑关系不变，同时在电路的开通过程中利用 T_2 的放大作用，为输出管 T_3 提供较大的基极电流，加速

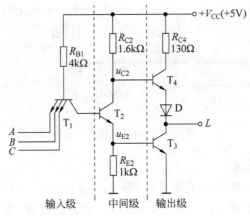

图 3.4.1 TTL 与非门电路图

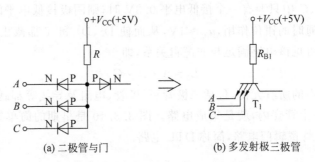

(a) 二极管与门　　　　　　(b) 多发射极三极管

图 3.4.2　TTL 与非门输入级的由来

了 T_3 的导通。另外 T_2 和电阻 R_{C2}、R_{E2} 组成的电路可将 T_2 的单端输入信号转换为互补的双端输出信号 u_{C2} 和 u_{E2}，分别驱动 T_4 管和 T_3 管。这一级称为中间级。

第三，为了提高输出级的带负载能力，将图 3.3.10 中三极管的集电极负载电阻 R_C 换成由三极管 T_4、二极管 D 和 R_{C4} 组成的有源负载。在正常工作时，T_3 和 T_4 总是轮流导通。当输出低电平时，T_3 饱和导通，T_4 截止。这时，电路的输出电阻为 T_3 的饱和电阻，因为该电阻较小，所以带负载能力较强。而且由于 T_4 截止，T_3 的集电极电流可以全部用来驱动负载；当输出高电平时，T_3 截止，T_4 导通。由于 T_4 组成射极输出器，输出阻抗很小，所以带负载能力也较强。T_3、T_4 的这种结构，称为**推拉式输出级**或**推挽式输出级**，这种结构有利于提高开关速度（见本节 **3. TTL 与非门提高工作速度的原理**）和带负载能力。

2. TTL 与非门的工作原理

图 3.4.1 所示电路的输出高、低电平分别为 3.6V 和 0.3V，所以在下面的分析中假设输入高、低电平也分别为 3.6V 和 0.3V。

1）输入全为高电平

当三输入端 A、B、C 全接高电平 3.6V 时，T_1 的三个发射结都不可能导通，如若导通，则有 $u_{B1}=3.6+0.7=4.3$V，4.3V 的电压足以使 T_1 的集电结和 T_2、T_3 的发射结这三个串联的 PN 结导通。而这三个 PN 结一旦导通,由于钳位作用,$u_{B1}=0.7\times3=2.1V$,从而使 T_1 的发射结因反偏而截止。所以,此时 T_2、T_3 导通,且饱和导通。

由于 T_3 饱和导通,输出电压 $u_L=U_{CES3}\approx0.3V$。这时 $u_{E2}=u_{B3}=0.7V$,而 $U_{CES2}=0.3V$,故有 $u_{C2}=u_{E2}+U_{CES2}=1V$。1V 的电压作用于 T_4 的基极,使 T_4 和二极管 D 都截止。

将上述分析的电路中各个三极管的工作情况及各点电位标示于图 3.4.3 中,可见它实现了与非门的逻辑功能之一:**输入全为高电平时,输出为低电平**。T_2、T_3 导通,T_4 和 D 截止,输出为低电平,通常称与非门的这种状态为**开门状态**。

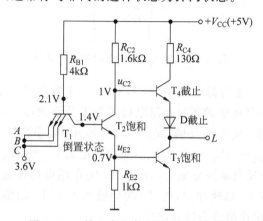

图 3.4.3　输入全为高电平时的工作情况

2) 输入中有低电平

当某个输入端接低电平 0.3V 时,该发射结导通,T_1 的基极电位被钳位到 $u_{B1}=1V$。而此时,要使 T_1 的集电结和 T_2 的发射结这两个串联的 PN 结导通,需要 $u_{B1}=0.7\times2=1.4V$,要使 T_3 的发射结也同时导通,需要 $u_{B1}=0.7\times3=2.1V$。显然,这两个条件都不具备,所以 T_2、T_3 都截止。由于 T_2 截止,流过 R_{C2} 的电流仅为 T_4 的基极电流,这个电流较小,在 R_{C2} 上产生的压降也较小,可以忽略,所以 $u_{B4}\approx V_{CC}=5V$,使 T_4 和 D 导通,则 $u_L\approx V_{CC}-U_{BE4}-U_D=5-0.7-0.7=3.6V$。

将上述分析的电路中各个管子的工作情况及各点电位标示于图 3.4.4 中,可见它实现了与非门的逻辑功能的另一种情况:**输入有低电平时,输出为高电平**。T_2、T_3 截止,T_4 和 D 导通,输出为高电平,通常称与非门的这种状态为**关门状态**。

综合上述两种情况,该电路满足与非的逻辑功能,是一个与非门。

3. TTL 与非门提高工作速度的原理

影响 TTL 门电路工作速度的因素主要有两方面:一是三极管本身存储电荷的注入和消散;二是 PN 结寄生电容和负载电容的充放电。TTL 与非门具有较高的工作速度,原因如下:

(1) 采用多发射极三极管加快了存储电荷的消散过程。设电路原来输出低电平,电路中各个管子的工作情况及各点电位如图 3.4.5 所示。在这种情况下,电路的某一输入

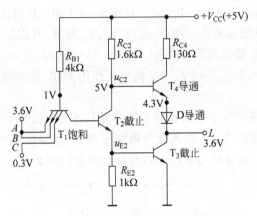

图 3.4.4　输入有低电平时的工作情况

端突然由高电平(3.6V)变为低电平(0.3V)，T_1 的一个发射结导通，u_{B1} 变为 1V。由于 T_2、T_3 原来是饱和的，基区中的超量存储电荷还来不及消散，u_{B2} 仍维持 1.4V。在这个瞬间，T_1 为发射结正偏，集电结反偏，如图 3.4.5 所示，正好满足了放大条件，工作于放大状态，其基极电流 $i_{B1} = (V_{CC} - u_{B1})/R_{B1}$，集电极电流 $i_{C1} = \beta_1 i_{B1}$。这个较大的集电极电流 i_{C1} 正好是 T_2 的反向基极电流 i_{B2}，可将 T_2 的存储电荷快速抽走，促使 T_2 迅速截止。T_2 迅速截止又使 T_4 迅速导通，而 T_4 的导通加大了 T_3 的集电极电流，使 T_3 的超量存储电荷从集电极快速消散而达到截止。

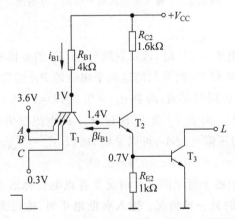

图 3.4.5　多发射极三极管消散 T_2 存储电荷的过程

（2）采用了推拉式输出级，输出阻抗比较小，若输出端接电容负载时，可迅速给负载电容充放电。输出接有负载电容 C_L 的情况如图 3.4.6 所示。当输出由低变高时，T_3 截止，T_4 导通，T_4 为射极输出器，输出电阻小，可使 C_L 迅速充电，故上升沿好。当输出由高变低时，T_3 饱和，等效小电阻，C_L 通过 T_3 的饱和电阻放电也很快，故下降沿也好。

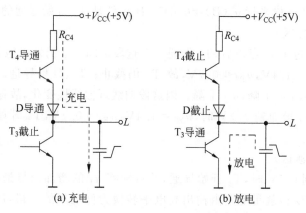

图 3.4.6　推拉式输出级给负载电容充放电

3.4.2　TTL 与非门的电压传输特性

1. 电压传输特性曲线

电压传输特性曲线是指与非门的输出电压与输入电压之间的对应关系曲线,即 $u_O = f(u_I)$,它反映电路的静态特性,其测试方法如图 3.4.7 所示。当输入电压从 0V 逐步增加到 +5V 时,测得的与非门的电压传输特性曲线如图 3.4.8 所示,其曲线可以分成 4 个区域来描述。

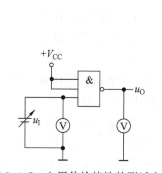

图 3.4.7　电压传输特性的测试方法

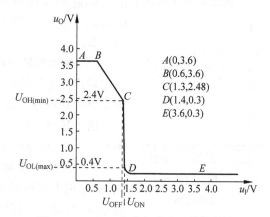

$A(0,3.6)$
$B(0.6,3.6)$
$C(1.3,2.48)$
$D(1.4,0.3)$
$E(3.6,0.3)$

图 3.4.8　TTL 与非门的电压传输特性

动画

1) AB 段(截止区)

在这段中输入电压 u_I 很低,T_1 处于深饱和状态(设深饱和压降 $U_{CES1} = 0.1V$),T_2、T_3 截止,T_4、D 导通,输出电压 $u_O = 3.6V$ 基本保持恒定。这时 T_2 的基极电位 $u_{B2} = u_I + U_{CES1}$,随着 u_I 的增加,u_{B2} 也在增加;当 $u_{B2} = 0.7V$ 时(这时 $u_I = u_{B2} - U_{CES1} = 0.7V - 0.1V = 0.6V$),$T_2$ 开始导通,导通以后由于有了 i_{C2},使得 R_{C2} 上的压降增大,u_O

开始下降。所以 B 点横坐标 $u_I(B)=0.6V$。B 点就是 T_2 开始导通的点。

2）BC 段（线性区）

$u_I>0.6V$，即过了 B 点以后，T_2 导通。在这段区间，T_1 仍处于饱和状态，T_2 处于放大状态。因为 $u_{B2}<1.4V$，$u_{B3}<0.7V$，故 T_3 仍截止；T_4、D 仍导通。随着 u_I 的增加，u_{B2} 增加，i_{C2} 增加，u_{C2} 下降，u_O 下降。因这段曲线近似线性变化，故称为线性区。

当输入电压 u_I 增加到 $1.3V$ 时，$u_{B2}=1.4V$，$u_{E2}=0.7V$，T_3 开始导通。C 点就是 T_3 开始导通的点。

3）CD 段（过渡区）

当 u_{E2} 上升到 $0.7V$ 时，T_3 开始导通，并且随着 u_I 的增加由导通转变到饱和，输出电压急剧下降。CD 段就是电路由输出高电平转换为低电平的阶段，因此称为过渡区或转折区。D 点坐标为（1.4，0.3），即 $u_I(D)\approx1.4V$，$u_O(D)\approx0.3V$。

本段由于 T_2、T_3、T_4 都处于放大状态，u_I 的微小增加都会使 T_2 的电流迅速增加，从而使 T_3 的电流迅速增加，使 T_3 迅速进入饱和区，所以曲线很陡。

4）DE 段（饱和区）

T_3 进入饱和以后，u_I 再增加，u_O 无明显变化，但电路内部过程尚未完全结束。随着 u_I 继续升高，T_1 管转为倒置工作，T_1 的基流完全注入 T_2，使 T_2 进入饱和，u_{C2} 下降为 $1V$，T_4、D 截止，电路进入输出低电平的稳定状态。

2. 几个重要参数

根据电压传输特性曲线，TTL 门电路具有以下几个重要参数。

（1）**输出高电平电压** U_{OH}。U_{OH} 的理论值为 $3.6V$，产品规定输出高电压的最小值 $U_{OH(min)}=2.4V$，即大于 $2.4V$ 的输出电压就可称为输出高电压 U_{OH}。

（2）**输出低电平电压** U_{OL}。U_{OL} 的理论值为 $0.3V$，产品规定输出低电压的最大值 $U_{OL(max)}=0.4V$，即小于 $0.4V$ 的输出电压就可称为输出低电压 U_{OL}。

由上述规定可以看出，TTL 门电路的输出高、低电压都不是一个值，而是一个范围，如图 3.4.9 所示。

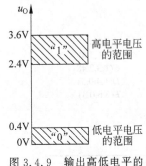

图 3.4.9 输出高低电平的电压范围

（3）**关门电平电压** U_{OFF}。U_{OFF} 是指输出电压下降到 $U_{OH(min)}$ 时对应的输入电压。显然只要 $u_I<U_{OFF}$，u_O 就是高电压，与非门一直处于关门状态，所以 U_{OFF} 就是输入低电压的最大值，在产品手册中常称为**输入低电平电压**，用 $U_{IL(max)}$ 表示。从图 3.4.8 所示的电压传输特性曲线看，$U_{IL(max)}$（U_{OFF}）$\approx1.3V$，产品规定 $U_{IL(max)}=0.8V$。

（4）**开门电平电压** U_{ON}。U_{ON} 是指输出电压下降到 $U_{OL(max)}$ 时对应的输入电压。显然只要 $u_I>U_{ON}$，u_O 就是低电压，与非门一直处于开门状态，所以 U_{ON} 就是输入高电压的最小值，在产品手册中常称为**输入高电平电压**，用 $U_{IH(min)}$ 表示。从图 3.4.8 所示的电压传输特性曲线看，$U_{IH(min)}$（U_{ON}）略大于 $1.3V$，产品规定 $U_{IH(min)}=2V$。

（5）**阈值电压** U_{TH}。U_{TH} 是指电压传输特性的过渡区所对应的输入电压，即决定输出高、低电平的分界线。从图 3.4.8 所示的电压传输特性曲线看，U_{TH} 的值界于 U_{OFF} 与 U_{ON} 之间，而 U_{OFF} 与 U_{ON} 的实际值又差别不大，所以，在实际使用时常近似为 $U_{\mathrm{TH}} \approx U_{\mathrm{OFF}} \approx U_{\mathrm{ON}}$。在近似分析和估算时，可以认为：当 $u_1 < U_{\mathrm{TH}}$ 时，与非门关门，输出高电平；当 $u_1 > U_{\mathrm{TH}}$ 时，与非门开门，若输入端都接高电平则输出低电平。U_{TH} 又常被形象化地称为**门槛电压**。U_{TH} 的值为 $1.3 \sim 1.4\mathrm{V}$。

3. 输入噪声容限

前面提到 TTL 门电路的输出高、低电平电压不是一个值，而是一个范围。通过电压传输特性可知，与之相对应的，它的输入高、低电平电压也有一个范围，即它的输入信号允许一定的容差，称为**输入噪声容限**，简称**噪声容限**。在数字电路中，即使有噪声干扰电压出现在输入端，叠加在输入信号的高、低电平上，只要噪声电压的幅度不超过噪声容限，输出端的逻辑状态就不会受到影响。

在实际应用中总是由若干个门电路组成一个数字系统，前一个门电路的输出电压就是后一个门电路的输入电压。在图 3.4.10 中，若 G_1 输出低电压，则 G_2 输入也为低电压，输出为高电压。如果由于某种干扰，在叠加干扰电压后使 G_2 的输入低电压高于 G_1 输出低电压的最大值 $U_{\mathrm{OL(max)}}$，从图 3.4.8 所示的电压传输特性曲线看，只要这个值不大于 U_{OFF}，G_2 的输出电压仍大于 $U_{\mathrm{OH(min)}}$，即逻辑关系仍是正确的。因此在输入低电压时，把关门电压 U_{OFF} 与 $U_{\mathrm{OL(max)}}$ 之差称为**低电平噪声容限**，用 U_{NL} 表示，即

$$U_{\mathrm{NL}} = U_{\mathrm{OFF}} - U_{\mathrm{OL(max)}} = 0.8 - 0.4 = 0.4\mathrm{V}$$

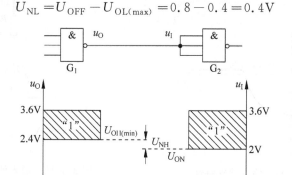

图 3.4.10 噪声容限示意图

若 G_1 输出为高电压，则 G_2 输入也为高电压，输出低电压。如果由于某种干扰，在叠加干扰电压后使 G_2 的输入高电压低于 G_1 输出高电压的最小值 $U_{\mathrm{OH(min)}}$，从图 3.4.8 所示的电压传输特性曲线看，只要这个值不小于 U_{ON}，G_2 的输出电压仍小于 $U_{\mathrm{OL(max)}}$，逻辑关系仍是正确的。因此在输入高电压时，把 $U_{\mathrm{OH(min)}}$ 与开门电压 U_{ON} 之差称为**高电平噪声容限**，用 U_{NH} 表示，即

$$U_{\mathrm{NH}} = U_{\mathrm{OH(min)}} - U_{\mathrm{ON}} = 2.4 - 2.0 = 0.4\mathrm{V}$$

噪声容限表示门电路的抗干扰能力。U_{NL} 是输入低电平时最大允许的干扰电压，U_{NH} 是输入高电平时最大允许的干扰电压。显然，噪声容限越大，电路的抗干扰能力越强。

3.4.3　TTL 与非门的静态输入和输出特性

1. 输入伏安特性

反映输入电压 u_1 与电流 i_1 之间关系的曲线称为输入伏安特性曲线，简称**输入伏安特性**。当输入电压变化时，测得的与非门的输入伏安特性曲线如图 3.4.11 所示，下面进行详细分析。

1）输入端接低电平

当门电路的输入端 u_1 接低电平 0.3V 时，从门电路输入端流出的电流称为**输入低电平电流** I_{IL}，如图 3.4.12 所示。可以算出

$$I_{IL} = -\frac{V_{CC} - U_{BE1} - u_1}{R_{B1}} = -1(\text{mA}) \tag{3.4.1}$$

当 $u_1 = 0$ 时的输入电流称为输入短路电流 I_{IS}。显然，从数值上比较，I_{IS} 比 I_{IL} 略大一点，在做近似分析计算时，常用 I_{IS} 近似代替 I_{IL} 使用，产品规定 $I_{IL} < 1.6\text{mA}$。

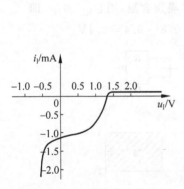

图 3.4.11　输入伏安特性

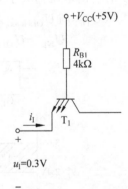

图 3.4.12　输入低电平电流 I_{IL}

2）输入端接高电平

当门电路的输入端接高电平时，流入输入端的电流称为**输入高电平电流** I_{IH}。对于多输入端的与非门来说，有以下两种情况。

（1）与非门一个输入端（如 A 端）接高电平，其他输入端接低电平，如图 3.4.13(a) 所示。这时，T_1 的 B 端或 C 端发射结正偏，A 端发射结反偏，B 端和 C 端发射结与 A 端发射结组成 NPN 寄生三极管，A 端为寄生三极管的集电极。这时 $I_{IH} = \beta_p I_{B1}$，β_p 为寄生三极管的电流放大系数。

（2）与非门的输入端全接高电平，如图 3.4.13(b) 所示。这时，T_1 的发射结反偏，集电结正偏，工作于倒置的放大状态。这时 $I_{IH} = \beta_i I_{B1}$，β_i 为倒置放大的电流放大系数。

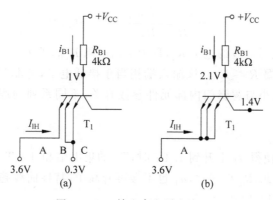

图 3.4.13　输入高电平电流 I_{IH}

由于 β_p 和 β_i 的值都远小于 1,所以 I_{IH} 的数值比较小,产品规定 $I_{IH} < 40\mu A$。

3) 输入电压在高电平和低电平之间

输入电压介于高、低电平之间时,电路的工作情况比较复杂,但这种情况只发生在输入信号的电平转换过程中,是转瞬即逝的,因此不做详细分析。

2. 输入端负载特性

在实际应用中,加在门电路输入端的信号源、仪器仪表常常是有内阻或等效电阻的,有时也需要在输入端与地之间接入电阻。反映接在门电路输入端电阻 R_i 两端的电压 u_I 和 R_i 阻值之间关系的曲线,称为输入端负载特性曲线,简称**输入端负载特性**。将与非门的一个输入端接 u_I,其他输入端接高电平,其测试电路如图 3.4.14(a)所示。

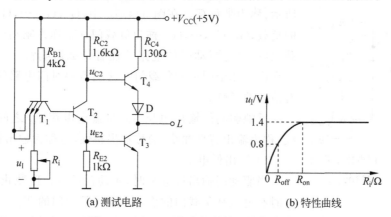

图 3.4.14　TTL 与非门的输入端负载特性

1) 关门电阻 R_{off}

当 $R_i = 0$ 时,输入端接地,即 $u_I = 0$,门电路输出高电平。R_i 逐渐增大,因为输入端电流流出 T_1 管后流过 R_i,这就必然会在 R_i 上产生压降而形成输入端电压 u_I,而且,R_i 越大,u_I 也越大。若 $u_I \leqslant U_{IL(max)}$(0.8V),则与非门一直处于关门状态。当 $u_I = U_{IL(max)} = 0.8V$ 时,有

$$u_I = \frac{V_{CC} - U_{BE1}}{R_i + R_{B1}} \times R_i = 0.8V \qquad (3.4.2)$$

因此可以求得此时对应的电阻 R_i，称为关门电阻 R_{off}，即 $R_{off} \approx 0.91k\Omega$。

实际应用中，只要 $R_i \leqslant R_{off}$，该输入端相当于接低电平，与非门处于关门状态，输出为高电平。R_{off} 的大小与逻辑门内部元件参数有关，不同系列的逻辑门有所差别，通常选取 $R_{off} = 0.7k\Omega$。

2）开门电阻 R_{on}

当 R_i 继续增大使得 u_1 上升到 1.4V 时，T_1 的集电结和 T_2、T_3 的发射结导通，并将 u_{B1} 钳位在 2.1V，因此，R_i 再增大，u_1 也不会再升高了，特性曲线趋近于 $u_1 = 1.4V$ 的一条水平线，如图 3.4.14(b)所示。

当 $u_1 = 1.4V$ 时，有

$$u_I = \frac{V_{CC} - U_{BE1}}{R_i + R_{B1}} \times R_i = 1.4V \qquad (3.4.3)$$

因此可求得此时对应的电阻 R_i，称为开门电阻 R_{on}，即 $R_{on} \approx 1.93k\Omega$。

实际应用中，只要 $R_i \geqslant R_{on}$，该输入端相当于接高电平，与非门处于开门状态，输出为低电平。R_{on} 的大小同样与逻辑门内部元件参数有关，不同系列的逻辑门会有差别，通常选取 $R_{on} = 2.5k\Omega$。

需要注意的是，若输入端悬空，即 R_i 为无穷大，则该输入端相当于接高电平。

3. 输出特性

在数字系统中，门电路的输出端一般都要与其他门电路的输入端相连，如图 3.4.15 所示，称为带负载。在图 3.4.15 中，G_1，G_2，$\cdots$，G_N 都是 G_0 的负载，G_1，G_2，$\cdots$，G_N 称为负载门，G_0 称为驱动门。带上负载以后，会对驱动门的电路特性有什么影响？一个门电路最多允许带几个同类的负载门？这就需要对门电路的输出特性有清晰的了解。

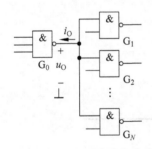

图 3.4.15　门电路带负载的情况

反映驱动门输出电压 u_O 与输出电流 i_O 之间关系的曲线，称为输出特性曲线，简称输出特性，也称为输出负载特性。

1）输出低电平

当驱动门输出低电平时，驱动门的 T_4、D 截止，T_3 导通。这时有电流从负载门的输入端灌入驱动门的 T_3 管，"灌电流"由此得名。此时的灌电流，即驱动门的输出电流 i_O，其来源是负载门的输入低电平电流 I_{IL}，如图 3.4.16 所示，很显然，负载门的个数增加，i_O 增大。i_O 增大，即 T_3 管集电极电流 i_{C3} 增加，当 $i_{C3} > \beta i_{B3}$ 时，T_3 脱离饱和，输出电压 u_O 增大，输出特性如图 3.4.17 所示，前面提到过输出低电平不得高于 $U_{OL(max)} = 0.4V$。因此，把输出低电平时允许灌入输出端的电流定义为**输出低电平电流** I_{OL}，这是门电路的一个参数，产品规定 $I_{OL} = 16mA$。由此可得，输出低电平时所能驱动同类门的个数为

$$N_{OL} = \frac{I_{OL}}{I_{IL}} \tag{3.4.4}$$

N_{OL} 称为**输出低电平时的扇出系数**。

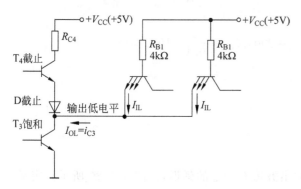

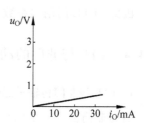

图 3.4.16　带灌电流负载　　　　　　图 3.4.17　TTL 与非门低电平输出特性

2）输出高电平

当驱动门输出高电平时，驱动门的 T_4、D 导通，T_3 截止。这时有电流从驱动门的 T_4、D 拉出而流至负载门的输入端，"拉电流"由此得名。此时的拉电流，即驱动门的输出电流 i_O，是驱动门 T_4 的发射极电流 i_{E4}，同时又是负载门的输入高电平电流 I_{IH}，如图 3.4.18 所示，所以负载门的个数增加，拉电流增大，即驱动门的 T_4 管发射极电流 i_{E4} 增加，R_{C4} 上的压降增加，当 i_{E4} 增加到一定的数值时，T_4 进入饱和，输出高电平降低，输出特性如图 3.4.19 所示，前面提到过输出高电平不得低于 $U_{OH(min)} = 2.4V$。因此，把输出高电平时允许拉出驱动门的电流定义为**输出高电平电流** I_{OH}，这也是门电路的一个参数，产品规定 $I_{OH} = 0.4mA$。由此可得出，输出高电平时所能驱动同类门的个数为

$$N_{OH} = \frac{I_{OH}}{I_{IH}} \tag{3.4.5}$$

N_{OH} 称为**输出高电平时的扇出系数**。

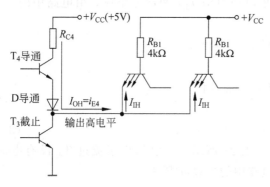

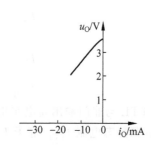

图 3.4.18　带拉电流负载　　　　　　图 3.4.19　带拉电流负载

一般 $N_{OL} \neq N_{OH}$,常取两者中的较小值作为门电路的扇出系数,用 N_O 表示。在实际应用中,逻辑门生产商提供的数据表无扇出系数,必须通过计算或实验得出。

例 3.4.1 已知 74LS 系列 TTL 门,$I_{OH} = I_{OL} = 4mA$,$I_{IH} = 0.02mA$,$I_{IL} = 0.4mA$,求其扇出系数。

解:由已知数据可求得:$N_{OH} = \dfrac{4}{0.02} = 200$,$N_{OL} = \dfrac{4}{0.4} = 10$。

因此,TTL 门扇出系数 $N_O = 10$。

3.4.4 TTL 与非门的动态特性

1. TTL 与非门传输延迟时间 t_{pd}

当与非门输入一个脉冲波形时,其输出波形有一定的延迟,如图 3.4.20 所示。定义以下两个延迟时间:

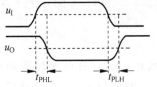

（1）导通延迟时间 t_{PHL}——从输入波形上升沿的中点到输出波形下降沿的中点所经历的时间;

（2）截止延迟时间 t_{PLH}——从输入波形下降沿的中点到输出波形上升沿的中点所经历的时间。

图 3.4.20　TTL 与非门的传输时间

与非门的传输延迟时间 t_{pd} 是 t_{PHL} 和 t_{PLH} 的平均值,即

$$t_{pd} = \frac{t_{PLH} + t_{PHL}}{2} \tag{3.4.6}$$

t_{pd} 是反映门电路开关速度的参数,一般为几纳秒~十几纳秒。

2. 电源的动态尖峰电流

1）电源静态电流

TTL 逻辑门输出低电平或高电平时的电源提供电流是稳定不变的,称为电源提供的静态电流,简称电源静态电流。TTL 与非门输出低电平时,如图 3.4.21 所示,电源静态电流 I_{CCL} 由 T_1 基极电流 I_{R1} 和 T_2 集电极电流 I_{R2} 两部分组成。由电路中的参数可求得

$$I_{R1} = \frac{V_{CC} - U_{B1}}{R_{B1}} = \frac{5 - 2.1}{4} = 0.725mA \tag{3.4.7}$$

$$I_{R2} = \frac{V_{CC} - U_{C2}}{R_{B1}} = \frac{5 - 1}{1.6} = 2.5mA \tag{3.4.8}$$

$$I_{CCL} = I_{R1} + I_{R2} = 3.225mA \tag{3.4.9}$$

TTL 与非门输出高电平时,如图 3.4.22 所示,空载时,由于流过 T_4 没有电流,因此,电源静态电流 I_{CCH} 等于 I_{R1}。由电路中的参数可求得

$$I_{CCH} = I_{R1} = \frac{V_{CC} - U_{B1}}{R_{B1}} = \frac{5 - 1}{4} = 1mA \tag{3.4.10}$$

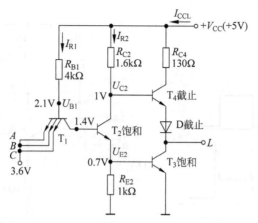

图 3.4.21 输出低电平时的静态电流

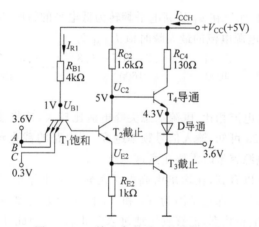

图 3.4.22 输出高电平时的静态电流

通过上述分析可知,TTL 与非门的电源静态电流在输出低电平时比输出高电平时要大些。电源平均电流是基于输出波形的占空比为 50%(输出高、低电平各占一半时间)而计算的,因此,电源平均电流 I_{CCAV} 为

$$I_{CCAV} = \frac{1}{2}(I_{CCL} + I_{CCH}) \approx 2.11\text{mA} \tag{3.4.11}$$

通常情况下,生产商的数据表会给出输出低电平状态下的供电电流 I_{CCL} 和输出高电平状态下的供电电流 I_{CCH},读者可以根据芯片型号查阅数据表,从而对逻辑门的静态功耗和电源容量等参数进行近似估算。

2)电源动态电流

在动态情况下,其过程比较复杂,包括输出由低电平翻转为高电平和输出由高电平翻转为低电平两种情况。在输出由低电平翻转为高电平的过渡过程中,由于 T_3 原来处于深度饱和状态,所以 T_4 的导通必然先于 T_3 的截止,这样就出现了短时间内 T_3 和 T_4 同时导通的状态,有很大的瞬间电流流经 T_3 和 T_4,使电源电流出现尖峰脉冲,如图 3.4.23 和图 3.4.24 所示。

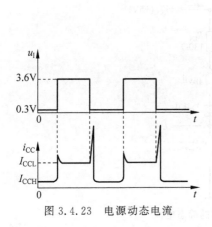

图 3.4.23 电源动态电流

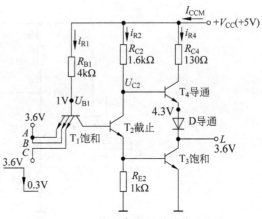

图 3.4.24 输出高电平时的静态电流

由图 3.4.24 可知,如果在 u_1 从高电平翻转为低电平的瞬间,T_3 尚未脱离饱和状态,而 T_4 已饱和导通,则电源电流的最大瞬时值 I_{CCM} 为

$$I_{CCM} = i_{R1} + i_{R2} + i_{R4} = \frac{5-1}{4000} + \frac{5-0.7-0.7-0.3}{1600} + \frac{5-0.3-0.7-0.3}{130} \approx 31.524\text{mA}$$

$$(3.4.12)$$

由此可见,与静态电流相比,电源动态尖峰电流比较大,这将使电源提供的平均电流增大,而且,从图 3.4.23 可知,输入信号频率越高、门电路的截止延迟时间 t_{PLH} 越长,平均电流越大,在计算电源容量时需要注意这一点。

从图 3.4.23 还可以看到,在输出由高电平翻转为低电平的过渡过程中也有一个比较小的电源尖峰电流产生,那也是因为 T_3 和 T_4 同时导通所致,但由于 T_4 导通时一般工作在放大状态而非饱和状态,能够较快地进入截止状态,因此 T_3 和 T_4 同时导通的时间极短,不可能产生较大的瞬态电源电流,可以忽略其影响。

若将 u_1 从高电平翻转为低电平时产生的电源动态电流近似为一个三角形,并认为尖峰电流的持续时间近似为截止延迟时间 t_{PLH},则可以求得一个周期内尖峰电流的平均值 I_{PAV} 为

$$I_{PAV} = \frac{\frac{1}{2}(I_{CCM} - I_{CCL})t_{PLH}}{T} = \frac{1}{2}f(I_{CCM} - I_{CCL})t_{PLH}$$

$$(3.4.13)$$

式中,T、f 分别是输入信号 u_1 的周期和频率。

由此可知,若考虑动态情况,电源平均电流 I_{CCAV} 应为

$$I_{CCAV} = \frac{1}{2}(I_{CCL} + I_{CCH}) + \frac{1}{2}f(I_{CCM} - I_{CCL})t_{PLH}$$

$$(3.4.14)$$

3. 功耗

功耗是指电路在工作时单位时间所消耗的能量。逻辑门的功耗是电源电压与平均供电电流的积。TTL 门的功耗分为静态功耗和动态功耗。

静态功耗通常是指 TTL 门空载时的功耗,对于与非门有两种情况,一种是输出低电

平时的功耗,另一种是输出高电平时的功耗。这两种情况的功耗显然是不一样的,分别为用 P_L 和 P_H 表示。

若 TTL 与非门输出为低电平,由式(3.4.9)求得 I_{CCL},则 TTL 门的功耗 P_L 为

$$P_L = V_{CC}I_{CCL} = 5 \times 3.225 = 16.125\text{mW} \tag{3.4.15}$$

若 TTL 与非门输出为高电平,空载时,由式(3.4.10)求得 I_{CCH},则 TTL 门的功耗 P_H 为

$$P_H = V_{CC}I_{CCH} = 5 \times 1 = 5\text{mW} \tag{3.4.16}$$

由此可知,TTL 与非门输出低电平时的功耗比输出高电平时的功耗大。若按式(3.4.11)求得电源平均电流 I_{CCAV} 近似为 2.11mA,因此,TTL 与非门的静态功耗 P_S 为

$$P_S = V_{CC}I_{CCAV} \approx 10.55\text{mW} \tag{3.4.17}$$

所谓动态功耗是指 TTL 门输出电平由低电平到高电平或者由高电平到低电平翻转时所产生的功耗。动态情况下,由于动态尖峰电流的存在使得电源平均电流增大,因此 TTL 门功耗增大。由式(3.4.13)求得 I_{PAV},则 TTL 与非门的动态功耗 P_D 为

$$P_D = V_{CC}I_{PAV} = \frac{1}{2}V_{CC}f(I_{CCM} - I_{CCL})t_{PLH} \tag{3.4.18}$$

显然,动态功耗随着工作频率的增大而增大。当 TTL 门高速工作时,动态功耗占主要地位。

例 3.4.2 若 74 系列 TTL 与非门的电路结构如图 3.4.1 所示,截止延迟时间 $t_{PLH} = 10\text{ns}$,输入脉冲信号(占空比为 50%)的频率为 5MHz,试求考虑动态情况下的电源平均电流和 TTL 门的功耗。

解:由式(3.4.14)求得

$$I_{CCAV} = 2.11 + \frac{1}{2} \times 5 \times 10^6 \times (31.524 - 3.225) \times 10 \times 10^{-9} \approx 2.82\text{mA}$$

因此,TTL 门的功耗为

$$P = V_{CC}I_{CCAV} = 5 \times 2.82 = 14.1\text{mW}$$

由式(3.4.17)求得静态功耗为 10.55mW,可以看出,在动态情况下,TTL 门的功耗增加较大。

4. 延时-功耗积

延时-功耗积(Delay Power Product,DPP)又称功耗-延时积,是一个用来衡量逻辑电路性能的综合参数,它同时考虑到传输延迟时间和功耗,特别适用于比较 TTL 门与 CMOS 的性能。延时-功耗积越小,电路的综合性能越好。

逻辑门的 DPP 是传输延迟时间 t_{pd} 与功耗 P 的积,可以用能量单位焦耳(J)表示,公式为

$$\text{DPP} = t_{pd} \cdot P \tag{3.4.19}$$

例 3.4.3 已知某个门的传输延迟时间为 10ns,$I_{CCH} = 1\text{mA}$,$I_{CCL} = 2.5\text{mA}$,直流电源电压为 5V,忽略动态功耗,求该门的延时-功耗积。

解:$P = V_{CC}\dfrac{1}{2}(I_{CCL} + I_{CCH}) = 5 \times 1.75 = 8.75\text{mW}$

$\text{DPP} = 10 \times 8.75 = 87.5\text{pJ}$

3.4.5 其他类型的 TTL 门电路

在 TTL 与非门的基础上稍作改动就可得到其他逻辑功能的门电路。

1. 非门

将 TTL 与非门电路中的 T_1 管改为一个发射极就成为 TTL 非门电路,如图 3.4.25 所示。很容易验证该电路实现非逻辑关系,即 $L=\overline{A}$。

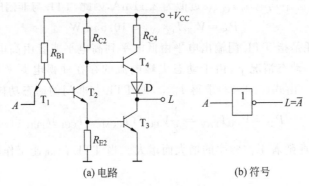

(a) 电路　　　　　　　　　(b) 符号

图 3.4.25　TTL 非门电路

2. 或非门

TTL 或非门电路如图 3.4.26 所示。图中 T_{1B}、T_{2B}、R_{1B} 组成的部分与 T_{1A}、T_{2A}、R_{1A} 组成的部分完全相同。A、B 两输入端中只要有一个为高电平,T_{2A} 或 T_{2B} 饱和导通,使 T_3 也饱和导通,输出 L 为低电平;只有当 A、B 两输入端都为低电平时,T_{2A} 和 T_{2B} 都截止,使 T_3 也截止,输出 L 为高电平。所以,该电路实现或非功能,即 $L=\overline{A+B}$。

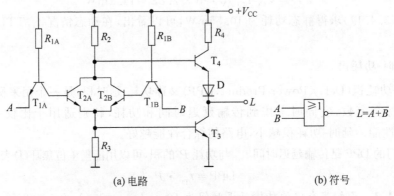

(a) 电路　　　　　　　　　(b) 符号

图 3.4.26　TTL 或非门电路

3. 与或非门

将图 3.4.26 所示 TTL 或非门电路中的 T_{1A} 和 T_{1B} 都换成多发射极三极管就成为

与或非门电路,如图 3.4.27 所示。用前面介绍的与非门和或非门的分析方法,不难分析该电路实现与或非功能,即 $L = \overline{A_1 \cdot A_2 + B_1 \cdot B_2}$。

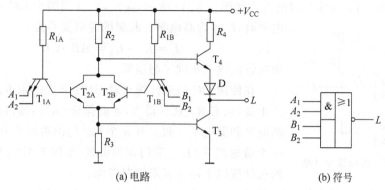

(a) 电路　　　　　　　　(b) 符号

图 3.4.27　TTL 与或非门电路

4. 集电极开路门

在工程应用中,有时需要将几个门的输出端并联使用,以实现与逻辑,称为**线与**。普通 TTL 门电路的输出结构决定了它不能进行线与。如果将 G_1、G_2 两个 TTL 与非门的输出直接连接起来,如图 3.4.28 所示,当 G_1 输出为高,G_2 输出为低时,从 G_1 的电源 V_{CC} 通过 G_1 的 T_4、D 到 G_2 的 T_3,形成一个低阻通路,产生很大的电流,输出既不是高电平也不是低电平,逻辑功能将被破坏,还可能烧毁器件。所以普通的 TTL 门电路是不能进行线与的。

为此,专门生产了一种可以进行线与的门电路——集电极开路门,简称 OC 门(Open Collector)。它与一般 TTL 与非门相比较就是去掉了 T_4、R_{C4} 和 D,即 T_3 的集电极开路,如图 3.4.29(a)所示,图 3.4.29(b)是它的逻辑符号。由于 T_3 的集电极开路,使用时必须外接一个上拉电阻 R_P 至电源。

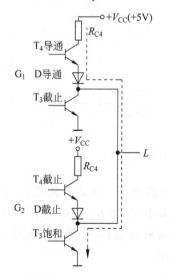

图 3.4.28　普通的 TTL 门电路输出并联使用

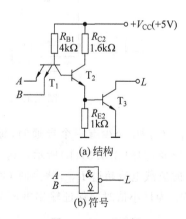

(a) 结构

(b) 符号

图 3.4.29　OC 门

OC 门主要有以下几方面的应用。

1) 实现线与

两个 OC 门实现线与时的电路如图 3.4.30 所示，显然，只有当两个 OC 门都输出高电平时，L 才为高电平。此时的逻辑关系为

$$L = L_1 \cdot L_2 = \overline{AB} \cdot \overline{CD}$$

即在输出线上实现了与运算。

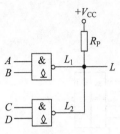

图 3.4.30　实现线与电路

在使用 OC 门进行线与时，外接上拉电阻 R_P 的选择非常重要，只有 R_P 选择得当，才能保证 OC 门输出满足要求的高电平和低电平。假定有 n 个 OC 门的输出端并联，后面接 m 个普通的 TTL 与非门作为负载，如图 3.4.31 所示，则 R_P 的选择按以下两种极限情况考虑。

当所有的 OC 门都截止时，输出 u_O 应为高电平，如图 3.4.31(a)所示。这时 R_P 不能太大，如果 R_P 太大，则其压降太大，输出高电平就会太低。因此当 R_P 为最大值时要保证输出电压为 $U_{OH(min)}$，由

$$V_{CC} - U_{OH(min)} = m' \cdot I_{IH} \cdot R_{P(max)}$$

得

$$R_{P(max)} = \frac{V_{CC} - U_{OH(min)}}{m' I_{IH}}$$

式中，$U_{OH(min)}$ 是 OC 门输出高电平的下限值，I_{IH} 是负载门的输入高电平电流，m' 是负载门输入端的个数(不是负载门的个数)。OC 门中的 T_3 管都截止，可以认为没有电流流入 OC 门。

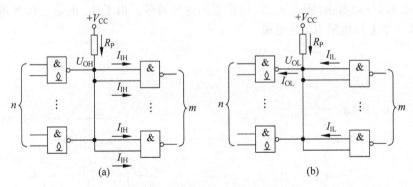

图 3.4.31　外接上拉电阻 R_P 的选择

当 OC 门中至少有一个导通时，输出 u_O 应为低电平。考虑极限情况，即只有一个 OC 门导通，如图 3.4.31(b)所示。这时 R_P 不能太小，如果 R_P 太小，则灌入导通的那个 OC 门的负载电流超过 I_{OL}，就会使 OC 门的 T_3 管脱离饱和，导致输出低电平上升。因此当 R_P 为最小值时要保证输出电压为 $U_{OL(max)}$，由

$$I_{OL} = \frac{V_{CC} - U_{OL(max)}}{R_{P(min)}} + m \cdot I_{IL}$$

得

$$R_{P(min)} = \frac{V_{CC} - U_{OL(max)}}{I_{OL} - m \cdot I_{IL}}$$

式中，$U_{OL(max)}$ 是 OC 门输出低电平的上限值，I_{OL} 是 OC 门输出低电平电流，I_{IL} 是负载门的输入低电平电流，m 是负载门的个数。

综合以上两种情况，R_P 可由下式确定：

$$R_{P(min)} < R_P < R_{P(max)}$$

一般情况下，R_P 应选 1kΩ 左右的电阻。如果希望电路延迟时间小一些，可以选择接近 $R_{P(min)}$ 的较小电阻；如果希望电路功耗低一些，可以选择接近 $R_{P(max)}$ 的较大电阻。

2）实现电平转换

在数字系统的接口部分（与外部设备相连接的地方）需要有电平转换时，常用 OC 门来完成。如图 3.4.32 所示，把上拉电阻接到 10V 电源上，这样在 OC 门输入普通的 TTL 电平，而输出高电平就可以变为 10V。

3）用作驱动器

可用 OC 门来驱动发光二极管、指示灯、继电器和脉冲变压器等。图 3.4.33 是用来驱动发光二极管的电路。

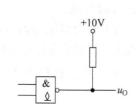

图 3.4.32　实现电平转换

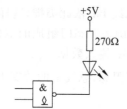

图 3.4.33　驱动发光二极管

5. 三态输出门

1）三态输出门的结构及工作原理。

三态输出门又称 TSL 门（Tristate Logic），是指电路输出除了高电平、低电平两个状态以外，还有第三个状态，称为高阻态。图 3.4.34 是三态与非门的电路图，它是在普通 TTL 与非门电路的基础上，增加一个非门 G 和二极管 D_1 组成的。其中，EN 为控制端，也称使能端，A、B 为数据输入端，其工作原理如下。

当 EN=0 时，G 输出为 1，D_1 截止，与 P 端相连的 T_1 的发射结也截止。三态门相当于一个正常的二输入端与非门，输出 $L=\overline{AB}$，称为正常工作状态。

当 EN=1 时，G 输出为 0，即 $u_P=0.3V$，一方

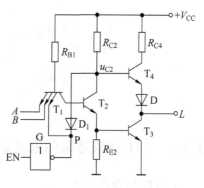

图 3.4.34　三态输出门

面使 D_1 导通，$u_{C2}=1V$，T_4、D 截止；另一方面使 $u_{B1}=1V$，T_2、T_3 也截止。这时从输出端 L 看进去，对地和电源都相当于开路，呈现高阻，所以称这种状态为高阻态或禁止态。

这种 EN=0 时为正常工作状态的三态门称为低电平有效的三态门。如果将图 3.4.34 中的非门 G 去掉，则使能端 EN=1 时为正常工作状态，EN=0 时为高阻状态，这种三态门称为高电平有效的三态门，将两种三态与非门的逻辑符号与逻辑功能列入表 3.4.1 中。

表 3.4.1　两种三态与非门逻辑符号与功能

有效电平	逻辑符号	逻辑功能	
低电平有效	A B & ▽ —L EN	EN=1	L 为高阻态
		EN=0	$L=\overline{AB}$
高电平有效	A B & ▽ —L EN	EN=0	L 为高阻态
		EN=1	$L=\overline{AB}$

2) 三态门的应用

三态门在计算机总线结构中有着广泛的应用。图 3.4.35(a) 为三态门组成的单向总线电路图。当 $EN_1=1$，$EN_2=EN_3=0$ 时，则 G_2、G_3 处于高阻状态，A_1、B_1 输入数据按与非关系出现在总线上；同理，当 $EN_2=1$，其他使能端为 0 时，则 A_2、B_2 输入数据按与非关系出现在总线上；依此类推，这样就实现了信号的分时传送。

图 3.4.35(b) 为三态门组成的双向总线电路图。当 EN 为高电平时，G_1 正常工作，G_2 输出为高阻态，输入数据 D_I 经 G_1 反相后送到总线上；当 EN 为低电平时，G_2 正常工作，G_1 输出为高阻态，总线上的数据 D_O 经 G_2 反相后输出 $\overline{D_O}$，这样就实现了信号的分时双向传送。

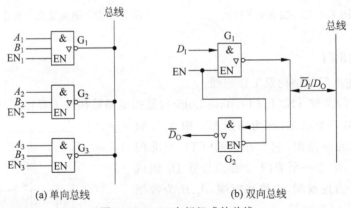

(a) 单向总线　　　　　　　　　(b) 双向总线

图 3.4.35　三态门组成的总线

扩展阅读

3.4.6　TTL 集成逻辑门电路系列简介

1. TTL74 系列简介

TTL 集成门电路自 20 世纪 60 年代问世来，经过不断改进，较好地处理了速度与功耗之间的矛盾,至今仍是最流行的集成电路系列之一。TTL 集成门电路分为 54 和 74 两大系列,54 系列一般用于军品,其供电电压为 4.5～5.5V,可在－55～＋125℃ 的环境温度下工作;74 系列用于民品,其供电电压为 4.75～5.25V,工作的环境温度为 0～70℃。每个系列又分若干子系列,74 系列各子系列及主要特点如表 3.4.2 所示。

表 3.4.2　TTL74 系列各子系列及主要特点

TTL 子系列	主 要 特 点
74 系列	基本 TTL 系列,相当于我国的 CT1000 系列,为 TTL 集成电路的早期产品,属中速 TTL 器件。其平均传输延迟时间约为 9ns,平均功耗约为 10mW/门
74S 系列	肖特基 TTL 系列,与我国的 CT3000 系列相对应。74S 系列集成门的延迟时间缩短为 3ns,但电路的平均功耗较大,约为 19mW/门
74LS 系列	低功耗肖特基系列,与我国 CT4000 系列相对应,采用了抗饱和三极管和有源泄放电路来提高工作速度,同时加大电路中电阻的阻值来降低电路的功耗,从而使电路既具有较高的工作速度,又有较低的平均功耗。其平均传输延迟时间为 9.5ns,平均功耗约为 2mW/门
74AS 系列	先进肖特基系列,它是 74S 系列的后继产品,在 74S 系列的基础上大大降低了电路中的电阻阻值,从而提高了工作速度。其平均传输延迟时间为 1.7ns,但平均功耗较大,约为 8mW/门
74ALS 系列	先进低功耗肖特基系列,是 74LS 系列的后继产品。在 74LS 系列的基础上通过增大电路中的电阻阻值、改进生产工艺和缩小内部器件的尺寸等措施,降低了电路的平均功耗,提高了工作速度。其平均传输延迟时间为 4ns,平均功耗约为 1.2mW/门
74F 系列	高速 TTL 系列,采用了新的集成制造工艺,减少了器件之间的电容量,因此减少了平均传输延迟时间。其平均传输延迟时间为 3ns,平均功耗约为 6mW/门

2. TTL 改进型电路举例——肖特基(74S)系列

下面以肖特基(74S)系列,介绍实际的 TTL 门电路与前面提到的原理电路有哪些区别和改进。图 3.4.36 为 74S 系列与非门的电路图。

(1) 输出级采用了达林顿结构,T_4、T_5 组成复合管电路,降低了输出高电平时的输出电阻,有利于提高速度,也提高了负载能力。

(2) 采用了**抗饱和三极管**。由于三极管饱和越深,工作速度越慢,为了提高速度,应限制三极管的饱和深度,因此,采用了抗饱和三极管。抗饱和三极管是在普通三极管的基极和集电极之间并接一个肖特基二极管 SBD,如图 3.4.37(a)所示,图 3.4.37(b)是它的符号。肖特基二极管是利用金属铝和 N 型硅半导体相接触形成的二极管,其特点是正向压降较低(只有 0.4V 左右),且本身的电荷存储效应很小。所以当带有肖特基二极管的抗饱和三极管进入饱和,B、C 极之间的电压下降到 0.4V 时,SBD 便导通,一方面使 B、C 极之间的电压钳制在 0.4V,另一方面分流了三极管的基极电流,有效地减轻了三极管的饱和深度。在 74S 系列电路中除了 T_4 管(不工作在饱和状态)以外,其他的三极管都采用了这种抗饱和三极管,从而提高了工作速度。

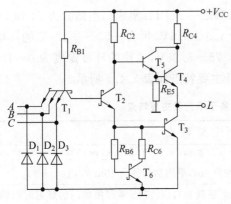

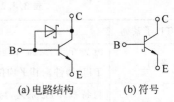

图 3.4.36　74S 系列与非门的电路　　　　图 3.4.37　抗饱和三极管
　　　　　　　　　　　　　　　　　　　　　　　(a) 电路结构　　(b) 符号

（3）用 T_6、R_{B6}、R_{C6} 组成的"有源泄放电路"代替了原来的 R_{E2}。有源泄放电路的作用为：当电路由截止转为导通时，T_2 先导通，由于 R_{B6} 的存在，T_2 的发射极电流绝大部分流入 T_3 的基极，使 T_3 先于 T_6 导通，从而缩短了开通时间。而在 T_3 导通后，T_6 接着导通，分流了 T_3 的基极电流，使 T_3 不至于饱和太深，有利于缩短 T_3 由导通向截止转换的时间。当电路由导通转为截止时，T_2 先截止，在 T_3 还没有截止时，u_{B3} 维持 0.7V，T_6 仍导通，为 T_3 基极存储电荷的泄放提供了低阻通路，加速了 T_3 的截止，从而缩短了关闭时间。

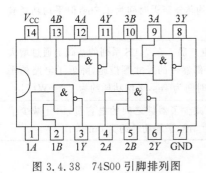

图 3.4.38　74S00 引脚排列图

另外输入端的三个二极管 D_1、D_2、D_3 用于抑制输入端出现的负向干扰，起保护作用。

74S00 是一种典型的 TTL 与非门器件，内部含有 4 个二输入端与非门，共有 14 个引脚，引脚排列如图 3.4.38 所示。

3. TTL74 系列的性能比较

表 3.4.3 给出了 TTL74 系列的各子系列的主要参数的典型值。

表 3.4.3　TTL74 系列各子系列的主要参数

主　要　参　数	74 系列	74S 系列	74LS 系列	74AS 系列	74ALS 系列	74F 系列
输出低电平电压 $U_{OL(max)}$/V	0.4	0.5	0.5	0.5	0.5	0.5
输出高电平电压 $U_{OH(min)}$/V	2.4	2.7	2.7	2.5	2.5	2.5
输入低电平电压 $U_{IL(max)}$/V	0.8	0.8	0.8	0.8	0.8	0.8
输入高电平电压 $U_{IH(min)}$/V	2.0	2.0	2.0	2.0	2.0	2.0
平均传输延迟时间 t_{pd}/ns	9	3	9.5	1.7	4	3
平均功耗/mW	10	19	2	8	1.2	6
延时-功耗积/pJ	90	57	19	13.6	4.8	18
最大时钟频率/MHz	35	125	45	200	70	100
扇出系数 N_O	10	20	20	40	20	33

3.5 MOS 逻辑门电路

MOS 逻辑门电路是继 TTL 之后发展起来的另一种应用广泛的数字集成电路。由于它功耗低,抗干扰能力强,工艺简单,几乎所有的大规模、超大规模数字集成器件都采用 MOS 工艺。目前,MOS 电路特别是 CMOS 电路已超越 TTL 成为占统治地位的逻辑器件。在 MOS 电路中,以金属-氧化物-半导体场效应晶体管(Metal-Oxide-Semiconductor Field Effect Transistor,简称 MOSFET 或 MOS 管)作为开关器件。

3.5.1 MOS 管的开关特性

MOS 管按照所使用的半导体材料的极性不同,分为 N 沟道和 P 沟道两种,分别称为 NMOS 管和 PMOS 管。每一种又有增强型和耗尽型之分,所以 MOS 管有四大类:增强型 NMOS 管、耗尽型 NMOS 管、增强型 PMOS 管、耗尽型 PMOS 管。

1. 增强型 NMOS 管的输出特性和转移特性

1) 增强型 NMOS 管的结构和工作原理

增强型 NMOS 管的结构如图 3.5.1(a)所示,它以一块掺杂浓度较低的 P 型硅作衬底,采用扩散工艺在上面形成两个高掺杂浓度的 N^+ 区域,然后在上面覆盖一层很薄的二氧化硅保护层;再从两个 N^+ 区域引出两个金属铝电极,分别为源极 s(source)和漏极 d(drain),从二氧化硅的表面通过金属铝引出栅极 g(gate)。从图 3.5.1(a)中可以看出,栅极与源极、漏极和衬底均不接触,故称"绝缘栅极",因此,MOS 管又称为绝缘栅型场效应管。图 3.5.1(b)、(c)分别是增强型 NMOS 管的标准符号和简化符号。衬底箭头的方向表示由衬底的 P 区指向沟道 N 区。

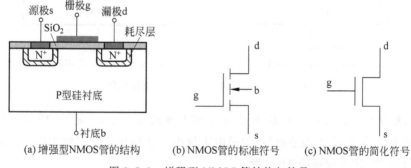

(a) 增强型NMOS管的结构　　(b) NMOS管的标准符号　　(c) NMOS管的简化符号

图 3.5.1　增强型 NMOS 管结构与符号

视频

从图 3.5.2(a)中可以看出,当 NMOS 管的栅极和源极短接时,栅源电压 $u_{GS}=0$。这时,源极与衬底以及漏极与衬底之间形成了两个背靠背的 PN 结。不管在漏源之间所加的电压极性如何,总有一个 PN 结处于反向截止状态,漏极电流 $i_D=0$,管子是不导通的。

在 MOS 管工作时,为防止有电流从衬底流向源极和导电沟道,通常将衬底和源极相连,或将衬底接到系统的最低电位点上。如果这时使漏极和源极之间的电压 $u_{DS}=0$,并在栅极和源极之间加上一个正电压 u_{GS},这样将在二氧化硅保护层中产生一个垂直于半导体表面的由栅极指向 P 型衬底的电场。当这个电场较小时,它排斥 P 型衬底中的多数载流子空穴,使其远离两个 N^+ 区域;同时在靠近电场的附近留下不能移动的负离子,形成耗尽层。这个电压增大,超过某一值时,由于绝缘层很薄,即使电压只有几伏,仍可使栅源电压 u_{GS} 产生的电场达到 $10^5 \sim 10^6$ V/cm。这个电场继续排斥空穴,同时它又能够吸引大量的少数载流子电子到电场附近,在 P 型衬底的表面形成一个 N 型的薄层,称为反型层。反型层将漏源两个高浓度 N^+ 区域相连,构成这两个区域之间的导电沟道。如图 3.5.2(b)所示。因为反型层是由正电场感应生成的,又称为感生沟道。

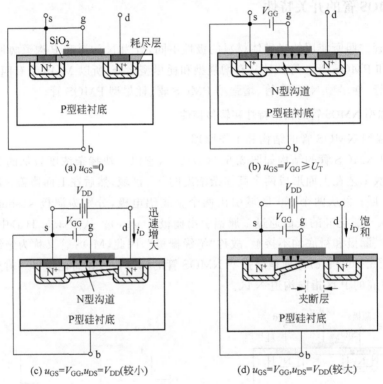

图 3.5.2　增强型 NMOS 管的工作原理

通常,将感生沟道开始形成的电压 u_{GS} 称为**开启电压 U_T**。显然,栅源电压 u_{GS} 越大,吸引的电子越多,感生沟道越厚,沟道电阻越小。这种在 u_{GS} 足够大时才能形成感生沟道的 MOS 管,称为**增强型 MOS 管**。

当 $u_{GS} \geqslant U_T$ 时,如果在漏源之间加上一个电压 u_{DS},将形成漏极电流 i_D。当 u_{DS} 较小时,u_{DS} 稍有上升,i_D 就会迅速增大。i_D 流过感生沟道将会产生压降,使栅极与沟道中各点的压降不再相等,形成一个电位梯度。栅源之间的压降最大,就是 u_{GS},感生沟道最厚。栅漏之间的压降最小,$u_{GD}=u_{GS}-u_{DS}$,感生沟道最薄。整个感生沟道中的电子呈楔形分布,如图 3.5.2(c)所示。

如果 u_{DS} 增大到 $u_{GD}=u_{GS}-u_{DS}=U_T$ 时,漏端的沟道开始消失,这种情况称为**预夹断**。如果 u_{DS} 在此基础上继续增大,$u_{GD}=u_{GS}-u_{DS}<U_T$,夹断点就会向源极方向延伸,在漏区附近出现夹断区,如图 3.5.2(d)所示。这时,沟道上的压降为 $u_{GS}-U_T$,而 u_{DS} 增大的部分 $u_{DS}-(u_{GS}-U_T)$,全部落到了夹断区上,形成较强的电场,使电子仍能经过夹断区漂移到漏极,使得漏极电流 i_D 保持连续。由于漏极 i_D 的大小主要由沟道上的压降决定,而沟道上的压降并不随 u_{DS} 的增大而增大。因此,出现预夹断后,漏极电流 i_D 基本上保持一个恒定值,或略有增加。

2)NMOS 管的输出特性和转移特性

描述 MOS 管的输入、输出特性的曲线主要有两条,一条是输出特性曲线,另一条是转移特性曲线。

输出特性曲线表示以 u_{GS} 为参变量时,漏极电流 i_D 与漏源电压 u_{DS} 之间的关系,也称为漏极特性曲线,其表达式为

$$i_D = f(u_{DS}) \mid_{u_{GS}=常数} \tag{3.5.1}$$

图 3.5.3(a)给出了增强型 NMOS 管的输出特性曲线。从图中可以看出,NMOS 管有三个工作区域,即**截止区**、**可变电阻区**和**饱和区**(恒流区)。

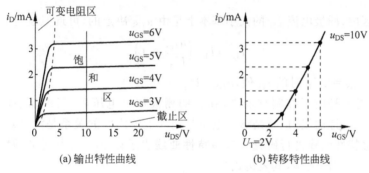

(a)输出特性曲线 (b)转移特性曲线

图 3.5.3 增强型 NMOS 管的特性曲线

(1)截止区

当 $u_{GS}<U_T$ 时,MOS 管工作在截止区,MOS 管 d、s 之间的内阻 R_{OFF} 非常大,可达 $10^9\,\Omega$ 以上。

(2)可变电阻区

当 $u_{GS}\geqslant U_T$ 时,在可变电阻区,MOS 管漏源电压 u_{DS} 较小,导电沟道没有夹断。此时,MOS 管漏源之间的电压电流关系可以看成是一个受栅源电压 u_{GS} 控制的可变电阻。当 u_{GS} 较小时,沟道中被吸引的电子数量较少,沟道较薄,沟道电阻较大,相应的漏极电流 i_D 较小;当 u_{GS} 增大时,沟道中被吸引的电子数量增多,沟道变厚,沟道电阻变小,相应的漏极电流 i_D 变大。

当 u_{GS} 一定时,漏极电流 i_D 的变化受漏源之间电压 u_{DS} 的影响也较大。当 u_{DS} 较小时,u_{DS} 对导电沟道的宽窄影响较小,u_{DS} 与 i_D 之间近似呈线性关系,u_{DS} 与 i_D 之比近似等于一个常数,MOS 管像一个线性电阻。等效电阻的大小与 u_{GS} 有关,当 $u_{DS}\approx 0$ 时,

MOS 管导通电阻 R_{ON} 和 u_{GS} 的关系由下式给出

$$R_{ON}\,|_{u_{DS}\approx 0}=\frac{1}{2K(u_{GS}-U_T)} \tag{3.5.2}$$

式中,K 为常数,与导电沟道的宽长比及半导体材料的电导率有关。由该式可以看出,为了得到较小的导通电阻,应取尽可能大的 u_{GS} 值。工作在可变电阻区的 MOS 管导通电阻 R_{ON} 通常很小,在 1kΩ 以内,有的甚至可以小于 10Ω。

当 u_{DS} 增大时,导电沟道在漏端附近变窄,沟道电阻变大,漏极电流 i_D 随 u_{DS} 增大的趋势减缓。

(3) 饱和区(恒流区)

饱和区的输出特性曲线表示 MOS 管出现预夹断以后,漏源电压 u_{DS} 与漏极电流 i_D 之间的关系。在这个区域内,导电沟道已经被夹断了。尽管 u_{DS} 在增大,但漏极电流 i_D 基本保持不变,或略有增加。输出特性曲线大体上保持水平。因此,这个区域也称为恒流区,MOS 管像一个电流源,它的电流与 u_{DS} 大小无关。MOS 管工作在放大状态时,就是工作在这个区域。每一条输出特性曲线上预夹断点轨迹形成的连接线,就是可变电阻区与饱和区的分界线。从图 3.5.3(a)中可以看出,饱和区 MOS 管 d、s 之间的电阻也很大。

在饱和区内,漏极电流 i_D 的大小基本上是由 u_{GS} 决定的,可近似地用下列公式表示

$$i_D=I_{DO}\left(\frac{u_{GS}}{U_T}-1\right)^2 \tag{3.5.3}$$

式中,I_{DO} 是 $u_{GS}=2U_T$ 时的 i_D 值,$u_{GS}>U_T$。

MOS 管是一种电压控制型器件,在它的栅极加上电压后,栅极几乎没有电流。因此,研究其输入特性曲线,也就是输入电压与输入电流之间的关系是没有意义的。通常,我们对其转移特性曲线进行研究。**转移特性曲线**表示以 u_{DS} 为参变量,漏极电流 i_D 与栅源电压 u_{GS} 之间的关系,其表达式为

$$i_D=f(u_{GS})\big|_{u_{DS}=常数} \tag{3.5.4}$$

图 3.5.3(b)给出了 N 沟道增强型 MOS 管的转移特性曲线。这条转移特性曲线是在 $u_{DS}=10\text{V}$ 时作出的,由于在饱和区中,漏极电流的大小基本与漏源电压无关,因此,在 u_{DS} 取其他值时得到的转移特性曲线与图中的曲线基本重合。

2. MOS 管的四种类型

1) 增强型 NMOS 管

前面分析可知,增强型 NMOS 管采用 P 型衬底,导电沟道是 N 型的。在 $u_{GS}=0$ 时没有导电沟道,开启电压 $U_T>0$。工作时使用正电源,同时应将衬底接源极或接到系统的最低电位上。

2) 增强型 PMOS 管

如图 3.5.4(a)所示,增强型 PMOS 管采用 N 型衬底,导电沟道是 P 型的。在 $u_{GS}=0$ 时没有导电沟道,只有在栅极上加足够大的负电压时,才能把 N 型衬底中的少数载流子——空穴吸引到栅极下面的衬底表面,形成 P 型的导电沟道,因此增强型 PMOS 管

的开启电压为负值,即 $U_T < 0$。这种 MOS 管工作时使用负电源,同时需要将衬底接源极或接至系统的最高电位上。图 3.5.4(b)和(c)分别是 PMOS 管的标准符号和简化符号。

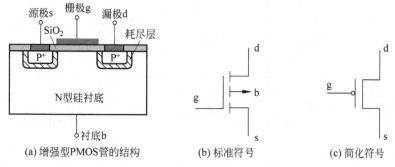

(a) 增强型PMOS管的结构 (b) 标准符号 (c) 简化符号

图 3.5.4 增强型 PMOS 管结构与符号

3）耗尽型 NMOS 管

耗尽型 NMOS 管的结构形式与增强型 NMOS 管相同,都采用 P 型衬底,导电沟道也是 N 型的。所不同的是,在制造 NMOS 管的过程中,采用一定的工艺,在其栅极下面的二氧化硅绝缘层中掺杂了一定浓度的金属正离子,例如钠(Na)、钾(K)等。这些正离子将会产生正电场,即使在 $u_{GS} = 0$ 时仍然会形成导电沟道,如果加上漏源电压就会产生漏极电流 i_D,当 u_{GS} 为正值时,导电沟道变宽,i_D 增大;当 u_{GS} 为负值时,导电沟道变窄,i_D 减小。当 u_{GS} 小于某一个负值时,$i_D = 0$,导电沟道消失,这个临界的负电压是导电沟道开始消失的电压,称为耗尽型 NMOS 管的**夹断电压 U_P**。

4）耗尽型 PMOS 管

耗尽型 PMOS 管的结构形式与增强型 PMOS 管相同,都采用 N 型衬底,导电沟道也是 P 型的。所不同的是,通过在栅极下面的二氧化硅绝缘层中掺杂一定浓度的负离子,耗尽型 PMOS 管在 $u_{GS} = 0$ 时已经形成导电沟道,当 u_{GS} 为负值时,导电沟道变宽,i_D 的绝对值增大;当 u_{GS} 为正值时,导电沟道变窄,i_D 的绝对值减小。当 u_{GS} 大于某个正值时,$i_D = 0$,导电沟道消失,这个临界的正电压称为耗尽型 PMOS 管的**夹断电压 U_P**。

为了便于学习和比较,四种类型 MOS 管的符号、特点及特性曲线总结如表 3.5.1 所示。

表 3.5.1 四种类型 MOS 管比较

MOS 管类型	增强型 NMOS 管	增强型 PMOS 管	耗尽型 NMOS 管	耗尽型 PMOS 管
标准符号				

MOS 管类型	增强型 NMOS 管	增强型 PMOS 管	耗尽型 NMOS 管	耗尽型 PMOS 管
简化符号				
衬底类型	P 型	N 型	P 型	N 型
导电沟道 沟道类型	N 型	P 型	N 型	P 型
导电沟道 $u_{GS}=0$	无导电沟道		有导电沟道	
开启电压 U_T 夹断电压 U_P	$U_T>0$	$U_T<0$	$U_P<0$	$U_P>0$
输出特性				
转移特性				

3. MOS 管的静态开关特性

图 3.5.5(a)是由 NMOS 管组成的简单的开关电路。当 $u_I=u_{GS}<U_T$ 时,MOS 管工作在截止区,只要电阻 R_D 远远小于 MOS 管的截止内阻 R_{OFF},输出 u_O 即为高电平 U_{OH},且 $U_{OH}\approx V_{DD}$。这时 MOS 管的 d、s 间就相当于一个断开的开关。

当 $u_I=u_{GS}>U_T$ 时,且 u_{DS} 较大,则 MOS 管工作在饱和区,随着 u_I 增大,i_D 增大,u_O 不断减小。这时电路工作在放大状态。

当 u_I 继续增大,MOS 管的导通电阻 R_{ON} 变得很小,只要电阻 R_D 远远大于 R_{ON},输出 u_O 即为高电平 U_{OL},且 $U_{OL}\approx0$。这时 MOS 管工作在可变电阻区,MOS 管的 d、s 间就相当于一个闭合的开关。

可见,只要选择合适的电路参数,就可以保证输入 u_I 为低电平时,MOS 管截止,输出 u_O 为高电平;而输入 u_I 为高电平时,MOS 管导通,输出 u_O 为低电平。对于图 3.5.5(a)所示的开关电路,NMOS 管的工作状态和特点总结如表 3.5.2 所示。

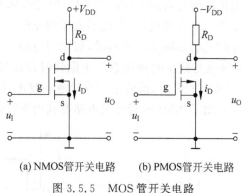

(a) NMOS管开关电路　　(b) PMOS管开关电路

图 3.5.5　MOS 管开关电路

表 3.5.2　NMOS 管三种工作状态的特点

工作状态（工作区）		截　止　区	饱和区（恒流区）	可变电阻区
电压判断条件		$u_{GS} < U_T$	$u_{GS} \geqslant U_T$ $u_{GD} \leqslant U_T$	$u_{GS} \geqslant U_T$ $u_{GD} > U_T$
工作特点	沟道情况	漏极、源极间无导电沟道	漏极、源极间有导电沟道，且沟道有夹断	漏极、源极间有导电沟道，且沟道无夹断
	电流情况（源极电流 i_G，漏极电流 i_D）	$i_G = 0$ $i_D \approx 0$	$i_G = 0$ $i_D = f(u_{GS})$	$i_G = 0$ $i_D > 0$
	漏极、源极间电阻	$R_{OFF} \approx \infty$	R_{ON} 很大	R_{ON} 很小，通常小于 $1\text{k}\Omega$，甚至小于 10Ω
	近似等效电路	$i_G=0$　g○　○d ○s	$i_G=0$ ┤├ i_D ; + g ; u_{GS} $f(u_{GS})$; − s	$i_G=0$ ┤├ i_D ; + g ; u_{GS} R_{ON} ; − s
	d、s 间开关作用	相当于开关断开		相当于开关闭合

由 PMOS 管同样可以构成开关电路，图 3.5.5(b) 为由增强型 PMOS 管组成的简单的开关电路。从图中可以看出，当 $u_I = 0\text{V}$ 时，MOS 管不导通，输出 u_O 为低电平 U_{OL}。由于 R_D 远远小于 MOS 管截止时 d、s 之间的电阻 R_{OFF}，因此 $U_{OL} \approx -V_{DD}$。当 $u_I < U_T$ 时，MOS 管导通，输出 u_O 为高电平 U_{OH}。由于 R_D 远远大于 MOS 管导通时的电阻 R_{ON}，因此 $U_{OH} \approx 0$。

4. MOS 管的动态开关特性

MOS 管三个电极之间均存在等效电容，各极之间可以近似成一个电容，这些电容都很小，通常是几 pF 以下，甚至只有几 fF，对器件的工作并不重要，但它们确实会影响电路的性能（例如延迟时间、动态功耗），因而称为寄生电容。栅极电容可以看成是一个平行板电容器，它的顶部是栅，底部是沟道，在它们之间是很薄的 SiO_2 介质；源极和漏极的电容分别来源于源极和漏极扩散区与衬底之间的 PN 结,因此也称为扩散电容。由于 MOS 管极间电容的构成相当复杂且具有非线性,在此不做详细分析。

以 NMOS 管开关电路为例,如图 3.5.6 所示,假设与电路有关的电容等效为输出端的电容 C_L,则 MOS 管在导通与截止两种状态发生翻转时存在过渡过程,其动态特性主要取决于电容 C_L 充、放电所需的时间,而管子本身导通和截止时电荷积累和消散的时间是很小的。图 3.5.6 分别给出了 NMOS 管开关电路及其动态特性示意图。

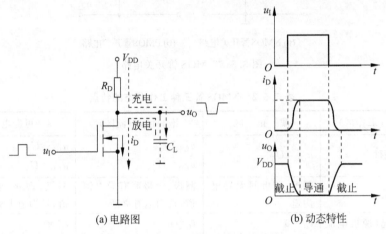

图 3.5.6　NMOS 管动态开关特性

当输入电压 u_I 由高变低,MOS 管由导通状态翻转为截止状态时,电源 V_{DD} 通过 R_D 向电容 C_L 充电,充电时间常数为 $R_D C_L$,所以,输出电压 u_O 要通过一定延时才由低电平变为高电平。

当输入电压 u_I 由低变高,MOS 管由截止状态翻转为导通状态时,电容 C_L 上的电荷通过 R_{ON} 进行放电,其放电时间常数 $R_{ON} C_L$。可见,输出电压 u_O 也要经过一定延时才能转变成低电平。但因为 R_{ON} 比 R_D 小得多,所以,由截止到导通的翻转时间比由导通到截止的翻转时间要短。

需要说明的是,MOS 管电容上电压不能突变是造成 u_I 或 u_O 传输滞后的主要原因。而且,由于 MOS 管的导通电阻 R_{ON} 比三极管的饱和导通电阻 R_{CES} 要大得多,漏极电阻 R_D 也比三极管集电极电阻 R_C 大,所以,MOS 管的充、放电时间较长,使 MOS 管的开关速度比晶体三极管的开关速度低,即其动态性能较差。

3.5.2　NMOS 门电路

NMOS 门电路全部由 N 沟道 MOSFET 构成,由此而得名。

1. NMOS 非门

NMOS 非门电路如图 3.5.7(a)所示,其中 T_1 为工作管,T_2 为负载管,两者都为增强型 MOSFET。设两管的开启电压为 $U_{T1} = U_{T2} = U_T = 4V$,且 T_1 管的跨导 g_{m1} 远大于

T_2 管的跨导 g_{m2}，下面分析逻辑关系。

（1）当输入 u_1 为高电平 8V（高电平电压要大于开启电压）时，T_1 导通，由于 T_2 栅极接电源 V_{DD}，T_2 也导通。因为 $g_{m1} \gg g_{m2}$，所以两管的导通电阻 $R_{DS1} \ll R_{DS2}$，通常 R_{DS1} 为 $3 \sim 10 k\Omega$，R_{DS2} 为 $100 \sim 200 k\Omega$，等效电路如图 3.5.7(b) 所示，输出电压为

$$u_O = \frac{R_{DS1}}{R_{DS1} + R_{DS2}} V_{DD} \leqslant 1V \qquad (3.5.5)$$

所以输出为低电平。

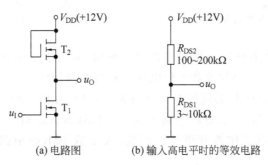

(a) 电路图　　　　(b) 输入高电平时的等效电路

图 3.5.7　NMOS 非门电路

（2）当输入 u_I 为低电平 0V 时，T_1 截止，由于 T_2 栅极接电源 V_{DD}，T_2 总是导通的。所以输出电压为 $u_O = V_{DD} - U_T = 8V$，即输出为高电平。

所以电路实现了非逻辑。同时可以看出，NMOS 管传输 0 很好，但传输 1 时只能上拉至 $V_{DD} - U_T$。

2. NMOS 与非门和或非门

NMOS 与非门和或非门是在 NMOS 非门的基础上实现的。

1）与非门

图 3.5.8 所示为 NMOS 与非门电路，它是由两个串联的工作管 T_1、T_2 和一个负载管 T_3 组成的。两输入端 A、B 中只要有一个为低电平，对应的工作管截止，输出 L 为高电平；只有输入 A、B 都为高电平时，T_1、T_2 同时导通，输出 L 才为低电平。所以电路实现与非逻辑，即 $L = \overline{AB}$。

2）或非门

图 3.5.9 所示为 NMOS 或非门电路，它是由两个并联的工作管 T_1、T_2 和一个负载管 T_3 组成的。两输入端 A、B 中只要有一个为高电平，对应的工作管导通，输出 L 为低电平；只有输入 A、B 都为低电平时，T_1、T_2 同时截止，输出 L 才为高电平。可见电路实现或非逻辑，即 $L = \overline{A+B}$。

由于与非门的工作管是串联的，增加变量的个数，即增加工作管的个数，输出低电平会随之增高；而或非门的工作管是并联的，增加变量的个数，即增加工作管的个数，输出低电平基本稳定。所以，NMOS 门电路是以或非门为基础的。这种门电路主要用于大规模集成电路中，而不制成像 CMOS 电路那样的小规模单个器件。

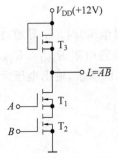

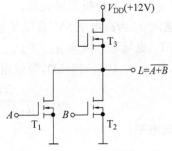

图 3.5.8　NMOS 与非门电路　　　　图 3.5.9　NMOS 或非门电路

需要说明的是,PMOS 管也可以制作成门电路,但由于 PMOS 管的空穴迁移率低,因此在 MOS 晶体管的几何尺寸和工作电压绝对值相等的情况下,PMOS 管的跨导小于NMOS 管。此外,PMOS 管的阈值电压普遍偏高,要求有较高的工作电压,它的供电电源的电压大小和极性与 TTL 逻辑电路不兼容。PMOS 因逻辑摆幅大,充放电时间长,加之器件跨导小,所以工作速度更低。因此,大多数 PMOS 电路已被 NMOS 电路所取代。

扩展阅读

3.5.3　CMOS 非门

1. 电路结构与工作原理

CMOS 非门,又称为 CMOS 反相器,是由 N 沟道 MOSFET 和 P 沟道 MOSFET 互补而成的,是 CMOS 电路的基本结构形式,下面将进行详细介绍。

图 3.5.10(a)为 CMOS 非门电路,其中 T_N 为 N 沟道增强型 MOSFET,在电路中作为驱动管,T_P 为 P 沟道增强型 MOSFET,作为负载管。两管的开启电压分别为 U_{TN}、U_{TP},它们的栅极相连作为非门的输入端,漏极相连作为非门的输出端。T_P 的源极接正电源 V_{DD},T_N 的源极接地。要求电源 V_{DD} 大于两管开启电压绝对值之和,即 $V_{DD} > (U_{TN} + |U_{TP}|)$,且 $U_{TN} = |U_{TP}|$。

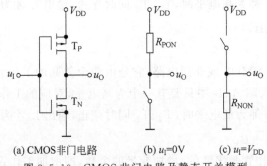

(a) CMOS 非门电路　　(b) $u_I = 0V$　　(c) $u_I = V_{DD}$

图 3.5.10　CMOS 非门电路及静态开关模型

在图 3.5.10 所示电路中,输入高低电平分别为 V_{DD} 和 0V,则输入与输出逻辑关系如下:

（1）当输入为低电平，即 $u_I=0V$ 时，等效电路如图 3.5.10(b) 所示，T_N 截止，T_P 导通，T_N 的截止电阻 R_{NOFF} 约为 500MΩ，T_P 的导通电阻 R_{PON} 约为 750Ω，所以输出 $u_O\approx V_{DD}$，即 u_O 为高电平，通常称该状态为关门状态。

（2）当输入为高电平，即 $u_I=V_{DD}$ 时，等效电路如图 3.5.10(c) 所示，T_N 导通，T_P 截止，T_N 的导通电阻 R_{NON} 约为 750Ω，T_P 的截止电阻 R_{POFF} 约为 500MΩ，所以输出 $u_O\approx 0V$，即 u_O 为低电平，称该状态为开门状态。

由此可见，该电路实现了非逻辑。通过分析还可以看出，无论输入 u_I 为高电平还是低电平，T_N、T_P 总是工作在一个导通而另一个截止的状态，即所谓的状态互补，所以把这种电路结构形式称为互补金属氧化物半导体（Complementary Metal-Oxide Semiconductor），简称 CMOS 电路。另外，无论电路处于何种状态，T_N、T_P 中总有一个截止，所以 CMOS 电路的静态功耗极低，有微功耗电路之称。

2. 电压传输特性

1）电压传输特性曲线

电路如图 3.5.10(a) 所示，设电源电压 $V_{DD}=10V$，两管的开启电压为 $U_{TN}=|U_{TP}|=2V$，则可做出 CMOS 非门的电压传输特性曲线如图 3.5.11 所示。

（1）当 $u_I<2V$ 时，T_N 截止，T_P 导通，输出 $u_O\approx V_{DD}=10V$。

（2）当 $2V\leqslant u_I<5V$ 时，T_N 和 T_P 都导通，但 T_N 的栅源电压小于 T_P 的栅源电压绝对值，即 T_N 工作在饱和区，T_P 工作在可变电阻区，T_N 的导通电阻大于 T_P 的导通电阻，所以，这时 u_O 开始下降，但下降不多，输出仍为高电平。

（3）当 $u_I=5V$ 时，T_N 的栅源电压等于 T_P 的栅源电压绝对值，两管都工作在饱和区，且导通电阻相等，所以，$u_O=V_{DD}/2=5V$。

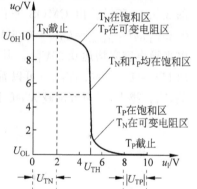

图 3.5.11 CMOS 非门的电压传输特性

（4）当 $5V<u_I\leqslant 8V$ 时，情况与（2）相反，T_P 工作在饱和区，T_N 工作在可变电阻区，T_P 的导通电阻 $>T_N$ 的导通电阻，所以 u_O 变为低电平。

（5）当 $u_I>8V$ 时，T_P 截止，T_N 导通，输出 $u_O=0V$。

可见两管在 $u_I=V_{DD}/2$ 处转换状态，所以 CMOS 门电路的阈值电压（或称门槛电压）$U_{TH}=V_{DD}/2$。从图 3.5.11 中的曲线还可以看到，输出状态转换时的变化率很大，更接近于理想的开关特性。

与 TTL 电路参数相比，CMOS 门电路主要参数如下。

（1）**输出高电平电压** U_{OH}。U_{OH} 的理论值为电源电压 V_{DD}，$U_{OH(min)}=0.9V_{DD}$。

（2）**输出低电平电压** U_{OL}。U_{OL} 的理论值为 0V，$U_{OL(max)}=0.01V_{DD}$。所以 CMOS 门电路的逻辑摆幅（即高、低电平之差）较大，接近电源电压 V_{DD} 的值。

（3）**关门电平电压** U_{OFF} **与开门电平电压** U_{ON}。CMOS 非门的关门电平电压 U_{OFF}

为 $0.45V_{DD}$，开门电平电压 U_{ON} 为 $0.55V_{DD}$。

（4）**阈值电压 U_{TH}**。阈值电压 $U_{TH}=0.5V_{DD}$。

2）电流转移特性

由电压传输特性可以很容易地获得漏极电流 i_D 随输入电压 u_I 变化而变化的曲线，即电流转移特性，如图 3.5.12 所示。

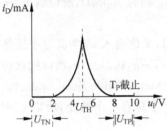

图 3.5.12　CMOS 非门的电流转移特性

（1）当 $u_I<2V$ 或者 $u_I>8V$ 时，T_N 和 T_P 中必有一个截止，另一个导通，所以漏极电流 $i_D\approx0$。

（2）当 $2V\leqslant u_I\leqslant8V$ 时，T_N 和 T_P 同时导通，有电流流过两管，且当 $u_I=5V$ 时，i_D 最大。理解了 CMOS 电路的这一特点，如果输入逻辑信号转换速度较慢或者逻辑电平电压不是足够大或足够小，那么 CMOS 门电路将有一个很大的电流流过，在实际应用时应当避免这些情况，以防止器件因功耗过大而烧坏。

3）输入噪声容限

当用门电路连接成一个数字系统时，驱动门的输出电压是负载门的输入电压，如图 3.5.13 所示。由 CMOS 非门电压传输特性和主要参数可知，$U_{IL(max)}=U_{OFF}=0.45V_{DD}$，$U_{IH(min)}=U_{ON}=0.55V_{DD}$，$U_{OH(min)}=0.9V_{DD}$，$U_{OL(max)}=0.01V_{DD}$，因此高低电平噪声容限均达 $0.35V_{DD}$。其他 CMOS 门电路的噪声容限一般也大于 $0.3V_{DD}$，一般取 $U_{NL}=U_{NH}=0.3V_{DD}$。可以看出，CMOS 门电路的抗干扰能力比较强，而且与 V_{DD} 有关，V_{DD} 越大，噪声容限越大，抗干扰能力越强。

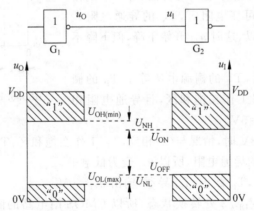

图 3.5.13　输入噪声容限示意图

3. 输出特性

前述内容已经提及，MOS 管栅源之间有 SiO_2 绝缘层，是一种电压控制型器件，在它的栅极加上电压后，栅极几乎没有电流，因此直流输入电阻极高，可达 $10^9\sim10^{15}\Omega$。

若 MOS 管驱动同类型的门电路，如图 3.5.13 所示，在直流工作状态下，由于负载门的输入电阻极高，而驱动门的输出电阻很低（通常小于 $1k\Omega$），所以即使将很多负载门的输入端接入驱动门的输出端,驱动门输出的高、低电平也变化很小,不会超出允许的正常工作范围。因此,若只按照直流工作状态考虑,CMOS 门电路的扇出系数是非常大的。

然而在动态工作情况下,必须考虑驱动门 G_1 输出端的寄生电容、负载门 G_2 输入端的寄生电容(作为 G_1 负载电容)及连线电容对 u_O 的影响,对于图 3.5.13 所示的 G_1、G_2 两个非门的串联,其影响动态性能的寄生电容分布如图 3.5.14 所示。可见,这些电容包括栅漏电容 C_{GD12}、扩散电容 C_{DB1} 与 C_{DB2}、连线电容 C_W、负载的栅电容 C_{G3} 与 C_{G4}。为了使分析容易进行,假设所有的电容集成为一个负载电容 C_L,它处于 u_O 和地之间,则对驱动门来说可以简化为图 3.5.15 所示的电路。当 CMOS 非门的输出从低电平翻转为高电平的时候,T_N 截止,T_P 导通,V_{DD} 通过 T_P 的导通电阻 R_{PON} 给电容 C_L 充电,输出 u_O 上升为高电平,即达到负载门输入高电平的最小值 $U_{IH(min)}$ 及以上;同理,当输出 u_O 从高电平翻转为低电平时,T_N 导通,T_P 截止,C_L 必然经 T_N 的导通电阻 R_{NON} 放电,输出 u_O 下降为低电平,即下降至负载门输入低电平的最大值 $U_{IL(max)}$ 及以下。

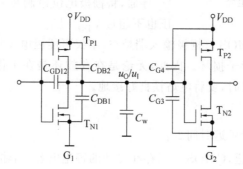

图 3.5.14　影响一对串联 CMOS 非门动态特性的寄生电容

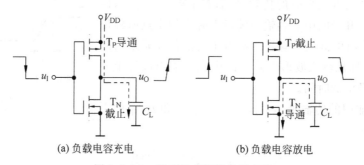

(a) 负载电容充电　　　　　　　(b) 负载电容放电

图 3.5.15　CMOS 非门带负载电容

由此可以看出:在翻转过程中,输出 u_O 的大小不仅取决于负载电容 C_L 的大小,而且与输出高、低电平的翻转频率有关;接入负载门的输入端越多,电容 C_L 越大,u_O 上升或下降的速度也会越慢。因此,接到驱动门输出端的输入端数目不能过多,在低频(小于 1MHz)开关条件下,CMOS 门电路的扇出系数一般可达 50 以上。随着开关频率的升高,扇出系数将随之下降。同时需要注意的是,扇出系数是指驱动 CMOS 门的个数,就灌电流负载能力和拉电流负载能力而言,CMOS 门电路远远低于 TTL 门电路。

4. 保护电路

由于 MOS 管的栅极和衬底之间存在以 SiO_2 为介质的输入电容,其容量非常小,只有几 pF,同时 MOS 管的输入阻抗极高,一旦积累电荷,无放电回路,因此,只要有少量的

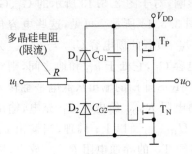

图 3.5.16 CMOS 非门带负载
电容等效电路

感应电荷就可产生很高的电压,而 SiO_2 绝缘层非常薄,厚度在 $10^{-2}\mu m$,其耐压为 $80 \sim 100V$,很容易被击穿,所以目前生产的 CMOS 集成电路都采用了各种各样的保护电路,最简单的保护电路是在输入端加两个二极管 D_1、D_2,如图 3.5.16 所示。设二极管的正向压降为 U_D,当输入信号大于 $V_{DD}+U_D$ 时,D_1 导通,将栅极电位钳制在 $V_{DD}+U_D$,保证 C_{G2} 上的电压不超过 $V_{DD}+U_D$。当输入信号小于 $-U_D$ 时,D_2 导通,将栅极电位钳制在 $-U_D$,保证 C_{G1} 上的电压也不超过 $V_{DD}+U_D$。

需要注意的是,若 MOS 管栅极输入端悬空,不仅可能因电荷积累造成输入电压发生变化,而且很容易造成管子损坏。因此,无论是在存放还是在工作电路中,MOS 管应避免栅极悬空,同时在焊接时,要将电烙铁良好接地。

5. 动态特性

1) CMOS 非门传输延迟时间 t_{pd}

从前面分析我们知道,CMOS 非门存在复杂的寄生电容,当输入一个脉冲波形时,其输出波形必然会有一定的延迟,如图 3.5.17 所示,将输出由高电平翻转为低电平时的传输延迟时间定义为 t_{PHL},即从输入波形上升沿的中点到输出波形下降沿的中点所经历的时间;将输出由低电平翻转为高电平时的传输延迟时间定义为 t_{PLH},即从输入波形下降沿的中点到输出波形上升沿的中点所经历的时间。

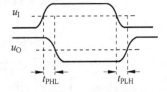

图 3.5.17 CMOS 非门的
传输时间

CMOS 非门的传输延迟时间 t_{pd} 是 t_{PHL} 和 t_{PLH} 的平均值,即

$$t_{pd} = \frac{t_{PHL}+t_{PLH}}{2}$$ (3.5.6)

由图 3.5.15 所示电路的分析可知,t_{PHL} 和 t_{PLH} 的大小主要决定于电容 C_L 的充放电时间,所以为了缩短传输延迟时间,必须减小电容 C_L 和 MOS 管的导通电阻(R_{PON}、R_{NON})。需要注意的是,在 CMOS 非门的动态过渡过程中,NMOS 管和 PMOS 管的导通电阻 R_{PON},R_{NON} 并不是常数,而是随 MOS 管两端电压的变化而非线性变化的。因此,很难精确计算获得 t_{pd} 的大小。

普通 CMOS 门电路的 t_{pd} 一般比 TTL 电路的 t_{pd} 大得多,但改进的高速系列(74HC)门电路的速度与 TTL 门的速度相当,为 $5 \sim 10ns$。

2) 动态功耗

前面提到 CMOS 电路的静态功耗极低,有微功耗电路之称。理想情况下,CMOS 非门的静态电流为零,因为 PMOS 门和 NMOS 门在稳态工作状况下不会同时导通,但实际中总会有泄漏电流流过晶体管源极或漏极与衬底之间的反向偏置的寄生二极管,此外,在实际电路中也常常存在输入保护二极管,这些二极管的反向漏电流是构成电源静态电流的主要因素,但这些电流一般来说是非常小的,因此可以忽略。然而,由于泄漏电流随温度上升而增加,而且环境温度大于 150℃ 时,泄漏电流增加很快,因此需做好散热或使电路工作在一个合适温度的环境。

当 CMOS 非门从一种稳定状态突然翻转到另一种稳定状态时,将产生附加的功耗,称为动态功耗。由于存在负载电容,当 CMOS 非门的输出从低电平翻转为高电平或从高电平翻转为低电平时,负载电容的充、放电将导致动态功耗产生;此外,由于两个 MOS 管在短时间内同时导通也会消耗瞬时短路功耗。因此,动态功耗可以分为如下两种情况。

(1) 由负载电容充、放电引起的动态功耗。

如图 3.5.15(a) 所示,假设 T_N 和 T_P 不会同时导通,每当 C_L 通过 PMOS 管充电时,它的电压从 0 升至 V_{DD},此时从电源吸取了一定数量的能量。该能量的一部分消耗在 PMOS 器件中,而其余则存放在负载电容上。这一翻转过程中,电源输出的功耗和电容上存储的能量可以通过在相应周期上对瞬时功耗积分而求得

$$E_{VDD} = \int_0^\infty i_{VDD}(t) V_{DD} dt = V_{DD} \int_0^\infty C_L \frac{du_O}{dt} dt = C_L V_{DD} \int_0^{V_{DD}} du_O = C_L V_{DD}^2 \quad (3.5.7)$$

$$E_C = \int_0^\infty i_{VDD}(t) u_O dt = \int_0^\infty C_L \frac{du_O}{dt} u_O dt = C_L \int_0^{V_{DD}} u_O du_O = \frac{C_L V_{DD}^2}{2} \quad (3.5.8)$$

在输出由高电平翻转为低电平的过程中,电容 C_L 放电,如图 3.5.15(b) 所示,于是存放的能量被消耗在 NMOS 管中。

由此可见,每一个开关周期都需要一个固定数量的能量,即 $C_L V_{DD}^2$。若考虑器件的开关频率 f,即 CMOS 门每秒通断 f 次,则功耗为

$$P_{dyn} = C_L V_{DD}^2 f \quad (3.5.9)$$

(2) 短时直流通路引起的短路功耗。

在实际中,假设输入信号不是理想的阶跃信号,而是有一定的上升时间和下降时间,则在输入波形上升和下降的过程中会出现 NMOS 管和 PMOS 管同时导通的情况,因此,在短暂的时间内 V_{DD} 和地之间会出现一条直流通路,该通路必然存在短路电流 i_{sc},如图 3.5.18 所示。

假设此时形成的短路电流脉冲可近似成三角形且 CMOS 非门的上升和下降响应是对称的,则可以计算出每个开关周期消耗的能量如下:

$$E_{dp} = V_{DD} \frac{I_{peak} t_{sc}}{2} + V_{DD} \frac{I_{peak} t_{sc}}{2} = V_{DD} I_{peak} t_{sc} \quad (3.5.10)$$

式中,t_{sc} 是两个器件同时导通的时间,I_{peak} 是 t_{sc} 时间内的短路电流峰值。

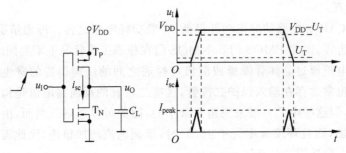

图 3.5.18　CMOS 非门的短路电流

计算平均功耗为

$$P_{dp} = V_{DD} I_{peak} t_{sc} f = C_{sc} V_{DD}^2 f \qquad (3.5.11)$$

注意,如式(3.5.11)所示,短路功耗可以通过一个等效的电容 $C_{sc} = t_{sc} I_{peak}/V_{DD}$ 与 C_L 并联来表示。短路电容 C_{sc} 的值与 V_{DD}、晶体管的尺寸以及输入、输出翻转的斜率比值有关。

I_{peak} 由器件的饱和电流决定,不仅取决于晶体管的尺寸,而且与输入信号和输出信号翻转时的斜率也相关。考虑一个静态 CMOS 非门在输入端发生由 0 到 1 的翻转,假设负载电容很大,则输出的下降时间明显大于输入的上升时间,如图 3.5.19(a)所示,在这种情况下输入在输出开始改变之前就已经通过了过渡区,由于在这一时期 PMOS 管的漏源电压近似为 0,因此该器件甚至还没有传导任何电流就断开了,短路电流接近于 0;若负载电容非常小,因此输出的下降时间明显小于输入的上升时间,如图 3.5.19(b)所示,PMOS 管的漏源电压在翻转期间的大部分时间内等于 V_{DD},从而引起了较大的短路电流 I_{max}(I_{max} 等于 PMOS 管的饱和电流)。

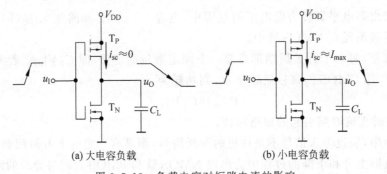

(a) 大电容负载　　　　　　　　　　(b) 小电容负载

图 3.5.19　负载电容对短路电流的影响

3.5.4　其他类型的 CMOS 门电路

1. CMOS 与非门和或非门电路

1) CMOS 与非门

如图 3.5.20 所示,CMOS 与非门由两个串联的 N 沟道增强型 MOS 管 T_{N1}、T_{N2} 和

两个并联的 P 沟道增强型 MOS 管 T_{P1}、T_{P2} 组成,且 N 沟道 MOS 管与 P 沟道 MOS 管一一对应,即栅极连在一起。其工作原理如下:

当输入 $A=B=0$ 时,T_{N1} 和 T_{N2} 都截止,T_{P1} 和 T_{P2} 都导通,输出 $L=1$。

当输入 $A=0$、$B=1$ 时,T_{N1} 截止,T_{P1} 导通,输出 $L=1$。

当输入 $A=1$、$B=0$ 时,T_{N2} 截止,T_{P2} 导通,输出 $L=1$。

当输入 $A=B=1$ 时,T_{N1} 和 T_{N2} 都导通,T_{P1} 和 T_{P2} 都截止,输出 $L=0$。

所以电路实现与非逻辑,即 $L=\overline{AB}$。

2)CMOS 或非门

如图 3.5.21 所示,CMOS 或非门由两个并联的 N 沟道增强型 MOS 管 T_{N1}、T_{N2} 和两个串联的 P 沟道增强型 MOS 管 T_{P1}、T_{P2} 组成,也是 NMOS 管与 PMOS 管一一对应。仿照上面的分析方法可以看出,两输入端 A、B 中只要有一个为高电平,就会使与它相连的 NMOS 管导通,与它相连的 PMOS 管截止,输出 L 为低电平;只有输入 A、B 都为低电平时,两个并联的 NMOS 管 T_{N1}、T_{N2} 同时截止,两个串联的 PMOS 管 T_{P1}、T_{P2} 同时导通,输出 L 为高电平。所以电路实现或非逻辑,即 $L=\overline{A+B}$。

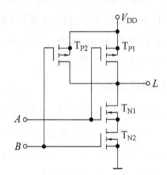
图 3.5.20 CMOS 与非门电路

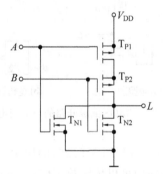
图 3.5.21 CMOS 或非门电路

2. CMOS 异或门电路

图 3.5.22 所示为 CMOS 异或门电路,它是由两级组成,前级为或非门,输出为 $X=\overline{A+B}$。后级为与或非门,经过逻辑变换,可得

$$L=\overline{A \cdot B+X}=\overline{A \cdot B+\overline{A+B}}=\overline{\overline{A \cdot B}+\overline{A+B}}=A \cdot B+\overline{A} \cdot \overline{B}=A \oplus B$$

该电路实现异或逻辑。

3. CMOS 三态输出门电路

图 3.5.23(a)所示为 CMOS 三态非门电路,其工作原理如下:

当 EN$=0$ 时,T_{P2} 和 T_{N2} 同时导通,T_{N1} 和 T_{P1} 组成的非门正常工作,输出 $L=\overline{A}$;

当 EN$=1$ 时,T_{P2} 和 T_{N2} 同时截止,输出 L 对地和对电源都相当于开路,为高阻状态。

所以,这是一个低电平有效的三态门,逻辑符号如图 3.5.23(b)所示。

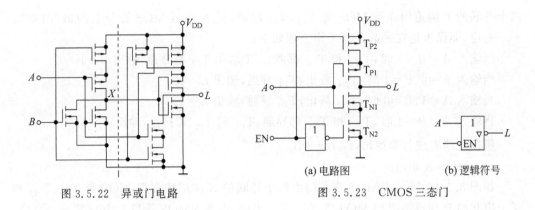

图 3.5.22　异或门电路　　　　　　　　图 3.5.23　CMOS 三态门

（a）电路图　　　　（b）逻辑符号

4. CMOS 漏极开路门（OD 门）

OD 门与 TTL 集电极开路门（OC 门）对应,其特点是可以实现线与,可以用来进行逻辑电平变换,具有较强的带负载能力等。

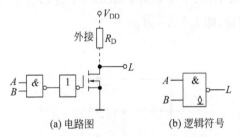

（a）电路图　　　（b）逻辑符号

图 3.5.24　CMOS 漏极开路的与非门电路

OD 门有多种形式,图 3.5.24 所示是漏极开路的 CMOS 与非门的电路图及逻辑符号。注意使用时必须外接电阻 R_D,R_D 的选择原则同 OC 门中 R_P 的选择原则。

5. CMOS 传输门

CMOS 传输门由一个 NMOS 管 T_N 和一个 PMOS 管 T_P 并联而成,如图 3.5.25(a) 所示,逻辑符号如图 3.5.25(b)所示。图中 C 和 $\bar{C}$ 为控制端,使用时总是加互补的信号。CMOS 传输门可以传输数字信号,也可以传输模拟信号,其工作原理如下。

设两管的开启电压 $U_{TN}=|U_{TP}|$。如果要传输的信号 u_I 为 $0\sim V_{DD}$,则将控制端 C 和 $\bar{C}$ 的高电平设置为 V_{DD},低电平设置为 0,并将 T_N 的衬底接低电平 0V,T_P 的衬底接高电平 V_{DD}。

当 C 接高电平 V_{DD},$\bar{C}$ 接低电平 0V 时,若 $0<u_I<(V_{DD}-U_{TN})$,T_N 导通;若 $|U_{TP}|\leqslant u_I\leqslant V_{DD}$,$T_P$ 导通。即 u_I 在 $0\sim V_{DD}$ 变化时,至少有一管导通,输出与输入之间呈低电阻,将输入电压传到输出端,$u_O=u_I$,相当于开关闭合。

当 C 接低电平 0V,$\bar{C}$ 接高电平 V_{DD},u_I 在 $0\sim V_{DD}$ 变化时,T_N 和 T_P 都截止,输出呈高阻状态,输入电压不能传到输出端,相当于开关断开。

可见 CMOS 传输门实现了信号的可控传输。由于 T_N 和 T_P 的源极和漏极可以互换,所以 CMOS 传输门是双向器件,即输入端和输出端允许互换使用。CMOS 传输门的导通电阻小于 $1k\Omega$,高精度传输门的导通电阻甚至小于 1Ω,当后面接 MOS 电路（输入电阻达 $10^{10}\Omega$）或运算放大器（输入电阻达 $1M\Omega$）时,其分压可以忽略不计。

将 CMOS 传输门和一个非门组合起来,由非门产生互补的控制信号,如图 3.5.25(c)所示,称为模拟开关。

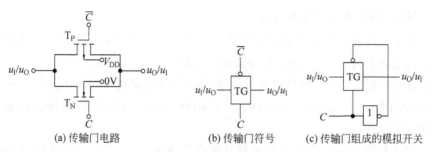

图 3.5.25　CMOS 传输门及模拟开关

3.5.5　CMOS 集成逻辑门电路系列简介

1. CMOS 逻辑门电路的系列

CMOS 集成电路是数字集成电路中的后起之秀,在小规模和中规模集成电路领域中,CMOS 与 TTL 几乎平分秋色,但在大规模和超大规模集成电路领域中,CMOS 电路已占据了主导地位,越来越多的设备主要使用了 CMOS 逻辑电路。

CMOS 系列正在不断发展中,高速、低耗、与 TTL 兼容是其主要发展方向。表 3.5.3 给出了 CMOS 系列各子系列的主要特点。

表 3.5.3　CMOS 系列各子系列的主要特点

CMOS 子系列	主 要 特 点
4000/14000 系列	早期的 CMOS 产品,电源电压为 3~18V,具有功耗低、噪声容限大、扇出系数大等优点。缺点是工作速度较低,输出电流较小,不与 TTL 兼容
74HC/HCT 系列 (高速 CMOS)	用多晶硅材料作栅极,使其具有更小的尺寸和更小的栅极电容,从而大大提高了工作速度。HC 系列平均延迟时间为 10ns,HCT 系列平均延迟时间为 13ns。HC 系列的电源电压为 2~6V。HCT 系列的电源电压为 4.5~5.5V,与 TTL 完全兼容。另外,74HC/HCT 系列与 74LS 系列的产品,只要最后几位数字相同,则两种器件的逻辑功能、外形尺寸、引脚排列顺序完全相同
74AC/ACT 系列 (先进 CMOS)	该系列的抗噪声能力、传输延迟及最高工作频率比 HC 系列都有了进一步的改善。其中 ACT 系列和 TTL 器件电压兼容,电源电压为 4.5~5.5V。AC 系列的电源电压为 1.5~5.5V。该系列的编号最后是 5 位数字,以 11 开头,例如 74AC11004
74AHC/AHCT 系列 (先进的高速 CMOS)	相对于 HC 系列,该系列的速度更快,功耗更小,驱动要求更低。其速度比 HC 系列快 3 倍,与 HC 系列有相同的抗噪声能力,可以直接替换 HC 系列
BiCMOS 电路	采用了双极型三极管作为 CMOS 电路的输出级,因此具有 MOS 管的功耗低和双极型三极管速度快、驱动能力强的优势

2. CMOS 逻辑门电路的主要特点

（1）静态功耗低。CMOS 静态功耗极小。当 $V_{DD} = 5V$ 时，CMOS 电路的静态功耗分别是：门电路类为 $2.5 \sim 5\mu W$；缓冲器和触发器类为 $5 \sim 20\mu W$。

（2）逻辑摆幅大。CMOS 门电路 U_{OH} 的理论值为电源电压 V_{DD}，$U_{OH(min)} = 0.9V_{DD}$；U_{OL} 的理论值为 $0V$，$U_{OL(max)} = 0.01V_{DD}$。CMOS 门电路的逻辑摆幅（即高低电平之差）接近于电源电压 V_{DD}。

（3）抗干扰能力强。CMOS 门电路其噪声容限可达 $30\%V_{DD}$，而 TTL 门的噪声容限只有 $0.4V$。

（4）扇出系数大。因 CMOS 门电路有极高的输入阻抗，故其扇出系数很大，一般额定扇出系数可达 50。但必须指出的是，扇出系数是指驱动 CMOS 门电路的个数，就灌电流负载能力和拉电流负载能力而言，CMOS 门电路远远低于 TTL 门电路。

（5）温度稳定性好，抗辐射能力强。MOS 管是单极型器件，受温度影响较小，与三极管相比，温度稳定性好，抗辐射能力强，特别适用于航天、卫星和核试验条件下工作的装置。

3.6 集成逻辑门电路的应用

3.6.1 TTL 与 CMOS 集成逻辑门性能比较

在设计数字电路或数字系统时，要根据工作速度或功耗指标的要求，合理地选择逻辑器件。在许多情况下，还需要 TTL 和 CMOS 两种器件混合使用。表 3.6.1 列出了 TTL 和 CMOS 常用系列的主要参数，供选择器件时参考。

表 3.6.1 TTL 和 CMOS 逻辑器件主要参数比较

参 数 名 称	TTL					CMOS		
	74	74S	74LS	74AS	74ALS	4000	74HC	74HCT
输入低电平电流 $I_{IL(max)}$/mA	1.6	2.0	0.4	0.5	0.1	0.001	0.001	0.001
输入高电平电流 $I_{IH(max)}$/μA	40	50	20	20	20	0.1	0.1	0.1
输出低电平电流 $I_{OL(max)}$/mA	16	20	8	20	8	0.51	4	4
输出高电平电流 $I_{OH(max)}$/mA	0.4	1	0.4	2	0.4	0.51	4	4
输入低电平电压 $U_{IL(max)}$/V	0.8	0.8	0.8	0.8	0.8	1.5	1.0	0.8
输入高电平电压 $U_{IH(min)}$/V	2.0	2.0	2.0	2.0	2.0	3.5	3.5	2.0
输出低电平电压 $U_{OL(max)}$/V	0.4	0.5	0.5	0.5	0.5	0.05	0.1	0.1
输出高电平电压 $U_{OH(min)}$/V	2.4	2.7	2.7	2.7	2.7	4.95	4.9	4.9
平均传输延迟时间 t_{pd}/ns	9.5	3	8	3	2.5	45	10	13
平均功耗（每门）/mW	10	19	4	8	1.2	0.005	0.005	0.005
电源电压 V_{CC} 或 V_{DD}/V	4.75~5.25					3~18	2~6	4.5~5.5

注：上述参数均是在电源电压 V_{CC} 或 $V_{DD} = 5V$ 时测出来的。

3.6.2　TTL 与 CMOS 器件之间的接口问题

从表 3.6.1 中看出，TTL 和 CMOS 电路的高、低电平和输入、输出电流参数各不相同，因而在混合使用 TTL 和 CMOS 两种器件时，就存在一个接口问题。

两种不同类型的集成电路相互连接，驱动门必须要为负载门提供符合要求的高、低电平和足够的输入电流，即要满足下列条件：

驱动门的 $U_{OH(min)}$≥负载门的 $U_{IH(min)}$；

驱动门的 $U_{OL(max)}$≤负载门的 $U_{IL(max)}$；

驱动门的 $I_{OH(max)}$≥负载门的 $I_{IH(总)}$；

驱动门的 $I_{OL(max)}$≥负载门的 $I_{IL(总)}$。

1. TTL 门驱动 CMOS 门

由于 TTL 门的 $I_{OH(max)}$ 和 $I_{OL(max)}$ 远大于 CMOS 门的 I_{IH} 和 I_{IL}，所以 TTL 门驱动 CMOS 门时，主要考虑 TTL 门的输出电平是否满足 CMOS 输入电平的要求。

1）TTL 门驱动 4000 系列和 74HC 系列

从表 3.6.1 看出，当都采用 5V 电源时，TTL 的 $U_{OH(min)}$ 为 2.4V 或 2.7V，而 CMOS4000 系列和 74HC 系列电路的 $U_{IH(min)}$ 为 3.5V，显然不满足要求。这时，可在 TTL 电路的输出端和电源之间接一个上拉电阻 R_P，如图 3.6.1(a)所示。R_P 的阻值取决于负载器件的数目及 TTL 和 CMOS 器件的电流参数，一般在几百欧姆至几千欧姆之间。

如果 TTL 和 CMOS 器件采用的电源电压不同，则应使用 OC 门，同时使用上拉电阻 R_P，如图 3.6.1(b)所示。

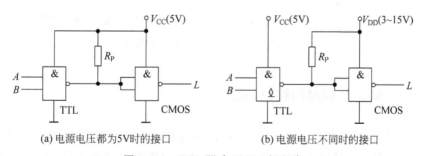

(a) 电源电压都为5V时的接口　　　　　(b) 电源电压不同时的接口

图 3.6.1　TTL 驱动 CMOS 门电路

2）TTL 门驱动 74HCT 系列

前面提到 74HCT 系列与 TTL 器件电压兼容。它的输入电压参数 $U_{IH(min)}=2.0V$，而 TTL 的输出电压参数 $U_{OH(min)}$ 为 2.4V 或 2.7V，因此两者可以直接相连，不需外加其他器件。

2. CMOS 门驱动 TTL 门

从表 3.6.1 看出,当都采用 5V 电源时,CMOS 门的 $U_{OH(min)}$ 大于 TTL 门的 $U_{IH(min)}$,CMOS 门的 $U_{OL(max)}$ 小于 TTL 门的 $U_{IL(max)}$,两者电压参数相容。但是 CMOS 门的 I_{OH}、I_{OL} 参数较小,所以,这时主要考虑 CMOS 门的输出电流是否满足 TTL 门输入电流的要求。

例 3.6.1 一个 74HC00 与非门电路能否驱动 4 个 7400 与非门? 能否驱动 4 个 74LS00 与非门?

解:从表 3.6.1 中查出:74HC00 输出低电平时,74 系列门的 $I_{IL}=1.6$mA,74LS 系列门的 $I_{IL}=0.4$mA,4 个 74 系列门的 $I_{IL(总)}=4\times1.6=6.4$(mA),4 个 74LS 系列门的 $I_{IL(总)}=4\times0.4=1.6$(mA),而 74HC 系列门的 $I_{OL}=4$mA,所以不能驱动 4 个 7400 与非门,可以驱动 4 个 74LS00 与非门;同理可知,74HC00 输出高电平时,74HC 系列门的 I_{OH} 远大于 4 个 74LS 系列门的 $I_{IH(总)}$,因此一个 74HC00 与非门可以驱动 4 个 74LS00 与非门。

要提高 CMOS 门的驱动能力,可将同一芯片上的多个门并联使用,如图 3.6.2(a)所示;也可在 CMOS 门的输出端与 TTL 门的输入端之间加一个 CMOS 驱动器,如图 3.6.2(b)所示。

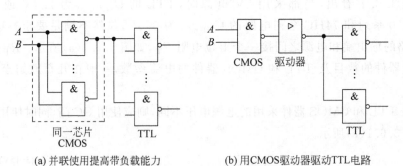

(a) 并联使用提高带负载能力   (b) 用 CMOS 驱动器驱动 TTL 电路

图 3.6.2 CMOS 驱动 TTL 门电路

3.6.3 门电路带负载时的接口问题

在工程实践中,常常需要用 TTL 或 CMOS 电路去驱动指示灯、发光二极管 LED、继电器等负载。对于电流较小、电平能够匹配的负载可以直接驱动,图 3.6.3(a)所示为用 TTL 门电路驱动发光二极管 LED,这时只要在电路中串接一个几百欧姆的限流电阻即可;图 3.6.3(b)所示为用 TTL 门电路驱动 5V 低电流继电器,其中二极管 D 作保护,以防止过电压。如果负载电流较大,可将同一芯片上的多个门并联作为驱动器,如图 3.6.4(a)所示;也可在门电路输出端接三极管,以提高带负载能力,如图 3.6.4(b)所示。

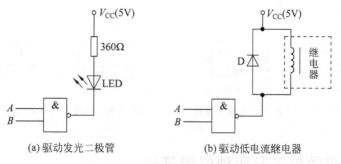

(a) 驱动发光二极管　　　　(b) 驱动低电流继电器

图 3.6.3　门电路带小电流负载

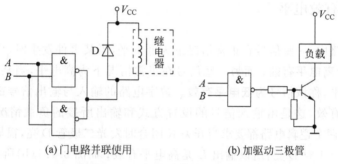

(a) 门电路并联使用　　　　(b) 加驱动三极管

图 3.6.4　门电路带大电流负载

3.6.4　多余输入端的处理

集成门电路的输入端数目是一定的,在使用时,有时会有多余输入端。对于 TTL 门电路,如果输入端悬空,从理论上讲相当于接高电平,不影响逻辑关系。但在实际应用中,悬空的输入端容易引入干扰信号,造成逻辑错误,应当尽量避免悬空。而对于 MOS 门电路,由于 MOS 管具有很高的输入阻抗,更容易接收干扰信号,在外界有静电干扰时,还会在悬空的输入端积累起高电压,造成栅极击穿。所以,MOS 门电路的多余输入端是绝对不允许悬空的。

多余输入端的处理应以不改变电路逻辑关系及稳定可靠为原则。通常采用下列方法:

(1) 对于与非门及与门,多余输入端应接高电平,比如直接接电源正端,或通过一个上拉电阻(1～3kΩ)接电源正端,如图 3.6.5(a)所示;在前级驱动能力允许时,也可以与有用的输入端并联使用,如图 3.6.5(b)所示。

(2) 对于或非门及或门,多余输入端应接低电平,如直接接地,如图 3.6.6(a)所示;也可以与有用的输入端并联使用,如图 3.6.6(b)所示。

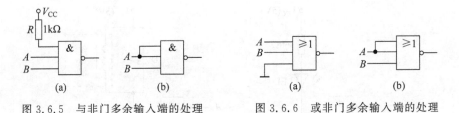

图 3.6.5　与非门多余输入端的处理　　　　图 3.6.6　或非门多余输入端的处理

3.7　两种有效电平及两种逻辑符号

3.7.1　两种有效电平

在数字电路中,一些信号在正常情况下为低电平,当某事件发生时,该信号变为高电平,称该信号为**高电平有效**;而另一些信号在正常情况下为高电平,当某事件发生时,该信号变为低电平,称该信号为**低电平有效**。数字电路的输入与输出信号都可能是高电平有效或低电平有效,这是由输入信号的设置方式和输出所接的负载情况所决定的。如图 3.7.1 所示,两个逻辑电路都要求当开关 K 闭合时发光二极管 D 亮,很显然图 3.7.1(a)所示电路中,$L=1$ 时 D 亮,所以输出 L 是高电平有效;而图 3.7.1(b)所示电路中,$L=0$ 时 D 亮,所以输出 L 就是低电平有效。图 3.7.1(a)所示电路中,开关 K 闭合时 $A=0$,所以输入是低电平有效;图 3.7.1(b)所示电路中,开关 K 闭合时 $A=1$,所以输入是高电平有效。

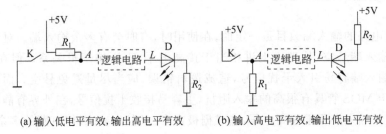

(a) 输入低电平有效,输出高电平有效　　　(b) 输入高电平有效,输出低电平有效

图 3.7.1　高电平有效与低电平有效

3.7.2　两种逻辑符号

在门电路的逻辑符号中,通常使用小圆圈表示输入或输出低电平有效,即当逻辑符号的输入或输出线上没有小圆圈时,称这条线是高电平有效;当逻辑符号的输入或输出线上有小圆圈时,称这条线是低电平有效。也就是说,小圆圈不仅可以出现在输出端,也可以出现在输入端。输出端与输入端的小圆圈都表示低电平有效,如图 3.7.2 所示。输入端没有小圆圈的逻辑符号称为**标准逻辑符号**或**正逻辑符号**;输入端有小圆圈的逻辑符号称为**反相逻辑符号**或**负逻辑符号**。

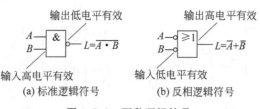

图 3.7.2　两种逻辑符号

图 3.7.2(a)所示的逻辑符号,输入端没有圈而输出端有圈,所以它是输入高电平有效而输出低电平有效,它的逻辑功能可以解释为:仅当全部输入都是高电平时,输出为低电平。换句话说,仅当全部输入都处于有效状态时,输出为有效状态。

图 3.7.2(b)所示的逻辑符号,输入端有圈而输出端没有圈,所以它是输入低电平有效而输出高电平有效,它的逻辑功能可以解释为:当任一输入是低电平时,输出为高电平。换句话说,当任一输入处于有效状态时,输出为有效状态。

由逻辑代数知,$L=\overline{A \cdot B}=\overline{A}+\overline{B}$,所以图 3.7.2(a)、图 3.7.2(b)两个逻辑符号是等效的,说的是同一件事。像这样相互等效的逻辑符号还有几对,列入表 3.7.1 中。

表 3.7.1　相互等效的两种逻辑符号

逻 辑 关 系	标准逻辑(正逻辑)符号	反相逻辑(负逻辑)符号
$Y=AB=\overline{\overline{A}+\overline{B}}$	&	≥1
$Y=A+B=\overline{\overline{A} \cdot \overline{B}}$	≥1	&
$Y=\overline{A \cdot B}=\overline{A}+\overline{B}$	&	≥1
$Y=\overline{A+B}=\overline{A} \cdot \overline{B}$	≥1	&
$L=\overline{A}$	1	1
$L=A=\overline{\overline{A}}$	1	1

一般情况下,人们习惯于采用标准逻辑符号,但有时只用标准逻辑符号"高电平有效"与"低电平有效"的关系表达得不够明确。

例如图 3.7.3(a)所示的逻辑电路,输出是高电平有效,但 G_3 门却用了低电平有效的逻辑符号,关系不够一目了然。若将 G_3 门改成与之等效的输出高电平有效的门,如图 3.7.3(b)所示,则逻辑关系更明确,可描述为:当 A 和 B 都为高电平或 C 和 D 都为高电平时,L 为高电平,发光二极管 D 亮。

再比如,图 3.7.4 所示的两个电路的功能是一样的,但由于输入和输出信号都是低电平有效,所以采用反相逻辑符号的图 3.7.4(b)电路逻辑关系更明确,可描述为:K_A 和 K_B 只要有一个开关闭合,即 A 和 B 只要有一个为低电平时,L 为低电平,D 亮。

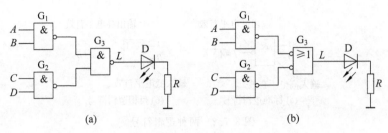

图 3.7.3　输出高电平有效的两种电路比较

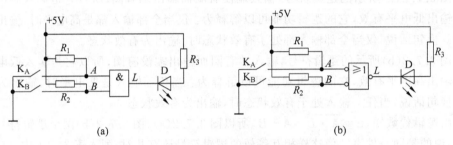

图 3.7.4　输出低电平有效的两种电路比较

　　高电平有效与低电平有效这两个词在后面的具体逻辑电路中会经常碰到。图 3.7.5 是译码器 74138 的控制逻辑电路,输入量 A 是高电平有效,B 和 C 都是低电平有效,输出 L 是高电平有效,所以其逻辑关系为:当 A 为 1 同时 B 和 C 都为 0 时,L 有效($L=1$)。

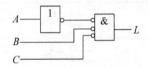

图 3.7.5　译码器 74138 的控制逻辑

3.7.3　逻辑符号的变换

　　如果不特别强调高电平有效或低电平有效,当这两种逻辑符号同时出现在一个电路中时,可把逻辑符号中的小圆圈当反相器处理。按照以下几条规则进行变换,可使逻辑关系更加清晰。

　　(1) 逻辑图中任意一条线的两端同时加上或消去小圆圈,其逻辑关系不变,如图 3.7.6 所示。

图 3.7.6　一条线的两端同时消去小圆圈

　　(2) 任意一条线一端上的小圆圈移到另一端,其逻辑关系不变,如图 3.7.7 所示。

　　(3) 一端消去或加上小圆圈,同时将相应变量取反,其逻辑关系不变,如图 3.7.8 所示。

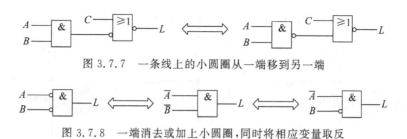

图 3.7.7　一条线上的小圆圈从一端移到另一端

图 3.7.8　一端消去或加上小圆圈,同时将相应变量取反

小结

1. 在数字电路中,半导体二极管、三极管一般都工作在开关状态,即工作于导通(饱和)和截止两个对立的状态,来表示逻辑 1 和逻辑 0。影响它们开关速度的主要因素是管子内部电荷储存和消散的时间。

2. 最简单的门电路是用二极管组成的与门、或门和三极管组成的非门电路。它们是集成逻辑门电路的基础。

3. 普遍使用的数字集成电路主要有两大类,一类由 NPN 型三极管组成,简称 TTL门电路;另一类由 MOSFET 构成,简称 MOS 门电路。集成门电路除了有实现各种基本逻辑关系的产品外,还有输出开路门(OC 门、OD 门)、三态门、传输门等。

4. 与 TTL 门电路相比,MOS 门电路具有功耗低、扇出系数大(指带同类负载门)、噪声容限大等优点,已成为数字集成电路的发展方向。

5. 为了更好地使用数字集成芯片,应熟悉 TTL 和 CMOS 各个系列产品的外部电气特性及主要参数,正确处理多余输入端,正确解决不同类型电路间的接口问题及抗干扰问题。

6. 数字电路中的信号有的是高电平有效,有的是低电平有效。为了描述方便,常采用两种逻辑符号,即标准逻辑符号与反相逻辑符号。这两种逻辑符号可以互相转换。

习题

3.1　三极管的开关特性指的是什么? 三极管的开通时间和关断时间分别取决于哪些因素? 若希望提高三极管的开关速度,应采取哪些措施?

3.2　试分析题图 3.2 中各电路中的三极管工作于什么状态,求电路的输出电压 u_O(设备三极管均为硅管)。

3.3　试写出三极管的饱和条件,并说明对于题图 3.2(a)的电路,下列方法中,哪些能使未达到饱和的三极管饱和?

(1) $R_B \downarrow$;

(2) $R_C \downarrow$;

(3) $\beta \uparrow$;

(4) $V_{CC} \uparrow$。

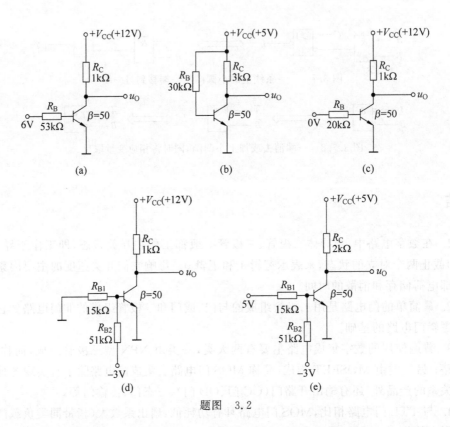

题图 3.2

3.4 电路如题图 3.4 所示,写出输出 L 的表达式。设电路中各元件参数满足使三极管处于饱和及截止的条件。

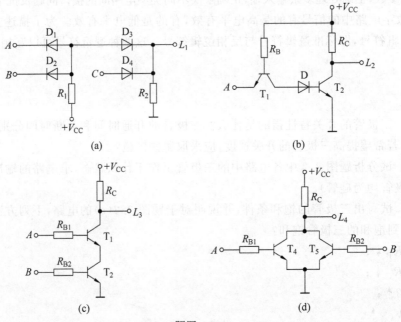

题图 3.4

3.5　为什么说 TTL 与非门的输入端在以下 4 种接法下都属于逻辑 0？

(1) 输入端接地；

(2) 输入端接低于 0.8V 的电源；

(3) 输入端接同类与非门的输出低电压 0.3V；

(4) 输入端通过 200Ω 的电阻接地。

3.6　为什么说 TTL 与非门的输入端在以下 4 种接法下，都属于逻辑 1？

(1) 输入端悬空；

(2) 输入端接高于 2V 的电源；

(3) 输入端接同类与非门的输出高电压 3.6V；

(4) 输入端接 10kΩ 的电阻到地。

3.7　某 TTL 反相器的主要参数为 $I_{1H}=20\mu A$, $I_{1L}=1.4mA$; $I_{OH}=400\mu A$; $I_{OL}=14mA$，求它能带多少个同样的门。

3.8　电路如题图 3.8 所示，写出输出 L 的表达式。

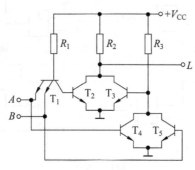

题图　3.8

3.9　在题图 3.9 所示的 TTL 门电路中，要求实现下列规定的逻辑功能时，其连接有无错误？如有错误请改正。

$$L_1=\overline{AB}\cdot\overline{CD}\quad L_2=\overline{\overline{AB}}\quad L_3=\overline{AB+C}$$

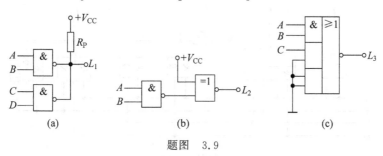

题图　3.9

3.10　在题图 3.10 中 G_1 为 TTL 三态与非门，G_2 为 TTL 普通与非门，电压表内阻为 100kΩ。试求下列四种情况下的电压表读数和 G_2 输出电压 u_O 值：

(1) $B=0.3V$，开关 K 打开；

（2）$B=0.3\text{V}$,开关 K 闭合;

（3）$B=3.6\text{V}$,开关 K 打开;

（4）$B=3.6\text{V}$,开关 K 闭合。

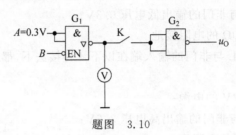

题图 3.10

3.11 在题图 3.11 中,所有的门电路都为 TTL 门,设输入 A、B、C 的波形如图 3.11(d)所示,试画出各输出的波形图。

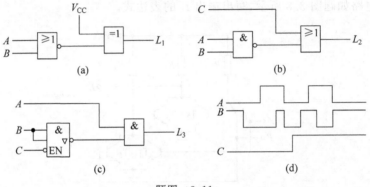

题图 3.11

3.12 用 OC 门实现逻辑函数 $F=\overline{AB}\cdot\overline{BC}\cdot\overline{D}$,画出逻辑电路图。

3.13 电路如题图 3.13 所示,试用表格方式列出各门电路的名称,输出逻辑表达式以及当 $ABCD=1001$ 时,各输出函数的值。

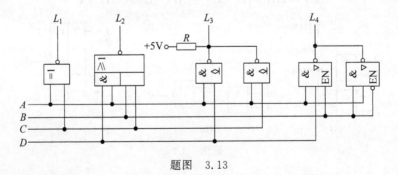

题图 3.13

3.14 写出题图 3.14 所示电路的逻辑表达式。

3.15 写出题图 3.15 所示电路的逻辑表达式。

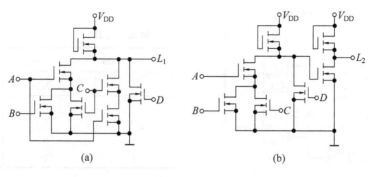

题图 3.14

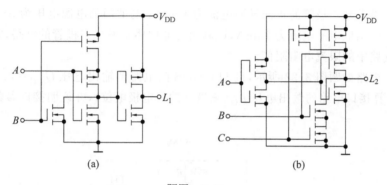

题图 3.15

3.16 列出题图 3.16 所示电路的真值表。

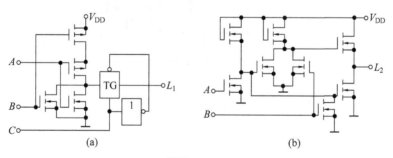

题图 3.16

3.17 试设计一个 NMOS 异或门,画出逻辑电路图。

3.18 试设计一个 CMOS 门电路,实现逻辑关系 $L=AB+C$,画出逻辑电路图。

3.19 试利用 CMOS 传输门设计一个 CMOS 三态输出的两输入端与非门,画出逻辑电路图并列出其真值表。

3.20 分析题图 3.20 所示电路,求输入 S_1、S_0 各种取值下的输出 Y,填入题表 3.20 中。

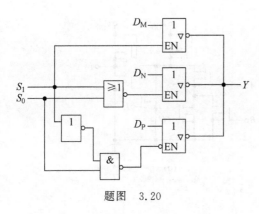

題表 3.20

输	入	输 出
S_1	S_0	Y
0	0	
0	1	
1	0	
1	1	

题图 3.20

3.21 设发光二极管的正向导通电流为 10mA；与非门的电源电压为 5V，输出低电平为 0.3V，输出低电平电流为 15mA，试画出与非门驱动发光二极管的电路，并计算出发光二极管支路中的限流电阻阻值。

3.22 电路如题图 3.22 所示，已知 CMOS 门电路的输出电压 $U_{OH} = 4.7V$，$U_{OL} = 0.1V$，试计算接口电路的输出电压 u_O（三极管的集电极电位），并说明接口参数选择是否合理。

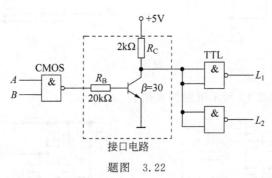

题图 3.22

第

4 章

组合逻辑电路

内容提要:

第 3 章中学习了门电路的有关知识,这相当于一个建筑工程有了所需的砖瓦、预制件等建筑材料,而在第 2 章学习了分析和设计数字电路的工具。这样,材料有了,工具有了,从本章起,可以用门电路来搭接一个具有某一功能的数字电路。组合逻辑电路是数字电路的一个重要分支,也是数字集成电路中的一个重要组成部分,用途十分广泛。本章先介绍组合逻辑电路一般的分析方法与设计方法;然后介绍编码器、译码器、数据选择器、数值比较器、加法器等常用组合逻辑集成器件,重点分析这些器件的逻辑功能、工作原理及使用方法。

学习目标:

1. 熟练掌握组合逻辑电路的分析方法。
2. 熟练掌握组合逻辑电路的设计方法。
3. 掌握常用的中规模组合逻辑器件的使用方法。
4. 能够根据系统功能需求设计组合逻辑电路解决实际问题。
5. 理解竞争冒险产生的原因和消除方法。

重点内容:

1. 组合逻辑电路的分析与设计方法。
2. 使用中规模组合逻辑电路或集成器件解决实际问题。

4.1 组合逻辑电路的分析方法与设计方法

4.1.1 组合逻辑电路概述

组合逻辑电路是数字电路中最简单的一类逻辑电路,其特点是电路任一时刻的输出状态只取决于该时刻各输入状态的组合,而与电路的原状态无关。

从结构上讲,组合逻辑电路就是由门电路组合而成,电路中没有记忆单元,没有反馈通路。组合逻辑电路可以有若干个输入量 $A_1, A_2, \cdots, A_i$;可以有若干个输出量 $L_1, L_2, \cdots, L_j$。每一个输出变量是全部或部分输入变量的函数,即

$$L_1 = f_1(A_1, A_2, \cdots, A_i)$$
$$L_2 = f_2(A_1, A_2, \cdots, A_i)$$
$$\vdots$$
$$L_j = f_j(A_1, A_2, \cdots, A_i)$$

其框图如图 4.1.1 所示。

图 4.1.1 组合逻辑电路框图

4.1.2 组合逻辑电路的分析方法

组合逻辑电路的分析过程一般包含 4 个步骤,用图 4.1.2 所示的框图表示。如果电路比较简单,可省略化简变换一步,由表达式直接列出真值表。

图 4.1.2 组合逻辑电路分析步骤框图

例 4.1.1 组合电路如图 4.1.3 所示,分析该电路的逻辑功能。

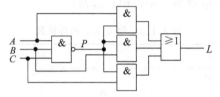

图 4.1.3 例 4.1.1 的电路图

解:(1) 由逻辑图逐级写出逻辑表达式。为了方便写出表达式,借助中间变量 P,于是

$$P = \overline{ABC}$$
$$L = AP + BP + CP$$
$$= A\overline{ABC} + B\overline{ABC} + C\overline{ABC}$$

(2) 化简与变换。化简与变换的目的是使表达式有利于列真值表,一般应变换成与或式或最小项表达式:

$$L = \overline{ABC}(A + B + C) = \overline{\overline{ABC} + \overline{A + B + C}} = \overline{ABC + \overline{ABC}}$$

(3) 由表达式列出真值表,见表 4.1.1。经过化简与变换的表达式为两个最小项之和的非,所以很容易列出真值表。

表 4.1.1 例 4.1.1 的真值表

A	B	C	L
0	0	0	0
0	0	1	1
0	1	0	1
0	1	1	1
1	0	0	1
1	0	1	1
1	1	0	1
1	1	1	0

（4）分析逻辑功能。由真值表可知，当 A、B、C 三个变量不一致时，电路输出为 1，所以这个电路称为"不一致电路"。

例 4.1.2 组合电路如图 4.1.4 所示，分析该电路的逻辑功能。

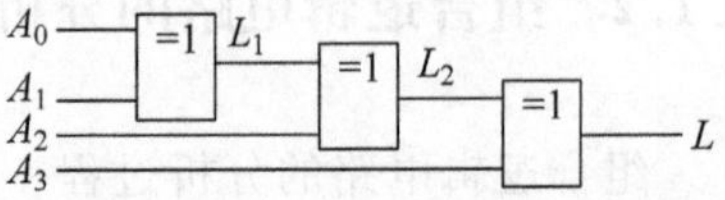

图 4.1.4　例 4.1.2 的电路图

解：（1）由逻辑图逐级写出逻辑表达式。

$$L_1 = A_1 \oplus A_0$$

$$L_2 = A_2 \oplus L_1 = A_2 \oplus A_1 \oplus A_0$$

$$L = A_3 \oplus L_2 = A_3 \oplus A_2 \oplus A_1 \oplus A_0$$

（2）写出的表达式不能化简，直接列出真值表，见表 4.1.2。

（3）分析逻辑功能。由真值表可知，当变量 $A_3 A_2 A_1 A_0$ 中只有奇数个 1 时，输出为 1，否则输出为 0，所以这个电路为 4 位奇偶校验器。

表 4.1.2　例 4.1.2 的真值表

A_3	A_2	A_1	A_0	L
0	0	0	0	0
0	0	0	1	1
0	0	1	0	1
0	0	1	1	0
0	1	0	0	1
0	1	0	1	0
0	1	1	0	0
0	1	1	1	1
1	0	0	0	1
1	0	0	1	0
1	0	1	0	0
1	0	1	1	1
1	1	0	0	0
1	1	0	1	1
1	1	1	0	1
1	1	1	1	0

4.1.3　组合逻辑电路的设计方法

组合逻辑电路的设计过程与分析过程相反，可用图 4.1.5 所示的框图表示。

实际逻辑问题 → 真值表 → 逻辑表达式 →（化简变换）→ 最简（或最合理）表达式 → 逻辑图

图 4.1.5　组合逻辑电路设计步骤框图

　　组合逻辑电路的设计一般应以电路简单、所用器件最少为目标,并尽量减少所用集成器件的种类,因此在设计过程中要用代数法和卡诺图法来化简或转换逻辑函数。下面举例说明。

　　例 4.1.3　设计一个三人表决电路,结果按少数服从多数的原则决定。

　　解:(1) 根据设计要求建立该逻辑函数的真值表。

　　设三人的意见为变量 A、B、C,表决结果为函数 L。对变量及函数进行如下状态赋值:对于变量 A、B、C,设同意为逻辑"1";不同意为逻辑"0"。对于函数 L,设事情通过为逻辑"1";没通过为逻辑"0"。

　　列出真值表如表 4.1.3 所示。

表 4.1.3　例 4.1.3 的真值表

A	B	C	L
0	0	0	0
0	0	1	0
0	1	0	0
0	1	1	1
1	0	0	0
1	0	1	1
1	1	0	1
1	1	1	1

　　(2) 由真值表写出逻辑表达式

$$L = \overline{A}BC + A\overline{B}C + AB\overline{C} + ABC$$

该逻辑式不是最简。

　　(3) 化简。由于卡诺图化简法较方便,故一般用卡诺图进行化简。将该逻辑函数填入卡诺图,如图 4.1.6 所示。合并最小项,可得最简与或表达式

$$L = AB + BC + AC$$

　　(4) 画出逻辑图如图 4.1.7 所示。

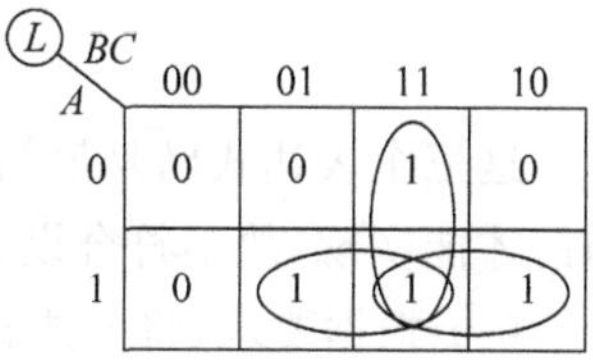

图 4.1.6　例 4.1.3 的卡诺图

　　至此,电路设计就完成了。但在实际设计中,有时还对电路中使用的门的类型有所要求。比如,要求用与非门实现该逻辑电路,就应将表达式转换成**与非-与非**表达式

$$L = AB + BC + AC = \overline{\overline{AB} \cdot \overline{BC} \cdot \overline{AC}}$$

画出的逻辑图如图 4.1.8 所示。

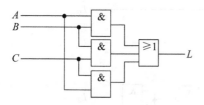

图 4.1.7　例 4.1.3 的逻辑图

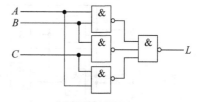

图 4.1.8　用与非门实现例 4.1.3 的逻辑图

例 4.1.4 设计一个电话机信号控制电路。电路有 I_0（火警）、I_1（盗警）和 I_2（日常业务）三种输入信号,通过排队电路分别从 L_0、L_1、L_2 输出,在同一时间只能有一个信号通过。如果同时有两个以上信号出现,应首先接通火警信号,其次为盗警信号,最后是日常业务信号。试按照上述轻重缓急设计该信号控制电路。要求用集成门电路 7400（每片含 4 个 2 输入端与非门）实现。

解：(1) 列真值表。

对于输入,设有信号为逻辑"1"；没信号为逻辑"0"。

对于输出,设允许通过为逻辑"1"；不允许通过为逻辑"0"。

列出真值表如表 4.1.4 所示。

表 4.1.4　例 4.1.4 的真值表

输　　入			输　　出		
I_0	I_1	I_2	L_0	L_1	L_2
0	0	0	0	0	0
1	$\times$	$\times$	1	0	0
0	1	$\times$	0	1	0
0	0	1	0	0	1

(2) 由真值表写出各输出的逻辑表达式。

$$L_0 = I_0$$
$$L_1 = \bar{I}_0 I_1$$
$$L_2 = \bar{I}_0 \bar{I}_1 I_2$$

这三个表达式已是最简,不需化简。但需要用非门和与门实现,且 L_2 需用三输入端与门才能实现,故不符合设计要求。

(3) 根据要求,将上式转换为与非表达式。

$$L_0 = I_0$$
$$L_1 = \overline{\overline{\bar{I}_0 I_1}}$$
$$L_2 = \overline{\overline{\bar{I}_0 \bar{I}_1 I_2}} = \overline{\overline{\bar{I}_0 \bar{I}_1} \cdot I_2}$$

(4) 画出的逻辑图如图 4.1.9 所示,可用两片集成与非门 7400 来实现。

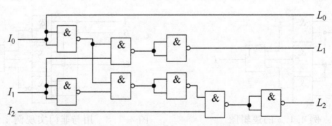

图 4.1.9　例 4.1.4 的逻辑图

可见,在实际设计逻辑电路时,有时并不是逻辑表达式最简单就能满足设计要求,还应考虑所使用集成器件的种类,将表达式转换为能用所要求的集成器件实现的形式,并尽量使所用集成器件最少,即设计步骤框图中所说的最合理表达式。

例 4.1.5 设计一个将余 3 码变换成 8421BCD 码的组合逻辑电路。

解:(1)根据题目要求,列出真值表如表 4.1.5 所示。

表 4.1.5 余 3 码变换成 8421BCD 码的真值表

输入(余 3 码)				输出(8421BCD 码)			
A_3	A_2	A_1	A_0	L_3	L_2	L_1	L_0
0	0	1	1	0	0	0	0
0	1	0	0	0	0	0	1
0	1	0	1	0	0	1	0
0	1	1	0	0	0	1	1
0	1	1	1	0	1	0	0
1	0	0	0	0	1	0	1
1	0	0	1	0	1	1	0
1	0	1	0	0	1	1	1
1	0	1	1	1	0	0	0
1	1	0	0	1	0	0	1

(2)用卡诺图进行化简。本题目为 4 个输入量、4 个输出量,故分别画出 4 个 4 变量卡诺图,如图 4.1.10 所示。注意余 3 码中有 6 个无关项,应充分利用,使其逻辑函数尽量简单。

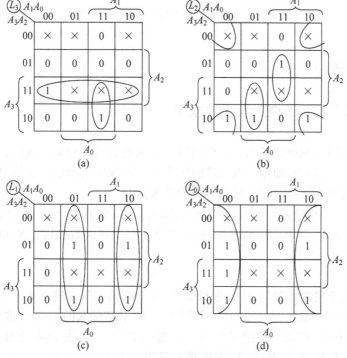

图 4.1.10 余 3 码变换成 8421BCD 码的卡诺图

化简后得到的逻辑表达式为

$$L_0 = \overline{A}_0$$

$$L_1 = A_1 \overline{A}_0 + A_0 \overline{A}_1 = A_1 \oplus A_0$$

$$L_2 = \overline{A}_2 \overline{A}_0 + A_2 A_1 A_0 + A_3 \overline{A}_1 A_0 = \overline{\overline{A}_2 \overline{A}_0} \cdot \overline{A_2 A_1 A_0} \cdot \overline{A_3 \overline{A}_1 A_0}$$

$$L_3 = A_3 A_2 + A_3 A_1 A_0 = \overline{\overline{A_3 A_2} \cdot \overline{A_3 A_1 A_0}}$$

（3）由逻辑表达式画出的逻辑图如图 4.1.11 所示。

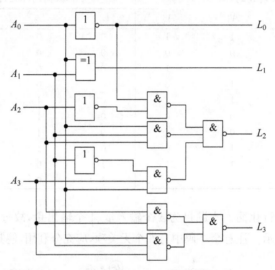

图 4.1.11　余 3 码变换成 8421BCD 码的逻辑图

4.2　编码器

4.2.1　编码器的基本概念及工作原理

在第 1 章讲到,编码就是用一组代码按一定规则表示某种事物或信息。在数字电路中常用的是二进制编码,即用一组二进制代码按一定规则表示给定字母、数字、符号等信息,能够实现这种编码功能的逻辑部件称为**编码器**。

编码器有若干个输入,对每一个有效的输入信号,编码器产生一组唯一的二进制代码输出。一般而言,N 个不同的信号,至少需要 n 位二进制数编码。N 和 n 之间满足下列关系:

$$2^n \geqslant N$$

例如,要对十进制数符号 0～9 进行编码,至少需要 4 位二进制数。图 4.2.1 是一个键控 8421BCD 码编码器。左端的 10 个按键 S_0～S_9 代表输入的 10 个十进制数符号 0～9,输入为低电平有效,即某一按键按下,对应的输入信号为 0。输出对应的 8421 码为 4 位码,所以有 4 个输出端 A、B、C、D,其真值表见表 4.2.1。

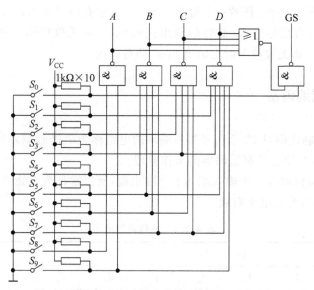

图 4.2.1　键控 8421BCD 码编码器

表 4.2.1　键控 8421BCD 码编码器的真值表

输　　入										输　　出				
S_9	S_8	S_7	S_6	S_5	S_4	S_3	S_2	S_1	S_0	A	B	C	D	GS
1	1	1	1	1	1	1	1	1	1	0	0	0	0	0
1	1	1	1	1	1	1	1	1	0	0	0	0	0	1
1	1	1	1	1	1	1	1	0	1	0	0	0	1	1
1	1	1	1	1	1	1	0	1	1	0	0	1	0	1
1	1	1	1	1	1	0	1	1	1	0	0	1	1	1
1	1	1	1	1	0	1	1	1	1	0	1	0	0	1
1	1	1	1	0	1	1	1	1	1	0	1	0	1	1
1	1	1	0	1	1	1	1	1	1	0	1	1	0	1
1	1	0	1	1	1	1	1	1	1	0	1	1	1	1
1	0	1	1	1	1	1	1	1	1	1	0	0	0	1
0	1	1	1	1	1	1	1	1	1	1	0	0	1	1

由真值表写出各输出的逻辑表达式为

$$A = \overline{S}_8 + \overline{S}_9 = \overline{S_8 S_9}$$

$$B = \overline{S}_4 + \overline{S}_5 + \overline{S}_6 + \overline{S}_7 = \overline{S_4 S_5 S_6 S_7}$$

$$C = \overline{S}_2 + \overline{S}_3 + \overline{S}_6 + \overline{S}_7 = \overline{S_2 S_3 S_6 S_7}$$

$$D = \overline{S}_1 + \overline{S}_3 + \overline{S}_5 + \overline{S}_7 + \overline{S}_9 = \overline{S_1 S_3 S_5 S_7 S_9}$$

用 4 个与非门就可实现该编码器的基本功能，如图 4.2.1 所示。

图 4.2.1 中的或非门和最右边的与非门是为了给电路设置一个控制使能标志 GS，

其作用是：当按下 $S_0 \sim S_9$ 任意一个键时，GS＝1，表示有信号输入；当 $S_0 \sim S_9$ 均没按下时，GS＝0，表示没有信号输入，此时的输出代码 0000 为无效代码。这样就可区分按下 S_0 时输出为 0000 和无键按下时也输出 0000 两种情况。

4.2.2 二进制编码器

用 n 位二进制代码对 2^n 个信号进行编码的电路称为二进制编码器。下面以 3 位二进制编码器为例，介绍二进制编码器的工作原理。

3 位二进制编码器有 8 个输入端和 3 个输出端，所以常称为 8 线-3 线编码器，其真值表见表 4.2.2，输入为高电平有效。

表 4.2.2 编码器真值表

输　　　　入								输　　出		
I_0	I_1	I_2	I_3	I_4	I_5	I_6	I_7	A_2	A_1	A_0
1	0	0	0	0	0	0	0	0	0	0
0	1	0	0	0	0	0	0	0	0	1
0	0	1	0	0	0	0	0	0	1	0
0	0	0	1	0	0	0	0	0	1	1
0	0	0	0	1	0	0	0	1	0	0
0	0	0	0	0	1	0	0	1	0	1
0	0	0	0	0	0	1	0	1	1	0
0	0	0	0	0	0	0	1	1	1	1

由真值表写出各输出的逻辑表达式为

$$A_2 = \overline{\overline{I_4}\,\overline{I_5}\,\overline{I_6}\,\overline{I_7}}$$

$$A_1 = \overline{\overline{I_2}\,\overline{I_3}\,\overline{I_6}\,\overline{I_7}}$$

$$A_0 = \overline{\overline{I_1}\,\overline{I_3}\,\overline{I_5}\,\overline{I_7}}$$

用门电路实现逻辑电路如图 4.2.2 所示。

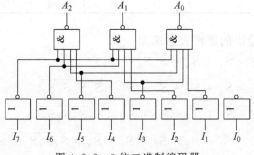

图 4.2.2 3 位二进制编码器

4.2.3 优先编码器

前面讨论的两种编码器,任何时候只允许输入一个编码信号,否则将产生错误输出。这一类编码器称为普通编码器。还有一类编码器允许同时输入两个以上的编码信号,编码器给所有的输入信号规定了优先顺序,当多个输入信号同时出现时,只对其中优先级最高的一个进行编码。这种编码电路称为**优先编码器**。

74148 是一种常用的 8 线-3 线优先编码器,其逻辑图和引脚排列如图 4.2.3 所示。图中 $I_0 \sim I_7$ 为编码输入端,低电平有效。$A_0 \sim A_2$ 为编码输出端,也是低电平有效,即反码输出。另外,EI 为使能输入端,GS 为优先编码工作标志,都是低电平有效。EO 为使能输出端,高电平有效。

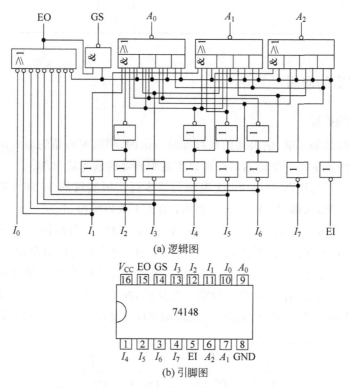

(a) 逻辑图

(b) 引脚图

图 4.2.3 74148 优先编码器的逻辑图和引脚图

74148 的真值表如表 4.2.3 所示,由真值表可知该器件的功能。由该表第一行可知,当 EI 为 1 时,无论 $I_0 \sim I_7$ 如何,各输出信号均为 1,编码器处于非工作状态。功能表的第二行表明,当 EI 为 0,$I_0 \sim I_7$ 均为 1 时,输出 A_2、A_1、A_0 及 GS 均为 1,EO 为 0,此时器件仍处于非工作状态。功能表的第三~十行说明,当 EI 为 0 时,若 $I_i = 0$(有效)、$I_{i+1} \sim I_7$ 均为 1(无效),就输出 i 的反码,而与 $I_0 \sim I_{i-1}$ 的状态无关。由此实现了由 $I_7 \rightarrow I_0$ 的优先编码顺序,即 I_7 的优先级最高,然后是 I_6,I_5,…,I_0。由表可知,GS 为编码器工作与否的标志,其常与 EO 一起用以扩展编码器的规模。

表 4.2.3　74148 优先编码器的真值表

输　　入									输　　出				
EI	I_0	I_1	I_2	I_3	I_4	I_5	I_6	I_7	A_2	A_1	A_0	GS	EO
1	×	×	×	×	×	×	×	×	1	1	1	1	1
0	1	1	1	1	1	1	1	1	1	1	1	1	0
0	×	×	×	×	×	×	×	0	0	0	0	0	1
0	×	×	×	×	×	×	0	1	0	0	1	0	1
0	×	×	×	×	×	0	1	1	0	1	0	0	1
0	×	×	×	×	0	1	1	1	0	1	1	0	1
0	×	×	×	0	1	1	1	1	1	0	0	0	1
0	×	×	0	1	1	1	1	1	1	0	1	0	1
0	×	0	1	1	1	1	1	1	1	1	0	0	1
0	0	1	1	1	1	1	1	1	1	1	1	0	1

4.2.4　编码器的应用

1. 编码器的扩展

集成编码器的输入端、输出端的数目都是一定的,利用编码器的输入使能端 EI、输出使能端 EO 和优先编码工作标志 GS,可以扩展编码器的输入输出端。

图 4.2.4 所示为用两片 74148 优先编码器串行扩展实现的 16 线-4 线优先编码器。它共有 16 个编码输入端,用 $X_0 \sim X_{15}$ 表示;有 4 个编码输出端,用 $Y_0 \sim Y_3$ 表示。片(1)为低位片,其输入端 $I_0 \sim I_7$ 作为总输入端 $X_0 \sim X_7$;片(2)为高位片,其输入端 $I_0 \sim I_7$ 作为总输入端 $X_8 \sim X_{15}$。两片的输出端 A_0、A_1、A_2 分别相与作为总输出端 Y_0、Y_1、Y_2,片(2)的 GS 端作为总输出端 Y_3。片(1)的输出使能端 EO 作为电路总的输出使能端;片(2)的输入使能端 EI 作为电路总的输入使能端,在本电路中接 0,处于允许编码状态。片(2)的输出使能端 EO 接片(1)的输入使能端 EI,控制片(1)工作。两片的工作标志 GS 相与,作为总的工作标志 GS 端。

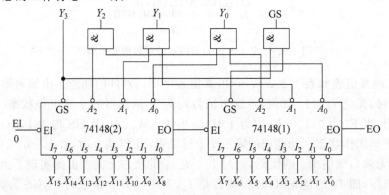

图 4.2.4　串行扩展实现的 16 线-4 线优先编码器

电路的工作原理为：当片(2)的输入端没有信号输入，即 $X_8 \sim X_{15}$ 全为 1 时，$GS_2 = 1$(即 $Y_3 = 1$)，$EO_2 = 0(EI_1 = 0)$，片(1)处于允许编码状态。设此时 $X_5 = 0$，则片(1)的输出为 $A_2 A_1 A_0 = 010$，由于片(2)输出 $A_2 A_1 A_0 = 111$，所以总输出 $Y_3 Y_2 Y_1 Y_0 = 1010$。

当片(2)有信号输入时，$EO_2 = 1(EI_1 = 1)$，片(1)处于禁止编码状态。设此时 $X_{12} = 0$(即片(2)的 $I_4 = 0$)，则片(2)的输出为 $A_2 A_1 A_0 = 011$，且 $GS_2 = 0$。由于片(1)输出 $A_2 A_1 A_0 = 111$，所以总输出 $Y_3 Y_2 Y_1 Y_0 = 0011$。

2. 组成 8421BCD 编码器

图 4.2.5 所示是由 74148 和门电路组成的 8421BCD 编码器，输入仍为低电平有效，输出为 8421BCD 码，工作原理如下。

当 I_9、I_8 无输入(即 I_9、I_8 均为高电平)时，与非门 G_4 的输出 $Y_3 = 0$，同时使 74148 的 $EI = 0$，允许 74148 工作，74148 对输入 $I_0 \sim I_7$ 进行编码。如果 $I_5 = 0$，则 $A_2 A_1 A_0 = 010$，经门 G_1、G_2、G_3 处理后，$Y_2 Y_1 Y_0 = 101$，所以总输出 $Y_3 Y_2 Y_1 Y_0 = 0101$。这正好是 5 的 8421BCD 码。

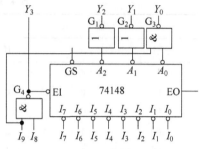

图 4.2.5 74148 组成 8421BCD
编码器

当 I_9 或 I_8 有输入(低电平)时，与非门 G_4 的输出 $Y_3 = 1$，同时使 74148 的 $EI = 1$，禁止 74148 工作，使 $A_2 A_1 A_0 = 111$。如果此时 $I_9 = 0$，总输出 $Y_3 Y_2 Y_1 Y_0 = 1001$。如果 $I_8 = 0$，总输出 $Y_3 Y_2 Y_1 Y_0 = 1000$。这正好是 9 和 8 的 8421BCD 码。

4.3 译码器

4.3.1 译码器的基本概念及工作原理

译码是编码的逆过程，其功能正好与编码相反，它是将输入代码转换成特定的输出信号，能够实现这种译码功能的逻辑电路称为**译码器**。

假设译码器有 n 个输入信号和 N 个输出信号，如果 $N = 2^n$，就称为全译码器，也称二进制译码器。常见的全译码器有 2 线-4 线译码器、3 线-8 线译码器、4 线-16 线译码器等。如果 $N < 2^n$，称为部分译码器，如二-十进制译码器(也称为 4 线-10 线译码器)等。

下面以 2 线-4 线译码器为例，说明译码器的工作原理和电路结构。

2 线-4 线译码器的真值表如表 4.3.1 所示。它有 2 个输入变量 A、B，共有 4 个码 00、01、10、11，可译出 4 个输出信号 $Y_0 \sim Y_3$。输出可以是高电平有效，也可以是低电平有效，本例为低电平有效。如输入 $AB = 01$ 时，应译出 Y_1，即 $Y_1 = 0$，其他输出均为 1。表中的 EI 为使能输入端，也为低电平有效。

由表 4.3.1 可写出各输出函数表达式：

$$Y_0 = \overline{\overline{\overline{EI} \overline{A} \overline{B}}}$$

$$Y_1 = \overline{\overline{\overline{EI} A \overline{B}}}$$

$$Y_2 = \overline{\overline{\overline{EI} A \overline{B}}}$$

$$Y_3 = \overline{\overline{\overline{EI} A B}}$$

用门电路实现2线-4线译码器的逻辑电路如图4.3.1所示。

表4.3.1 2线-4线译码器的真值表

输	入		输	出		
EI	A	B	Y_0	Y_1	Y_2	Y_3
1	$\times$	$\times$	1	1	1	1
0	0	0	0	1	1	1
0	0	1	1	0	1	1
0	1	0	1	1	0	1
0	1	1	1	1	1	0

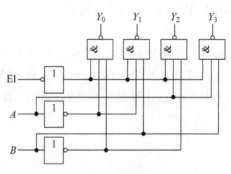

图4.3.1 2线-4线译码器的逻辑图

4.3.2 集成译码器

1. 3线-8线二进制译码器 74138

74138的逻辑图和引脚图如图4.3.2所示,它有3个输入端A_2、A_1、A_0和8个输出端$Y_0 \sim Y_7$,所以称为3线-8线译码器。输出为低电平有效,G_1、G_{2A}和G_{2B}为使能输入端。

表4.3.2为74138的真值表。由该表前三行可见,若使能端G_1为0或G_{2A}、G_{2B}中任一个为1时,输出$Y_0 \sim Y_7$均为1,此时译码器处于禁止工作状态,输入A_2、A_1和A_0不起作用。只有当G_1为1且G_{2A}、G_{2B}均为0时,译码器处于工作状态,$Y_0 \sim Y_7$的输出由$A_2 \sim A_0$决定。此时在$A_2 \sim A_0$的任一种输入组合下,只有与该输入组合相对应的一个输出端为0(有效),其余各输出端均为1(无效)。

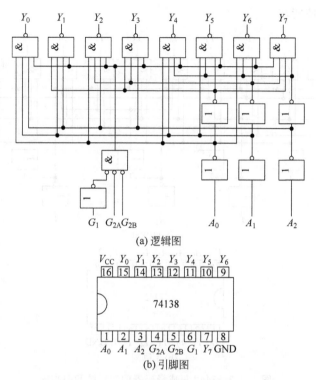

(a) 逻辑图

V_{CC} Y_0 Y_1 Y_2 Y_3 Y_4 Y_5 Y_6

| 16 | 15 | 14 | 13 | 12 | 11 | 10 | 9 |

74138

| 1 | 2 | 3 | 4 | 5 | 6 | 7 | 8 |

A_0　A_1　A_2　G_{2A}　G_{2B}　G_1　Y_7　GND

(b) 引脚图

图 4.3.2　74138 集成译码器的逻辑图和引脚图

表 4.3.2　3 线-8 线译码器 74138 的真值表

输　入						输　出							
G_1	G_{2A}	G_{2B}	A_2	A_1	A_0	Y_0	Y_1	Y_2	Y_3	Y_4	Y_5	Y_6	Y_7
×	1	×	×	×	×	1	1	1	1	1	1	1	1
×	×	1	×	×	×	1	1	1	1	1	1	1	1
0	×	×	×	×	×	1	1	1	1	1	1	1	1
1	0	0	0	0	0	0	1	1	1	1	1	1	1
1	0	0	0	0	1	1	0	1	1	1	1	1	1
1	0	0	0	1	0	1	1	0	1	1	1	1	1
1	0	0	0	1	1	1	1	1	0	1	1	1	1
1	0	0	1	0	0	1	1	1	1	0	1	1	1
1	0	0	1	0	1	1	1	1	1	1	0	1	1
1	0	0	1	1	0	1	1	1	1	1	1	0	1
1	0	0	1	1	1	1	1	1	1	1	1	1	0

2. 8421BCD 译码器 7442

7442 是一种 8421BCD 译码器。它有 4 个输入端和 10 个输出端,又称为 4 线-10 线译码器,是一种部分译码器。其逻辑图和引脚图如图 4.3.3 所示,真值表见表 4.3.3。由真值表可见,7442 也是输出低电平有效,当输入无效码 1010～1111 时,输出全为 1(无效),该译码器无使能端。

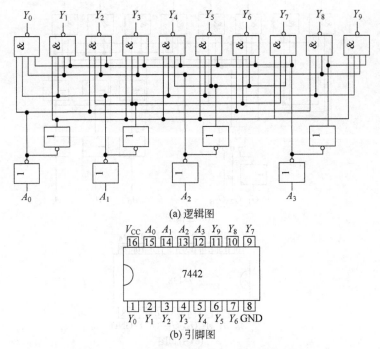

(a) 逻辑图

(b) 引脚图

图 4.3.3 7442 集成译码器的逻辑图和引脚图

表 4.3.3 4 线-10 线译码器 7442 的真值表

输 入				输 出									
A_3	A_2	A_1	A_0	Y_0	Y_1	Y_2	Y_3	Y_4	Y_5	Y_6	Y_7	Y_8	Y_9
0	0	0	0	0	1	1	1	1	1	1	1	1	1
0	0	0	1	1	0	1	1	1	1	1	1	1	1
0	0	1	0	1	1	0	1	1	1	1	1	1	1
0	0	1	1	1	1	1	0	1	1	1	1	1	1
0	1	0	0	1	1	1	1	0	1	1	1	1	1
0	1	0	1	1	1	1	1	1	0	1	1	1	1
0	1	1	0	1	1	1	1	1	1	0	1	1	1
0	1	1	1	1	1	1	1	1	1	1	0	1	1
1	0	0	0	1	1	1	1	1	1	1	1	0	1
1	0	0	1	1	1	1	1	1	1	1	1	1	0
1	0	1	0	1	1	1	1	1	1	1	1	1	1
1	0	1	1	1	1	1	1	1	1	1	1	1	1
1	1	0	0	1	1	1	1	1	1	1	1	1	1
1	1	0	1	1	1	1	1	1	1	1	1	1	1
1	1	1	0	1	1	1	1	1	1	1	1	1	1
1	1	1	1	1	1	1	1	1	1	1	1	1	1

4.3.3 译码器的应用

1. 译码器的扩展

利用译码器的使能端可以方便地扩展译码器的容量。图 4.3.4 所示是将两片 74138 扩展为 4 线-16 线译码器。其中 74138(1) 为低位片,74138(2) 为高位片,将高位片的 G_1 与低位片的 G_{2A} 相连作 A_3,将高位片的 G_{2A}、G_{2B} 与低位片的 G_{2B} 相连作使能端 E。其工作原理为:当 $E=1$ 时,两个译码器都禁止工作,输出全为 1;当 $E=0$ 时,译码器工作,这时,如果 $A_3=0$,高位片禁止,低位片工作,输出 $Y_0 \sim Y_7$ 由输入二进制代码 $A_2 A_1 A_0$ 决定,如果 $A_3=1$,低位片禁止,高位片工作,输出 $Y_8 \sim Y_{15}$ 由输入二进制代码 $A_2 A_1 A_0$ 决定,从而实现了 4 线-16 线译码器功能。

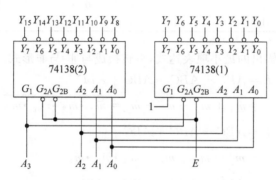

图 4.3.4 两片 74138 扩展为 4 线-16 线译码器

2. 实现组合逻辑电路

由于译码器的每个输出端分别与一个最小项相对应,因此辅以适当的门电路,便可实现组合逻辑函数。

例 4.3.1 试用译码器和门电路实现逻辑函数
$$L = AB + BC + AC$$

解:(1)将逻辑函数转换成最小项表达式,再转换成与非-与非形式。
$$L = \overline{A}BC + A\overline{B}C + AB\overline{C} + ABC = m_3 + m_5 + m_6 + m_7$$
$$= \overline{\overline{m}_3 \cdot \overline{m}_5 \cdot \overline{m}_6 \cdot \overline{m}_7}$$

(2)该函数有 3 个变量,所以选用 3 线-8 线译码器 74138。设 $A=A_2$、$B=A_1$、$C=A_0$,根据 74138 的功能,$Y_3 = \overline{\overline{A}BC} = \overline{m}_3$,$Y_5 = \overline{A\overline{B}C} = \overline{m}_5$,$Y_6 = \overline{AB\overline{C}} = \overline{m}_6$,$Y_7 = \overline{ABC} = \overline{m}_7$

所以 $L = \overline{Y_3 \cdot Y_5 \cdot Y_6 \cdot Y_7}$。

用一片 74138 加一个与非门就可实现逻辑函数 L,逻辑图如图 4.3.5 所示。

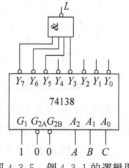

图 4.3.5 例 4.3.1 的逻辑图

例 4.3.2 某组合逻辑电路的真值表如表 4.3.4 所示,试用译码器和门电路设计该逻辑电路。

表 4.3.4 例 4.3.2 的真值表

输 入			输 出		
A	B	C	L	F	G
0	0	0	0	0	1
0	0	1	1	0	0
0	1	0	1	0	1
0	1	1	0	1	0
1	0	0	1	0	1
1	0	1	0	1	0
1	1	0	0	1	1
1	1	1	1	0	0

解:(1) 写出各输出的最小项表达式,再转换成与非-与非形式。

$$L = \overline{A}\overline{B}C + \overline{A}B\overline{C} + A\overline{B}\overline{C} + ABC$$
$$= m_1 + m_2 + m_4 + m_7 = \overline{\overline{m}_1 \cdot \overline{m}_2 \cdot \overline{m}_4 \cdot \overline{m}_7}$$

$$F = \overline{A}BC + A\overline{B}C + AB\overline{C}$$
$$= m_3 + m_5 + m_6 = \overline{\overline{m}_3 \cdot \overline{m}_5 \cdot \overline{m}_6}$$

$$G = \overline{A}\overline{B}\overline{C} + \overline{A}B\overline{C} + A\overline{B}\overline{C} + AB\overline{C}$$
$$= m_0 + m_2 + m_4 + m_6 = \overline{\overline{m}_0 \cdot \overline{m}_2 \cdot \overline{m}_4 \cdot \overline{m}_6}$$

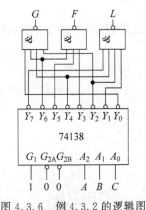

图 4.3.6 例 4.3.2 的逻辑图

(2) 选用 3 线-8 线译码器 74138。设 $A = A_2$、$B = A_1$、$C = A_0$。将 L、F、G 的逻辑表达式与 74138 的输出表达式相比较,有:

$$L = \overline{Y_1 \cdot Y_2 \cdot Y_4 \cdot Y_7}$$

$$F = \overline{Y_3 \cdot Y_5 \cdot Y_6}$$

$$G = \overline{Y_0 \cdot Y_2 \cdot Y_4 \cdot Y_6}$$

用一片 74138 加三个与非门就可实现该组合逻辑电路,逻辑图如图 4.3.6 所示。

可见,与使用门电路相比,用译码器实现多输出逻辑函数时,其优点更明显。

3. 构成数据分配器

数据分配器又称多路解调器,其功能是将一路输入数据根据地址选择码分配给多路数据输出中的某一路输出。它的作用与图 4.3.7 所示的单刀多掷开关相似。

由于译码器和数据分配器的功能非常接近,所以译码器一个很重要的应用就是构成数据分配器。也正因为如此,市场上没有集成数据分配器产品,只有集成译码器产品。

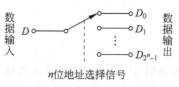

图 4.3.7　数据分配器示意图

当需要数据分配器时,可以用译码器连接而成。

例 4.3.3　用译码器设计一个 1 线-8 线数据分配器。

解:设"1 线-8 线"数据分配器的地址选择为 A_2、A_1 和 A_0,则可列出其功能表如表 4.3.5 所示。将该表与 3 线-8 线译码器 74138 功能表相比较可见,只要将译码器的 3 个输入端改作分配器的 3 位地址选择信号,译码器的 8 个译码输出端改作分配器的 8 个数据输出端,译码器的使能端 G_{2A} 或 G_{2B}(本例取 G_{2A})改作分配器的数据输入端,就可得数据分配器如图 4.3.8 所示。如当 $A_2A_1A_0=000$ 时,若 $D=1$ 则译码器处于禁止工作状态,$D_0=1$;若 $D=0$ 则译码器处于工作状态,$D_0=0$,从而实现了将 D 传送至 D_0 的功能。

表 4.3.5　数据分配器的功能表

地址选择信号			输　出
A_2	A_1	A_0	
0	0	0	$D_0=D$
0	0	1	$D_1=D$
0	1	0	$D_2=D$
0	1	1	$D_3=D$
1	0	0	$D_4=D$
1	0	1	$D_5=D$
1	1	0	$D_6=D$
1	1	1	$D_7=D$

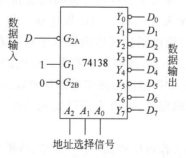

图 4.3.8　用译码器构成数据分配器

除了上述几种应用之外,用译码器还可以组成脉冲分配器、实现各种数制转换以及进行存储器系统的地址译码等。

4.3.4 数字显示译码器

在数字系统中,常常需要将数字、字母、符号等直观地显示出来,供人们读取。能够显示数字、字母或符号的器件称为数字显示器。在数字电路中,数字量都是以一定的代码形式出现的,所以这些数字量要先经过译码,才能送到数字显示器去显示。这种能把数字量翻译成数字显示器所能识别的信号的译码器称为**数字显示译码器**。

常用的数字显示器有多种类型,按显示方式分有字型重叠式、点阵式、分段式等;按发光物质分有半导体显示器(发光二极管 LED 显示器)、荧光显示器、液晶显示器、气体放电管显示器等。目前半导体显示器已被广泛使用,下面仅以由发光二极管构成的七段数字显示器为例,介绍工作原理与应用方法。

1. 七段数字显示器原理

七段数字显示器就是将 7 个发光二极管(加小数点为 8 个)按一定的方式排列起来,七段 a、b、c、d、e、f、g(小数点 DP)各对应一个发光二极管,利用不同发光段的组合,显示不同的阿拉伯数字,如图 4.3.9 所示。

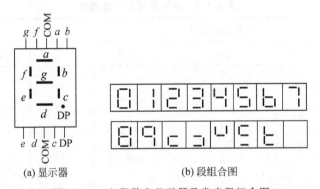

(a) 显示器　　　　　　　　　(b) 段组合图

图 4.3.9　七段数字显示器及发光段组合图

按内部连接方式不同,七段数字显示器分为共阴极和共阳极两种。图 4.3.10(a)所示为共阳极显示器,即将 7 个发光二极管的阳极连在一起,作公共端,使用时要接高电平,发光二极管的阴极经过限流电阻接到输出低电平有效的七段译码器相应的输出端。图 4.3.10(b)所示为共阴极显示器,即将 7 个发光二极管的阴极连在一起,作公共端,使用时要接低电平,发光二极管的阳极经过限流电阻接到输出高电平有效的七段译码器相应的输出端。改变限流电阻的阻值,可改变流过发光二极管的电流大小,从而控制显示器的发光亮度。

半导体显示器的优点是工作电压较低(1.5~3V)、体积小、寿命长、亮度高、响应速度快、工作可靠性高。缺点是工作电流大,每个字段的工作电流约为 10mA。

2. 七段显示译码器 7448

七段显示译码器 7448 是一种与共阴极数字显示器配合使用的集成译码器,它的功

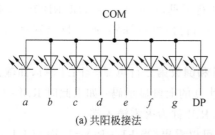
(a) 共阳极接法

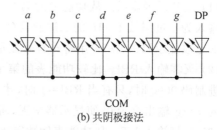
(b) 共阴极接法

图 4.3.10　半导体数字显示器的内部接法

能是将输入的 4 位二进制代码转换成显示器所需要的七段信号 $a \sim g$。图 4.3.11 为它的逻辑功能示意图，表 4.3.6 为它的逻辑功能表。其中，$A_3 A_2 A_1 A_0$ 为译码器的译码输入端，$a \sim g$ 为译码输出端。另外，它还有 3 个控制端：试灯输入端 LT、灭零输入端 RBI 和特殊控制端 BI/RBO。下面结合功能表介绍 7448 的工作情况及其控制信号的作用。

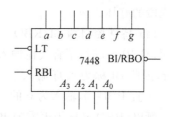

图 4.3.11　7448 的逻辑功能示意图

视频

表 4.3.6　七段显示译码器 7448 的逻辑功能表

功能（输入）	输入						输入/输出	输出							显示字形
	LT	RBI	A_3	A_2	A_1	A_0	BI/RBO	a	b	c	d	e	f	g	
0	1	1	0	0	0	0	1	1	1	1	1	1	1	0	
1	1	×	0	0	0	1	1	0	1	1	0	0	0	0	
2	1	×	0	0	1	0	1	1	1	0	1	1	0	1	
3	1	×	0	0	1	1	1	1	1	1	1	0	0	1	
4	1	×	0	1	0	0	1	0	1	1	0	0	1	1	
5	1	×	0	1	0	1	1	1	0	1	1	0	1	1	
6	1	×	0	1	1	0	1	0	0	1	1	1	1	1	
7	1	×	0	1	1	1	1	1	1	1	0	0	0	0	
8	1	×	1	0	0	0	1	1	1	1	1	1	1	1	
9	1	×	1	0	0	1	1	1	1	1	0	0	1	1	
10	1	×	1	0	1	0	1	0	0	0	1	1	0	1	
11	1	×	1	0	1	1	1	0	0	1	1	0	0	1	
12	1	×	1	1	0	0	1	0	1	0	0	0	1	1	
13	1	×	1	1	0	1	1	1	0	0	1	0	1	1	
14	1	×	1	1	1	0	1	0	0	0	1	1	1	1	
15	1	×	1	1	1	1	1	0	0	0	0	0	0	0	
灭灯	×	×	×	×	×	×	0	0	0	0	0	0	0	0	
灭零	1	0	0	0	0	0	0	0	0	0	0	0	0	0	
试灯	0	×	×	×	×	×	1	1	1	1	1	1	1	1	

（1）正常译码显示。从功能表的第 2～16 行可见,只要 LT＝1,BI/RBO＝1,就可对译码输入为十进制数 1～15 的二进制码(0001～1111)进行译码,产生显示器显示 1～15 所需的七段显示码(10～15 用特殊符号显示)。

（2）灭零输入 RBI。比较功能表的第 1 行和倒数第 2 行可见,当 LT＝1,而输入为 0 的二进制码 0000 时,只有当 RBI＝1 时,才产生 0 的七段显示码；如果此时 RBI＝0,则译码器的 $a\sim g$ 输出全为 0,使显示器全灭,所以 RBI 称为灭零输入端。

（3）试灯输入 LT。从功能表倒数第 1 行可以看出,当 BI/RBO＝1,而当 LT＝0 时,无论输入怎样,$a\sim g$ 输出全为 1,数码管七段全亮。利用这一功能可以检测显示器 7 个发光段的好坏。

（4）特殊控制端 BI/RBO。BI/RBO 可以作输入端,也可以作输出端。当作输入端使用,且 BI＝0 时,不管其他输入端为何值,$a\sim g$ 均输出 0,显示器全灭,见功能表倒数第 3 行,因此 BI 称为灭灯输入端。当 BI/RBO 作输出端使用时,受控于 LT 和 RBI。当 LT＝1 且 RBI＝0,输入为 0 的二进制码 0000 时,RBO＝0,用以指示该片正处于灭零状态。所以,RBO 又称为灭零输出端。

在多位十进制数码显示时,整数前和小数后的 0 是无意义的,称为无效 0。将 BI/RBO 和 RBI 配合使用,可以实现无效 0 消隐功能。在图 4.3.12 所示的电路中,由于整数部分 7448 除最高位的 RBI 接 0、最低位的 RBI 接 1 外,其余各位的 RBI 均接收高位的 RBO 输出信号。所以整数部分只有在高位是 0,而且被熄灭时,低位才有灭零输入信号。同理,小数部分的连接方法使得小数部分只有在低位是 0,而且被熄灭时,高位才有灭零输入信号。这样便可实现多位十进制数码显示器的无效 0 消隐功能。

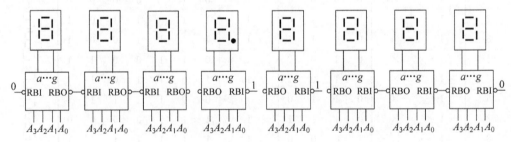

图 4.3.12　具有无效 0 消隐功能的多位数码显示系统

4.4　数据选择器

4.4.1　数据选择器的基本概念及工作原理

数据选择器与前面提到的数据分配器的功能相反,是根据地址选择码从多路输入数据中选择一路,送到输出。它的作用与图 4.4.1 所示的单刀多掷开关相似。

常用的数据选择器有 4 选 1、8 选 1、16 选 1 等多种类型。下面以 4 选 1 为例,介绍数据选择器的基本功能、工作原理及设计方法。

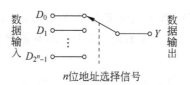

图 4.4.1 数据选择器示意图

4 选 1 数据选择器的真值表如表 4.4.1 所示。表中 $D_3 \sim D_0$ 为数据输入端,A_1、A_0 为地址选择信号,Y 为数据输出端,G 为低电平有效的使能端。由真值表可见,根据地址选择信号的不同,可选择对应的一路输入数据输出。如当地址选择信号 $A_1 A_0 = 10$ 时,$Y = D_2$,即将 D_2 送到输出端($D_2 = 0, Y = 0$;$D_2 = 1, Y = 1$)。根据功能表,可写出输出逻辑表达为

$$Y = (\bar{A}_1 \bar{A}_0 D_0 + \bar{A}_1 A_0 D_1 + A_1 \bar{A}_0 D_2 + A_1 A_0 D_3) \cdot \bar{G}$$

由逻辑表达式画出逻辑图如图 4.4.2 所示。

表 4.4.1　4 选 1 数据选择器的真值表

输　　入			输出
G	$A_1 \quad A_0$	$D_3 \quad D_2 \quad D_1 \quad D_0$	Y
1	$\times \quad \times$	$\times \quad \times \quad \times \quad \times$	0
0	$0 \quad 0$	$\times \quad \times \quad \times \quad 0$	0
		$\times \quad \times \quad \times \quad 1$	1
	$0 \quad 1$	$\times \quad \times \quad 0 \quad \times$	0
		$\times \quad \times \quad 1 \quad \times$	1
	$1 \quad 0$	$\times \quad 0 \quad \times \quad \times$	0
		$\times \quad 1 \quad \times \quad \times$	1
	$1 \quad 1$	$0 \quad \times \quad \times \quad \times$	0
		$1 \quad \times \quad \times \quad \times$	1

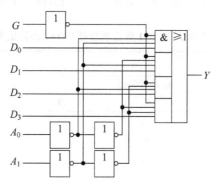

图 4.4.2　4 选 1 数据选择器的逻辑图

4.4.2　集成数据选择器

74151 是一种典型的集成 8 选 1 数据选择器,其逻辑图和引脚图如图 4.4.3 所示。

它有 8 个数据输入端 $D_0 \sim D_7$，3 个地址输入端 A_2、A_1、A_0，2 个互补的输出端 Y 和 $\bar{Y}$，1 个使能输入端 G，使能端 G 为低电平有效。74151 的真值表如表 4.4.2 所示，读者可自行分析其功能。

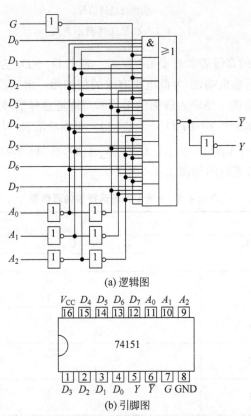

(a) 逻辑图

(b) 引脚图

图 4.4.3　8 选 1 数据选择器 74151 的逻辑图和引脚图

表 4.4.2　8 选 1 数据选择器 74151 的真值表

输　　　　　入				输　　　出	
使　　能	地　址　选　择			Y	$\bar{Y}$
G	A_2	A_1	A_0		
1	×	×	×	0	1
0	0	0	0	D_0	$\bar{D}_0$
0	0	0	1	D_1	$\bar{D}_1$
0	0	1	0	D_2	$\bar{D}_2$
0	0	1	1	D_3	$\bar{D}_3$
0	1	0	0	D_4	$\bar{D}_4$
0	1	0	1	D_5	$\bar{D}_5$
0	1	1	0	D_6	$\bar{D}_6$
0	1	1	1	D_7	$\bar{D}_7$

4.4.3 数据选择器的应用

1. 数据选择器的扩展

作为一种集成器件,最大规模的数据选择器是 16 选 1。如果需要更大规模的数据选择器,可进行通道扩展。

用两片 74151 和 3 个门电路组成的 16 选 1 的数据选择器电路如图 4.4.4 所示。由图中可见,将低位片 74151(1) 的使能端 G 经一个非门反相后与高位片 74151(2) 的 G 相连,作为最高位的地址选择信号 A_3。如果 $A_3 = 0$,则 74151(1) 工作,根据 $A_3 \sim A_0$ 从 $D_0 \sim D_7$ 中选择一路输出;如果 $A_3 = 1$,则 74151(2) 工作,根据 $A_3 \sim A_0$ 从 $D_8 \sim D_{15}$ 中选择一路输出。因此,该电路实现了 16 选 1 的功能。

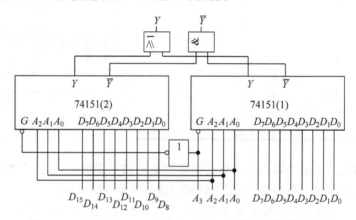

图 4.4.4 用两片 74151 组成的 16 选 1 数据选择器的逻辑图

2. 实现组合逻辑函数

从数据选择器输出函数表达式可以看出,它是关于地址选择码的最小项和对应的各路输入数据的与或表达式。当 $D_i = 1$ 时,其对应的地址选择码的最小项在与或表达式中出现;当 $D_i = 0$ 时,其对应的地址选择码的最小项不出现。而任何组合逻辑函数都可以写成最小项之和的形式。因此,数据选择器也可以用来实现组合逻辑函数。

当逻辑函数的变量个数和数据选择器的地址输入变量个数相同时,可直接用数据选择器来实现逻辑函数。

例 4.4.1 试用 8 选 1 数据选择器 74151 实现逻辑函数

$$L = AB + BC + A\bar{C}$$

解法 1:(1) 将逻辑函数转换成最小项表达式

$$L = \bar{A}BC + A\bar{B}\bar{C} + AB\bar{C} + ABC = m_3 + m_4 + m_6 + m_7$$

(2) 将输入变量接至数据选择器的地址输入端,即 $A = A_2$,$B = A_1$,$C = A_0$。输出变量接至数据选择器的输出端,即 $L = Y$。将逻辑函数 L 的最小项表达式与 74151 的功能表相比较,显然,L 式中出现的最小项,对应的数据输入端应接 1,L 式中没出现的最小项,对应的数据输入端应接 0,即 $D_3=D_4=D_6=D_7=1,D_0=D_1=D_2=D_5=0$。

（3）画出连线图如图 4.4.5 所示。

解法 2：（1）作出逻辑函数 L 的真值表如表 4.4.3 所示。

（2）将输入变量接至数据选择器的地址输入端,即 $A=A_2,B=A_1,C=A_0$。输出变量接至数据选择器的输出端,即 $L=Y$。将真值表中 L 取值为 1 的最小项所对应的数据输入端接 1,L 取值为 0 的最小项所对应的数据输入端接 0,即 $D_3=D_4=D_6=D_7=1$,$D_0=D_1=D_2=D_5=0$。

（3）画出如图 4.4.5 所示的连线图。

表 4.4.3 L 的真值表

A	B	C	L
0	0	0	0
0	0	1	0
0	1	0	1
0	1	1	1
1	0	0	1
1	0	1	0
1	1	0	1
1	1	1	1

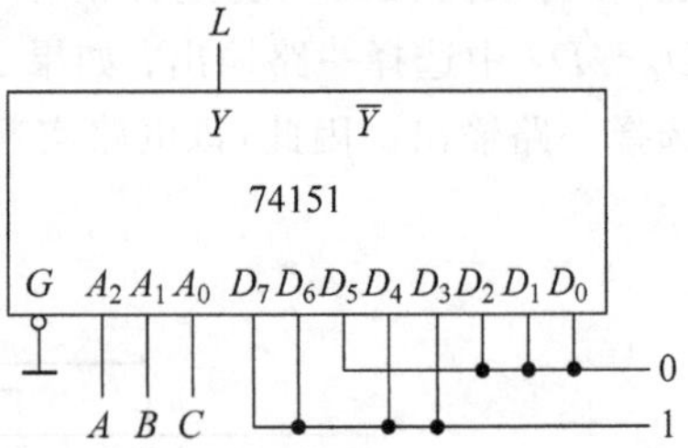

图 4.4.5 例 4.4.1 的逻辑图

当逻辑函数的变量个数大于数据选择器的地址输入变量个数时,不能用前述的简单办法。这时应分离出多余的变量,把它们加到适当的数据输入端。

例 4.4.2 试用 4 选 1 数据选择器实现逻辑函数 $L=AB+BC+A\overline{C}$。

解：（1）由于函数 L 有三个输入信号 A、B、C,而 4 选 1 数据选择器仅有两个地址端 A_1 和 A_0,所以选 A、B 接到地址输入端,且 $A=A_1,B=A_0$。

（2）将 C 加到适当的数据输入端。

作出逻辑函数 L 的真值表如表 4.4.3 所示。由表可见,当 $A=0,B=0$ 时（表中第一、二行）,无论 C 取什么值,L 都为 0,所以 $D_0=0$；当 $A=0,B=1$ 时（表中第三、四行）,L 的取值与 C 相同,所以 $D_1=C$；当 $A=1,B=0$ 时（表中第五、六行）,L 的取值与 C 相反,所以 $D_2=\overline{C}$；当 $A=1,B=1$ 时（表中第七、八行）,无论 C 取什么值,L 都为 1,所以 $D_3=1$。

（3）画出连线图如图 4.4.6 所示。

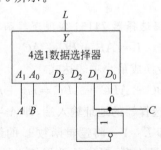

图 4.4.6 例 4.4.2 的逻辑图

4.5　数值比较器

4.5.1　数值比较器的基本概念及工作原理

数值比较器是对两个位数相同的二进制整数进行数值比较并判定其大小关系的算术运算电路。

1. 1 位数值比较器

1 位数值比较器的功能是比较两个 1 位二进制数 A 和 B 的大小,比较结果有三种情况,即 $A>B$、$A<B$、$A=B$,其真值表如表 4.5.1 所示。

表 4.5.1　1 位数值比较器的真值表

输　　入		输　　　出		
A	B	$F_{A>B}$	$F_{A<B}$	$F_{A=B}$
0	0	0	0	1
0	1	0	1	0
1	0	1	0	0
1	1	0	0	1

由真值表写出逻辑表达式:

$$F_{A>B} = A\bar{B}$$

$$F_{A<B} = \bar{A}B$$

$$F_{A=B} = \bar{A}\bar{B} + AB$$

由以上逻辑表达式可画出逻辑图如图 4.5.1 所示。

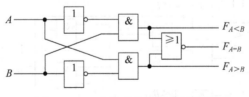

图 4.5.1　1 位数值比较器的逻辑图

2. 考虑低位比较结果的多位比较器

1 位数值比较器只能对两个 1 位二进制数进行比较,而实用的比较器一般是多位的,而且考虑低位的比较结果。下面以 2 位数值比较器为例,讨论多位数值比较器的结构及工作原理。

2 位数值比较器的真值表如表 4.5.2 所示。其中 A_1、B_1、A_0、B_0 为数值输入端,$I_{A>B}$、$I_{A<B}$、$I_{A=B}$ 为级联输入端,是为了实现 2 位以上数值比较时,输入低位片比较结

果而设置的。$F_{A>B}$、$F_{A<B}$、$F_{A=B}$ 为本位片三种不同比较结果的输出端。

表 4.5.2 2 位数值比较器的真值表

数 值 输 入		级 联 输 入			输 出		
$A_1 \quad B_1$	$A_0 \quad B_0$	$I_{A>B}$	$I_{A<B}$	$I_{A=B}$	$F_{A>B}$	$F_{A<B}$	$F_{A=B}$
$A_1>B_1$	$\times \quad \times$	$\times$	$\times$	$\times$	1	0	0
$A_1<B_1$	$\times \quad \times$	$\times$	$\times$	$\times$	0	1	0
$A_1=B_1$	$A_0>B_0$	$\times$	$\times$	$\times$	1	0	0
$A_1=B_1$	$A_0<B_0$	$\times$	$\times$	$\times$	0	1	0
$A_1=B_1$	$A_0=B_0$	1	0	0	1	0	0
$A_1=B_1$	$A_0=B_0$	0	1	0	0	1	0
$A_1=B_1$	$A_0=B_0$	0	0	1	0	0	1

由真值表可见,当高位(A_1、B_1)不相等时,无须比较低位,A_1、B_1 的比较结果就是两个数的比较结果;当高位相等($A_1=B_1$)时,再比较低位(A_0、B_0),由 A_0、B_0 的比较结果决定两个数的比较结果;如果这两位都相等,则比较结果由低位片的比较结果 $I_{A>B}$、$I_{A<B}$、$I_{A=B}$ 来决定。如果没有低位片参与比较,级联输入端 $I_{A>B}$、$I_{A<B}$、$I_{A=B}$ 应分别接 0、0、1,这时 $F_{A=B}=1$,即比较结果为 $A=B$。由此可写出如下逻辑表达式:

$$F_{A>B}=(A_1>B_1)+(A_1=B_1)\cdot(A_0>B_0)+(A_1=B_1)\cdot(A_0=B_0)\cdot I_{A>B}$$

$$F_{A<B}=(A_1<B_1)+(A_1=B_1)\cdot(A_0<B_0)+(A_1=B_1)\cdot(A_0=B_0)\cdot I_{A<B}$$

$$F_{A=B}=(A_1=B_1)\cdot(A_0=B_0)\cdot I_{A=B}$$

根据表达式画出逻辑图如图 4.5.2 所示,图中用了两个 1 位数值比较器,分别比较(A_1、B_1)和(A_0、B_0),并将比较结果作为中间变量,这样逻辑关系比较明确。

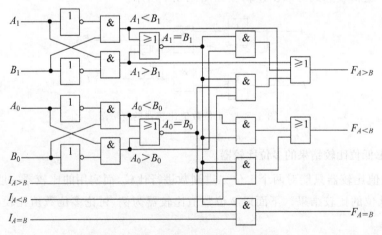

图 4.5.2 2 位数值比较器的逻辑图

4.5.2 集成数值比较器及其应用

1. 集成数值比较器 7485

7485 是典型的集成 4 位二进制数比较器,其真值表如表 4.5.3 所示,电路原理与图 4.5.2 所示的 2 位二进制数比较器完全一样。图 4.5.3 为 7485 简化的逻辑符号。

表 4.5.3 集成数值比较器 7485 的真值表

数值输入				级联输入			输 出		
$A_3 \quad B_3$	$A_2 \quad B_2$	$A_1 \quad B_1$	$A_0 \quad B_0$	$I_{A>B}$	$I_{A<B}$	$I_{A=B}$	$F_{A>B}$	$F_{A<B}$	$F_{A=B}$
$A_3>B_3$	$\times$	$\times$	$\times$	$\times$	$\times$	$\times$	1	0	0
$A_3<B_3$	$\times$	$\times$	$\times$	$\times$	$\times$	$\times$	0	1	0
$A_3=B_3$	$A_2>B_2$	$\times$	$\times$	$\times$	$\times$	$\times$	1	0	0
$A_3=B_3$	$A_2<B_2$	$\times$	$\times$	$\times$	$\times$	$\times$	0	1	0
$A_3=B_3$	$A_2=B_2$	$A_1>B_1$	$\times$	$\times$	$\times$	$\times$	1	0	0
$A_3=B_3$	$A_2=B_2$	$A_1<B_1$	$\times$	$\times$	$\times$	$\times$	0	1	0
$A_3=B_3$	$A_2=B_2$	$A_1=B_1$	$A_0>B_0$	$\times$	$\times$	$\times$	1	0	0
$A_3=B_3$	$A_2=B_2$	$A_1=B_1$	$A_0<B_0$	$\times$	$\times$	$\times$	0	1	0
$A_3=B_3$	$A_2=B_2$	$A_1=B_1$	$A_0=B_0$	1	0	0	1	0	0
$A_3=B_3$	$A_2=B_2$	$A_1=B_1$	$A_0=B_0$	0	1	0	0	1	0
$A_3=B_3$	$A_2=B_2$	$A_1=B_1$	$A_0=B_0$	0	0	1	0	0	1

图 4.5.3 7485 的逻辑符号

2. 集成数值比较器的应用

(1) 单片应用。

一片 7485 可以对两个 4 位二进制数进行比较,此时级联输入端 $I_{A>B}$、$I_{A<B}$、$I_{A=B}$ 应分别接 0、0、1。当参与比较的二进制数少于 4 位时,高位多余输入端可同时接 0 或 1。

(2) 数值比较器的位数扩展。

当需要比较的两个二进制数位数超过 4 位时,需要将多片 7485 比较器进行级联,以扩展位数。扩展方式有串联和并联两种。图 4.5.4 所示是采用串联方式用 2 片 7485 组成的 8 位二进制数值比较器。低位芯片 7485(1) 对低 4 位进行比较,因没有更低位比较结果输入,其级联输入端接"001"。高位芯片 7485(2) 对高 4 位进行比较,级联输入端接低位比较器 7485(1) 的比较结果输出端。当 $A_7A_6A_5A_4 \neq B_7B_6B_5B_4$ 时,8 位比较结果由高 4 位决定,7485(1) 的比较结果不产生影响;当 $A_7A_6A_5A_4 = B_7B_6B_5B_4$ 时,8 位比较结果由低 4 位决定；当 $A_7A_6A_5A_4A_3A_2A_1A_0 = B_7B_6B_5B_4B_3B_2B_1B_0$ 时，比较结果由低位芯片级联输入端决定，因为此时级联输入端 $I_{A=B}$ 接 1，因此，最终比较结果为 $F_{A=B}=1$，即 $A=B$。

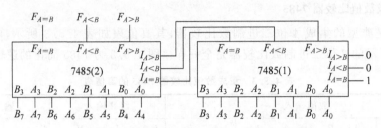

图 4.5.4　采用串联方式组成的 8 位数值比较器

上述级联方式比较简单，但是这种级联方式中比较结果是逐级进位的，当级联芯片较多时，所需的进位传递时间就比较长。级联芯片数越多，传递时间越长，工作速度越慢。因此，当扩展位数较多时，常采用并联方式。

图 4.5.5 所示是采用并联方式用 5 片 7485 组成的 16 位二进制数比较器。将 16 位按高低位次序分成 4 组，每组用 1 片 7485 进行比较，各组的比较是并行的。将每组的比较结果再经 1 片 7485 进行比较后得出比较结果。这样总的传递时间为 2 倍的 7485 的延迟时间。若用串联方式，则需要 4 倍的 7485 的延迟时间。

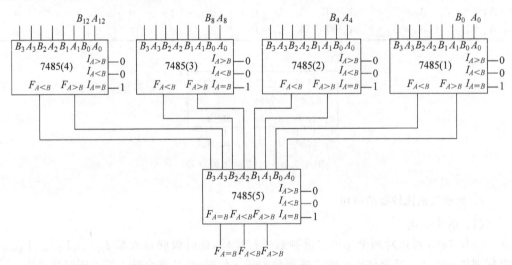

图 4.5.5　采用并联方式组成的 16 位数值比较器

4.6　加法器

4.6.1　加法器的基本概念及工作原理

加法器的功能是实现两个二进制数的加法运算，它是一种最基本的算术运算电路。

只能进行本位加数、被加数的加法运算而不考虑相邻低位进位的逻辑部件称为**半加器**；能同时进行本位加数、被加数和相邻低位进位信号的加法运算的逻辑部件,称为**全加器**。

1. 半加器

半加器的真值表如表 4.6.1 所示,其真值表可直接写出输出逻辑函数表达式:

$$S = \overline{A}B + A\overline{B} = A \oplus B$$
$$C = AB$$

可见,可用一个异或门和一个与门组成半加器,如图 4.6.1(a)所示。图 4.6.1(b)为半加器的逻辑符号。

表 4.6.1 半加器的真值表

输	入	输	出
被加数 A	加数 B	和数 S	进位数 C
0	0	0	0
0	1	1	0
1	0	1	0
1	1	0	1

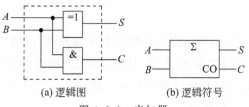

(a) 逻辑图   (b) 逻辑符号

图 4.6.1 半加器

2. 全加器

在多位数加法运算时,除最低位外,其他各位都需要考虑低位送来的进位,全加器就具有这种功能。全加器的真值表如表 4.6.2 所示。表中的 A_i 和 B_i 分别表示被加数和加数输入,C_{i-1} 表示来自相邻低位的进位。S_i 为本位和,C_i 为向相邻高位的进位。

表 4.6.2 全加器的真值表

输	入		输	出
A_i	B_i	C_{i-1}	S_i	C_i
0	0	0	0	0
0	0	1	1	0
0	1	0	1	0
0	1	1	0	1
1	0	0	1	0
1	0	1	0	1
1	1	0	0	1
1	1	1	1	1

由真值表直接写出 S_i 和 C_i 的输出逻辑函数表达式,再经代数法化简和转换得

$$S_i = \overline{A}_i \overline{B}_i C_{i-1} + \overline{A}_i B_i \overline{C}_{i-1} + A_i \overline{B}_i \overline{C}_{i-1} + A_i B_i C_{i-1}$$

$$\qquad = \overline{(A_i \oplus B_i)} C_{i-1} + (A_i \oplus B_i) \overline{C}_{i-1} = A_i \oplus B_i \oplus C_{i-1} \tag{4.6.1}$$

$$C_i = \overline{A}_i B_i C_{i-1} + A_i \overline{B}_i C_{i-1} + A_i B_i \overline{C}_{i-1} + A_i B_i C_{i-1}$$

$$\qquad = A_i B_i + (A_i \oplus B_i) C_{i-1} \tag{4.6.2}$$

根据式(4.6.1)和式(4.6.2)画出全加器的逻辑电路如图 4.6.2(a)所示。图 4.6.2(b)为全加器的逻辑符号。

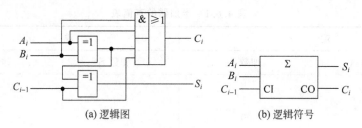

(a) 逻辑图   (b) 逻辑符号

图 4.6.2 全加器

3. 多位数加法器

要进行多位数相加,最简单的方法是将多个全加器进行级联,称为**串行进位加法器**。图 4.6.3 所示是 4 位串行进位加法器,从图中可见,两个 4 位相加数 $A_3 A_2 A_1 A_0$ 和 $B_3 B_2 B_1 B_0$ 的各位同时送到相应全加器的输入端,进位数串行传送。全加器的个数等于相加数的位数。最低位全加器的 C_{i-1} 端应接 0。

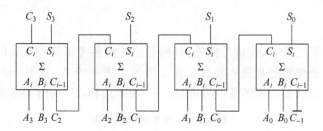

图 4.6.3 4 位串行进位加法器

串行进位加法器的优点是电路比较简单,缺点是速度比较慢。因为进位信号是串行传递的,图 4.6.3 中最后一位的进位输出 C_3 要经过 4 位全加器传递之后才能形成。如果位数增加,传输延迟时间将更长,工作速度更慢。

为了提高速度,人们又设计了一种多位数快速进位(又称超前进位)的加法器。所谓快速进位,是指加法运算过程中,各级进位信号同时送到各位全加器的进位输入端。现在的集成加法器大多采用这种方法。

4.6.2 集成加法器

1. 74283 的快速进位原理

74283 是快速进位的集成 4 位加法器,首先介绍快速进位的概念及实现快速进位的原理。

重新写出全加器 S_i 和 C_i 的输出逻辑表达式,即

$$S_i = A_i \oplus B_i \oplus C_{i-1} \tag{4.6.3}$$

$$C_i = A_i B_i + (A_i \oplus B_i) C_{i-1} \tag{4.6.4}$$

观察式(4.6.4)进位信号 C_i 的表达式可见:

(1) 当 $A_i = B_i = 1$ 时,$A_i B_i = 1$,得 $C_i = 1$,即产生进位,定义 $G_i = A_i B_i$,G_i 称为产生变量。

(2) 当 $A_i \oplus B_i = 1$,则 $A_i B_i = 0$,得 $C_i = C_{i-1}$,即低位的进位信号能传送到高位的进位输出端。定义 $P_i = A_i \oplus B_i$,P_i 称为传输变量。

(3) G_i 和 P_i 都只与被加数 A_i 和加数 B_i 有关,而与进位信号无关。

将 G_i 和 P_i 代入式(4.6.3)和式(4.6.4),得:

$$S_i = P_i \oplus C_{i-1} \tag{4.6.5}$$

$$C_i = G_i + P_i C_{i-1} \tag{4.6.6}$$

由式(4.6.6)得各位进位信号的逻辑表达式如下:

$$C_0 = G_0 + P_0 C_{-1} \tag{4.6.7a}$$

$$C_1 = G_1 + P_1 C_0 = G_1 + P_1 G_0 + P_1 P_0 C_{-1} \tag{4.6.7b}$$

$$C_2 = G_2 + P_2 C_1 = G_2 + P_2 G_1 + P_2 P_1 G_0 + P_2 P_1 P_0 C_{-1} \tag{4.6.7c}$$

$$C_3 = G_3 + P_3 C_2 = G_3 + P_3 G_2 + P_3 P_2 G_1 + P_3 P_2 P_1 G_0 + P_3 P_2 P_1 P_0 C_{-1} \tag{4.6.7d}$$

由式(4.6.7)可以看出:各位的进位信号都只与 G_i、P_i 和 C_{-1} 有关,而 C_{-1} 是向最低位的进位信号,其值为 0,所以各位的进位信号都只与被加数 A_i 和加数 B_i 有关,它们是可以并行产生的,从而可实现快速进位。

根据以上思路构成的快速进位的集成 4 位加法器 74283 的逻辑图和引脚图如图 4.6.4 所示。

2. 集成加法器 74283 的应用

1) 加法器级联实现多位二进制数加法运算

一片 74283 只能进行 4 位二进制数的加法运算,将多片 74283 进行级联,则可扩展加法运算的位数。用 2 片 74283 组成的 8 位二进制数加法电路如图 4.6.5 所示。

2) 用 74283 实现余 3 码到 8421BCD 码的转换

由第 1 章的内容可知,对同一个十进制数符,余 3 码比 8421BCD 码多 3。因此实现余 3 码到 8421BCD 码的变换,只需从余 3 码中减去 3(0011)。利用二进制补码的概念,

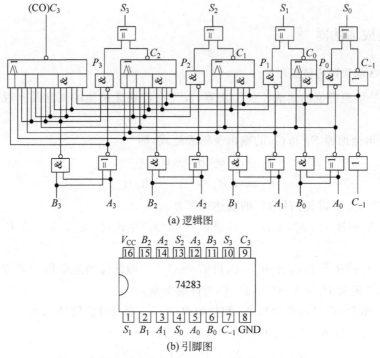

(a) 逻辑图

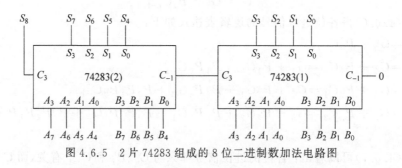

(b) 引脚图

图 4.6.4　集成 4 位加法器 74283 的逻辑图和引脚图

图 4.6.5　2 片 74283 组成的 8 位二进制数加法电路图

很容易实现上述减法运算。考虑最高位为符号位,10011(−3)的补码为 11101,减 0011 与加 11101 等效。由于减法运算结果的符号位一定是 0,不需要再考虑符号位,所以,从 74283 的 $A_3 \sim A_0$ 输入余 3 码的 4 位代码,$B_3 \sim B_0$ 接固定代码 1101,就能实现相应的转换,其逻辑图如图 4.6.6 所示。

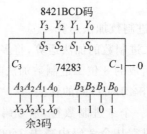

图 4.6.6　将余 3 码转换成 8421BCD 码

3）用 74283 构成一位 8421BCD 码加法器

当两个用 8421BCD 码表示的一位十进制数相加时,每个数都不会大于 9（1001）,考虑到低位来的进位,最大的和为 $9+9+1=19$。

当用 4 位二进制数加法器 74283 完成这个加法运算时,加法器输出的是 4 位二进制数表示的和,而不是 BCD 码。因此,必须想办法将 4 位二进制数表示的和转换成 8421BCD 码。将 $0\sim19$ 的二进制数与用 8421BCD 码表示的数进行比较发现,当数小于 1001（9）时,二进制码与 8421BCD 码相同;当数大于 1001 时,只要在二进制码上加 0110（6）,就可以把二进制码转换为 8421BCD 码,同时产生进位输出。这一转换可以由一个修正电路来完成。设 C 为修正信号,则

$$C = C_3 + C_{S>9} \tag{4.6.8}$$

其中,C_3 为 74283 最高位的进位输出信号,$C_{S>9}$ 表示和数大于 9 的情况。式（4.6.8）的意思是,当两个一位 8421BCD 码相加时,若和数超过 9,或者有进位时都应该对和数进行加 6（即0110）修正。$C_{S>9}$ 的卡诺图如图 4.6.7 所示。化简得

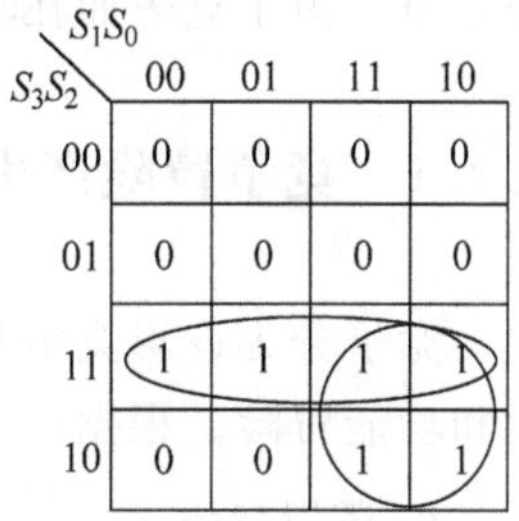

$$C_{S>9} = S_3 S_2 + S_3 S_1 \tag{4.6.9}$$

由式（4.6.8）和式（4.6.9）得

$$C = C_3 + S_3 S_2 + S_3 S_1 \tag{4.6.10}$$

当 $C=1$ 时,把 0110 加到二进制加法器输出端即可,同时 C 作为 1 位 8421BCD 码加法器的进位信号。

因此,可用一片 74283 加法器进行求和运算,用门电路产生修正信号,再用一片 74283 实现加 6 修正,即得一位 8421BCD 码加法器,如图 4.6.8 所示。

$S_3 S_2$＼$S_1 S_0$	00	01	11	10
00	0	0	0	0
01	0	0	0	0
11	1	1	1	1
10	0	0	1	1

图 4.6.7 卡诺图

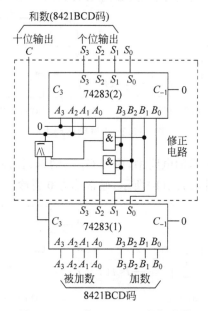

图 4.6.8 1 位 8421BCD 码加法器

4.7　组合逻辑电路中的竞争冒险

前面介绍的组合逻辑电路分析与设计都是假设逻辑电路处于理想工作状态,忽略了脉冲信号传输过程中的延迟,也忽略了脉冲信号的波形变化。如果考虑到实际电路中信号的瞬时状态,电路的输出会出现一些与稳态电路逻辑关系不相符的尖峰脉冲。在组合逻辑电路中,由于门电路延迟时间的存在,当输入信号改变时,这个变化的信号经过不同级数和不同延迟时间的门传到某点时,在时间上有先有后,这种信号传输的时差现象,称为竞争。由于竞争而在输出端产生的虚假信号或错误的逻辑输出称为冒险或险象。

4.7.1　竞争冒险产生的原因

竞争分为逻辑竞争和功能竞争两大类,两种竞争都可能产生冒险,分别称为逻辑冒险和功能冒险。根据产生尖峰脉冲极性的不同,冒险又可以分为 1 冒险和 0 冒险。

1. 逻辑竞争

如果输入信号中只有一个输入量发生变化,经过多条路径传送后又重新汇合到某个门上,由于不同路径上门的级数不同,或者门电路延迟时间的差异,导致不同路径到达汇合点的时间有先有后,这种竞争称为逻辑竞争。

图 4.7.1(a)所示的电路中,逻辑表达式为 $L = A\overline{A}$,理想情况下,输出应恒等于 0。但是由于 G_1 门的延迟时间 t_{pd},$\overline{A}$ 下降沿到达 G_2 门的时间比 A 信号上升沿晚 t_{pd},因此,使 G_2 输出端出现了一个正向尖峰脉冲,如图 4.7.1(b)所示,通常称为 **1 冒险**。

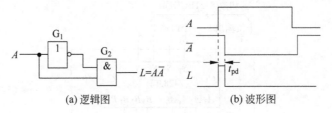

图 4.7.1　1 冒险的产生

同理,在图 4.7.2(a)所示的电路中,由于 G_1 门的延迟时间 t_{pd},会使 G_2 输出端出现了一个负向尖峰脉冲,如图 4.7.2(b)所示,通常称为 **0 冒险**。

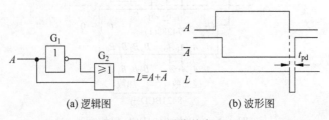

图 4.7.2　0 冒险的产生

以上两个例子产生冒险的原因是逻辑竞争，即只有一个变量 A 发生变化，分别经过两条路径传输后，由于延迟时间不同，导致二者到达 G_2 门的时间不同。

2. 功能竞争

输入信号中多个输入变量发生变化，由于变化快慢不同，到达某点的时间有先有后，这种竞争称为功能竞争。

图 4.7.3(a)所示的与门，在稳态下 $A=1$、$B=0$ 或 $A=0$、$B=1$，输出都应该是 $Y=0$。但当 A 和 B 同时向相反方向翻转时会出现什么情况呢？图 4.7.3(a)中 A 由 1 变 0 的时刻与 B 由 0 变 1 的时刻有一点时差，B 上升到 $U_{IL(max)}$ 时，A 尚未下降到 $U_{IL(max)}$，因此在 t_1 到 t_2 这个短暂的时间内，$A=1$ 且 $B=1$。在这段短暂时间内出现 $Y=1$，这和与门的稳态逻辑关系是相反的，是输入信号 A 和 B 竞争的结果。由于产生了正向尖峰脉冲，因此称为 1 冒险。图 4.7.3(b)是或门，A 和 B 的竞争导致了输出 $Y=0$ 的尖峰脉冲，称为 0 冒险。

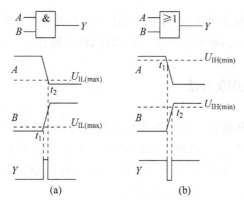

图 4.7.3 与门和或门的竞争冒险

4.7.2 冒险现象的识别

对于逻辑冒险，可采用代数法进行判断，方法是写出组合逻辑电路的逻辑表达式，当某些逻辑变量取特定值（0 或 1）时，如果表达式能转换为

$$L = A\overline{A}$$

则存在 1 冒险；如果表达式能转换为

$$L = A + \overline{A}$$

则存在 0 冒险。

例 4.7.1 判断图 4.7.4(a)所示电路是否存在冒险，如有，指出冒险类型并画出输出波形。

解： 由图 4.7.4(a)写出逻辑表达式为 $L = A\overline{C} + BC$。

若输入变量 $A = B = 1$，则有 $L = C + \overline{C}$。因此，该电路存在 0 冒险。下面画出 $A = B = 1$ 时 L 的波形。在稳态下，无论 C 取何值，L 恒为 1，但当 C 变化时，由于信号的各传输路径的延时不同,将会出现图 4.7.4(b)所示的负向尖峰脉冲,即 0 冒险。

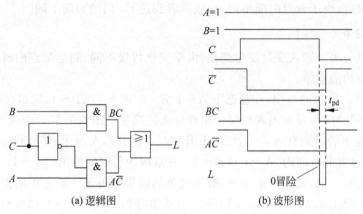

图 4.7.4 例 4.7.1 图

例 4.7.2 判断逻辑函数 $L=(A+B)(\bar{B}+C)$ 是否存在冒险。

解:如果令 $A=C=0$,则有 $L=B\cdot\bar{B}$,因此,该电路存在 1 冒险。

4.7.3 冒险现象的消除方法

在组合电路中,竞争现象是随时随地都可能出现的,但不是所有的竞争都会产生冒险。产生了冒险是否一定会对系统产生影响呢? 也不一定,要看它推动的负载类型。若其输出接到继电器类惰性器件时就不会有影响,若是接到触发器类灵敏器件就可能引起错误动作,这时,就必须想办法消除冒险现象。

1. 修改逻辑设计

(1) 增加冗余项。在例 4.7.1 的电路中,存在冒险现象。如在其逻辑表达式中增加乘积项 AB,使其变为 $L=A\bar{C}+BC+AB$,则在原来产生冒险的条件 $A=B=1$ 时,$L=1$,不会产生冒险。这个函数增加了乘积项 AB 后,已不是最简的,故这种乘积项称为**冗余项**。

(2) 变换逻辑式,消去互补变量。例 4.7.2 的逻辑式 $L=(A+B)(\bar{B}+C)$ 存在冒险现象。如将其变换为 $L=A\bar{B}+AC+BC$,则在原来产生冒险的条件 $A=C=0$ 时,$L=0$,不会产生冒险。

2. 增加选通信号

在电路中增加一个选通脉冲,接到可能产生冒险的门电路的输入端。当输入信号转换完成,进入稳态后,才引入选通脉冲,将门打开。这样,输出就不会出现冒险脉冲。

如在图 4.7.5 所示的二进制译码器中,EI 就是选通信号。如果没有这个信号,$Y_0\sim Y_3$ 都会产生功能竞争。加入 EI 选通信号后,可将 EI 的作用时间取在电路达到新的稳定状态以后,这样便可消除冒险信号。

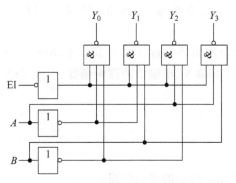

图 4.7.5　译码器加选通信号消除竞争冒险

3. 增加输出滤波电容

由于竞争冒险产生的干扰脉冲的宽度一般都很窄,在可能产生冒险的门电路输出端并接一个滤波电容(一般为 $4\sim20\mathrm{pF}$),利用电容两端的电压不能突变的特性,使输出波形上升沿和下降沿都变得比较缓慢,从而起到消除冒险现象的作用。

如在图 4.7.6(a)所示电路的输出端并联一个小电容 $C=20\mathrm{pF}$,输出波形如图 4.7.6(b)所示,可见这样可以消除冒险信号。但需要注意的是,这种方法可能导致电路延迟时间变长、功耗增加等,因此在快速电路中不宜使用。

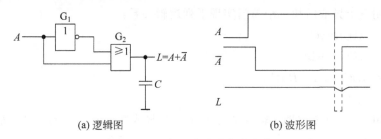

(a) 逻辑图　　　　　　　　　　(b) 波形图

图 4.7.6　加电容消除竞争冒险

小结

1. 组合逻辑电路的特点是,电路任一时刻的输出状态只取决于该时刻各输入状态的组合,而与电路的原状态无关。组合逻辑电路就是由门电路组合而成,电路中没有记忆单元,没有反馈通路。

2. 组合逻辑电路的分析步骤为:写出各输出端的逻辑表达式→化简和变换逻辑表达式→列出真值表→确定功能。

3. 组合逻辑电路的设计步骤为:根据设计要求列出真值表→写出逻辑表达式(或填写卡诺图)→逻辑化简和变换→画出逻辑图。

4. 常用的中规模组合逻辑器件包括编码器、译码器、数据选择器、数值比较器、加法器等。为了增加使用的灵活性和便于功能扩展,在多数中规模组合逻辑器件中都设置了输入、输出使能端或输入、输出扩展端。它们既可控制器件的工作状态,又便于构成较复杂的逻辑系统。

5. 常用的中规模组合逻辑器件除了具有其基本功能外,还可用来设计组合逻辑电路。如用数据选择器设计多输入、单输出的逻辑函数;用译码器设计多输入、多输出的逻辑函数等。

习题

4.1　试分析如题图 4.1 所示的逻辑电路。

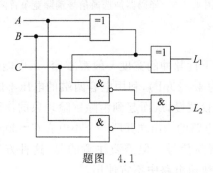

题图　4.1

4.2　用三个异或门和三个与门实现下列逻辑关系:

(1) $W = A \oplus B \oplus C$

(2) $X = \bar{A}BC + A\bar{B}C$

(3) $Y = AB\bar{C} + (\bar{A} + \bar{B})C$

(4) $Z = ABC$

4.3　用一片 74LS00(四 2 输入端与非门)实现异或逻辑关系 $Y = A \oplus B$,画出逻辑图。

4.4　按下列要求实现逻辑关系 $L(A, B, C, D) = \sum m(1, 3, 4, 7, 13, 14, 15)$,分别画出逻辑图。

(1) 用与非门实现。

(2) 用或非门实现。

(3) 用与或非门实现。

4.5　试用与非门设计一个组合逻辑电路,它接收 4 位二进制数 B_3、B_2、B_1、B_0,仅当 $2 < B_3 B_2 B_1 B_0 < 7$ 时,输出 Y 才为 1。

4.6　试用与非门设计一个组合逻辑电路,它接收 4 位 8421BCD 码 B_3、B_2、B_1、B_0,仅当 $2 < B_3 B_2 B_1 B_0 < 7$ 时,输出 Y 才为 1。

4.7　设计一个将 8421BCD 码变换成余 3 码的组合逻辑电路。

4.8　设计一个将 4 位格雷码变换成 4 位二进制码的组合逻辑电路。

4.9　试用 2 输入与非门和反相器设计一个 4 位的奇偶校验器,即当 4 位数中有奇数个 1 时输出为 1,否则输出为 0。

4.10 试设计一个 4 输入、4 输出逻辑电路。当控制信号 $C=0$ 时,输出状态与输入状态相反;$C=1$ 时,输出状态与输入状态相同。

4.11 某实验室用两盏灯显示三台设备的故障情况,当一台设备有故障时黄灯亮;当两台设备同时有故障时红灯亮;当三台设备同时有故障时黄、红两灯都亮。设计该逻辑电路。

4.12 试用与非门设计一个译码器。译码器的输入是五进制计数器的输出 Q_3、Q_2、Q_1,译码器的输出为 $W_0 \sim W_4$,其真值表如题表 4.12 所示。

题表 4.12

输 入			输 出				
Q_3	Q_2	Q_1	W_0	W_1	W_2	W_3	W_4
0	0	0	1	0	0	0	0
0	0	1	0	1	0	0	0
0	1	0	0	0	1	0	0
0	1	1	0	0	0	1	0
1	0	0	0	0	0	0	1

4.13 试用与非门设计一个译码器,译出对应 $ABCD=0011$、0111、1111 状态的三个信号,其余 13 个状态为无效状态。

4.14 题图 4.14 是一个三态门接成的总线电路,试用与非门设计一个最简的译码器,要求译码器输出端 L_1、L_2、L_3 轮流输出高电平以控制三态门,把三组数据 D_1、D_2、D_3 反相后依次送到总线上。

4.15 为了使 74138 译码器的第 10 脚输出为低电平,请标出各输入端应置的逻辑电平。

4.16 由译码器 74138 和门电路组成的电路如题图 4.16 所示,试写出 L_1、L_2 的最简表达式。

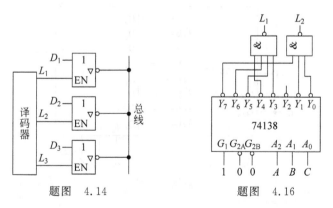

题图 4.14　　　　　　题图 4.16

4.17 试用译码器 74138 和适当的门电路实现逻辑函数:
$$L = \overline{A}\,\overline{B}\,\overline{C} + \overline{A}B\overline{C} + A B \overline{C} + A B C$$

4.18 试用译码器 74138 和适当的门电路实现下面多输出逻辑函数：

(1) $L_1 = A\bar{B}$

(2) $L_2 = AB\bar{C} + \bar{A}\bar{B}$

(3) $L_3 = B + \bar{C}$

4.19 试用译码器 7442 和适当的门电路实现下面多输出逻辑函数：

(1) $L_1 = \sum m(0,2,4,6,7)$

(2) $L_2 = \sum m(1,3,4,5,9)$

4.20 试用译码器 74138 设计一个能对 32 个地址进行译码的译码系统。

4.21 试用 4 选 1 数据选择器分别实现下列逻辑函数：

(1) $L_1 = F(A,B) = \sum m(0,1,3)$

(2) $L_2 = F(A,B,C) = \sum m(0,1,5,7)$

(3) $L_3 = AB + BC$

(4) $L_4 = A\bar{B}C + \bar{A}(\bar{B} + \bar{C})$

4.22 试用 8 选 1 数据选择器 74151 分别实现下列逻辑函数：

(1) $L_1 = F(A,B,C) = \sum m(0,1,4,5,7)$

(2) $L_2 = F(A,B,C,D) = \sum m(0,3,5,8,13,15)$

4.23 试用 8 选 1 数据选择器 74151 和门电路设计一个 4 位二进制码奇偶校验器。要求当输入的 4 位二进制码中有奇数个 1 时，输出为 1，否则为 0。

4.24 试用 2 片 8 选 1 数据选择器 74151 扩展成 16 选 1 数据选择器，在 4 位地址输入选通下，产生一序列信号 0100101110011011。

4.25 由译码器 74138 和 8 选 1 数据选择器 74151 组成如题图 4.25 所示的逻辑电路。$X_2 X_1 X_0$ 及 $Z_2 Z_1 Z_0$ 为两个三位二进制数。试分析电路的逻辑功能。

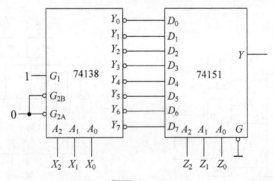

题图 4.25

4.26 试设计一个 8 位相同数值比较器，当两数相等时，输出 $L=1$，否则 $L=0$。

4.27 试画出用三片 4 位数值比较器 7485 组成 10 位数值比较器的接线图。

4.28　试分别用下列方法设计全加器：

(1) 用与非门。

(2) 用两个半加器和一个或门。

(3) 用译码器 74138 和与非门。

(4) 用 8 选 1 数据选择器 74151。

4.29　用 4 位加法器 74283 实现下列 BCD 码转换：

(1) 将 8421BCD 码转换成余 3 码。

(2) 将 8421BCD 码转换成 5421BCD 码。

4.30　试判断下列表达式对应的电路是否存在竞争冒险。

(1) $L = A\bar{B} + B\bar{C}$

(2) $L = (A + B)(\bar{B} + C)$

(3) $L = A\bar{B} + B\bar{C} + A\bar{C}$

第

5 章

记忆单元电路

内容提要：

前面学习了组合逻辑电路，组合逻辑电路功能各异，但是缺少"记忆"功能。数字系统最重要的功能之一就是"记忆与存储"，比如计算机中的寄存器，信息一旦存入，只要不断电就能长久保存。那么什么样的电路具有"记忆"功能呢？它们与组合逻辑电路又有哪些区别？这就是本章要解决的问题。本章重点介绍具有记忆功能的数字电路单元：锁存器与触发器。它们是组成时序电路的基本器件。本章首先介绍锁存器的电路结构、工作原理和逻辑功能等，包括基本 RS 锁存器，门控 RS 锁存器，门控 D 锁存器；然后介绍 RS 触发器、JK 触发器、D 触发器、T 触发器、T' 触发器的电路结构、工作原理、逻辑功能及其描述方法；最后，通过应用举例进一步领会它们的"记忆"功能。

学习目标：

1. 了解各类锁存器、触发器的结构和工作原理。
2. 熟练掌握各类锁存器、触发器的逻辑符号及逻辑功能。
3. 熟练掌握各种不同结构的锁存器、触发器的触发特点，并能够熟练画出工作波形。
4. 掌握各类触发器间的功能转换。

重点内容：

1. 根据输入信号波形，画出锁存器和触发器的输出波形。
2. 集成触发器的应用。

5.1 概述

数字电路中基本的记忆元件是锁存器与触发器。它们有 0 和 1 两个稳定的输出状态（用 Q 表示），都有控制输出状态的输入端，也称为驱动信号。从输入输出的关系上来看，它们的特点是电路的输出不仅取决于电路的输入，还与电路所处的状态有关系，或者说与电路的过去输入有关，也就是电路具有记忆功能。因为具有记忆功能，其输出状态有初态和新状态之分。初态常用 Q^n 表示，指锁存器或触发器原有的状态，又称为现态。新状态常用 Q^{n+1} 表示，指由驱动信号和初态共同决定的输出状态，又称为次态。若通过输入端加入驱动信号，使锁存器与触发器的新状态为 1，则存储 1；若通过加入驱动信号，使锁存器与触发器的新状态为 0，则存储 0。

锁存器与触发器有时可以互换使用，因为它们都可以存储二进制信号，但二者又有区别，主要表现在锁存器的输入信号可以直接影响输出或在使能端电平控制下影响输出；触发器具有触发端，利用电平、脉冲或脉冲边沿控制输入信号，进而影响输出。

锁存器和触发器与组合逻辑电路一样，也是由门电路组成的，它与组合逻辑电路的根本区别在于，电路中有反馈线，即门电路的输入、输出端交叉耦合。锁存器和触发器的核心部分是由两个非门交叉耦合组成的双稳态结构，如图 5.1.1 所示。它有两个互补的输出端 Q、$\overline{Q}$，有两个稳定状态，定义：当 $Q=1$，$\overline{Q}=0$ 时，为"1 状态"；当 $Q=0$，$\overline{Q}=1$ 时，为"0 状态"。假如

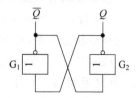

图 5.1.1　非门组成的双稳态结构

$Q=1$，G_1 门就输入 1，输出 $\overline{Q}=0$，这个 0 作为 G_2 门的输入，迫使其输出 1，这样就维持住了输出 1 状态。反之，如果 $Q=0$，G_1 门就输入 0，输出 $\overline{Q}=1$，这个 1 作为 G_2 门的输入，迫使其输出 0，这样就维持住了输出 0 状态。可见，电路的两个状态都是稳定且能够维持的。这种自维持的作用常称为"自锁"或"锁存"，正是这种锁存作用使得该电路具有"记忆"功能，即电路一旦进入了"1 状态"或"0 状态"，无须输入信号，只要不断电，其状态就会长久地被保存。显然这个电路也是有缺点的，它没有驱动信号，即没有输入端，所以它的状态无法控制也无法改变。

在上述双稳态结构的基础上，加入适当的输入端和控制端便可构成锁存器和触发器。

5.2 锁存器

锁存器也称为基本触发器，按结构的不同可分为没有控制端的锁存器和有门控端的锁存器（门控锁存器）。

5.2.1 与非门组成的 RS 锁存器

1. 电路结构与功能

将图 5.1.1 所示电路中的非门改为与非门，增加两个输入端 R、S 就构成基本 RS 锁存器，如图 5.2.1 所示，其中 R 为置 0 输入端，S 为置 1 输入端。

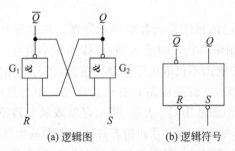

| (a) 逻辑图 | (b) 逻辑符号 |

图 5.2.1 与非门组成的基本 RS 锁存器

由图 5.2.1(a) 可知，基本 RS 锁存器的逻辑表达式为

$$Q=\overline{\overline{Q}S}，\quad \overline{Q}=\overline{QR}$$

根据逻辑表达式可分析该电路具有下列功能：

（1）保持。当 $R=1$、$S=1$ 时，该电路与图 5.1.1 所示的双稳态电路结构等效，锁存器保持原状态不变，这就是锁存器的"记忆"功能，即能够"记住"电路的原状态。

（2）置 0。当 $R=0$、$S=1$ 时，由 $R=0$，可知 $\overline{Q}=1$。再由 $S=1$，$\overline{Q}=1$ 导出 $Q=0$。$Q=0$ 又返回 G_1 门，进一步保证了 $\overline{Q}=1$。所以，无论锁存器原来处于什么状态，加入信号 $R=0$、$S=1$ 后，锁存器都会进入 0 状态。由于使锁存器置 0 状态的关键信号是 $R=0$，所以 R 称为置 0 输入端，也称复位端，为低电平有效。图 5.2.1(b) 逻辑符号中 R 端的小圆圈表示低电平有效。

（3）置1。当 $R=1$、$S=0$ 时，由 $S=0$，可知 $Q=1$。再由 $R=1$，$Q=1$ 导出 $\overline{Q}=0$。$\overline{Q}=0$ 又返回 G_2 门，进一步保证了 $Q=1$。此时，锁存器处于1状态。由于使锁存器置1状态的关键信号是 $S=0$，所以 S 称为置1输入端，也称置位端，也为低电平有效。图 5.2.1(b) 逻辑符号中 S 端的小圆圈表示低电平有效。

（4）不定。当 $R=0$、$S=0$ 时，这是锁存器不允许的输入状态。因为当 S 和 R 同时为0时，Q、$\overline{Q}$ 都为1，这就破坏了两个输出信号应该互补的规则。而当随后 S 和 R 又同时变为1时，由于两个与非门电气性能上的差异，其输出状态无法预知，可能是0状态，也可能是1状态，所以称为不定状态。在使用基本 RS 锁存器时，应避免这种情况出现。

将上述结论列成真值表，如表 5.2.1 所示。由于锁存器的新状态 Q^{n+1}（也称次态）不仅与输入状态有关，也与锁存器原来的状态 Q^n（也称现态或初态）有关。所以，在真值表中，把 Q^n 也作为一个变量列入。Q^n 称为状态变量，含有状态变量的真值表称为锁存器的功能表或状态表。

表 5.2.1　用与非门组成的基本 RS 锁存器的功能表

R	S	Q^n	Q^{n+1}	功能说明
0	0	0	$\times$	不定状态
0	0	1	$\times$	
0	1	0	0	置0（复位）
0	1	1	0	
1	0	0	1	置1（置位）
1	0	1	1	
1	1	0	0	状态保持
1	1	1	1	

2. 波形分析

例 5.2.1　用与非门组成的基本 RS 锁存器如图 5.2.1(a) 所示，设初始状态为0，已知输入 R、S 的波形图如图 5.2.2 所示，画出输出 Q、$\overline{Q}$ 的波形图。

解：由表 5.2.1 知，当 R、S 都为高电平时，锁存器保持原状态不变；当 S 变为低电平时，锁存器翻转为1状态；当 R 变为低电平时，锁存器翻转为0状态；不允许 R、S 同时为低电平。由此画出输出 Q、$\overline{Q}$ 的波形如图 5.2.2 所示。

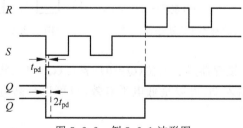

图 5.2.2　例 5.2.1 波形图

图中虚线所示为考虑门电路的延迟时间的情况,在以后画锁存器的波形图时,如无特别说明,均不考虑门电路的延迟时间。

5.2.2 用或非门组成的基本 RS 锁存器

基本 RS 锁存器也可由两个或非门交叉耦合组成,如图 5.2.3(a)所示,图(b)为其逻辑符号。这种锁存器的输入信号是高电平有效,因此在逻辑符号的输入端处没有小圆圈。列出该锁存器的功能表,如表 5.2.2 所示。

表 5.2.2　用或非门组成的基本 RS 锁存器的功能表

R	S	Q^n	Q^{n+1}	功能说明
0	0	0	0	状态保持
0	0	1	1	
0	1	0	1	置1(置位)
0	1	1	1	
1	0	0	0	置0(复位)
1	0	1	0	
1	1	0	$\times$	不定状态
1	1	1	$\times$	

　　例 5.2.2　用或非门组成的基本 RS 锁存器如图 5.2.3(a)所示,设初始状态为 0,已知输入 R、S 的波形如图 5.2.4 所示,画出输出 Q、$\overline{Q}$ 的波形图。

　　解:由表 5.2.2 知,当 R、S 都为低电平时,锁存器保持原状态不变;当 S 变高电平时,锁存器翻转为 1 状态;当 R 变高电平时,锁存器翻转为 0 状态;不允许 R、S 同时为高电平。由此画出输出 Q、$\overline{Q}$ 的波形如图 5.2.4 所示。

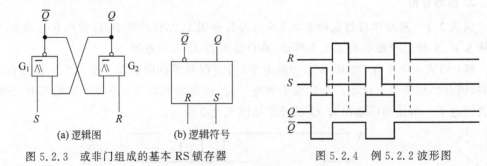

(a) 逻辑图　　　　(b) 逻辑符号

图 5.2.3　或非门组成的基本 RS 锁存器　　　　图 5.2.4　例 5.2.2 波形图

　　综上所述,基本 RS 锁存器具有复位($Q=0$)、置位($Q=1$)、状态保持三种功能,R 为复位输入端,S 为置位输入端,可以是低电平有效,也可以是高电平有效,取决于锁存器的内部结构。

5.2.3　门控 RS 锁存器

上面介绍的基本 RS 锁存器的状态是由输入信号 R、S 直接控制的,它在任何时间内都可以接收 R、S 信号。在实际应用中,锁存器的工作状态不仅要由 R、S 端的信号来决定,而且还希望加入一个控制信号,也就是给锁存器加一个使能信号 E,只有当 E 有效时,电路才可能改变状态,E 无效时,电路处于保持状态。这种锁存器称为门控 RS 锁存器。

1. 电路结构与功能

门控 RS 锁存器的电路结构与逻辑符号如图 5.2.5 所示,功能表如表 5.2.3 所示。

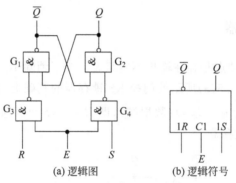

(a) 逻辑图　　　　　　(b) 逻辑符号

图 5.2.5　门控 RS 锁存器

表 5.2.3　门控 RS 锁存器的功能表

E	R	S	Q^n	Q^{n+1}	功能说明
0	×	×	0 1	0 1	保持
1	0	0	0 1	0 1	保持
	0	1	0 1	1 1	置1
	1	0	0 1	0 0	置0
	1	1	0 1	× ×	不定状态

当 $E=0$ 时,控制门 G_3、G_4 关闭,都输出 1。这时,不管 R 端和 S 端的信号如何变化,锁存器的状态保持不变。当 $E=1$ 时,控制门 G_3、G_4 打开,R、S 端的输入信号才能通过这两个门,使锁存器的状态翻转,其输出状态由 R、S 端的输入信号决定。由此可归纳出两点:①该锁存器的状态转换分别由 R、S 和 E 控制,其中,R、S 控制状态转换的方向,即转换为何种次态,E 控制状态转换的时刻,即何时发生转换;②使能端 E 为高电平有效,即只有当 $E=1$ 时锁存器才可能翻转,这一特点可由逻辑符号体现出来。

2. 波形分析

给图 5.2.5(a)所示的门控 RS 锁存器加入如图 5.2.6 所示的 R、S、E 波形,设初始状态为 0,根据功能表可画出输出 Q、$\bar{Q}$ 的波形图,如图 5.2.6 所示。

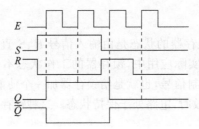

图 5.2.6 门控 RS 锁存器的波形图

5.2.4 门控 D 锁存器

门控 RS 锁存器的缺点是存在输出不定状态。为了消除不定状态,应使 R、S 信号不同时为 1,为此,在图 5.2.5(a)所示的门控 RS 锁存器的基础上,再加两个非门 G_5、G_6,将输入端 R、S 转换成一个输入端 D(数据端),即 $R=\bar{D}$,$S=D$,如图 5.2.7(a)所示,这样的锁存器称为门控 D 锁存器。

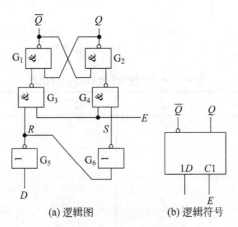

(a) 逻辑图　　　　　　　(b) 逻辑符号

图 5.2.7 门控 D 锁存器

门控 D 锁存器逻辑关系非常简单,如表 5.2.4 所示。当使能端 $E=0$ 时,控制门 G_3、G_4 关闭,锁存器的状态保持不变。当 $E=1$ 时,控制门 G_3、G_4 打开,接收 D 信号。如果此时 $D=1$,则锁存器翻转为 1 状态;如果此时 $D=0$,则翻转为 0 状态。

表 5.2.4　门控 D 锁存器的功能表

E	D	Q^n	Q^{n+1}	功 能 说 明
0	×	0	0	保持原状态
0	×	1	1	
1	0	×	0	输出状态与 D 状态相同
1	1	×	1	

门控 D 锁存器的波形分析见图 5.2.8。从波形图中可以看出,当 $E=0$ 时,门控 D 锁存器的输出状态 Q 被锁定在 E 刚刚变为 0 时刻的 Q 状态;而当 $E=1$ 时,Q 状态总是随着 D 状态的变化而变换,即 Q 端与 D 端的状态总是相同的。这种工作模式称为"透明",所以门控 D 锁存器又称为"透明锁存器"。

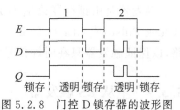

图 5.2.8 门控 D 锁存器的波形图

在微处理器中常用到锁存器进行数据存储。如在图 5.2.9 所示的计算机输出端口示意图中,当计算机需要向外部端口输出数据时,首先在数据线上给出需要输出的数据,然后给出一个高电平的锁存脉冲 E,该脉冲将数据线上的数据锁存到 D 锁存器。

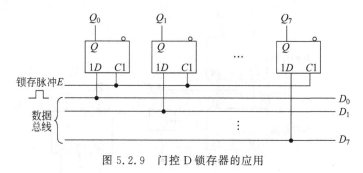

图 5.2.9 门控 D 锁存器的应用

5.3 触发器

5.3.1 时钟信号与触发器

数字系统有同步和异步两种工作方式。在同步系统中,所有的输出只能在特定的时刻改变状态,而这个时刻由"时钟信号"决定。时钟信号类似于使能信号,通常是一串矩形脉冲或方波,但它又不同于使能信号,使能信号是高电平有效或者低电平有效,而时钟信号则是跳变沿有效,即当信号由 0 跳变到 1(称为上升沿)或由 1 跳变到 0(称为下降沿)时有效,如图 5.3.1 所示。在同步系统中,时钟信号被分配到系统各个部分,用其跳变沿来指挥各输出同步地改变状态。

图 5.3.1 时钟信号

锁存器的状态改变不在使能信号 E 的跳变沿,而是在 E 有效期间都可以改变状态。如图 5.2.8 所示的 E 为高电平有效的 D 锁存器的波形图,在 E 信号的第 2 个高电平期间,由于 D 信号改变了多次,Q 也跟着改变了多次,这种情况在许多时序逻辑电路中是不允许的。例如在计数器、寄存器等时序逻辑电路中,要求输出状态改变只能在时钟信号的跳变沿,且一个时钟信号周期只允许输出状态改变一次,多次改变状态的现象称为**空**

翻。只在时钟信号跳变沿改变状态且没有空翻的记忆元件称为**触发器**。

触发器是由锁存器改造而成的，一是将使能端改为时钟信号端，时钟信号常用 CP (Clock Pulse)或 CLK(Clock)表示，本书采用 CP 表示；二是增加适当的控制线或控制电路，以保证触发器只在时钟信号的上升沿或下降沿改变状态。

5.3.2 主从 RS 触发器

1. 电路结构

主从 RS 触发器的逻辑图如图 5.3.2(a)所示，图 5.3.2(b)为逻辑符号。它由两级门控 RS 锁存器串联而成。

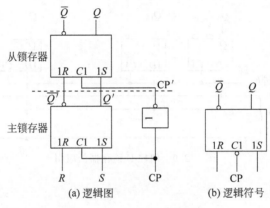

图 5.3.2　主从 RS 触发器

2. 工作原理

主从 RS 触发器的触发翻转分为两个节拍：

(1) 当 CP=1 时，CP′=0，从锁存器被锁存，保持原状态不变。主锁存器工作，接收 R 和 S 端的输入信号。如 $R=0$、$S=1$ 时，主锁存器翻到 $Q'=1$、$\overline{Q'}=0$ 的 1 状态。

(2) 当 CP 由 1 跳变到 0 时，即 CP=0、CP′=1。主锁存器被锁存，输入信号 R、S 不再影响主锁存器的状态。从锁存器接工作，接收主锁存器输出端的状态。因为这时 $Q'=1$、$\overline{Q'}=0$，则从锁存器也翻到 $Q=1$、$\overline{Q}=0$。

由上分析可知，主从 RS 触发器只是在 CP 由 1 跳变成 0 时刻(CP 下降沿)改变输出状态，CP 一旦变为 0 后，主锁存器被锁存，其状态不再受 R、S 影响，故主从触发器一个时钟信号周期只翻转一次，不会有空翻现象。

主从 RS 触发器的这一特点可由逻辑符号体现出来。符号中输入 $C1$ 端的小圆圈表示下降沿触发。

3. 触发器功能的几种表示方法

触发器的功能可以用功能表、特性方程、状态转换图等几种方法来表示，下面以主从 RS 触发器为例加以说明。

1）功能表

功能表类似于真值表，就是将触发器输出与输入的关系用表格的方式表现出来。由于触发器的新状态（也称为次态）Q^{n+1} 不仅与输入状态有关，与触发器原来的状态 Q^n（也称为现态或初态）有关，所以在列表时把 Q^n 也作为一个变量列入。Q^n 称为状态变量，含有状态变量的真值表称为触发器的功能表或状态表。

主从 RS 触发器的功能表见表 5.3.1，其中 Q^n 为 CP 跳变沿到来之前触发器的状态，即初态（或现态），Q^{n+1} 为 CP 跳变沿到来之后触发器的新状态，即次态。

表 5.3.1　主从 RS 触发器的功能表

R	S	Q^n	Q^{n+1}	功能说明
0	0	0	0	保持原状态
0	0	1	1	
0	1	0	1	输出状态与 S 状态相同
0	1	1	1	
1	0	0	0	输出状态与 S 状态相同
1	0	1	0	
1	1	0	$\times$	输出状态不定
1	1	1	$\times$	

2）特性方程

触发器次态 Q^{n+1} 与输入状态 R、S 及现态 Q^n 之间关系的逻辑表达式称为触发器的特性方程。根据表 5.3.1 可画出主从 RS 触发器 Q^{n+1} 的卡诺图，如图 5.3.3 所示。由此可得主从 RS 触发器的特性方程为：

$$\begin{cases} Q^{n+1} = S + \bar{R} Q^n \\ RS = 0 （约束条件） \end{cases}$$

3）状态转换图

状态转换图表示触发器从一个状态变化到另一个状态或保持原状不变时，对输入信号的要求。图 5.3.4 所示是根据表 5.3.1 画出的主从 RS 触发器的状态转换图。图中的两个圆圈分别表示触发器的两个稳定状态，箭头表示在输入时钟信号 CP 作用下状态转换的情况，箭头线旁标注的 R、S 值表示触发器状态转换的条件，其中的"$\times$"号表示任意值，可以为 0，也可以为 1。例如要求触发器由 0 状态转换到 1 状态时，应取输入信号 $R = 0$、$S = 1$。

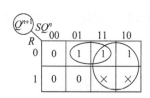

图 5.3.3　主从 RS 触发器 Q^{n+1} 的卡诺图

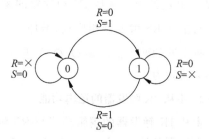

图 5.3.4　主从 RS 触发器的状态转换图

4）驱动表

驱动表是用表格的方式表示触发器从一个状态变化到另一个状态或保持原状态不变时,对输入信号的要求。表 5.3.2 所示是根据表 5.3.1 画出的主从 RS 触发器的驱动表。驱动表对时序逻辑电路的设计是很有用的。

表 5.3.2 主从 RS 触发器的驱动表

$Q^n \to Q^{n+1}$		R	S
0	0	$\times$	0
0	1	0	1
1	0	1	0
1	1	0	$\times$

5）波形图

触发器的功能也可以用输入输出波形图直观地表示出来,图 5.3.5 所示为主从 RS 触发器的波形图。

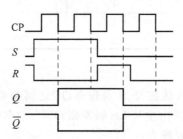

图 5.3.5 主从 RS 触发器的波形图

5.3.3 主从 JK 触发器及 T 与 T' 触发器

1. 主从 JK 触发器的电路结构

主从 RS 触发器仍有输出不定状态,即特性方程中有一个约束条件 $RS=0$。要解决这一问题,可以将主从 RS 触发器改成 JK 触发器或 D 触发器。

主从 JK 触发器是以主从 RS 触发器为基础,进行电路结构的改进得到的,目的是消除 $RS=0$ 的约束。主从 JK 触发器的逻辑图如图 5.3.6(a)所示,图 5.3.6(b)为逻辑符号。与主从 RS 触发器相比较,增加了两根反馈线和两个与门,于是有 $S=J\bar{Q}$,$R=KQ$。由于触发器的两个输出端 Q、$\bar{Q}$ 在正常工作时是互补的,所以无论 J、K 状态如何,R、S 都不会同时为 1。

2. 主从 JK 触发器的逻辑功能

主从 JK 触发器的逻辑功能与 RS 触发器的逻辑功能基本相同,不同之处是 JK 触发器没有约束条件,在 $J=K=1$ 时,每输入一个时钟脉冲后,触发器向相反的状态翻转一次。表 5.3.3 为 JK 触发器的功能表。

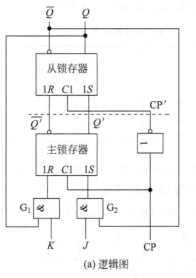
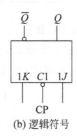

(a) 逻辑图   (b) 逻辑符号

图 5.3.6　主从 JK 触发器

表 5.3.3　主从 JK 触发器的功能表

J	K	Q^n	Q^{n+1}	功 能 说 明
0	0	0	0	保持原状态
0	0	1	1	
0	1	0	0	输出状态与 J 状态相同
0	1	1	0	
1	0	0	1	输出状态与 J 状态相同
1	0	1	1	
1	1	0	1	每输入一个脉冲输出状态改变一次
1	1	1	0	

　　根据表 5.3.3 可画出 JK 触发器 Q^{n+1} 的卡诺图,如图 5.3.7 所示。由此可得 JK 触发器的特性方程为

$$Q^{n+1} = J\bar{Q}^n + \bar{K}Q^n \tag{5.3.1}$$

JK 触发器的状态转换图如图 5.3.8 所示。

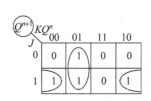

图 5.3.7　JK 触发器 Q^{n+1} 的卡诺图

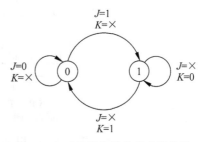

图 5.3.8　JK 触发器的状态转换图

根据表 5.3.3 可得 JK 触发器的驱动表如表 5.3.4 所示。

表 5.3.4　JK 触发器的驱动表

$Q^n \rightarrow Q^{n+1}$		J	K
0	0	0	×
0	1	1	×
1	0	×	1
1	1	×	0

例 5.3.1　主从 JK 触发器如图 5.3.6(a) 所示,设初始状态为 0,已知 CP 及输入 J、K 的波形图如图 5.3.9 所示,画出输出 Q 的波形图。

解:根据表 5.3.3 或式(5.3.1)可画出输出 Q 的波形如图 5.3.9 所示。

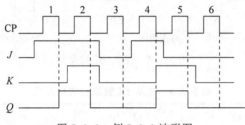

图 5.3.9　例 5.3.1 波形图

在画主从触发器的波形图时,应注意以下两点:

(1) 触发器的触发翻转发生在时钟脉冲的触发沿(这里是下降沿)。

(2) 在 CP=1 期间,如果输入信号的状态没有改变,判断触发器次态的依据是时钟脉冲下降沿前一瞬间输入端的状态。

3. T 触发器和 T′触发器

如果将主从 JK 触发器的 J 和 K 相连作为 T 输入端就构成了 T 触发器,如图 5.3.10(a) 所示,图 5.3.10(b) 为其逻辑符号。将 $J=K=T$ 代入式(5.3.1)便得到 T 触发器的特性方程:

$$Q^{n+1} = T\overline{Q}^n + \overline{T}Q^n \tag{5.3.2}$$

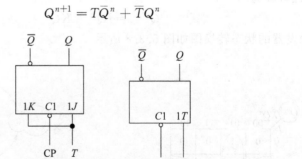

(a) 逻辑图　　　　(b) 逻辑符号

图 5.3.10　用 JK 触发器构成的 T 触发器

由式(5.3.2)可知 T 触发器的逻辑功能为：当 $T=1$ 时，$Q^{n+1}=\bar{Q}^n$，这时每输入一个时钟脉冲 CP，触发器的状态便翻转一次；当 $T=0$ 时，$Q^{n+1}=Q^n$，触发器保持原状态不变。其功能如表 5.3.5 所示。

表 5.3.5 T 触发器的功能表

T	Q^n	Q^{n+1}	功能说明
0	0	0	保持原状态
0	1	1	
1	0	1	每输入一个脉冲输出状态改变一次
1	1	0	

T 触发器的状态转换图如图 5.3.11 所示。驱动表如表 5.3.6 所示。

表 5.3.6 T 触发器的驱动表

$Q^n \rightarrow Q^{n+1}$		T
0	0	0
0	1	1
1	0	1
1	1	0

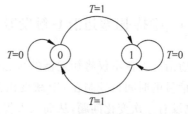

图 5.3.11 T 触发器的状态转换图

当 T 触发器的输入控制端为 $T=1$ 时，触发器每输入一个时钟脉冲 CP，状态便翻转一次，这种状态称为计数工作状态，这种状态的触发器称为 T' 触发器。T' 触发器的特性方程为

$$Q^{n+1}=\bar{Q}^n$$

4. 主从 JK 触发器存在的问题——一次变化现象

JK 触发器是一种使用很灵活的触发器，所以应用很广泛，但主从结构的 JK 触发器有一个缺点——一次变化现象。我们用下面的例子来说明主从 JK 触发器的一次变化现象。

动画

例 5.3.2 主从 JK 触发器如图 5.3.6(a)所示，设初始状态为 0，已知输入 J、K 的波形图如图 5.3.12 所示，画出输出 Q 的波形图。

解：在 CP 上跳沿前一瞬间和 CP 下跳沿前一瞬间，都为 $J=0$、$K=1$，按照 JK 触发器的功能表，触发器应该置 0。但是，由于在 CP=1 期间，J 信号出现过 1，这个 1 信号会影响主锁存器状态的变化，最终造成从触发器的错误翻转。具体情况如下：

主锁存器和从锁存器的初始状态分别为 $Q'=0$、$\bar{Q}'=1$ 和 $Q=0$、$\bar{Q}=1$。在 CP=1 期间，$K=1$，当 J 信号也变为 1 时，使主锁存器状态翻转为 $Q'=1$、$\bar{Q}'=0$。当 J 信号再变回 0 时，主锁存器的状态是否能恢复到原来的 0 状态呢？答案是否定的。因为从锁存器的状态没有变，Q 仍为 0，通过反馈线封锁了 G_1 门，当 J 信号再变回 0 时，G_1、G_2 的输出端都为 0，主锁存器不再翻转。所以当 CP 下降沿到来时，从锁存器翻转为 $Q=1$、$\bar{Q}=0$，如图 5.3.12 所示。

由此看出，主从 JK 触发器在 CP＝1 期间，主锁存器只变化（翻转）一次，这种现象称为**一次变化现象**。只有在两种情况下会出现一次变化现象。一是当触发器为 0 状态时，CP＝1 期间 J 出现过 1；二是当触发器为 1 状态时，CP＝1 期间 K 出现过 1。

为了避免发生一次变化现象，比较简单的办法是在使用主从 JK 触发器时，保证在 CP＝1 期间，J、K 保持状态不变。

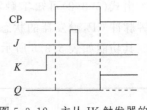

图 5.3.12　主从 JK 触发器的
一次变化波形

但是，要解决一次变化问题，仍应从电路结构上入手，让触发器只接收 CP 触发沿到来前一瞬间的输入信号。这种触发器称为边沿触发器。

5.3.4　维持-阻塞边沿 D 触发器

边沿触发器不仅将触发器的状态改变控制在 CP 跳变沿到来的一瞬间，而且将接收输入信号的时间也控制在 CP 跳变沿到来的前一瞬间。因此，边沿触发器既没有空翻现象，也没有一次变化问题，从而大大提高了触发器工作的可靠性和抗干扰能力。

边沿触发器也有多种结构，维持-阻塞型是其中常见的一种。下面以 D 触发器为例介绍维持-阻塞边沿触发器的工作原理。

1. 维持-阻塞边沿 D 触发器的结构及工作原理

图 5.3.13(a)所示是 D 锁存器的逻辑图，它的缺点是在 CP＝1 期间都能接收信号，即有空翻现象。为了克服空翻，并具有边沿触发器的特性，在图 5.3.13(a)电路的基础上引入三根反馈线 L_1、L_2、L_3，如图 5.3.13(b)所示，其工作原理从以下两种情况分析。

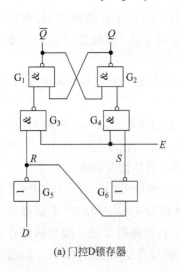

(a) 门控 D 锁存器

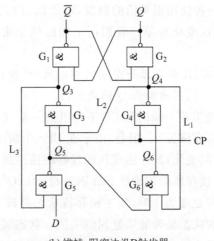

(b) 维持-阻塞边沿 D 触发器

(c) 逻辑符号

图 5.3.13　D 触发器

1）输入 $D=1$

在 CP$=0$ 时，G_3、G_4 被封锁，$Q_3=1$、$Q_4=1$，G_1、G_2 组成的基本 RS 触发器保持原状态不变。因 $D=1$，G_5 输入全 1，输出 $Q_5=0$，它使 $Q_3=1$，$Q_6=1$。当 CP 由 0 变 1 时，G_4 输入全 1，输出 Q_4 变为 0。继而，Q 翻转为 1，$\bar{Q}$ 翻转为 0，完成了使触发器翻转为 1 状态的全过程。同时，一旦 Q_4 变为 0，通过反馈线 L_1 封锁了 G_6 门，这时如果 D 信号由 1 变为 0，只会影响 G_5 的输出，不会影响 G_6 的输出，维持了触发器的 1 状态。因此，称 L_1 线为置 1 维持线。同理，Q_4 变 0 后，通过反馈线 L_2 也封锁了 G_3 门，从而阻塞了置 0 通路，故称 L_2 线为置 0 阻塞线。

2）输入 $D=0$

在 CP$=0$ 时，G_3、G_4 被封锁，$Q_3=1$、$Q_4=1$，G_1、G_2 组成的基本 RS 触发器保持原状态不变。因 $D=0$，$Q_5=1$，G_6 输入全 1，输出 $Q_6=0$。当 CP 由 0 变 1 时，G_3 输入全 1，输出 Q_3 变为 0。继而，$\bar{Q}$ 翻转为 1，Q 翻转为 0，完成了使触发器翻转为 0 状态的全过程。同时，一旦 Q_3 变为 0，通过反馈线 L_3 封锁了 G_5 门，这时无论 D 信号再怎么变化，也不会影响 G_5 的输出，从而维持了触发器的 0 状态。因此，称 L_3 线为置 0 维持线。

可见，维持-阻塞触发器是利用了维持线和阻塞线，将触发器的触发翻转控制在 CP 上升沿到来的一瞬间，并接收 CP 上升沿到来前一瞬间的 D 信号。维持-阻塞 D 触发器的逻辑符号如图 5.3.13(c)所示，图中 C1 端的"∧"表示边沿触发，没有小圆圈表示在 CP 上升沿触发。

2. D 触发器的逻辑功能

D 触发器只有一个触发输入端 D，功能表如表 5.3.7 所示。

表 5.3.7　D 触发器的功能表

D	Q^n	Q^{n+1}	功　能　说　明
0	0	0	
0	1	0	输出状态与 D 状态相同
1	0	1	
1	1	1	

D 触发器的特性方程为：$Q^{n+1}=D$。

D 触发器的状态转换图如图 5.3.14 所示。驱动表如表 5.3.8 所示。

表 5.3.8　D 触发器的驱动表

$Q^n \to Q^{n+1}$		D
0	0	0
0	1	1
1	0	0
1	1	1

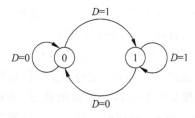

图 5.3.14　D 触发器的状态转换图

例 5.3.3 维持-阻塞 D 触发器如图 5.3.13(b)所示,设初始状态为 0,已知输入 D 的波形图如图 5.3.15 所示,画出输出 Q 的波形图。

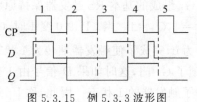

图 5.3.15 例 5.3.3 波形图

解:由于是边沿触发器,在波形图时,应注意以下两点:

(1) 触发器的触发翻转发生在时钟脉冲的跳变沿(这里是上升沿)。

(2) 判断触发器次态的依据是时钟脉冲跳变沿前一瞬间(这里是上升沿前一瞬间)输入端的状态。

根据 D 触发器的功能表或特性方程或状态转换图可画出输出端 Q 的波形图如图 5.3.15 所示。

3. 触发器的直接置 0 和置 1 端

实际的集成触发器除了有时钟脉冲输入端和触发输入端以外,还有两个非常有用的输入端,一个是直接置 0 端 R_D,一个是直接置 1 端 S_D。图 5.3.16(a)所示为带有 R_D 和 S_D 端的维持-阻塞 D 触发器,图 5.3.16(b)为逻辑符号。

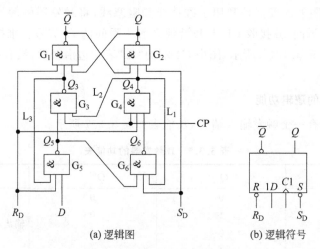

(a) 逻辑图   (b) 逻辑符号

图 5.3.16 带有 R_D 和 S_D 端的维持-阻塞 D 触发器

由图 5.3.16 可以分析出,R_D 和 S_D 端都为低电平有效,当 $R_D = S_D = 1$ 时,触发器正常工作。当输入 $R_D = 0$、$S_D = 1$ 时,G_1 输出 $\bar{Q} = 1$。同时 $Q_5 = 1$、$Q_4 = 1$,G_2 输入全 1,输出 $Q = 0$,使触发器置 0。显然,这种置 0 方式与 D 信号无关,与 CP 的有无也没有关系,故称为直接置 0。同理,当输入 $S_D = 0$、$R_D = 1$ 时,则输出 $Q = 1$,$\bar{Q} = 0$,使触发器置 1。显然,这种置 1 方式也与 D 信号和 CP 无关,故称为直接置 1。

总之,R_D 和 S_D 信号不受时钟信号 CP 的制约,具有最高的优先级。R_D 和 S_D 的作用主要是给触发器设置初始状态,或对触发器的状态进行特殊的控制。在使用时要注意,R_D 和 S_D 任何时刻只能一个信号有效,不能同时有效。

5.3.5 利用传输延迟的边沿 JK 触发器

1. 电路结构

利用传输延迟的边沿 JK 触发器的逻辑图如图 5.3.17(a)所示。图中 G_1、G_2 两个与或非门交叉耦合组成基本 RS 锁存器,G_3、G_4 为输入信号接收门。在制造工艺上,保证与非门 G_3、G_4 的传输延迟时间比与门 A、D 长,边沿触发器正是巧妙地利用了这一时间差。图 5.3.17(b)为其逻辑符号,图中输入 $C1$ 端的"∧"表示边沿触发,小圆圈表示下降沿触发。

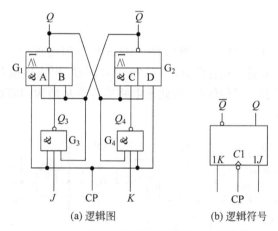

| (a) 逻辑图 | (b) 逻辑符号 |

图 5.3.17 利用传输延迟的边沿 JK 触发器

2. 工作原理

边沿 JK 触发器的逻辑功能与主从 JK 触发器完全一样,下面以 $J=1$,$K=0$,原状态 $Q=0$、$\overline{Q}=1$ 为例来说明边沿触发器的工作原理。

(1) CP$=0$ 时,触发器的状态不变

CP$=0$ 时,G_3、G_4 被封锁,$Q_3=1$、$Q_4=1$,同时与门 A 和 D 也被封锁,因此,触发器保持原状态不变。

(2) CP 由 0 变 1 时,触发器状态不变,为接收输入信号做准备

由于 CP$=0$ 时,触发器的原状态为 $Q=0$、$\overline{Q}=1$,当 CP 由 0 变为 1 时,打开了 A、D 门,首先与门 A 输入全 1,不论与门 B 输入为何状态,输出 Q 仍为 0。由于 $Q=0$ 同时加到与门 C 和 D 的输入端,所以输出 $\overline{Q}$ 仍为 1,触发器保持原状态不变。

在 CP 由 0 变为 1,打开 A、D 门的同时,也打开了 G_3、G_4,为接收输入信号 J、K 做好了准备。如现在 $J=1$、$K=0$,则 G_3 门输入全 1,$Q_3=0$;G_4 门输入有 0,$Q_4=1$。信号被 G_3、G_4 门接收。

(3) CP 由 1 变 0 时,触发器翻转

在 CP 由 1 变 0 时,首先封锁了 A、D 门,由于 $Q_3=0$,$Q_4=1$,与门 A、B 的输入端全

为 0，输出 Q 翻转为 1；因此与门 C 输入全 1，使 $\bar{Q}$ 翻转为 0。触发器完成了由 0 状态翻转为 1 状态的全过程。

虽然在 CP 变 0 后，G_3、G_4 门也同时封锁，$Q_3 = Q_4 = 1$，但由于与非门 G_3、G_4 的延迟时间比与门 A、D 长，因此 Q_3、Q_4 的这一新状态的稳定是在触发器翻转之后，所以不会影响触发器的输出状态。而 CP 一旦变 0，则将触发器封锁，处于稳定状态。

综上所述，边沿触发器是利用了门电路传输延迟时间的差异，将触发器的触发翻转控制在 CP 下降沿到来的一瞬间，并接收 CP 下降沿到来前一瞬间的 J、K 信号。

5.3.6　CMOS 主从结构的边沿触发器

1. 电路结构

动画

图 5.3.18 所示是用 CMOS 逻辑门和 CMOS 传输门组成的主从 D 触发器。图中，G_1、G_2 和 TG_1、TG_2 组成主锁存器，G_3、G_4 和 TG_3、TG_4 组成从锁存器。CP 和 $\overline{CP}$ 为互补的时钟脉冲。由于引入了传输门，因此该电路虽为主从结构，却没有一次变化问题，具有边沿触发器的特性。

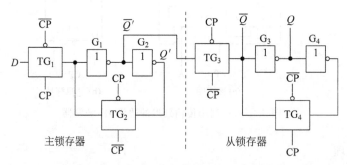

图 5.3.18　CMOS 主从结构的边沿 D 触发器

2. 工作原理

触发器的触发翻转分为两个节拍。

(1) 当 CP 变为 1 时，则 $\overline{CP}$ 变为 0。这时 TG_1 开通，TG_2 关闭。主锁存器接收输入端 D 的信号。设 $D=1$，经 TG_1 传到 G_1 的输入端，使 $\bar{Q}'=0$、$Q'=1$。同时，TG_3 关闭，切断了主、从两个锁存器间的联系，TG_4 开通，从锁存器保持原状态不变。

(2) 当 CP 由 1 变为 0 时，则 $\overline{CP}$ 变为 1。这时 TG_1 关闭，切断了 D 信号与主锁存器的联系，使 D 信号不再影响触发器的状态，而 TG_2 开通，将 G_1 的输入端与 G_2 的输出端连通，使主锁存器保持原状态不变。与此同时，TG_3 开通，TG_4 关闭，将主锁存器的状态 $\bar{Q}'=0$ 入从锁存器，使 $\bar{Q}=0$，经 G_3 反相后，输出 $Q=1$。至此完成了整个触发翻转的全过程。

可见，该触发器是在利用 4 个传输门交替地开通和关闭将触发器的触发翻转控制在 CP 下跳沿到来的一瞬间，并接收 CP 下跳沿到来前一瞬间的 D 信号。

如果将传输门的控制信号 CP 和 $\overline{CP}$ 互换,可使触发器变为 CP 上升沿触发。

同样,集成的 CMOS 边沿触发器一般也具有直接置 0 端 R_D 和直接置 1 端 S_D,如图 5.3.19(a)所示,图 5.3.19(b)为逻辑符号。注意,该电路的 R_D 和 S_D 端都为高电平有效,其工作原理请读者自行分析。

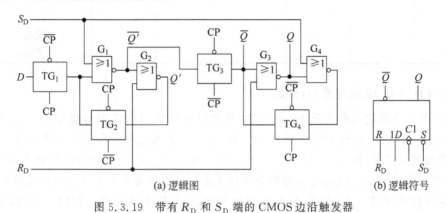

(a) 逻辑图   (b) 逻辑符号

图 5.3.19 带有 R_D 和 S_D 端的 CMOS 边沿触发器

5.4 集成锁存器与集成触发器

5.4.1 集成锁存器与集成触发器举例

1. 带三态缓冲输出的 TTL 锁存器 74LS373

74LS373 是一款常用的锁存器芯片,由 8 个并行的、带三态缓冲输出的 D 锁存器构成,其逻辑符号和引脚排列分别如图 5.4.1(a)和图 5.4.1(b)所示。它的 1 脚是输出使能端(OE),是低电平有效,当 OE 是高电平时,三态门处于高阻态,不管输入 $D_0 \sim D_7$ 如何,也不管 11 脚(锁存器控制端 LE)如何,输出 $O_0 \sim O_7$ 全部呈现高阻状态;当 OE 是低电平时,三态门处于正常工作状态,若 LE 为高电平,则输出 $O_0 \sim O_7$ 呈现输入 $D_0 \sim D_7$ 的状态,若 LE 为低电平,则输出保持原状态不变。74LS373 的功能表如表 5.4.1 所示。

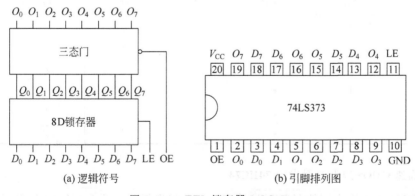

(a) 逻辑符号   (b) 引脚排列图

图 5.4.1 TTL 锁存器 74LS373

表 5.4.1 74LS373 的功能表

输	入		输	出
D_n	LE	OE		O_n
0	1	0		0
1	1	0		1
×	0	0		保持
×	×	1		高阻态

2. TTL 主从 JK 触发器 74LS72

74LS72 为多输入端的单 JK 触发器,其逻辑符号和引脚排列分别如图 5.4.2(a) 和图 5.4.2(b) 所示。它有 3 个 J 端和 3 个 K 端,3 个 J 端之间是与逻辑关系,3 个 K 端之间也是与逻辑关系,即 $1J = J_1 \cdot J_2 \cdot J_3, 1K = K_1 \cdot K_2 \cdot K_3$。使用中如有多余的输入端,应将其接高电平。该触发器带有直接置 0 端 R_D 和直接置 1 端 S_D,都为低电平有效,不用时应接高电平。74LS72 为主从型触发器,CP 下降沿触发。74LS72 的功能表如表 5.4.2 所示。

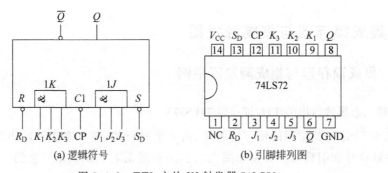

图 5.4.2 TTL 主从 JK 触发器 74LS72

表 5.4.2 74LS72 的功能表

输		入			输	出
R_D	S_D	CP	$1J$	$1K$	Q	$\overline{Q}$
0	1	×	×	×	0	1
1	0	×	×	×	1	0
1	1	↓	0	0	Q^n	$\overline{Q^n}$
1	1	↓	0	1	0	1
1	1	↓	1	0	1	0
1	1	↓	1	1	$\overline{Q^n}$	Q^n

3. 高速 CMOS 边沿 D 触发器 74HC74

74HC74 为单输入端的双 D 触发器。一个芯片里封装着两个相同的 D 触发器,每个

触发器只有一个 D 端，它们都带有直接置 0 端 R_D 和直接置 1 端 S_D，为低电平有效。CP 上升沿触发。74HC74 的逻辑符号和引脚排列分别如图 5.4.3(a)、(b)所示，其功能表如表 5.4.3 所示。

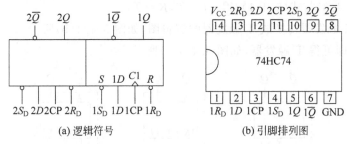

(a) 逻辑符号　　　　　　　(b) 引脚排列图

图 5.4.3　高速 CMOS 边沿 D 触发器 74HC74

表 5.4.3　74HC74 的功能表

输　　入				输　　出	
R_D	S_D	CP	D	Q	$\bar{Q}$
0	1	$\times$	$\times$	0	1
1	0	$\times$	$\times$	1	0
1	1	↑	0	0	1
1	1	↑	1	1	0

5.4.2　触发器功能的转换

触发器按功能分有 RS、JK、D、T、T′ 五种类型，但最常见的集成触发器是 JK 触发器和 D 触发器。T、T′ 触发器没有集成产品，如需要时，可用其他触发器转换成 T 或 T′ 触发器。JK 触发器与 D 触发器的功能也是可以互相转换的。下面举例说明不同逻辑功能的触发器相互转换的方法。

1. 用 JK 触发器转换成其他功能的触发器

(1) JK→D

写出 JK 触发器的特性方程

$$Q^{n+1} = J\bar{Q}^n + \bar{K}Q^n \tag{5.4.1}$$

再写出 D 触发器的特性方程并变换成与式(5.4.1)相似的形式：

$$Q^{n+1} = D = D(\bar{Q}^n + Q^n) = D\bar{Q}^n + DQ^n \tag{5.4.2}$$

联立式(5.4.2)与式(5.4.1)，得 $J=D$，$K=\bar{D}$。

画出用 JK 触发器转换成 D 触发器的逻辑图，如图 5.4.4(a)所示。

(2) JK→T(T′)

写出 T 触发器的特性方程：

$$Q^{n+1} = T\bar{Q}^n + \bar{T}Q^n \qquad (5.4.3)$$

联立式(5.4.3)与式(5.4.1)，得：$J = T, K = T$。

画出用 JK 触发器转换成 T 触发器的逻辑图，如图5.4.4(b)所示。

令 $T = 1$，即可得 T′触发器，如图5.4.4(c)所示。

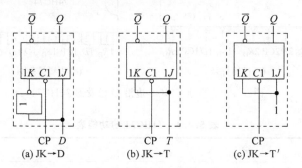

图 5.4.4　JK 触发器转换成其他功能的触发器

2. 用 D 触发器转换成其他功能的触发器

(1) D→JK

写出 D 触发器和 JK 触发器的特性方程

$$Q^{n+1} = D$$

$$Q^{n+1} = J\bar{Q}^n + \bar{K}Q^n$$

联立两式，得 $D = J\bar{Q}^n + \bar{K}Q^n$。

画出用 D 触发器转换成 JK 触发器的逻辑图，如图5.4.5(a)所示。

(2) D→T

写出 D 触发器和 T 触发器的特性方程

$$Q^{n+1} = D$$

$$Q^{n+1} = T\bar{Q}^n + \bar{T}Q^n$$

联立两式，得 $D = T\bar{Q}^n + \bar{T}Q^n = T \oplus Q^n$。

画出用 D 触发器转换成 T 触发器的逻辑图，如图5.4.5(b)所示。

(3) D→T′

写出 D 触发器和 T′触发器的特性方程

$$Q^{n+1} = D$$

$$Q^{n+1} = \bar{Q}^n$$

联立两式，得 $D = \bar{Q}^n$。

画出用 D 触发器转换成 T′触发器的逻辑图，如图5.4.5(c)所示。

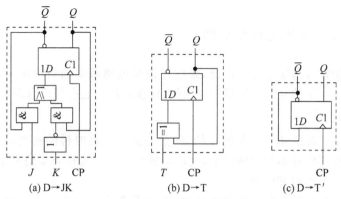

(a) D→JK   (b) D→T   (c) D→T′

图 5.4.5   D 触发器转换成其他功能的触发器

5.4.3   触发器动态特性

触发器的动态特性是指触发器对时钟脉冲、输入信号以及它们之间相互配合的时间关系的要求。下面以维持-阻塞 D 触发器为例说明触发器的动态特性。

首先，在图 5.3.13(b) 所示的维持-阻塞 D 触发器电路中，当时钟脉冲 CP 到来之前，电路处于准备状态。这时，输入端 D 信号决定了 G_5、G_6 门的输出。在 CP 上升沿到来时，G_3、G_4 门将根据 G_5、G_6 门的输出状态控制触发器翻转。因此在 CP 上升沿到达之前，G_5、G_6 门必须要有稳定的输出状态。而从信号加到 D 端开始到 G_5、G_6 门的输出稳定下来，需要经过一段时间，把这段时间称为触发器的建立时间 t_{set}。即输入信号必须比 CP 脉冲早 t_{set} 时间到达。由图 5.3.13(b) 可以看出，该电路的建立时间为两级与非门的延迟时间，即 $t_{set} = 2t_{pd}$。

其次，为使触发器可靠翻转，信号 D 还必须维持一段时间，把在 CP 触发沿到来后输入信号需要维持的时间称为触发器的保持时间 t_H。当 $D=0$ 时，这个 0 信号必须维持到 Q_3 由 1 变 0 后将 G_5 封锁为止，若在此之前 D 变为 1，则 Q_5 变为 0，将引起触发器误触发。所以 $D=0$ 时的保持时间 $t_H = 1t_{pd}$。当 $D=1$ 时，CP 上升沿到达后，经过 t_{pd} 的时间 Q_4 变 0，将 G_6 封锁。但若 D 信号变化，传到 G_6 的输入端也同样需要 t_{pd} 的时间，所以 $D=1$ 时的保持时间 $t_H = 0$。综合以上两种情况，取 $t_H = 1t_{pd}$。

另外，为保证触发器可靠翻转，CP=1 的状态也必须保持一段时间，直到触发器的 Q、$\overline{Q}$ 端电平稳定，这段时间称为触发器的维持时间 t_{CPH}。把从时钟脉冲触发沿开始到一个输出端由 0 变 1 所需的时间称为 t_{CPLH}；把从时钟脉冲触发沿开始到另一个输出端由 1 变 0 所需的时间称为 t_{CPHL}。由图 5.3.13(b) 所示可以看出，该电路的 $t_{CPLH} = 2t_{pd}$，$t_{CPHL} = 3t_{pd}$，所以触发器的 $t_{CPH} \geqslant t_{CPHL} = 3t_{pd}$。图 5.4.6 示出了上述几个时间参数的相互关系。

同理，其他结构的触发器也都有脉冲工作特性，读者可查阅有关参考资料。

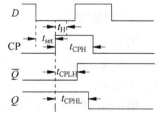

图 5.4.6   维持-阻塞 D 触发器的脉冲工作特性

5.4.4　锁存器与触发器应用举例

锁存器与触发器的应用非常广泛,是时序逻辑电路重要的组成部分,其典型应用将在第6章中做较详细的介绍。这里先举两例,使读者体会它们与组合逻辑电路的不同。

1. 同步作用

大多数数字系统的动作都是同步的,即信号的改变在时钟的跳变沿。但有时候,系统中会有一个外部信号不与时钟同步,也就是异步信号。这种异步信号会产生不确定或不希望的结果。下面举例说明。

例 5.4.1　在图 5.4.7(a)所示电路中,A 信号是由手动开关产生的一个方波信号,用来控制时钟信号 B 能否通过与门。由于 A 是异步输入,它可以在任意时刻改变状态,所以在输出端就会得到不完整的时钟脉冲,如图 5.4.7(b)所示。

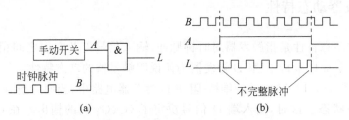

图 5.4.7　异步信号 A 产生不完整脉冲

为了防止在输出端产生不完整的脉冲,可在电路中接入一个下降沿触发的 D 触发器,如图 5.4.8(a)所示。当 A 变为高电平时,Q 要等到 t_1 时刻时钟的下降沿到来时才会变为高电平;当 A 返回低电平时,Q 要等到 t_2 时刻时钟的下降沿到来时才会变为低电平。这样 Q 信号的改变是与时钟下降沿同步的,输出端得到的就是完整的脉冲,如图 5.4.8(b)所示。

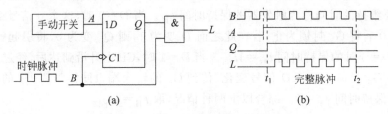

图 5.4.8　利用 D 触发器产生完整脉冲

2. "记忆"作用

例 5.4.2　设计一个 3 人抢答电路。3 人 A、B、C 各控制一个按键开关 K_A、K_B、K_C 和一个发光二极管 D_A、D_B、D_C。谁先按下开关,谁的发光二极管亮,同时使其他人的抢答信号无效。

解:用门电路组成的基本电路如图 5.4.9 所示。开始抢答前,三按键开关 K_A、K_B、K_C 均不按下,A、B、C 三信号都为 0,G_A、G_B、G_C 门的输出都为 1,三个发光二极管均不亮。开始抢答后,如 K_A 第一个被按下,则 $A=1$,G_A 门的输出变为 $U_{OA}=0$,点亮发光二

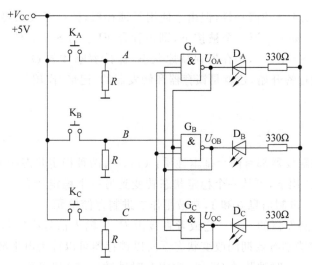

图 5.4.9　抢答电路的基本结构

极管 D_A,同时,U_{OA} 的 0 信号封锁了 G_B、G_C 门,K_B、K_C 再按下无效。

　　基本电路实现了抢答的功能,但是该电路有一个很严重的缺陷:当 K_A 第一个被按下后,必须总是按着,才能保持 $A=1$、$U_{OA}=0$,禁止 B、C 信号进入。如果 K_A 稍一放松,就会使 $A=0$、$U_{OA}=1$,B、C 的抢答信号就有可能进入系统,造成混乱。要解决这一问题,最有效的方法就是引入具有"记忆"功能的触发器。

　　用基本 RS 锁存器组成的电路如图 5.4.10 所示。其中 K_R 为复位键,由裁判控制。开始抢答前,先按一下复位键 K_R,即 3 个触发器的 R 信号都为 0,使 Q_A、Q_B、Q_C 均置 0,三个发光二极管均不亮。开始抢答后,如 K_A 第一个被按下,则 FF_A 的 $S=0$,使 Q_A 置 1,G_A 门的输出变为 $U_{OA}=0$,点亮发光二极管 D_A,同时,U_{OA} 的 0 信号封锁了 G_B、G_C 门,K_B、K_C 再按下无效。

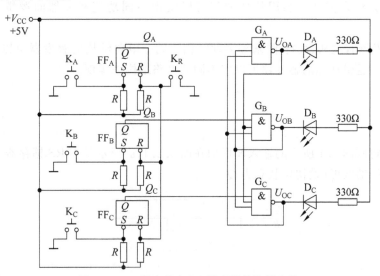

图 5.4.10　引入基本 RS 锁存器的抢答电路

该电路与图 5.4.9 功能一样,但由于使用了锁存器,按键开关只要按一下,锁存器就能记住这个信号。如 K_A 第一个被按下,则锁存器 FF_A 的 $S=0$,使 Q_A 置 1,然后松开 K_A,此时 FF_A 的 $S=R=1$,锁存器保持原状态,保持着刚才的 $Q_A=1$,直到裁判重新按下 K_R 键,新一轮抢答开始,这就是锁存器和触发器的"记忆"作用。

小结

1. 锁存器与触发器都有两个基本性质:(1)具有两种稳定状态(0 或 1 状态);(2)在一定的外加信号作用下,可从一个稳定状态转变到另一个稳定状态。这就使得锁存器与触发器能够记忆二进制信息 0 和 1,常被用作二进制存储单元。

2. 锁存器是触发器的一种。它或者直接由 R、S 输入信号决定其输出状态,或者有一个使能端,在使能端有效期间改变状态。所以锁存器可以称为电平触发的触发器。

3. 触发器有一个时钟脉冲 CP 端,它中在时钟脉冲 CP 跳变沿(上升沿或下降沿)时改变输出状态,称为脉冲触发。集成触发器中 CP 端有小圆圈的为下降沿触发,没有小圆圈的为上升沿触发。

4. 根据逻辑功能的不同,触发器可分为以下几种:

(1) RS 触发器 $\begin{cases} Q^{n+1}=S+\bar{R}Q^n \\ RS=0 \quad (约束条件) \end{cases}$

(2) JK 触发器 $\quad Q^{n+1}=J\bar{Q}^n+\bar{K}Q^n$

(3) D 触发器 $\quad Q^{n+1}=D$

(4) T 触发器 $\quad Q^{n+1}=T\bar{Q}^n+\bar{T}Q^n$

(5) T′触发器 $\quad Q^{n+1}=\bar{Q}^n$

5. 触发器的逻辑功能可以用功能表、特性方程、驱动表、状态转换图和波形图(又称时序图)等方法来描述。利用特性方程可以实现不同功能触发器间逻辑功能的相互转换。

6. 触发器有主从、维持-阻塞等多种结构。同一电路结构的触发器可以有不同的逻辑功能,同一逻辑功能的触发器可以用不同的电路结构来实现。

习题

5.1 将题图 5.1 所示的输入波形加在图 5.2.1(a)所示基本 RS 锁存器上,试画出输出 Q 和 $\bar{Q}$ 端的波形(设初始状态为 $Q=0$)。

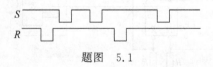

题图 5.1

5.2 将题图 5.2 所示的输入波形加在图 5.2.3(a)所示基本 RS 锁存器上,试画出输出 Q 和 $\overline{Q}$ 端的波形(设初始状态为 $Q=0$)。

题图 5.2

5.3 设图 5.2.5(a)所示电路的初始状态为 $Q=0$,R、S 端和 E 端的输入信号如题图 5.3 所示,试画出该门控 RS 触发器相应的 Q 和 $\overline{Q}$ 端的波形。

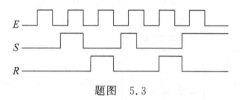

题图 5.3

5.4 下降沿触发和上升沿触发两种触发方式的主从 RS 触发器的逻辑符号及 CP、A、B 的波形如题图 5.4 所示,分别画出它们的 Q 端的波形(设初始状态为 $Q=0$)。

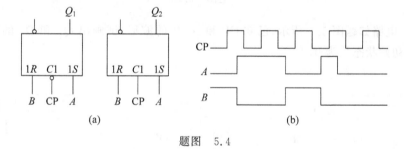

题图 5.4

5.5 设主从 JK 触发器的初始状态为 0,CP、J、K 信号如题图 5.5 所示,试画出触发器 Q 端的波形。

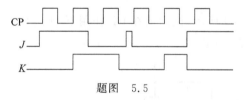

题图 5.5

5.6 设维持-阻塞 D 触发器的初始状态为 0,CP、D 信号如题图 5.6 所示,试画出触发器 Q 端的波形。

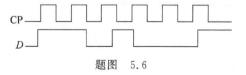

题图 5.6

5.7 电路如题图 5.7 所示,设各触发器的初态为 0,画出在 CP 脉冲作用下 Q 端的波形。

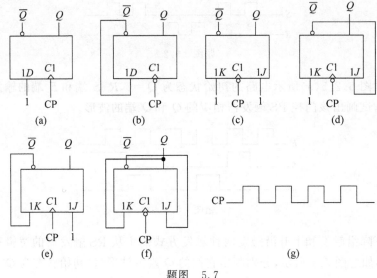

题图 5.7

5.8 电路如题图 5.8 所示,已知 CP 和 A、B 的波形,试画出 Q_1 和 Q_2 的波形。设触发器的初始状态均为 0。

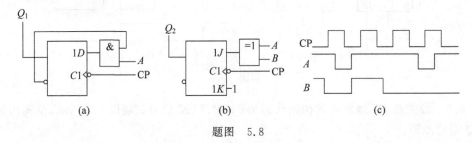

题图 5.8

5.9 电路如题图 5.9 所示,试画出在 CP 作用下 Q_0 和 Q_1 端的输出波形。设触发器的初始状态为 $Q_0 = Q_1 = 0$。

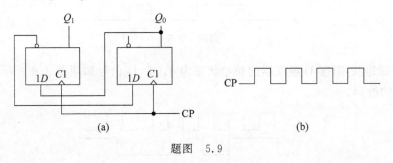

题图 5.9

5.10 如题图 5.10 所示电路是一个两相时钟源。试画出在 CP 作用下 Q、$\bar{Q}$、U_{O1}、U_{O2} 的波形。设触发器的初始状态为 0。

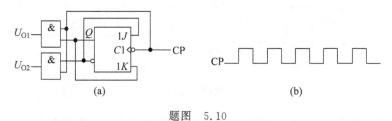

题图 5.10

5.11 电路如题图 5.11 所示，已知 CP 和 X 的波形，试画出 Q_0 和 Q_1 的波形。设触发器的初始状态均为 0。

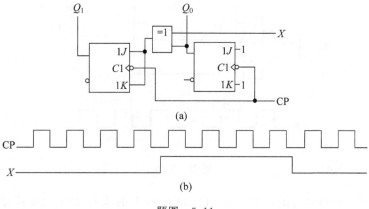

题图 5.11

5.12 电路如题图 5.12 所示，已知 CP、R_D 和 D 的波形，试画出 Q_0 和 Q_1 的波形。设触发器的初始状态均为 1。

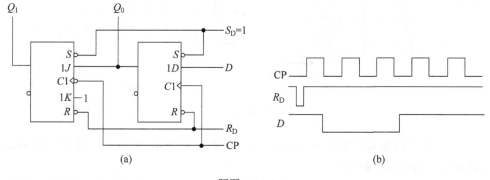

题图 5.12

5.13 电路如题图 5.13 所示，已知 CP 和 D 的波形，试画出 Q_0 和 Q_1 的波形。设触发器的初始状态均为 0。

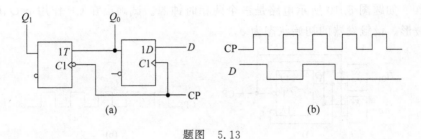

题图 5.13

5.14 两相脉冲产生电路如题图 5.14 所示,试画出在 CP 作用下 Φ_1、Φ_2 的波形,并说明 Φ_1、Φ_2 的相位差。各触发器的初始状态为 0。

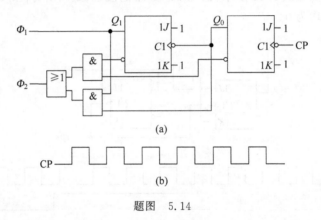

题图 5.14

5.15 逻辑电路如题图 5.15 所示,已知 CP 和 A 的波形,画出触发器 Q_0、Q_1 端的波形,设触发器的初始状态为 0。

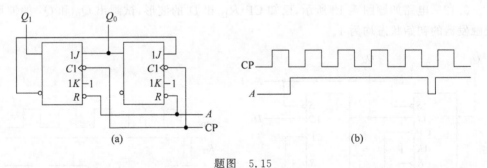

题图 5.15

5.16 逻辑电路如题图 5.16 所示,已知 CP 和 A 的波形,画出触发器 Q_0、Q_1 端的波形,设触发器的初始状态为 0。

5.17 一个触发器的特性方程为 $Q^{n+1}=X\oplus Y\oplus Q^n$,试分别用下列两种触发器实现这种触发器的功能。

(1)JK 触发器;

(2)D 触发器。

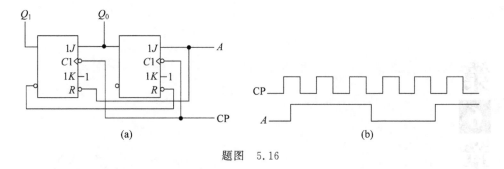

题图 5.16

5.18 电路如题图 5.18 所示,已知 CP 和 A 的波形,画出触发器 Q_0、Q_1 及输出 U_O 的波形。设触发器的初始状态均为 0。

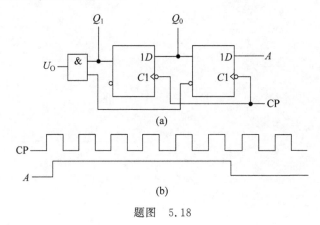

题图 5.18

第 6 章

时序逻辑电路

内容提要：

数字电路根据功能分为两大类，即组合逻辑电路和时序逻辑电路。组合逻辑电路已经在第 4 章讨论过。本章主要内容为时序逻辑电路的基本概念、分析方法、设计方法和常用时序电路，首先概述时序逻辑电路的概念和结构上的特点，然后详细介绍时序电路的具体方法和步骤。在常用时序电路中，重点介绍了计数器和寄存器，包括它们的组成、工作原理和常用集成芯片及其应用，最后介绍了时序电路的设计方法。

学习目标：

1. 正确理解以下基本概念：时序逻辑电路、同步和异步、计数和分频。

2. 理解二进制、十进制计数器的工作原理、逻辑功能。

3. 熟练掌握常用中规模集成计数器的逻辑功能及应用，能熟练利用集成计数器构成任意进制计数器。

4. 理解寄存器的工作原理、逻辑功能。了解常用中规模集成寄存器的逻辑功能及其应用方法。

5. 熟练掌握时序逻辑电路的分析方法。

6. 了解时序逻辑电路的设计方法。

重点内容：

1. 同步时序逻辑电路的分析方法。

2. 集成计数器的应用：利用集成计数器实现任意进制计数器的分析和设计。

6.1 时序逻辑电路的基本概念

什么是时序逻辑电路？先从自动售饮料机的控制系统说起。比如一瓶饮料两元五角，只允许投入一元和五角两种硬币且每次只能投一枚硬币。如果投币总和为两元五角，则投出一瓶饮料；如果投币总和为三元，则投出一瓶饮料，并找回五角。在这个系统中，有两个输入信号分别是投入一元和投入五角，有两个输出信号分别是投出一瓶饮料和找回五角。仔细分析可以发现，这个系统与组合逻辑电路不同，它的输出状态不仅与输入状态有关，还与系统的原状态有关。比如，第一次投入一元，不会有任何输出；如果已经投入一元五角，再投入一元就会投出一瓶饮料；如果已经投入了两元，再投入一元不仅会投出一瓶饮料，还会投出找回的五角。这就是时序逻辑电器。时序逻辑电路的特点是：**电路任何一个时刻的输出状态不仅取决于当时的输入信号，还与电路的原状态有关。**因此时序电路中必须含有能记住电路原状态的记忆元件。记忆元件的种类很多，如触发器、延迟线、磁性器件等，但最常用的是触发器。

由触发器作记忆元件的时序电路的基本结构框图如图 6.1.1 所示，一般来说，它由组合电路和触发器两部分组成，其中 $X(X_1, X_2, \cdots, X_i)$ 是时序逻辑电路的输入信号，$Z(Z_1, Z_2, \cdots, Z_j)$ 是时序逻辑电路的输出信号，$Q(Q_1, Q_2, \cdots, Q_m)$ 是触发器的输出信号，$D(D_1, D_2, \cdots, D_m)$ 是触发器的输入信号。它们之间的关系可用以下三个式子表示：

$$Z = F_1(X, Q^n) \quad\text{——输出方程} \tag{6.1.1}$$

$$D = F_2(X, Q^n) \quad\text{——驱动方程} \tag{6.1.2}$$

$$Q^{n+1} = F_3(D, Q^n) \quad\text{——状态方程} \tag{6.1.3}$$

与组合逻辑电路比,时序逻辑电路有两个显著的特点:一是电路中多了触发器,二是电路中具有反馈通道,如图 6.1.1 中的触发器输出信号 $Q(Q_1, Q_2, \cdots, Q_m)$ 被反馈到组合电路的输入端,与输入信号共同决定时序逻辑电路的输出状态。所以,时序电路某一时刻的输出由电路的输入和电路的原状态共同决定。

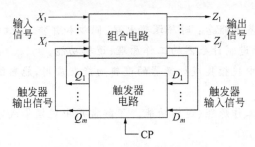

图 6.1.1　时序逻辑电路框图

按照电路状态转换情况不同,时序电路分为同步时序电路和异步时序电路两大类。在同步时序逻辑电路中,所有触发器的时钟输入端 CP 都连在一起,在同一个时钟脉冲 CP 作用下,凡具备翻转条件的触发器在同一时刻状态翻转。也就是说,触发器状态的更新和时钟脉冲 CP 的跳变沿是同步的。而在异步时序逻辑电路中,只有某些触发器的时钟输入端与 CP 连在一起,只有这些触发器状态的更新与 CP 跳变沿同步,而其他触发器状态的更新则滞后于 CP 的跳变沿。因此,异步时序逻辑电路的速度比同步时序逻辑电路慢,但结构比同步时序逻辑电路简单。

6.2　时序逻辑电路的一般分析方法

扩展阅读

分析一个时序逻辑电路,就是根据已知的时序电路图,通过分析,求出电路状态的转换规律以及输出信号的变化规律,进而说明该时序电路的逻辑功能和工作特性。

6.2.1　时序逻辑电路分析的一般步骤

时序逻辑电路的分析步骤如下。

(1) 根据给定的时序电路图写出下列各逻辑方程式:

① 各触发器的时钟方程。

② 时序电路的输出方程。

③ 各触发器的驱动方程。

(2) 将驱动方程代入相应触发器的特性方程,求得各触发器的次态方程,也就是时序逻辑电路的状态方程。

（3）根据状态方程和输出方程，列出该时序电路的状态表，画出状态图或时序图。

（4）根据电路的状态表或状态图说明给定时序逻辑电路的逻辑功能。

6.2.2 同步时序逻辑电路的分析举例

例 6.2.1 试分析图 6.2.1 所示的时序逻辑电路。

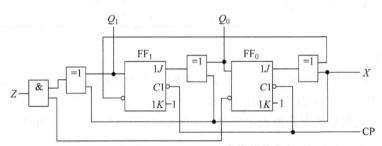

图 6.2.1 例 6.2.1 的逻辑电路图

解：由于图 6.2.1 中的两个 JK 触发器都接至同一个时钟脉冲源 CP，该电路为同步时序逻辑电路，所以各触发器的时钟方程可以省略。其他分析步骤如下：

（1）写出输出方程：

$$Z = (X \oplus Q_1^n)\bar{Q}_0^n \tag{6.2.1}$$

（2）写出驱动方程：

$$J_0 = X \oplus \bar{Q}_1^n \quad K_0 = 1 \tag{6.2.2a}$$

$$J_1 = X \oplus Q_0^n \quad K_1 = 1 \tag{6.2.2b}$$

（3）写出 JK 触发器的特性方程 $Q^{n+1} = J\bar{Q}^n + \bar{K}Q^n$，然后将各驱动方程代入 JK 触发器的特性方程，得各触发器的次态方程：

$$Q_0^{n+1} = J_0\bar{Q}_0^n + \bar{K}_0 Q_0^n = (X \oplus \bar{Q}_1^n)\bar{Q}_0^n \tag{6.2.3a}$$

$$Q_1^{n+1} = J_1\bar{Q}_1^n + \bar{K}_1 Q_1^n = (X \oplus Q_0^n)\bar{Q}_1^n \tag{6.2.3b}$$

（4）作状态转换表及状态图。

由于输入控制信号 X 可取 1，也可取 0，所以分两种情况列状态转换表和画状态图。

① 当 $X = 0$ 时。

将 $X = 0$ 代入输出方程（6.2.1）和触发器的次态方程（6.2.3），则输出方程简化为：$Z = Q_1^n\bar{Q}_0^n$；触发器的次态方程简化为：$Q_0^{n+1} = \bar{Q}_1^n\bar{Q}_0^n$，$Q_1^{n+1} = Q_0^n\bar{Q}_1^n$。

设电路的现态为 $Q_1^n Q_0^n = 00$，代入上述触发器的次态方程和输出方程中进行计算，可得次态为 $Q_1^{n+1}Q_0^{n+1} = 01$，输出 $Z = 0$；再将 01 作为现态，代入次态方程和输出方程中进行计算，可得次态为 $Q_1^{n+1}Q_0^{n+1} = 10$，输出 $Z = 0$；再将 10 作为现态，代入次态方程和输出方程中进行计算，可得次态为 $Q_1^{n+1}Q_0^{n+1} = 00$，输出 $Z = 1$。可见电路又回到了最初的状态，分析到此结束。由此得到电路的状态转换表如表 6.2.1 所示。根据表 6.2.1 所示的状态转换表可得状态转换图如图 6.2.2 所示。

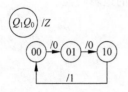

图 6.2.2　$X=0$ 时的状态图

表 6.2.1　$X=0$ 时的状态表

现 态		次 态		输 出
Q_1^n	Q_0^n	Q_1^{n+1}	Q_0^{n+1}	Z
0	0	0	1	0
0	1	1	0	0
1	0	0	0	1

② 当 $X=1$ 时。

将 $X=1$ 代入输出方程(6.2.1)和触发器的次态方程(6.2.3),则输出方程简化为:$Z=\bar{Q}_1^n\bar{Q}_0^n$;触发器的次态方程简化为:$Q_0^{n+1}=Q_1^n\bar{Q}_0^n$,$Q_1^{n+1}=\bar{Q}_1^n\bar{Q}_0^n$。

计算可得电路的状态转换表如表 6.2.2 所示,状态图如图 6.2.3 所示。

表 6.2.2　$X=1$ 时的状态表

现 态		次 态		输 出
Q_1^n	Q_0^n	Q_1^{n+1}	Q_0^{n+1}	Z
0	0	1	0	1
1	0	0	1	0
0	1	0	0	0

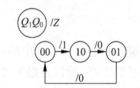

图 6.2.3　$X=1$ 时的状态图

将图 6.2.2 和图 6.2.3 合并起来,就是例 6.2.1 所示电路完整的状态图,如图 6.2.4 所示。图中的圆圈及圈内的数字表示电路的各个状态,连线及箭头表示状态转换的方向(由现态到次态)。标在连线一侧的数字表示状态转换前输入信号的取值和输出值。斜线(/)左边数值为输入信号 X 的取值,右边数值为输出 Z 的值。

(5) 画时序波形图。

设电路的初始状态为 $Q_1^nQ_0^n=00$,根据状态表和状态图,可画出在 CP 脉冲作用下电路的时序图,如图 6.2.5 所示。

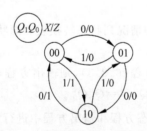

图 6.2.4　例 6.2.1 完整的状态图

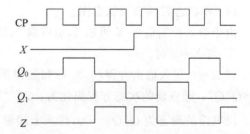

图 6.2.5　例 6.2.1 电路的时序波形图

(6) 逻辑功能分析。

由状态图可以很清楚地看出电路状态转换规律及相应输入、输出关系:该电路一共有 3 个状态 00、01、10。当 $X=0$ 时,按照加 1 规律从 00→01→10→00 循环变化,并每当转换为 10 状态(最大数)时,输出 $Z=1$。当 $X=1$ 时,按照减 1 规律从 10→01→00→10 循环变化,并每当转换为 00 状态(最小数)时,输出 $Z=1$。所以该电路是一个可控的三进制计数器,当 $X=0$ 时,作加法计数,Z 是进位信号;当 $X=1$ 时,作减法计数,Z 是借位信号。有关计数器的概念及详细内容将在 6.3 节加以介绍。

6.2.3 异步时序逻辑电路的分析举例

异步时序逻辑电路的分析方法与同步时序逻辑电路的分析方法基本相同,但由于在异步时序逻辑电路中,没有统一的时钟脉冲,因此,分析时必须写出时钟方程。在考虑各触发器状态转换时,除考虑驱动信号的情况,还必须考虑其 CP 端的情况,即根据各触发器的时钟方程及触发方式,确定各 CP 端是否有触发信号作用。只有有触发信号作用的触发器能改变状态,无触发信号作用的触发器则保持原状态不变。

例 6.2.2 试分析图 6.2.6 所示的时序逻辑电路。

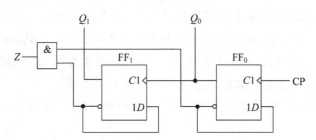

图 6.2.6 例 6.2.2 的逻辑电路图

解:由图 6.2.6 可看出,FF_1 的时钟信号输入端没有与输入时钟脉冲源 CP 相连,而是连到了 FF_0 的 Q_0 端,所以是异步时序逻辑电路。具体分析如下:

(1) 写出各逻辑方程式。

① 时钟方程:

$CP_0=CP$(时钟脉冲源的上升沿触发。)

$CP_1=Q_0$(当 FF_0 的 Q_0 由 0→1 时,Q_1 才可能改变状态,否则 Q_1 将保持原状态不变。)

② 输出方程:

$$Z=\bar{Q}_1^n\bar{Q}_0^n \tag{6.2.4}$$

③ 各触发器的驱动方程:

$$D_0=\bar{Q}_0^n \quad D_1=\bar{Q}_1^n \tag{6.2.5}$$

(2) 将各驱动方程代入 D 触发器的特性方程,得各触发器的次态方程:

$$Q_0^{n+1}=D_0=\bar{Q}_0^n \quad (\text{CP 由 } 0\rightarrow1 \text{ 时此式有效}) \tag{6.2.6a}$$

$$Q_1^{n+1}=D_1=\bar{Q}_1^n \quad (Q_0 \text{ 由 } 0\rightarrow1 \text{ 时此式有效}) \tag{6.2.6b}$$

（3）作状态转换表、状态图、时序图。

触发器的次态方程(6.2.6)只有在满足时钟条件(有上升沿作用)时,将现态的各种取值代入计算才是有效的,否则电路保持原状态不变。因此,在状态表中增加各触发器 CP 端的状况,有上升沿作用时,用 ↑ 表示;无上升沿作用时,用 0 表示。由此可列出图 6.2.6 所示电路的状态表如表 6.2.3 所示。

表 6.2.3 例 6.2.2 电路的状态转换表

现 态		次 态		输 出	时 钟 脉 冲	
Q_1^n	Q_0^n	Q_1^{n+1}	Q_0^{n+1}	Z	CP_1	CP_0
0	0	1	1	1	↑	↑
1	1	1	0	0	0	↑
1	0	0	1	0	↑	↑
0	1	0	0	0	0	↑

下面对表 6.2.3 做简要说明:表中的第一行,在现态为 $Q_1^n Q_0^n = 00$ 时,来一个 CP 脉冲上升沿,则式(6.2.6a)满足了时钟条件,即 $CP_0 = ↑$。将 $Q_1^n Q_0^n = 00$ 代入式(6.2.6a)计算得 $Q_0^{n+1} = 1$。由于 Q_0 由 0 翻转为 1,故 $CP_1 = ↑$,则式(6.2.6b)也满足了时钟条件,将 $Q_1^n Q_0^n = 00$ 代入式(6.2.6b)计算得 $Q_1^{n+1} = 1$,所以次态为 $Q_1^{n+1} Q_0^{n+1} = 11$。将现态 $Q_1^n Q_0^n = 00$ 代入式(6.2.4)计算得输出 $Z = 1$。其余以此类推。

根据状态转换表可得状态转换图如图 6.2.7 所示,时序图如图 6.2.8 所示。

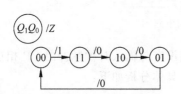

图 6.2.7 例 6.2.2 电路的状态图

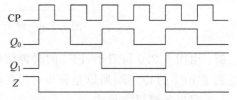

图 6.2.8 例 6.2.2 电路的时序图

（4）逻辑功能分析。

由状态图可知:该电路一共有 4 个状态 00、01、10、11,在时钟脉冲作用下,按照减 1 规律循环变化,所以是一个四进制减法计数器,Z 是借位信号。

6.3 计数器

计数器的基本功能就是统计输入脉冲 CP 个数。计数器是数字系统中常用的时序逻辑部件,它除了计数以外,还广泛地用于定时器、分频器、控制器、脉冲序列产生器等多种数字逻辑应用场合。

计数器的种类很多,特点各异。其主要分类有如下几种。

按计数进制可分为二进制计数器和非二进制计数器。非二进制计数器中最典型的是十进制计数器。计数器的进制就是计数器电路中有效状态的个数,又称为计数器的"模",用 M 表示。如十进制计数器中有 10 个有效状态(表示 0~9),即 $M=10$,又称为"模 10"计数器。

按数字的增减趋势可分为加法计数器、减法计数器和可逆计数器。随着计数脉冲的输入作递增计数的电路称为加法计数器;随着计数脉冲的输入做递减计数的电路称为减法计数器;在控制信号作用下,可递增计数也可递减计数的电路称为可逆计数器。

按计数器中触发器翻转是否与计数脉冲同步可分为同步计数器和异步计数器。在同步计数器中,计数脉冲同时加到所有触发器的时钟信号输入端,使应翻转的触发器同时翻转。在异步计数器中,计数脉冲只加到部分触发器的时钟脉冲输入端上,而其他触发器的触发脉冲由电路内部提供,因此应翻转的触发器状态更新有先有后。显然,它的计数速度要比同步计数器慢。

6.3.1 二进制计数器

1. 二进制异步计数器

1) 二进制异步加法计数器

图 6.3.1 所示为由 4 个下降沿触发的 JK 触发器组成的 4 位异步二进制加法计数器的逻辑图。图中 JK 触发器都接成 T′触发器(即 $J=K=1$)。最低位触发器 FF_0 的时钟脉冲输入端接计数脉冲 CP,其他触发器的时钟脉冲输入端接相邻低位触发器的 Q 端。显然,这是一个异步时序电路。

视频

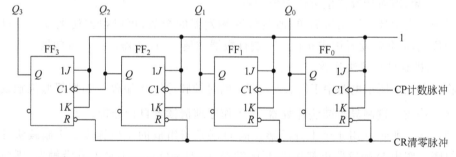

动画

图 6.3.1 由 JK 触发器组成的 4 位异步二进制加法计数器的逻辑图

它的工作原理为:每来一个计数脉冲 CP 的下降沿时,触发器 FF_0 向相反的状态翻转一次;每当 Q_0 由 1 变 0,即 Q_0 有进位信号时,给 FF_1 的时钟脉冲输入端一个下跳沿,触发器 FF_1 向相反的状态翻转一次;每当 Q_1 由 1 变 0,即 Q_1 有进位信号时,给 FF_2 的时钟脉冲输入端一个下降沿,触发器 FF_2 向相反的状态翻转一次;每当 Q_2 由 1 变 0,即 Q_2 有进位信号时,给 FF_3 的时钟脉冲输入端一个下跳沿,触发器 FF_3 向相反的状态翻转一次。由于该电路的连线简单且规律性强,无须用前面介绍的分析步骤进行分析,只须作简单的观察与分析就可画出时序波形图或状态图,这种分析方法称为观察法。

用观察法做出该电路的时序波形图如图 6.3.2 所示,状态图如图 6.3.3 所示。由状态图可见,从初态 0000(由清零脉冲所置)开始,每输入一个计数脉冲,计数器的状态按二进制加法规律加 1,所以是二进制加法计数器(4 位)。又因为该计数器有 0000~1111 共 16 个状态,所以也称十六进制加法计数器或模 16 加法计数器。

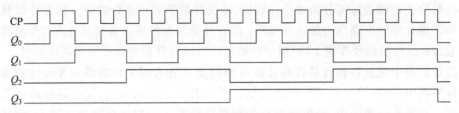

图 6.3.2　图 6.3.1 所示电路的时序图

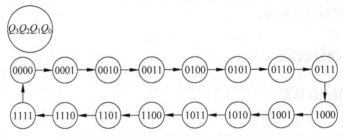

图 6.3.3　图 6.3.1 所示电路的状态图

另外,从时序图可以看出,Q_0、Q_1、Q_2、Q_3 的周期分别是计数脉冲(CP)周期的 2 倍、4 倍、8 倍、16 倍,也就是说,Q_0、Q_1、Q_2、Q_3 分别对 CP 波形进行了二分频、四分频、八分频、十六分频,因而计数器也可作为分频器。

异步二进制计数器结构简单,改变级联触发器的个数,可以很方便地改变二进制计数器的位数,n 个触发器构成 n 位二进制计数器或模 2^n 计数器,或 2^n 分频器。

2) 二进制异步减法计数器

将图 6.3.1 所示电路中 FF_1,FF_2,FF_3 的时钟脉冲输入端改接到相邻低位触发器的 $\overline{Q}$ 端就可构成二进制异步减法计数器,其工作原理请读者自行分析。

图 6.3.4 所示是用 4 个上升沿触发的 D 触发器组成的 4 位异步二进制减法计数器的逻辑图。图中 D 触发器也都接成 T′触发器(即 $D=\overline{Q}$),由于是上升沿触发,则应将低位触发器的 Q 端与相邻高位触发器的时钟脉冲输入端相连,即从 Q 端取借位信号;其时序波形图如图 6.3.5 所示,状态图如图 6.3.6 所示。该电路同样具有分频作用。

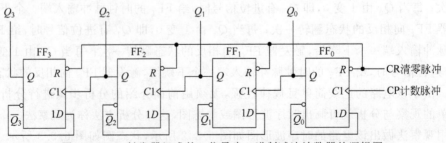

图 6.3.4　D 触发器组成的 4 位异步二进制减法计数器的逻辑图

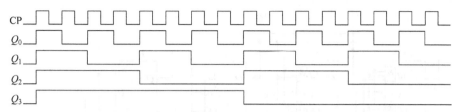

图 6.3.5 图 6.3.4 电路的时序图

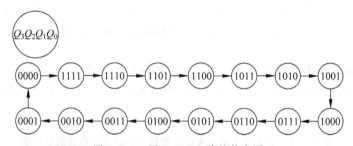

图 6.3.6 图 6.3.4 电路的状态图

从图 6.3.1 和图 6.3.4 可见,用 JK 触发器和 D 触发器都可以很方便地组成二进制异步计数器。方法是先将触发器都接成 T′ 触发器,然后根据加、减计数方式及触发器为上升沿还是下降沿触发来决定各触发器之间的连接方式。对于加计数器,若由上升沿触发的触发器组成,则应将低位触发器的 $\overline{Q}$ 端与相邻高位触发器的时钟脉冲输入端相连,即从 $\overline{Q}$ 端取进位信号;若由下降沿触发的触发器组成,则应将低位触发器的 Q 端与相邻高位触发器的时钟脉冲输入端相连,即从 Q 端取进位信号。对于减计数器,各触发器间的连接方式则相反。

在二进制异步计数器中,高位触发器的状态翻转必须在相邻触发器产生进位信号(加计数)或借位信号(减计数)之后才能实现,所以异步计数器的工作速度较低。为了提高计数速度,可采用同步计数器。

2. 二进制同步计数器

1) 二进制同步加法计数器

图 6.3.7 所示为由 4 个 JK 触发器组成的 4 位同步二进制加法计数器的逻辑图。图中各触发器的时钟脉冲输入端接同一计数脉冲 CP,显然,这是一个同步时序电路。

各触发器的驱动方程分别为

$$J_0 = K_0 = 1, \qquad J_1 = K_1 = Q_0$$
$$J_2 = K_2 = Q_0 Q_1, \quad J_3 = K_3 = Q_0 Q_1 Q_2$$

该电路的驱动方程规律性较强,也只须用观察法就可画出时序波形图或状态表。很明显,由于 $J_0 = K_0 = 1$,每来一个计数脉冲 CP 的下降沿时,触发器 FF_0 向相反的状态翻转一次;对于 FF_1,由于 $J_1 = K_1 = Q_0$,所以只有当 $Q_0 = 1$ 时,来一个计数脉冲 CP 的下跳沿,才向相反的状态翻转一次。同理,只有当 $Q_0 Q_1 = 1$ 时,来一个计数脉冲 CP 的下跳

视频

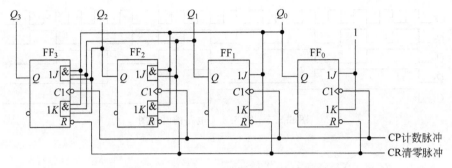

图 6.3.7　4 位同步二进制加法计数器的逻辑图

沿,FF_2 才向相反的状态翻转一次;只有当 $Q_0Q_1Q_3=1$ 时,来一个计数脉冲 CP 的下跳沿,FF_3 才向相反的状态翻转一次。该电路的状态表如表 6.3.1 所示,时序图同图 6.3.2,状态图同图 6.3.3。

表 6.3.1　图 6.3.7 所示 4 位二进制同步加法计数器的状态表

计数脉冲序号	电 路 状 态				等效十进制数
	Q_3	Q_2	Q_1	Q_0	
0	0	0	0	0	0
1	0	0	0	1	1
2	0	0	1	0	2
3	0	0	1	1	3
4	0	1	0	0	4
5	0	1	0	1	5
6	0	1	1	0	6
7	0	1	1	1	7
8	1	0	0	0	8
9	1	0	0	1	9
10	1	0	1	0	10
11	1	0	1	1	11
12	1	1	0	0	12
13	1	1	0	1	13
14	1	1	1	0	14
15	1	1	1	1	15
16	0	0	0	0	0

　　由于同步计数器的计数脉冲 CP 同时接到各位触发器的时钟脉冲输入端,当计数脉冲到来时,应该翻转的触发器同时翻转,所以速度比异步计数器高,但电路结构比异步计数器复杂。

　　2) 二进制同步减法计数器

　　4 位二进制同步减法计数器的状态表如表 6.3.2 所示,分析其翻转规律并与 4 位二

进制同步加法计数器相比较,很容易看出,只要将图 6.3.7 所示电路的各触发器的驱动方程改为

$$J_0 = K_0 = 1, \qquad J_1 = K_1 = \bar{Q}_0$$

$$J_2 = K_2 = \bar{Q}_0\bar{Q}_1, \quad J_3 = K_3 = \bar{Q}_0\bar{Q}_1\bar{Q}_2$$

就构成了 4 位二进制同步减法计数器。

表 6.3.2　4 位二进制同步减法计数器的状态表

计数脉冲序号	电路状态				等效十进制数
	Q_3	Q_2	Q_1	Q_0	
0	0	0	0	0	0
1	1	1	1	1	15
2	1	1	1	0	14
3	1	1	0	1	13
4	1	1	0	0	12
5	1	0	1	1	11
6	1	0	1	0	10
7	1	0	0	1	9
8	1	0	0	0	8
9	0	1	1	1	7
10	0	1	1	0	6
11	0	1	0	1	5
12	0	1	0	0	4
13	0	0	1	1	3
14	0	0	1	0	2
15	0	0	0	1	1
16	0	0	0	0	0

3) 二进制同步可逆计数器

既能作加计数又能作减计数的计数器称为可逆计数器。将前面介绍的 4 位二进制同步加法计数器和减法计数器合并起来,并引入一加/减控制信号 X 便构成 4 位二进制同步可逆计数器,如图 6.3.8 所示。由图可知,各触发器的驱动方程为

$$J_0 = K_0 = 1, \qquad\qquad J_1 = K_1 = XQ_0 + \bar{X}\bar{Q}_0$$

$$J_2 = K_2 = XQ_0Q_1 + \bar{X}\bar{Q}_0\bar{Q}_1, \quad J_3 = K_3 = XQ_0Q_1Q_2 + \bar{X}\bar{Q}_0\bar{Q}_1\bar{Q}_2$$

当控制信号 $X = 1$ 时,$\text{FF}_1 \sim \text{FF}_3$ 中的各 J、K 端分别与低位各触发器的 Q 端相连,作加法计数;当控制信号 $X = 0$ 时,$\text{FF}_1 \sim \text{FF}_3$ 中的各 J、K 端分别与低位各触发器的 $\bar{Q}$ 端相连,作减法计数,实现了可逆计数器的功能。图 6.3.9 为该计数器的状态图。

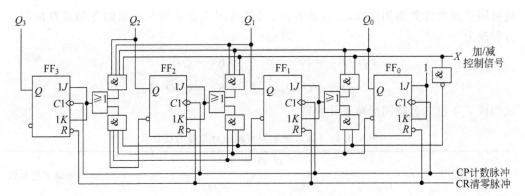

图 6.3.8 二进制可逆计数器的逻辑图

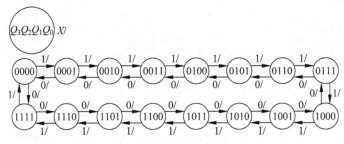

图 6.3.9 二进制可逆计数器的状态图

6.3.2 十进制计数器

视频

N 进制计数器又称模 N 计数器,当 $N=2^n$ 时,就是前面讨论的 n 位二进制计数器;当 $N \neq 2^n$ 时,为非二进制计数器。非二进制计数器中最常用的是十进制计数器,下面讨论 8421BCD 码同步十进制计数器。

1. 8421BCD 码同步十进制加法计数器

图 6.3.10 所示为由 4 个下降沿触发的 JK 触发器组成的 8421BCD 码同步十进制加法计数器的逻辑图。用前面介绍的同步时序逻辑电路分析方法对该电路进行分析。

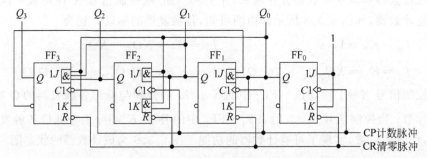

图 6.3.10 8421BCD 码同步十进制加法计数器的逻辑图

（1）写出驱动方程：

$$J_0 = 1 \qquad K_0 = 1$$

$$J_1 = \overline{Q}_3^n Q_0^n \qquad K_1 = Q_0^n$$

$$J_2 = Q_1^n Q_0^n \qquad K_2 = Q_1^n Q_0^n$$

$$J_3 = Q_2^n Q_1^n Q_0^n \qquad K_3 = Q_0^n$$

（2）写出 JK 触发器的特性方程 $Q^{n=1} = J\overline{Q^n} + \overline{K}Q^n$，然后将各驱动方程代入 JK 触发器的特性方程，得各触发器的次态方程：

$$Q_0^{n+1} = J_0\overline{Q}_0^n + \overline{K}_0 Q_0^n = \overline{Q}_0^n$$

$$Q_1^{n+1} = J_1\overline{Q}_1^n + \overline{K}_1 Q_1^n = \overline{Q}_3^n Q_0^n \overline{Q}_1^n + \overline{Q}_0^n Q_1^n$$

$$Q_2^{n+1} = J_2\overline{Q}_2^n + \overline{K}_2 Q_2^n = Q_1^n Q_0^n \overline{Q}_2^n + \overline{Q}_1^n \overline{Q}_0^n Q_2^n$$

$$Q_3^{n+1} = J_3\overline{Q}_3^n + \overline{K}_3 Q_3^n = Q_2^n Q_1^n Q_0^n \overline{Q}_3^n + \overline{Q}_0^n Q_3^n$$

（3）作状态转换表。

设初态为 $Q_3 Q_2 Q_1 Q_0 = 0000$，代入次态方程进行计算，得出的状态转换表如表 6.3.3 所示。

表 6.3.3　图 6.3.10 电路的状态表

现　　态				次　　态			
Q_3^n	Q_2^n	Q_1^n	Q_0^n	Q_3^{n+1}	Q_2^{n+1}	Q_1^{n+1}	Q_0^{n+1}
0	0	0	0	0	0	0	1
0	0	0	1	0	0	1	0
0	0	1	0	0	0	1	1
0	0	1	1	0	1	0	0
0	1	0	0	0	1	0	1
0	1	0	1	0	1	1	0
0	1	1	0	0	1	1	1
0	1	1	1	1	0	0	0
1	0	0	0	1	0	0	1
1	0	0	1	0	0	0	0

（4）作状态图及时序图。

根据状态转换表作出电路的状态图如图 6.3.11 所示，时序图如图 6.3.12 所示。由状态表、状态图或时序图可见，该电路为 8421BCD 码十进制加法计数器。

（5）检查电路能否自启动。

由于图 6.3.10 所示的电路中有 4 个触发器，它们的状态组合共有 16 种，而在 8421BCD 码计数器中

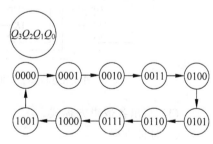

图 6.3.11　图 6.3.10 的状态图

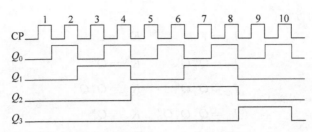

图 6.3.12　图 6.3.10 的时序图

只用了 10 种,称为有效状态,其余 6 种状态称为无效状态。在实际工作中,当由于某种原因,使计数器进入无效状态时,如果能在时钟信号作用下,最终进入有效状态,我们就称该电路具有**自启动**能力。

　　用同样的分析的方法分别求出 6 种无效状态下的次态,补充到状态图中,得到完整的状态转换图,如图 6.3.13 所示。可见,图 6.3.10 所示的 8421BCD 码同步十进制加法计数器能够自启动。

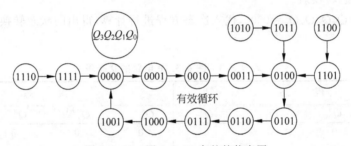

图 6.3.13　图 6.3.10 完整的状态图

2. 8421BCD 码异步十进制加法计数器

　　图 6.3.14 所示为由 4 个下降沿触发的 JK 触发器组成的 8421BCD 码异步十进制加法计数器的逻辑图。用前面介绍的异步时序逻辑电路分析方法对该电路进行分析。

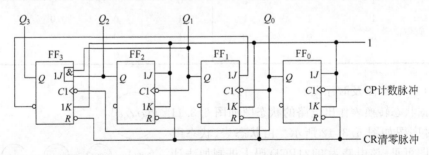

图 6.3.14　8421BCD 码异步十进制加法计数器的逻辑图

（1）写出各逻辑方程式。

① 时钟方程。

$CP_0 = CP$（时钟脉冲源的上升沿触发）

$CP_1 = Q_0$（当 FF_0 的 Q_0 由 1→0 时，Q_1 才可能改变状态，否则 Q_1 将保持原状态不变。）

$CP_2 = Q_1$（当 FF_1 的 Q_1 由 1→0 时，Q_2 才可能改变状态，否则 Q_2 将保持原状态不变。）

$CP_3 = Q_0$（当 FF_0 的 Q_0 由 1→0 时，Q_3 才可能改变状态，否则 Q_3 将保持原状态不变。）

② 各触发器的驱动方程。

$$J_0 = 1 \qquad K_0 = 1$$
$$J_1 = \bar{Q}_3^n \qquad K_1 = 1$$
$$J_2 = 1 \qquad K_2 = 1$$
$$J_3 = Q_2^n Q_1^n \qquad K_3 = 1$$

（2）将各驱动方程代入 JK 触发器的特性方程，得各触发器的次态方程：

$$Q_0^{n+1} = J_0 \bar{Q}_0^n + \bar{K}_0 Q_0^n = \bar{Q}_0^n \qquad \text{（CP 由 1→0 时此式有效）}$$

$$Q_1^{n+1} = J_1 \bar{Q}_1^n + \bar{K}_1 Q_1^n = \bar{Q}_3^n \bar{Q}_1^n \qquad \text{（} Q_0 \text{ 由 1→0 时此式有效）}$$

$$Q_2^{n+1} = J_2 \bar{Q}_2^n + \bar{K}_2 Q_2^n = \bar{Q}_2^n \qquad \text{（} Q_1 \text{ 由 1→0 时此式有效）}$$

$$Q_3^{n+1} = J_3 \bar{Q}_3^n + \bar{K}_3 Q_3^n = Q_2^n Q_1^n \bar{Q}_3^n \qquad \text{（} Q_0 \text{ 由 1→0 时此式有效）}$$

（3）作状态转换表。

设初态为 $Q_3 Q_2 Q_1 Q_0 = 0000$，代入次态方程进行计算，得出的状态转换表如表 6.3.4 所示。在计算过程中要特别注意，只有满足时钟方程（即有下降沿作用）时，对应的次态方程才有效；不满足时钟方程时，触发器保持原状态不变。为此，在状态表中列出了各触发器 CP 端的状况，有下降沿作用时，用 ↓ 表示；无下降沿作用时，用 0 表示。

表 6.3.4 图 6.3.14 电路的状态表

现 态				次 态				时 钟 脉 冲			
Q_3^n	Q_2^n	Q_1^n	Q_0^n	Q_3^{n+1}	Q_2^{n+1}	Q_1^{n+1}	Q_0^{n+1}	CP_3	CP_2	CP_1	CP_0
0	0	0	0	0	0	0	1	0	0	0	↓
0	0	0	1	0	0	1	0	↓	0	↓	↓
0	0	1	0	0	0	1	1	0	0	0	↓
0	0	1	1	0	1	0	0	↓	↓	↓	↓
0	1	0	0	0	1	0	1	0	0	0	↓
0	1	0	1	0	1	1	0	↓	0	↓	↓
0	1	1	0	0	1	1	1	0	0	0	↓
0	1	1	1	1	0	0	0	↓	↓	↓	↓
1	0	0	0	1	0	0	1	0	0	0	↓
1	0	0	1	0	0	0	0	↓	0	↓	↓

由状态转换表可见，该电路为 8421BCD 码十进制加法计数器。其状态图同图 6.3.11，其时序图同图 6.3.12。

6.3.3　集成计数器举例

1. 4 位二进制同步加法计数器 74161

74161 的逻辑电路图和引脚图如图 6.3.15 所示,其中 R_D 是异步清零端,L_D 是同步预置数控制端,D_3、D_2、D_1、D_0 是预置数据输入端,EP 和 ET 是计数使能端,RCO 是进位输出端。表 6.3.5 是 74161 的功能表。此类产品常用的有 74LS161(TTL)、74HC161(CMOS)等,其功能与引脚完全一样。

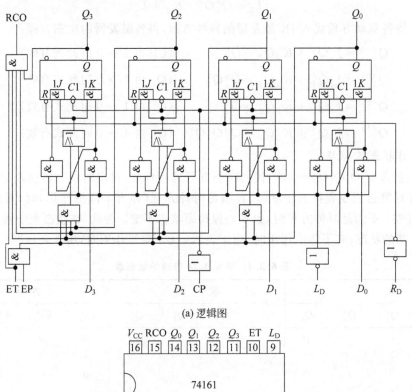

(a) 逻辑图

(b) 引脚图

图 6.3.15　74161 的逻辑电路图和引脚图

由表 6.3.5 可知,74161 具有以下功能:

(1) 异步清零。当 $R_D=0$ 时,不管其他输入端的状态如何,不论有无时钟脉冲 CP,计数器输出将被直接置零($Q_3Q_2Q_1Q_0=0000$),称为异步清零。

(2) 同步并行预置数。当 $R_D=1$,$L_D=0$ 时,在输入时钟脉冲 CP 上升沿的作用下,并行输入端的数据 $d_3d_2d_1d_0$ 被置入计数器的输出端,即 $Q_3Q_2Q_1Q_0=d_3d_2d_1d_0$。由于这个操作要与 CP 上升沿同步,所以称为同步预置数。

表 6.3.5　74161(74160)的功能表

清零	预置	使能		时钟	预置数据输入				输出				工作模式
R_D	L_D	EP	ET	CP	D_3	D_2	D_1	D_0	Q_3	Q_2	Q_1	Q_0	
0	×	×	×	×	×	×	×	×	0	0	0	0	异步清零
1	0	×	×	↑	d_3	d_2	d_1	d_0	d_3	d_2	d_1	d_0	同步置数
1	1	0	×	×	×	×	×	×	保　持				数据保持
1	1	×	0	×	×	×	×	×	保　持				数据保持
1	1	1	1	↑	×	×	×	×	计　数				加法计数

（3）计数。当 $R_D = L_D = EP = ET = 1$ 时，在 CP 端输入计数脉冲，计数器进行二进制加法计数。RCO 的逻辑表达式为

$$RCO = ET \cdot Q_3 \cdot Q_2 \cdot Q_1 \cdot Q_0$$

由上式可以看出，当计数到最大值（$Q_3 Q_2 Q_1 Q_0 = 1111$）时，RCO 为高电平。

（4）保持。当 $R_D = L_D = 1$，且 $EP \cdot ET = 0$，即两个使能端中有 0 时，则计数器保持原来的状态不变。这时，如 $EP = 0$、$ET = 1$，则进位输出信号 RCO 保持不变；如 $ET = 0$ 则不管 EP 状态如何，进位输出信号 RCO 为低电平 0。

图 6.3.16 给出了 74161 典型的时序波形图，该图依次分别表示异步清零操作、同步并行预置数操作、加法计数操作、计数保持操作的输入/输出信号波形。

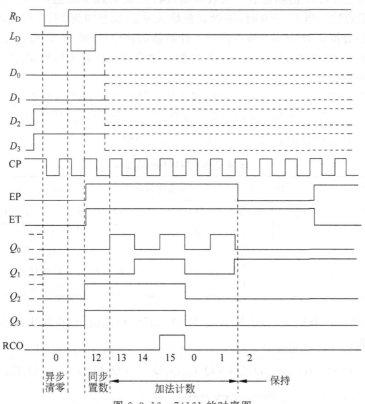

图 6.3.16　74161 的时序图

2. 4 位二进制同步可逆计数器 74191

图 6.3.17(a)是集成 4 位二进制同步可逆计数器 74191 的逻辑功能示意图,图 6.3.17(b)是其引脚图。其中 L_D 是异步预置数控制端,D_3、D_2、D_1、D_0 是预置数据输入端;EN 是使能端,低电平有效;$D/\overline{U}$ 是加/减控制端,为 0 时作加法计数,为 1 时作减法计数;MAX/MIN 是最大/最小输出端,RCO 是进位/借位输出端。此类产品常用的有 74LS191(TTL)、74HC191(CMOS)等。

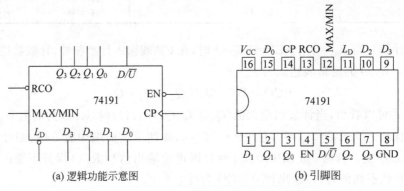

(a) 逻辑功能示意图 (b) 引脚图

图 6.3.17 74191 的逻辑功能示意图及引脚图

表 6.3.6 是 74191 的功能表。由表可知,74191 具有以下功能:

(1) 异步置数。当 $L_D=0$ 时,不管其他输入端的状态如何,不论有无时钟脉冲 CP,并行输入端的数据 $d_3 d_2 d_1 d_0$ 被直接置入计数器的输出端,即 $Q_3 Q_2 Q_1 Q_0 = d_3 d_2 d_1 d_0$。由于该操作不受 CP 控制,所以称为异步置数。注意该计数器无清零端,需清零时可用预置数的方法置零。

(2) 保持。当 $L_D=1$ 且 EN=1 时,则计数器保持原来的状态不变。

(3) 计数。当 $L_D=1$ 且 EN=0 时,在 CP 端输入计数脉冲,计数器进行二进制计数。当 $D/\overline{U}=0$ 时作加法计数;当 $D/\overline{U}=1$ 时作减法计数。

表 6.3.6 74191 的功能表

预置	使能	加/减控制	时钟	预置数据输入				输　　出				工作模式
L_D	EN	$D/\overline{U}$	CP	D_3	D_2	D_1	D_0	Q_3	Q_2	Q_1	Q_0	
0	×	×	×	d_3	d_2	d_1	d_0	d_3	d_2	d_1	d_0	异步置数
1	1	×	×	×	×	×	×	保　持				数据保持
1	0	0	↑	×	×	×	×	加法计数				加法计数
1	0	1	↑	×	×	×	×	减法计数				减法计数

另外,该电路还有最大/最小控制端 MAX/MIN 和进位/借位输出端 RCO。它们的逻辑表达式为:

$$\text{MAX/MIN} = \overline{(D/\overline{U})} \cdot Q_3 Q_2 Q_1 Q_0 + (D/\overline{U}) \cdot \overline{Q_3} \overline{Q_2} \overline{Q_1} \overline{Q_0}$$

$$\text{RCO} = \overline{\overline{\text{EN}} \cdot \overline{\text{CP}} \cdot \text{MAX/MIN}}$$

　　即当加法计数,计到最大值 1111 时,MAX/MIN 端输出 1,如果此时 CP=0,则 RCO=0,发一个进位信号;当减法计数,计到最小值 0000 时,MAX/MIN 端也输出 1,如果此时 CP=0,则 RCO=0,发一个借位信号。

　　图 6.3.18 给出了 74191 典型的时序波形图。

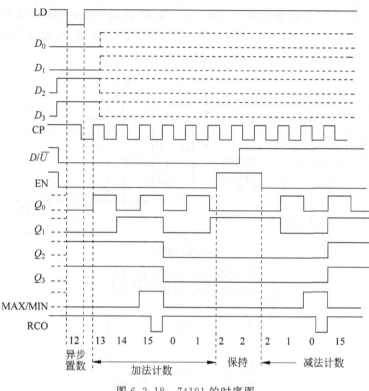

图 6.3.18　74191 的时序图

3. 8421BCD 码同步加法计数器 74160

　　74160 是前面介绍的二进制同步加法计数器 74161 的姊妹电路,除了计数进制为 8421 BCD 码十进制以外,其他功能及工作模式都与 74161 一样。其逻辑功能示意图和引脚图如图 6.3.19 所示,其功能及实现的具体情况参见表 6.3.5。进位输出端 RCO 的逻辑表达式为 $RCO=ET \cdot Q_3 \cdot Q_0$。此类产品常用的有 74LS160(TTL)、74HC160(CMOS)等。

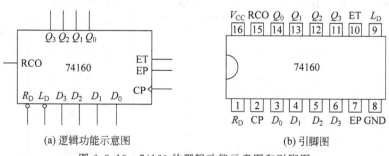

(a) 逻辑功能示意图　　　　　　(b) 引脚图

图 6.3.19　74160 的逻辑功能示意图和引脚图

4. 二-五-十进制异步加法计数器 74290

74290 的逻辑图如图 6.3.20(a)所示,引脚图如图 6.3.20(b)所示。它包含一个独立的 1 位二进制计数器和一个独立的异步五进制计数器。二进制计数器的时钟输入端为 CP_1,输出端为 Q_0;五进制计数器的时钟输入端为 CP_2,输出端为 Q_1、Q_2、Q_3。如果将 Q_0 与 CP_2 相连,CP_1 作时钟脉冲输入端,输出为 $Q_3Q_2Q_1Q_0$ 时,则构成 8421BCD 码十进制计数器。如果将 Q_3 与 CP_0 相连,CP_2 作时钟脉冲输入端,从高位到低位的输出为 $Q_0Q_3Q_2Q_1$ 时,则构成 5421BCD 码十进制计数器。

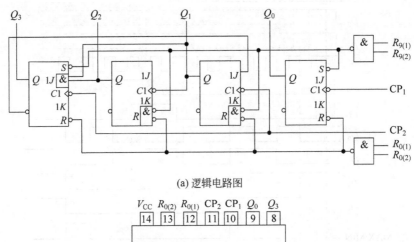

(a) 逻辑电路图

(b) 引脚图

图 6.3.20　二-五-十进制异步加法计数器 74290

表 6.3.7 是 74290 的功能表。由表可知,74290 具有以下功能。

表 6.3.7　74290 的功能表

复位输入		置位输入		时　钟	输　出	工作模式
$R_{0(1)}$	$R_{0(2)}$	$R_{9(1)}$	$R_{9(2)}$	CP	$Q_3\ Q_2\ Q_1\ Q_0$	
1	1	0	×	×	0　0　0　0	异步清零
1	1	×	0	×	0　0　0　0	
0	×	1	1	×	1　0　0　1	异步置数
×	0	1	1	×	1　0　0　1	
0	×	0	×	↓	计　数	加法计数
0	×	×	0	↓	计　数	
×	0	0	×	↓	计　数	
×	0	×	0	↓	计　数	

（1）异步清零。当复位输入端 $R_{0(1)} = R_{0(2)} = 1$，且置位输入 $R_{9(1)} \cdot R_{9(2)} = 0$ 时，不论有无时钟脉冲 CP，计数器输出将被直接置零。

（2）异步置数。当置位输入端 $R_{9(1)} = R_{9(2)} = 1$，且置位输入 $R_{0(1)} \cdot R_{0(2)} = 0$ 时，计数器输出将被直接置 9（即 $Q_3 Q_2 Q_1 Q_0 = 1001$）。

（3）加法计数。当 $R_{0(1)} \cdot R_{0(2)} = 0$，且 $R_{9(1)} \cdot R_{9(2)} = 0$ 时，在计数脉冲（下降沿）作用下，进行二-五-十进制加法计数。

6.3.4　集成计数器的应用

1. 计数器的级联

计数器的级联是将多个集成计数器连接起来，以获得计数容量更大的计数器。两个模 N 计数器级联，可实现 $N \times N$ 的计数器。

计数器的级联一般用低位片的进位/借位输出端和高位片的使能端或时钟端相连来实现。根据集成计数器进位/借位输出信号的类型，计数器有下列两种常用的级联方式。

1）同步级联

图 6.3.21 是用两片 4 位二进制加法计数器 74161 采用同步级联方式构成的 8 位二进制同步加法计数器，模为 $16 \times 16 = 256$。

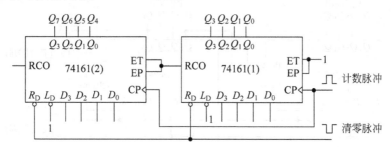

图 6.3.21　74161 同步级联组成 8 位二进制加法计数器

两芯片共用外部时钟和清零信号。由于低位片的 ET＝EP＝1，所以总是工作在计数状态。而高位片的 ET、EP 接低位片的进位输出端 RCO，所以，只有当低位片计数到最大值 1111 时，RCO＝1（参见图 6.3.16 所示的 74161 的时序图），使高位片的 ET＝EP＝1，满足计数条件，在下一个计数脉冲到来时，低位片回零，高位片加 1，实现了进位。由于两芯片共用外部时钟，在需要翻转时，两片同时翻转，所以称同步级联。

2）异步级联

用两片 74191 采用异步级联方式构成的 8 位二进制异步可逆计数器如图 6.3.22 所示。外部时钟信号接低位片的 CP 端，低位片的进位/借位输出端 RCO 接高位片的 CP 端。作加法计数时，每当低位片的计数值由 1111 回到 0000 时，低位片的 RCO 发一个进位脉冲上升沿给高位片的 CP 端（参见图 6.3.18 所示的 74191 的时序图），实现进位；作减法计数时，每当低位片的计数值由 0000 回到 1111 时，低位片的 RCO 发一个借位脉冲上升沿给高位片的 CP 端，实现借位。由于两芯片没有共用外部时钟，在需要翻转时，低位片先翻转,高位片后翻转,所以称异步级联。

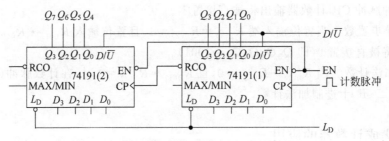

图 6.3.22　74191 异步级联组成 8 位二进制可逆计数器

有的集成计数器没有进位/借位输出端,这时可根据具体情况,用计数器的输出信号 Q_3、Q_2、Q_1、Q_0 产生一个进位/借位。用两片二-五-十进制异步加法计数器 74290 采用异步级联方式组成的二位 8421BCD 码十进制加法计数器如图 6.3.23 所示,模为 $10 \times 10 = 100$。图中的两片 74290 都接成 8421BCD 码十进制计数器(Q_0 接到 CP_2)。由于 74290 没有进位信号,且为 CP 下降沿计数,所以选低位片的 Q_3 作进位信号,与高位片的 CP_1 端相连。每当低位片的计数值由 1001 回到 0000 时,Q_3 由 1 变 0,发一个进位脉冲下降沿给高位片的 CP_1 端,实现进位。由于两芯片的时钟信号不统一,所以属异步级联。

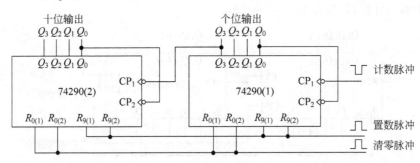

图 6.3.23　74290 异步级联组成一百进制计数器

2. 组成任意进制计数器

市场上能买到的集成计数器一般为二进制和 8421BCD 码十进制计数器,如果需要其他进制的计数器,可用现有的二进制或十进制计数器,利用其清零端或预置数端,外加适当的门电路连接而成。下面举例说明组成任意计数器的几种方法。

1) 异步清零法

该方法适用于具有异步清零端的集成计数器。由于异步清零与时钟脉冲 CP 没有任何关系,只要异步清零端出现清零有效信号,计数器便立刻被清零。因此,在输入第 N 个计数脉冲 CP 后,通过控制电路产生一个清零信号加到异步清零端上,使计数器回零,则可获得 N 进制计数器。图 6.3.24(a)所示是用集成计数器 74161 和与非门组成的六进制计数器。74161 本身是十六进制加法计数器,且具有异步清零端 R_D。当 74161 从 0000 状态开始计数,输入第 6 个计数脉冲(上升沿)时,输出 $Q_3 Q_2 Q_1 Q_0 = 0110$,与非门输出端变低电平,反馈给 R_D 端一个清零信号,立即使 $Q_3 Q_2 Q_1 Q_0$ 返回 0000 状态,接着,与非门输出端变高电平,R_D 端的清零信号随之消失,74161 重新从 0000 状态开始新的计数周期。可见 0110 状态仅在极短的瞬间出现,为过渡状态。该电路的有效状态是 0000~0101,共 6 个状态,所以为六进制计数器。图 6.3.24(b)所示为该电路的状态图,其中虚线所示的状态为过渡状态。

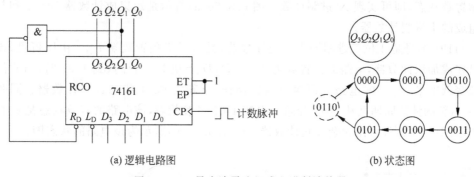

动画

(a) 逻辑电路图　　　　　　　　　　(b) 状态图

图 6.3.24　异步清零法组成六进制计数器

2) 同步清零法

该方法适用于具有同步清零端的集成计数器。与异步清零不同,同步清零输入端获得清零有效信号后,计数器并不能立刻被清零,只是为清零创造了条件,还需要再输入一个计数脉冲 CP,计数器才被清零。因此,利用同步清零端获得 N 进制计数器时,应在输入第 $N-1$ 个计数脉冲 CP 时,使同步清零输入端获得清零信号,这样,在输入第 N 个计数脉冲 CP 时,计数器才被清零,从而实现 N 进制计数。图 6.3.25(a)所示是用集成计数器 74163 和与非门组成的六进制计数器。74163 与 74161 一样,也是十六进制同步加法计数器,所不同的是,它的清零端 R_D 为同步清零方式。由图可知,当 74163 从 0000 状态开始计数,输入第 5 个计数脉冲(上升沿)时,输出 $Q_3 Q_2 Q_1 Q_0 = 0101$,与非门输出端变低电平,使 R_D 端有效,为清零做好了准备,再输入一个脉冲,即第 6 个脉冲(上升沿)时,使 $Q_3 Q_2 Q_1 Q_0$ 返回 0000 状态,同时,R_D 端的有效信号消失,74163 重新从 0000 状态开始新的计数周期。图 6.3.25(b)所示为该电路的状态图。

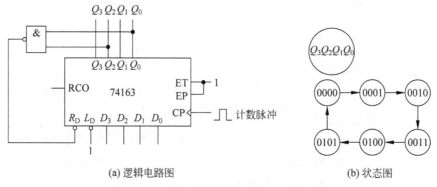

动画

(a) 逻辑电路图　　　　　　　　　　(b) 状态图

图 6.3.25　同步清零法组成六进制计数器

3) 异步预置数法

该方法适用于具有异步预置端的集成计数器。与异步清零一样,异步置数与时钟脉冲没有任何关系,只要异步置数控制端出现置数有效信号时,并行输入的数据便立刻被置入计数器的输出端。因此,利用异步置数控制端先预置一个初始状态,在输入第 N 个计数脉冲 CP 后,通过控制电路产生一个置数信号加到置数控制端上,使计数器返回初始的预置数状态,即可实现 N 进制计数。图 6.3.26(a)所示是用集成计数器 74191 和与非门组成的十进制计数器。

74191 本身是 4 位二进制同步可逆计数器,具有异步预置数端 L_D。由图可见,该电路已接成加法计数器,电路的预置数为 $D_3D_2D_1D_0=0011$,当计数到 1101 时,与非门输出端变低电平,$L_D=0$,电路立即执行预置操作,重新将 0011 状态置入计数器。同时使 $L_D=1$,新的计数周期又从 0011 开始。去掉 1101 过渡状态,该电路的有效状态是 0011～1100,共 10 个状态,可作为余 3 码计数器。图 6.3.26(b)所示为该电路的状态图。

动画

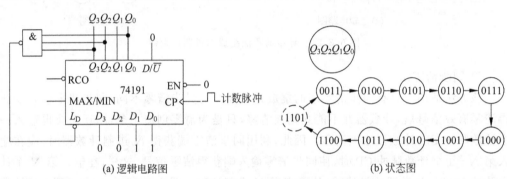

(a) 逻辑电路图　　　　　　　　　　　(b) 状态图

图 6.3.26　异步预置数法组成余 3 码十进制计数器

4) 同步预置数法

同步预置数法适用于具有同步预置端的集成计数器。方法与异步预置数法类似,不同的是,应在输入第 $N-1$ 个计数脉冲 CP 后,通过控制电路产生一个置数信号,使置数控制端有效,再输入一个(第 N 个)计数脉冲 CP 时,计数器执行预置操作,重新将预置状态置入计数器,从而实现 N 进制计数。图 6.3.27(a)所示是用集成计数器 74160 和与非门组成的七进制计数器。

动画

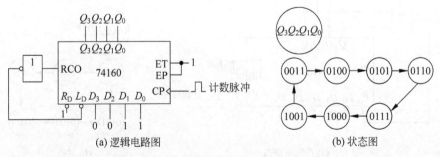

(a) 逻辑电路图　　　　　　　　　　　(b) 状态图

图 6.3.27　同步预置数法组成七进制计数器

74160 本身是 8421BCD 码加法计数器,具有同步预置数端 L_D。由图可见,电路的预置数为 $D_3D_2D_1D_0=0011$,当输入第 6 个 CP 脉冲后计数到 1001 状态时,进位输出端 $RCO=1$,$L_D=0$,在第 7 个 CP 脉冲到来,计数器执行预置操作,重新将 0011 状态置入计数器。同时使 $RCO=0$,$L_D=1$,新的计数周期又从 0011 开始。图 6.3.27(b) 所示为该电路的状态图。

综上所述,改变集成计数器的模可用清零法,也可用预置数法。清零法比较简单,预置数法比较灵活。但不管用哪种方法,都应首先搞清所用集成计数器的清零端或预置端是异步还是同步工作方式,根据不同的工作方式选择合适的清零信号或预置信号。

例 6.3.1 用 74160 组成四十八进制计数器。

解: 因为 $N=48$,而 74160 为模 10 计数器,所以要用两片 74160 构成此计数器。先将两芯片采用同步级联方式连接成一百进制计数器,然后再借助 74160 异步清零功能,在输入第 48 个计数脉冲后,计数器输出状态为 0100 1000 时,高位片 74160(2) 的 Q_2 和低位片 74160(1) 的 Q_3 同时为 1,使与非门输出 0,加到两芯片异步清零端上,使计数器立即返回 0000 0000 状态,状态 0100 1000 仅在极短的瞬间出现,为过渡状态,这样,就组成了四十八进制计数器,其逻辑电路如图 6.3.28 所示。

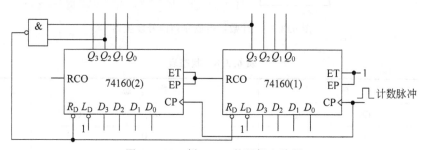

图 6.3.28　例 6.3.1 的逻辑电路图

3. 组成分频器

前面提到,模 N 计数器进位输出端输出脉冲的频率是输入脉冲频率的 $1/N$,因此可用模 N 计数器组成 N 分频器。

例 6.3.2 某石英晶体振荡器输出脉冲信号的频率为 32768Hz,用 74161 组成分频器,将其分频为频率为 1Hz 的脉冲信号。

解: 因为 $32768=2^{15}$,经 15 级二分频,就可获得频率为 1Hz 的脉冲信号。因此将 4 片 74161 级联,从高位片 74161(4) 的 Q_2 输出即可,其逻辑电路如图 6.3.29 所示。

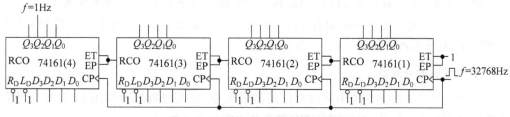

图 6.3.29　例 6.3.2 的逻辑电路图

4. 组成序列信号发生器

序列信号是在时钟脉冲作用下产生的一串周期性的二进制信号。图 6.3.30 是用 74161 及门电路构成的序列信号发生器。其中 74161 与 G_1 构成了一个模 5 计数器，且 $Z=Q_0\bar{Q}_2$。在 CP 作用下，计数器的状态变化如表 6.3.8 所示。由于 $Z=Q_0\bar{Q}_2$，故不同状态下的输出如表 6.3.8 的右列所示。因此，这是一个 01010 序列信号发生器，序列长度 $P=5$。

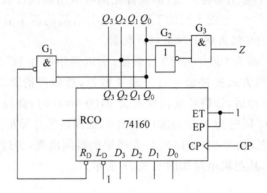

图 6.3.30　计数器组成序列信号发生器

表 6.3.8　状态表

现　态			次　态			输　出
Q_2^n	Q_1^n	Q_0^n	Q_2^{n+1}	Q_1^{n+1}	Q_0^{n+1}	Z
0	0	0	0	0	1	0
0	0	1	0	1	0	1
0	1	0	0	1	1	0
0	1	1	1	0	0	1
1	0	0	0	0	0	0

用计数器辅以数据选择器可以方便地构成各种序列发生器。构成的方法如下：

（1）构成一个模 P 计数器。

（2）选择适当的数据选择器，把欲产生的序列按规定的顺序加在数据选择器的数据输入端，把地址输入端与计数器的输出端适当地连接在一起。

例 6.3.3　试用计数器 74161 和数据选择器设计一个 01100011 序列发生器。

解：由于序列长度 $P=8$，故将 74161 构成模 8 计数器，并选用数据选择器 74151 产生所需序列，从而得出如图 6.3.31 所示的电路。

5. 组成脉冲分配器

脉冲分配器是数字系统中定时部件的组成部分，它在时钟脉冲作用下，顺序地使每个输出端输出节拍脉冲，以协调系统各部分的工作。

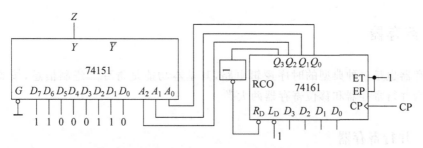

图 6.3.31　计数器和数据选择器组成的序列信号发生器

图 6.3.32(a)为一个由计数器 74161 和译码器 74138 组成的脉冲分配器。74161 构成模 8 计数器,输出状态 $Q_2Q_1Q_0$ 在 $000\sim111$ 循环变化,从而在译码器输出端 $Y_0\sim Y_7$ 分别得到图 6.3.32(b)所示的脉冲序列。

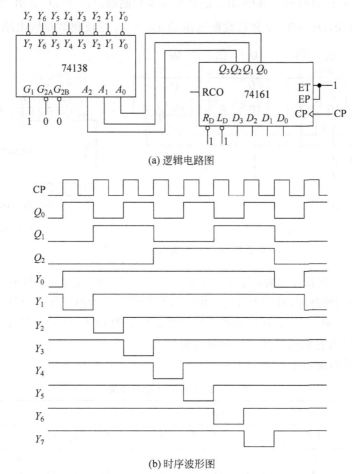

(a) 逻辑电路图

(b) 时序波形图

图 6.3.32　计数器和译码器组成的脉冲分配器

6.4 寄存器

寄存器也是一种典型的时序逻辑电路,其基本功能是寄存二进制信息,按照电路结构可分为并行寄存器和移位寄存器两大类。

6.4.1 并行寄存器

一个触发器可以存储一位二进制数,用 n 个触发器组合起来就可以存储 n 位二进制数。如果这 n 位二进制在一个时钟脉冲 CP 作用下同时存入寄存器,就称为并行寄存器。

图 6.4.1(a)所示是由 D 触发器组成的 4 位集成寄存器 74LS175 的逻辑电路图,其引脚图如图 6.4.1(b)所示。其中,R_D 是异步清零控制端。$D_0 \sim D_3$ 是并行数据输入端,CP 为时钟脉冲端,$Q_0 \sim Q_3$ 是并行数据输出端,$\overline{Q}_0 \sim \overline{Q}_3$ 是反码数据输出端。

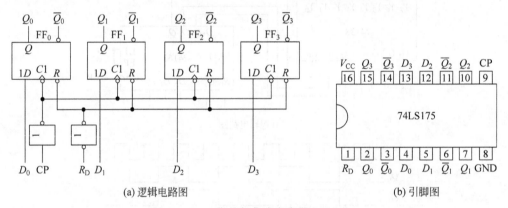

(a) 逻辑电路图   (b) 引脚图

图 6.4.1   4 位并行集成寄存器 74LS175

该电路的数码接收过程为:将需要存储的 4 位二进制数码送到数据输入端 $D_0 \sim D_3$,在 CP 端送一个时钟脉冲,脉冲上升沿作用后,4 位数码并行地出现在 4 个触发器 Q 端。

同时,需要强调一点,寄存器的状态排列通常约定为 $Q_0 Q_1 Q_2 Q_3$,与计数器规范正好是相反的。后续内容始终保持这样的排列规则。

74LS175 的功能示于表 6.4.1 中。

表 6.4.1   **74LS175 的功能表**

清 零	时 钟	输		入		输		出		工作模式
R_D	CP	D_0	D_1	D_2	D_3	Q_0	Q_1	Q_2	Q_3	
0	$\times$	$\times$	$\times$	$\times$	$\times$	0	0	0	0	异步清零
1	↑	D_0	D_1	D_2	D_3	D_0	D_1	D_2	D_3	数码寄存
1	1	$\times$	$\times$	$\times$	$\times$	保		持		数据保持
1	0	$\times$	$\times$	$\times$	$\times$	保		持		数据保持

6.4.2 移位寄存器

移位寄存器不但可以寄存数码,而且在移位脉冲作用下,寄存器中的数码可根据需要向上(由低位向高位)或向下(由高位向低位)移动。移位寄存器也是数字系统中应用很广泛的基本逻辑部件。

1. 单向移位寄存器

图 6.4.2 所示是由 D 触发器组成的 4 位上移寄存器,4 个触发器共用一个时钟脉冲信号,所以为同步时序逻辑电路。数码从串行输入端 D_I 输入,FF_i 触发器的输出作为相邻 FF_{i+1} 触发器的输入信号。其工作原理如下。

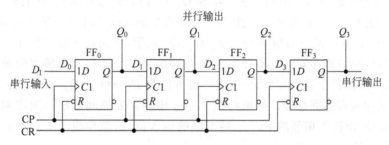

图 6.4.2 D 触发器组成的 4 位上移寄存器

设移位寄存器的初始状态为 0000,串行输入数码 $D_I=1101$,从高位到低位依次输入。当输入第一个(最高位)数码 1 时,即 $D_0=1$、$D_1=Q_0=0$、$D_2=Q_1=0$、$D_3=Q_2=0$,则在第 1 个移位脉冲 CP 的上升沿作用后,FF_0 由 0 状态翻到 1 状态,第一位数码 1 存入 FF_0 中,其原来的状态 $Q_0=0$ 移入 FF_1 中,数码上移了一位。同理 FF_1、FF_2 和 FF_3 中的数码也都依次向上移了一位。这时,寄存器的状态 $Q_3Q_2Q_1Q_0=0001$。再输入第二个(次高位)数码 1 时,在第二个移位脉冲 CP 上升沿的作用下,第二个数码 1 存入 FF_0 中,即 $Q_0=1$;其原来的状态 $Q_0=1$ 移入 FF_1 中,$Q_1=1$。同理,FF_2 和 FF_3 中的数码也都依次向上移了一位。这时,寄存器的状态 $Q_3Q_2Q_1Q_0=0011$。这样,在 4 个移位脉冲作用下,输入的 4 位串行数码 1101 全部存入了寄存器中。电路的状态表如表 6.4.2 所示,时序图如图 6.4.3 所示。

表 6.4.2 上移寄存器的状态表

移位脉冲	输入数码	输出			
CP	D_I	Q_0	Q_1	Q_2	Q_3
0		0	0	0	0
1	1	1	0	0	0
2	1	1	1	0	0
3	0	0	1	1	0
4	1	1	0	1	1

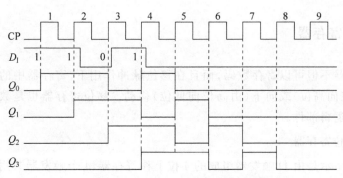

图 6.4.3　图 6.4.2 电路的时序图

　　移位寄存器中的数码可由 Q_3、Q_2、Q_1 和 Q_0 并行输出,也可从 Q_3 串行输出。串行输出时,要继续输入 4 个移位脉冲,才能将寄存器中存放的 4 位数码 1101 依次输出。图 6.4.3 中第 5~8 个 CP 脉冲及所对应的 Q_3、Q_2、Q_1、Q_0 波形,就是将 4 位数码 1101 串行输出的过程。所以,移位寄存器具有串行输入-并行输出和串行输入-串行输出两种工作方式。

　　图 6.4.2 所示的上移寄存器,由于移位的方向为 $D_1 \rightarrow Q_0 \rightarrow Q_1 \rightarrow Q_2 \rightarrow Q_3$,即由左向右移,所以又称为右移寄存器。如果将图 6.4.2 中各触发器间的连接顺序调换一下,让 FF_i 触发器的输出作为相邻的 FF_{i-1} 触发器的输入信号,就构成了下移寄存器,也称为左移寄存器,如图 6.4.4 所示。

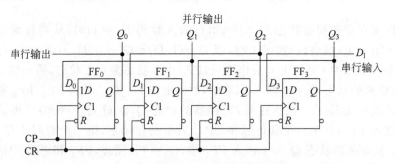

图 6.4.4　D 触发器组成的 4 位下移寄存器

2. 双向移位寄存器

　　将图 6.4.2 所示的上移寄存器和图 6.4.4 所示的下移寄存器组合起来,并引入一个控制端 S 便构成既可上移又可下移的双向移位寄存器,如图 6.4.5 所示。

　　由图可知该电路的驱动方程为

$$D_0 = \overline{\overline{S}\,\overline{D}_{SR} + \overline{S}\,\overline{Q}_1}, \quad D_1 = \overline{\overline{S}\,\overline{Q}_0 + \overline{S}\,\overline{Q}_2}$$

$$D_2 = \overline{\overline{S}\,\overline{Q}_1 + \overline{S}\,\overline{Q}_3}, \quad D_3 = \overline{\overline{S}\,\overline{Q}_2 + \overline{S}\,\overline{D}_{SL}}$$

其中,D_{SR} 为上移(右移)串行输入端,D_{SL} 为下移(左移)串行输入端。当 $S=1$ 时,$D_0 = D_{SR}$、$D_1=Q_0$、$D_2=Q_1$、$D_3=Q_2$,在 CP 脉冲作用下,实现上移操作;当 $S=0$ 时,$D_0 = Q_1$、$D_1=Q_2$、$D_2=Q_3$、$D_3=D_{SL}$,在 CP 脉冲作用下,实现下移操作。

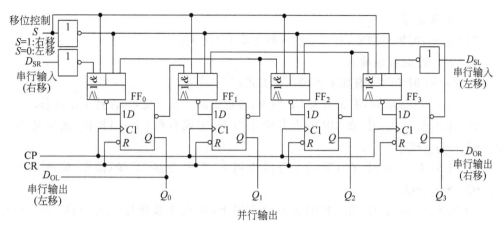

图 6.4.5　D 触发器组成的 4 位双向移位寄存器

3. 集成移位寄存器 74194

中规模集成移位寄存器的品种繁多,74194 是其中的一种典型产品。74194 是由 4 个触发器组成的功能很强的 4 位移位寄存器,其逻辑功能示意图和引脚图如图 6.4.6 所示,其功能表如表 6.4.3 所示。由表 6.4.3 可以看出 74194 具有如下功能。

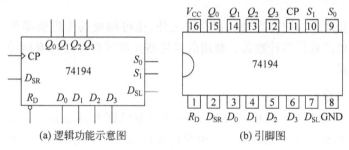

(a) 逻辑功能示意图　　　　(b) 引脚图

图 6.4.6　集成移位寄存器 74194

表 6.4.3　74194 的功能表

输　　　入												输　　出				工 作 模 式
清零	控制		串行输入		时钟	并行输入										
R_D	S_1	S_0	D_{SL}	D_{SR}	CP	D_0	D_1	D_2	D_3	Q_0	Q_1	Q_2	Q_3			
0	×	×	×	×	×	×	×	×	×	0	0	0	0			异步清零
1	0	0	×	×	×	×	×	×	×	Q_0^n	Q_1^n	Q_2^n	Q_3^n			保持
1	0	1	×	1	↑	×	×	×	×	1	Q_0^n	Q_1^n	Q_2^n			上移,D_{SR} 为串行输
1	0	1	×	0	↑	×	×	×	×	0	Q_0^n	Q_1^n	Q_2^n			入,Q_3 为串行输出
1	1	0	1	×	↑	×	×	×	×	Q_1^n	Q_2^n	Q_3^n	1			下移,D_{SL} 为串行输
1	1	0	0	×	↑	×	×	×	×	Q_1^n	Q_2^n	Q_3^n	0			入,Q_0 为串行输出
1	1	1	×	×	↑	D_0	D_1	D_2	D_3	D_0	D_1	D_2	D_3			并行置数

（1）异步清零。

当 $R_D=0$ 时即刻清零，与其他输入状态及 CP 无关。

（2）S_1、S_0 是控制输入。

当 $R_D=1$ 时 74194 有如下 4 种工作方式：

① 当 $S_1S_0=00$ 时，不论有无 CP 到来，各触发器状态不变，为保持工作状态。

② 当 $S_1S_0=01$ 时，在 CP 的上升沿作用下，实现右移（上移）操作，流向是 $S_R \rightarrow Q_0 \rightarrow Q_1 \rightarrow Q_2 \rightarrow Q_3$。

③ 当 $S_1S_0=10$ 时，在 CP 的上升沿作用下，实现左移（下移）操作，流向是 $S_L \rightarrow Q_3 \rightarrow Q_2 \rightarrow Q_1 \rightarrow Q_0$。

④ 当 $S_1S_0=11$ 时，在 CP 的上升沿作用下，实现置数操作：$D_0 \rightarrow Q_0$，$D_1 \rightarrow Q_1$，$D_2 \rightarrow Q_2$，$D_3 \rightarrow Q_3$。

可见，74194 为 4 位双向移位寄存器。D_{SL} 和 D_{SR} 分别是下移和上移串行输入。D_0、D_1、D_2 和 D_3 是并行输入端。Q_0 和 Q_3 分别是下移和上移时的串行输出端，Q_0、Q_1、Q_2 和 Q_3 为并行输出端。

6.4.3 移位寄存器构成的移位型计数器

移位寄存器除作为信息存储的寄存器之外，还可构成其他逻辑部件，这里只介绍用移位寄存器构成的移位型计数器。常用的移位型计数器典型结构有两种，即环形计数器和扭环形计数器。

1. 环形计数器

图 6.4.7 是用 74194 构成的环形计数器的逻辑图和状态图。当正脉冲启动信号 START 到来时，使 $S_1S_0=11$，从而不论移位寄存器 74194 的原状态如何，在 CP 作用下总是执行置数操作使 $Q_0Q_1Q_2Q_3=1000$。当 START 由 1 变为 0 之后，$S_1S_0=01$，在 CP 作用下移位寄存器进行右移操作。在第 4 个 CP 到来之前 $Q_0Q_1Q_2Q_3=0001$。这样在第 4 个 CP 到来时，由于 $D_{SR}=Q_3=1$，故在此 CP 作用下 $Q_0Q_1Q_2Q_3=1000$。可见该计数器共 4 个状态，为模 4 计数器。该电路不能自启动，能自启动的环形计数器请参看有关参考文献。

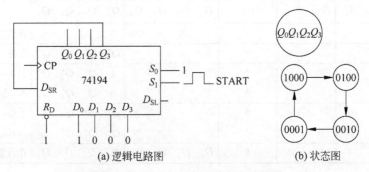

(a) 逻辑电路图   (b) 状态图

图 6.4.7 用 74194 构成的环形计数器

环形计数器的电路十分简单,N 位移位寄存器可以计 N 个数,实现模 N 计数器,且状态为 1 的输出端的序号即代表收到的计数脉冲的个数,通常不需要任何译码电路。

2. 扭环形计数器

为了增加有效计数状态,扩大计数器的模,将上述接成右移寄存器的 74194 的末级输出 Q_3 反相后,接到串行输入端 D_{SR},就构成了扭环形计数器,如图 6.4.8(a) 所示,图 6.4.8(b) 为其状态图。可见该电路有 8 个计数状态,为模 8 计数器。一般来说,N 位移位寄存器可以组成模 $2N$ 的扭环形计数器,只需将末级输出反相后,接到串行输入端。该电路也不能自启动,能自启动的扭环形计数器请参看有关参考文献。

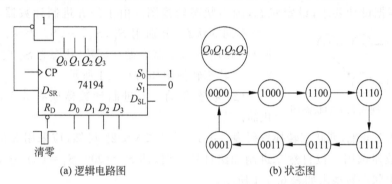

(a) 逻辑电路图 　　　　　　　　　　(b) 状态图

图 6.4.8 用 74194 构成的扭环形计数器

6.5 时序逻辑电路的设计方法

6.5.1 同步时序逻辑电路的设计方法

1. 同步时序逻辑电路的设计步骤

(1) 根据设计要求,设定状态,导出对应状态图或状态表。这种直接由设计要求导出的状态图(表)称为原始状态图(表)。

(2) 状态化简。原始状态图(表)通常不是最简的,往往可以消去一些多余状态。例如当不同状态的输入相同,输出相同,转换到的次态也相同,则可称它们为等价状态。多个等价状态可合并为一个状态。状态化简的目标是建立最小的状态转换图。化简后的状态图(表)称为简化状态图(表)。

(3) 状态分配,又称状态编码。即把一组适当的二进制代码分配给简化状态图(表)中各个状态。由于二进制编码中的每一位都将用一个触发器的状态来表示,因此,状态分配就是用触发器的状态编码表示状态图(表)中的状态,得到编码状态表。在完成状态编码的同时也就确定了触发器的个数。触发器的个数 n 与电路状态的个数 M 满足下列关系:

$$2^n \geqslant M > 2^{n-1}$$

(4) 选择触发器的类型。触发器的类型选得合适,可以简化电路结构。

(5) 根据编码状态表以及所采用的触发器的逻辑功能,导出待设计电路的输出方程和驱动方程。

（6）根据输出方程和驱动方程画出逻辑图。

（7）检查电路能否自启动。当电路的有效状态不是 2^n 时,应检查设计的电路能否自启动。如果电路不能自启动,则须重新设计电路或采取适当的措施解决问题。

2. 同步计数器的设计举例

由于计数器没有外部输入变量 X,则设计过程比较简单。

例 6.5.1 设计一个同步五进制加法计数器。

方法一:

（1）根据设计要求,设定状态,画出状态转换图。由于是五进制计数器,所以应有

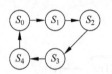

图 6.5.1 例 6.5.1 的状态图

5 个不同的状态,分别用 S_0,S_1,$\cdots$,S_4 表示。在计数脉冲 CP 作用下,5 个状态循环翻转,状态为 S_4 时,进位输出 $Y=1$。状态转换图如图 6.5.1 所示。

（2）状态化简。五进制计数器应有 5 个状态,无须化简。

（3）状态分配,列状态转换编码表。由式 $2^{n-1}<N\leqslant 2^n$ 可知,应采用 3 位二进制代码。该计数器选用 3 位自然二进制加法计数编码,即 $S_0=000,S_1=001,\cdots,S_4=100$。由此可列出状态转换表如表 6.5.1 所示。

表 6.5.1 例 6.5.1 的状态转换表

状态转换顺序	现　　态			次　　态			进位输出
	Q_2^n	Q_1^n	Q_0^n	Q_2^{n+1}	Q_1^{n+1}	Q_0^{n+1}	Y
S_0	0	0	0	0	0	1	0
S_1	0	0	1	0	1	0	0
S_2	0	1	0	0	1	1	0
S_3	0	1	1	1	0	0	0
S_4	1	0	0	0	0	0	1

（4）选择触发器。本例选用功能比较灵活的 JK 触发器。

（5）求各触发器的驱动方程和进位输出方程。

列出 JK 触发器的驱动表如表 6.5.2 所示。画出电路的次态卡诺图如图 6.5.2 所示,三个无效状态 101、110、111 做无关项处理。根据次态卡诺图和 JK 触发器的驱动表可得各触发器的驱动卡诺图如图 6.5.3 所示。

表 6.5.2 JK 触发器的驱动表

$Q^n \to Q^{n+1}$		J	K
0	0	0	$\times$
0	1	1	$\times$
1	0	$\times$	1
1	1	$\times$	0

$Q_2^n \backslash Q_1^n Q_0^n$	00	01	11	10
0	001	010	100	011
1	000	$\times$	$\times$	$\times$

图 6.5.2 例 6.5.1 的次态卡诺图

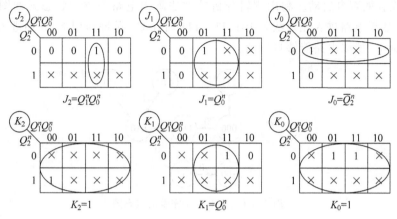

图 6.5.3　例 6.5.1 各触发器的驱动卡诺图

现对通过驱动卡诺图写出驱动方程的方法作一简要说明：以 J_0、K_0 为例，对现态 $Q_2^n Q_1^n Q_0^n = 000$，其次态为 $Q_2^{n+1} Q_1^{n+1} Q_0^{n+1} = 001$，即 Q_0 由 0 变 1，根据 JK 触发器的驱动表，$J_0 = 1$，$K_0 = \times$，所以在 J_0、K_0 卡诺图 000 的位置分别填入 1、$\times$，以此类推，将 5 个有效状态对应的格填完。在 3 个无效状态对应的格中填入 $\times$，整个卡诺图就填完了。经画圈化简，得最简表达式：$J_0 = \bar{Q}_2^n$，$K_0 = 1$。同理，可得到其他触发器的驱动方程。

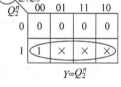

再画出输出卡诺图如图 6.5.4 所示，可得电路的输出方程：$Y = Q_2^n$。

将各驱动方程与输出方程归纳如下：

$$J_0 = \bar{Q}_2^n \qquad K_0 = 1$$

$$J_1 = Q_0^n \qquad K_1 = Q_0^n$$

$$J_2 = Q_0^n Q_1^n \qquad K_2 = 1$$

$$Y = Q_2^n$$

图 6.5.4　例 6.5.1 的输出卡诺图

（6）画逻辑图。根据驱动方程和输出方程，画出五进制计数器的逻辑图如图 6.5.5 所示。

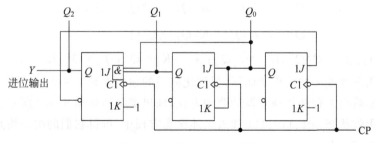

图 6.5.5　例 6.5.1 的逻辑图

(7) 检查能否自启动。利用逻辑分析的方法画出电路完整的状态图如图 6.5.6 所示。可见,如果电路进入无效状态 101、110、111 时在 CP 脉冲作用下,分别进入有效状态 010、010、000。所以电路能够自启动。

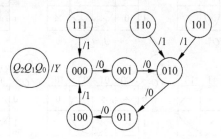

图 6.5.6　例 6.5.1 完整的状态图

方法二:

(1) 根据表 6.5.1 的状态转换或者图 6.5.2 的次态卡诺图,画出每一个触发器的次态卡诺图如图 6.5.7 所示。

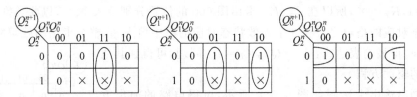

图 6.5.7　例 6.5.1 各触发器的次态卡诺图

利用图 6.5.7 卡诺图进行化简得

$$Q_2^{n+1} = Q_1^n Q_0^n$$

$$Q_1^{n+1} = Q_1^n \overline{Q_0^n} + \overline{Q_1^n} Q_0^n$$

$$Q_0^{n+1} = \overline{Q_2^n} \, \overline{Q_0^n}$$

(2) 结合每个 JK 触发器的特性方程,得到相应的驱动方程。
即利用:

$$Q_2^{n+1} = J_2 \overline{Q_2^n} + \overline{K_2} Q_2^n = Q_1^n Q_0^n$$

$$Q_1^{n+1} = J_1 \overline{Q_1^n} + \overline{K_1} Q_1^n = \overline{Q_1^n} Q_0^n + Q_1^n \overline{Q_0^n}$$

$$Q_0^{n+1} = J_0 \overline{Q_0^n} + \overline{K_0} Q_0^n = \overline{Q_2^n} \, \overline{Q_0^n}$$

对照得到: $J_2 = Q_1^n Q_0^n$, $K_2 = \overline{Q_1^n} \, \overline{Q_0^n}$; $J_1 = K_1 = Q_0^n$; $J_0 = \overline{Q_2^n}$, $K_0 = 1$ 。

(3) 利用图 6.5.4 的输出卡诺图,得到化简后的输出方程 $Y = Q_2^n$ 。

(4) 根据输出方程和各触发器的驱动方程,画出逻辑图如图 6.5.8 所示。

(5) 将无效状态 101、110、111 代入上述次态方程中,可得它们的次态均是有效状态,所以该电路可以自启动。

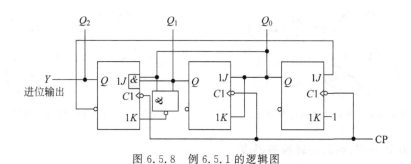

图 6.5.8　例 6.5.1 的逻辑图

3. 一般时序逻辑电路的设计举例

典型的时序逻辑电路具有外部输入变量 X，所以设计过程要复杂一些，在下面的例子中，要特别注意状态的化简，这是计数器设计中所没有的。

例 6.5.2　设计一个串行数据检测器。该检测器有一个输入端 X，它的功能是对输入信号进行检测。当连续输入三个 1（以及三个以上 1）时，该电路输出 $Y = 1$，否则输出 $Y = 0$。

解：设计步骤如下。

（1）根据设计要求，设定状态，画出状态转换图。因为该电路在连续收到三个 1（以及三个以上 1）时，输出 1，其他情况输出 0。因此要求该电路应有以下几个状态：

S_0——初始状态或没有收到 1 时的状态；

S_1——收到一个 1 后的状态；

S_2——连续收到两个 1 后的状态；

S_3——连续收到三个 1（以及三个以上 1）后的状态。

根据题意可画出如图 6.5.9 所示的原始状态图。

图 6.5.9 表明，当电路处于状态 S_0 时，若输入 $X = 0$，则电路应保持在状态 S_0 不变，以表示电路尚未收到过 1，同时 $Y = 0$；若 $X = 1$，电路应转向状态 S_1，以表示电路已收到了一个 1，同时 $Y = 0$。当电路已转换到状态 S_1，这时若输入 $X = 0$，电路应回到 S_0，重新开始检测，输出 $Y = 0$；若输入 $X = 1$，应进入 S_2，表示已连续收到了两个 1，且输出 $Y = 0$。若电路处于状态 S_2，这时若输入 $X = 0$，输出仍为 $Y = 0$，电路也应回到 S_0；若输入 $X = 1$，应进入 S_3，则表示已是连续收到了三个 1，因此输出 $Y = 1$。在电路状态为 S_3 以后，若输入 $X = 0$，输出仍为 $Y = 0$，电路也应回到 S_0；若输入 $X = 1$，则电路应保持在状态 S_3 不变，输出 $Y = 1$。

（2）状态化简。状态化简就是合并等效状态。所谓等效状态就是那些在相同的输入条件下，输出相同、次态也相同的状态。观察图 6.5.9 可知，S_2 和 S_3 是等价状态，因为当输入 $X = 0$ 时，输出 Y 都为 0，且次态均转向 S_0；当输入 $X = 1$ 时，输出 Y 都为 1，且次态均转向 S_3。所以将 S_2 和 S_3 合并，并用 S_2 表示，图 6.5.10 是经过化简之后的状态图。

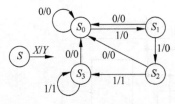

图 6.5.9　例 6.5.2 的原始状态图

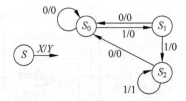

图 6.5.10　化简后的状态图

（3）状态分配，列状态转换编码表。

由图 6.5.10 可知，该电路有 3 个状态，可以用 2 位二进制代码组合（00、01、10、11）中的三个代码表示。本例取 $S_0 = 00$、$S_1 = 01$、$S_2 = 11$。图 6.5.11 是该例的编码形式的状态图。

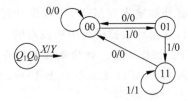

图 6.5.11　例 6.5.2 编码后的状态图

由图 6.5.11 可画出编码后的状态表如表 6.5.3 所示。

表 6.5.3　例 6.5.2 的编码状态表

$Q_1^n Q_0^n$ ＼ $Q_1^{n+1} Q_0^{n+1}$ ＼ X	0	1
0　0	00/0	01/0
0　1	00/0	11/0
1　1	00/0	11/1

（4）选择触发器，求出驱动方程和输出方程。

本例选用 2 个 D 触发器，列出 D 触发器的驱动表如表 6.5.4 所示。画出电路的次态和输出卡诺图如图 6.5.12 所示。由输出卡诺图可得电路的输出方程：$Y = X Q_1^n$。

表 6.5.4　D 触发器的驱动表

$Q^n \rightarrow Q^{n+1}$		D
0	0	0
0	1	1
1	0	0
1	1	1

根据次态卡诺图和 D 触发器的驱动表可得各触发器的驱动卡诺图如图 6.5.13 所示。由各驱动卡诺图可得电路的驱动方程：$D_0 = X$，$D_1 = X Q_0^n$。

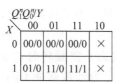

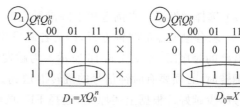

图 6.5.12　例 6.5.2 的次态和输出卡诺图　　　图 6.5.13　例 6.5.2 各触发器的驱动卡诺图

（5）画逻辑图。根据驱动方程和输出方程，画出该串行数据检测器的逻辑图如图 6.5.14 所示。

（6）检查能否自启动。图 6.5.15 是图 6.5.14 电路的状态图，可见，电路能够自启动。

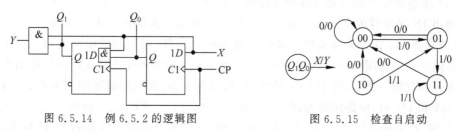

图 6.5.14　例 6.5.2 的逻辑图　　　　　　图 6.5.15　检查自启动

6.5.2　异步时序逻辑电路的设计方法

由于异步时序电路中各触发器的时钟脉冲不统一。因此设计异步时序逻辑电路要比同步电路多一步，就是为每个触发器选择一个合适的时钟信号，即求各触发器的时钟方程。除此之外，异步时序电路的设计方法与同步时序电路基本相同。下面通过一个例子具体介绍设计方法及步骤。

例 6.5.3　设计一个异步七进制加法计数器。

解：设计步骤如下。

（1）根据设计要求，设定 7 个状态 $S_0 \sim S_6$。进行状态编码后，列出状态转换表如表 6.5.5 所示。表中 Y 为进位输出变量。七进制计数器应有 7 个状态，所以不需状态化简。

表 6.5.5　例 6.5.3 的状态转换表

状态转换顺序	现　态			次　态			进位输出
	Q_2^n	Q_1^n	Q_0^n	Q_2^{n+1}	Q_1^{n+1}	Q_0^{n+1}	Y
S_0	0	0	0	0	0	1	0
S_1	0	0	1	0	1	0	0
S_2	0	1	0	0	1	1	0
S_3	0	1	1	1	0	0	0
S_4	1	0	0	1	0	1	0
S_5	1	0	1	1	1	0	0
S_6	1	1	0	0	0	0	1

（2）选择触发器。本例选用下降沿触发的 JK 触发器。

（3）求各触发器的时钟方程，即为各触发器选择时钟信号。为了选择方便，由状态表画出电路的时序图，如图 6.5.16 所示。为触发器选择时钟信号的原则是：①触发器状态需要翻转时，必须要有时钟信号的翻转沿送到。②触发器状态不需翻转时，"多余的"时钟信号越少越好。根据上述原则，选择 FF_0 的时钟信号 CP_0 为计数脉冲 CP；FF_1 的时钟信号 CP_1 也为 CP；FF_2 的时钟信号 CP_2 为 Q_1。即：

$$CP_0 = CP$$
$$CP_1 = CP$$
$$CP_2 = Q_1$$

（4）求各触发器的驱动方程和进位输出方程。

列出 JK 触发器的驱动表如表 6.5.2 所示。画出电路的次态卡诺图如图 6.5.17 所示，无效状态 111 作无关项处理。根据次态卡诺图和 JK 触发器的驱动表可得三个触发器各自的驱动卡诺图如图 6.5.18 所示。在各驱动卡诺图中，把没有时钟信号的次态也作为无关项处理。例如，对于 FF_2 触发器，从图 6.5.16 所示的时序图中看出，只有当现态为 011 和 110 时，电路向次态转换，Q_1 由 1 变 0，才产生 CP_2 的下降沿。只有这时驱动信号 J、K 才是有效的，所以在 J_2、K_2 卡诺图中，只考虑这两个时刻的 J、K 状态即可，其他无 CP_2 作用时的驱动信号均当作无关项处理。

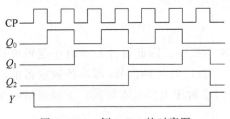

图 6.5.16　例 6.5.3 的时序图

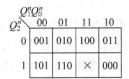

图 6.5.17　例 6.5.3 的次态卡诺图

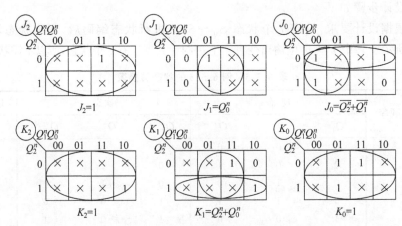

图 6.5.18　例 6.5.3 各触发器的驱动卡诺图

根据驱动卡诺图写出驱动方程：

$$J_0 = \overline{Q_2} + \overline{Q_1} \quad K_0 = 1$$

$$J_1 = Q_0^n \qquad K_1 = Q_0^n + Q_2^n$$

$$J_2 = 1 \qquad K_2 = 1$$

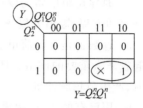

图 6.5.19 例 6.5.3 的输出卡诺图

再画出输出卡诺图如图 6.5.19 所示，可得电路的输出方程：$Y = Q_2 Q_1$。

（5）画逻辑图。根据驱动方程和输出方程，画出异步七进制计数器的逻辑图如图 6.5.20 所示。

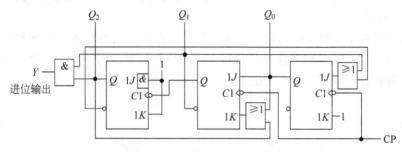

图 6.5.20 例 6.5.3 的逻辑图

（6）检查能否自启动。利用逻辑分析的方法画出电路完整的状态图如图 6.5.21 所示。可见，如果电路进入无效状态 111 时，在 CP 脉冲作用下可进入有效状态 000。所以电路能够自启动。

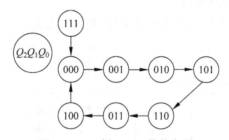

图 6.5.21 例 6.5.3 的状态图

小结

1. 时序逻辑电路在任何一个时刻的输出状态不仅取决于当时的输入信号，还与电路的原状态有关。因此时序电路中必须含有具有记忆能力的存储器件，触发器是最常用的记忆单元。

2. 描述时序逻辑电路逻辑功能的方法有状态转换真值表、状态转换图和时序图等。

3. 时序逻辑电路的分析步骤一般为：逻辑图→时钟方程（异步）、驱动方程、输出方程→状态方程→状态转换真值表→状态转换图和时序图→逻辑功能。

4. 时序逻辑电路的设计步骤一般为：设计要求→最简状态表→编码表→次态卡诺图→驱动方程、输出方程→逻辑图。

5. 计数器是一种简单而又最常用的时序逻辑器件。它们在计算机和其他数字系统中起着非常重要的作用。计数器不仅能用于统计输入时钟脉冲的个数，还能用于分频、定时、产生节拍脉冲等。

6. 用已有的 M 进制集成计数器产品可以构成 N（任意）进制的计数器。采用的方法有异步清零法、同步清零法、异步置数法和同步置数法，根据集成计数器的清零方式和置数方式来选择。当 $M > N$ 时，用 1 片 M 进制计数器即可；当 $M < N$ 时，要用多片 M 进制计数器组合起来，才能构成 N 进制计数器。当需要扩大计数器的容量时，可将多片集成计数器进行级联。

7. 寄存器也是一种常用的时序逻辑器件。寄存器分为并行寄存器和移位寄存器两种，移位寄存器又分为单向移位寄存器和双向移位寄存器。用移位寄存器可实现数据的串行-并行转换、组成环形计数器、扭环计数器、顺序脉冲发生器等。

习题

6.1　下列各种类型的锁存器和触发器中哪些能组成计数器和移位寄存器？
(1) 基本 RS 锁存器；
(2) 具有使能端的锁存器；
(3) 下降沿触发的 JK 触发器；
(4) 上升沿触发的 D 触发器。

6.2　试分析题图 6.2 所示时序逻辑电路，列出状态表，画出状态图和波形图。

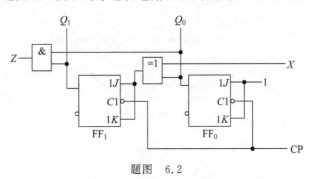

题图　6.2

6.3　试分析题图 6.3 所示时序逻辑电路，列出状态表，画出状态图和波形图。

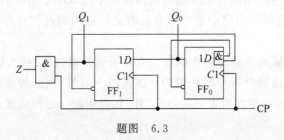

题图　6.3

6.4 某计数器的输出波形如题图 6.4 所示,试确定该计数器的模。

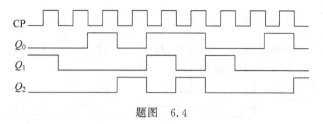

题图 6.4

6.5 试用下降沿触发的 JK 触发器组成 4 位二进制异步减法计数器,画出逻辑图。

6.6 试用下降沿触发的 D 触发器组成 4 位二进制异步加法计数器,画出逻辑图。

6.7 试用上升沿触发的 D 触发器及门电路组成 3 位二进制同步加法计数器,画出逻辑图。

6.8 试分析题图 6.8 所示的计数器电路。写出它的驱动方程、状态方程,列出状态转换真值表和状态图,说明是几进制计数器。

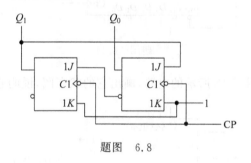

题图 6.8

6.9 试分析题图 6.9 所示的计数器电路。写出它的驱动方程、状态方程,列出状态转换真值表和状态图,画出时序波形图,说明是几进制计数器。

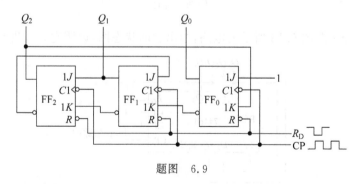

题图 6.9

6.10 试分析题图 6.10 所示的计数器电路。写出它的驱动方程、状态方程,列出状态转换真值表和状态图,画出时序波形图,说明是几进制计数器。

6.11 试分析题图 6.11 所示的电路,画出它的状态图,说明它是几进制计数器。

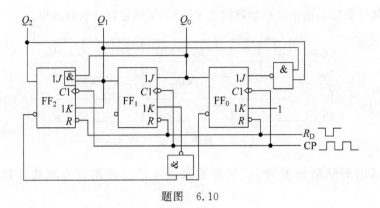

题图 6.10

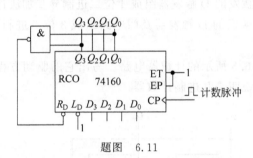

题图 6.11

6.12 试分析题图 6.12 所示的电路,画出它的状态图,说明它是几进制计数器。

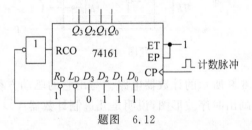

题图 6.12

6.13 试分析题图 6.13 所示的电路,画出它的状态图,说明它是几进制计数器。

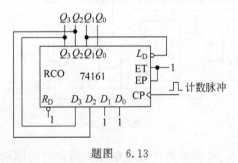

题图 6.13

6.14 试分析题图 6.14 所示的电路,说明它是几进制计数器。

6.15 用异步清零法将集成计数器 74161 连接成下列计数器:

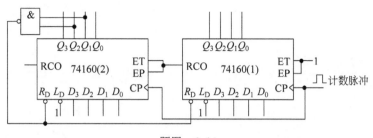

题图　6.14

（1）十进制计数器；

（2）二十进制计数器。

6.16　用同步置数法将集成计数器 74161 连接成下列计数器，并画出状态图：

（1）九进制计数器；

（2）十二进制计数器。

6.17　试分别用以下方法设计一个七进制计数器：

（1）利用 74290 的异步清零功能；

（2）利用 74163 的同步清零功能；

（3）利用 74161 的同步置数功能。

6.18　试分别用以下方法设计一个八十二进制计数器：

（1）利用 74290 的异步清零功能；

（2）利用 74160 的异步清零功能；

（3）利用 74160 的同步置数功能。

6.19　试用 JK 触发器和门电路设计一个同步七进制加法计数器，并检查能否自启动。

6.20　试用 JK 触发器和门电路设计一个同步十二进制计数器，并检查能否自启动。

6.21　试用上升沿触发的 D 触发器和与非门设计一个自然态序四进制同步计数器。

6.22　试用 D 触发器和门电路设计一个同步十进制计数器，并检查能否自启动。

6.23　试用 JK 触发器设计一个脉冲序列为 11010 的时序逻辑电路。

6.24　试用 D 触发器构成下列环形计数器：

（1）3 位环形计数器；

（2）5 位环形计数器；

（3）5 位扭环形计数器。

第 7 章

脉冲单元电路

内容提要：

在前几章的学习中，经常说"在输入端加一个方波"或者"给计数器加一个时钟脉冲"，在数字电路实验中，也用过实际的脉冲信号发生器，只要接通直流电源，它就会自动地产生一个方波，其频率可调，脉宽可调。但这些脉冲信号是怎么来的呢？它们的频率和脉宽又是怎样调整的呢？本章将解答这些问题。脉冲信号的获取通常采用两种方法：一是利用多谐振荡器直接产生；二是通过对已有信号进行整形与变换得到。本章将围绕这两种方法，以中规模集成电路 555 定时器为典型电路，重点讨论用于脉冲整形与变换的施密特触发器，能直接产生脉冲波形的多谐振荡器，用于定时、延时、调整信号脉宽的单稳态触发器，以及它们的常见应用。

学习目标：

1. 理解 555 定时器的内部电路结构和工作原理。

2. 掌握 555 定时器组成施密特触发器、多谐振荡器、单稳态触发器的工作原理、特性和主要参数的计算方法。

3. 能够使用 555 定时器芯片设计电路解决实际应用问题。

重点内容：

1. 555 定时器组成脉冲产生和整形电路。

2. 施密特触发器、多谐振荡器、单稳态触发器的设计及综合应用。

7.1 脉冲信号与脉冲电路

脉冲信号是指在短时间内出现的电压或电流信号。一般来讲，凡是不具有连续正弦波形状的信号，都可以称为脉冲信号，如图 7.1.1 所示的矩形波、锯齿波、微分波、钟形波等。

| (a) 矩形波 | (b) 锯齿波 | (c) 微分波 | (d) 钟形波 |

图 7.1.1 常见脉冲波形

在数字电路中最常使用的脉冲信号是矩形脉冲波，也称方波。一个理想的周期性矩形信号可用以下几个参数来描绘（见图 7.1.2）。

U_m——信号幅度。它表示电压波形变化的最大值。

T——信号的重复周期。信号的重复频率 $f = 1/T$。

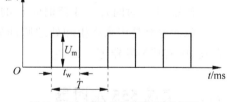

图 7.1.2 理想的周期性矩形信号

t_w——脉冲宽度。它表示脉冲的作用时间。

q——占空比。它表示脉冲宽度 t_w 占整个周期 T 的百分比，其定义为：

$$q = \frac{t_w}{T} \times 100\%$$

图 7.1.3 为三个周期相同（$T=20\text{ms}$），但幅度、脉冲宽度及占空比各不相同的数字信号。

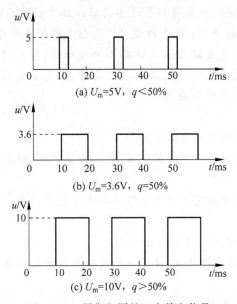

(a) $U_m = 5\text{V}$, $q < 50\%$

(b) $U_m = 3.6\text{V}$, $q = 50\%$

(c) $U_m = 10\text{V}$, $q > 50\%$

图 7.1.3 周期相同的三个数字信号

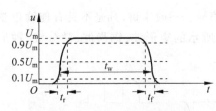

图 7.1.4 实际的矩形脉冲信号

一个实际的矩形脉冲信号常常是非理想的，如图 7.1.4 所示，除了上述几个参数以外，还有两个重要的参数。

t_r——上升时间，是指从脉冲幅值的 10% 上升到 90% 所需要的时间。

t_f——下降时间，是指从脉冲幅值的 90% 下降到 10% 所需要的时间。

另外，非理想矩形信号的脉冲宽度 t_w 定义为脉冲幅值的 50% 的两个时间点之间的时间。

显然，上升时间 t_r 与下降时间 t_f 的值越小，越接近理想波形。其典型值为几纳秒（ns）。

脉冲电路是用来产生和处理脉冲信号的，常用的脉冲电路有单稳态触发器、多谐振荡器、施密特触发器等。

7.2　集成 555 定时器

555 定时器是一种多用途的单片中规模集成电路。该电路使用灵活、方便，只需外接少量的阻容元件就可以构成各种脉冲单元电路，因而在波形的产生与变换、测量与控制、家用电器和电子玩具等许多领域中都得到了广泛的应用。

1. 电路结构

555 定时器的原理图和电路符号如图 7.2.1 所示,它由分压器、两个电压比较器 C_1 和 C_2、基本 RS 锁存器、放电三极管 T 及缓冲器 G 组成。

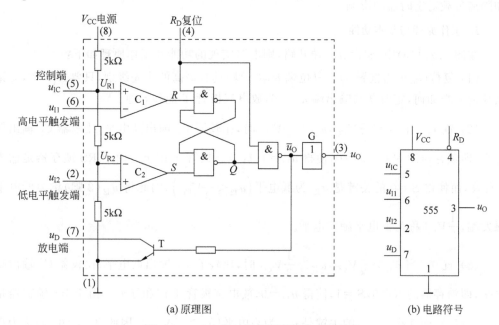

视频

图 7.2.1　555 定时器的原理图和电路符号

(1)分压器。

分压器由三个阻值为 5kΩ 的电阻串联组成,产生两个固定不变的电压 U_{R1} 和 U_{R2},为两个电压比较器 C_1 和 C_2 提供基准电压。需要说明的是,电压比较器具有非常高的输入电阻,其输入端电流近似为 0。由此很容易计算:若 5 脚悬空,即 u_{IC} 输入端开路,则 $U_{R1} = \dfrac{2}{3} V_{CC}$,$U_{R2} = \dfrac{1}{3} V_{CC}$,此时,通常将该引脚对地接一个 0.01μF 的电容,以消除高频干扰;若 u_{IC} 外接一固定电压 U_S,则 $U_{R1} = U_S$,$U_{R2} = \dfrac{1}{2} U_S$。

(2)比较器 C_1 和 C_2。

C_1 的同相输入端为基准电压,反向输入端为 555 定时器的一个触发输入端,当 $u_{I1} > U_{R1}$ 时,C_1 输出低电平;当 $u_{I1} < U_{R1}$ 时,C_1 输出高电平。C_2 的反向输入端为基准电压 U_{R2},同相输入端为 555 定时器的另一个触发输入端 u_{I2},当 $u_{I2} > U_{R2}$ 时,C_2 输出高电平;当 $u_{I2} < U_{R2}$ 时,C_2 输出低电平。

(3)基本 RS 锁存器。

基本 RS 锁存器由两个与非门组成,C_1 和 C_2 的输出状态决定着锁存器的输出状态,继而决定着总输出 u_O 的状态。R_D 是外部清零复位端,当 $R_D = 0$ 时,无论其他输入端处于什么状态,都使 $u_O=0$。正常工作时,应将 R_D 接高电平。

(4) 放电三极管 T 与缓冲器 G。

T 为放电三极管,当 $u_O=0$,$\bar{u}_O=1$ 时,三极管饱和导通,为将来外接的电容提供放电通路;当 $u_O=1$,$\bar{u}_O=0$ 时,三极管截止。门 G 为输出缓冲器,其作用是提高负载能力和隔离负载对定时器的影响。

2. 工作原理与基本功能

在图 7.2.1(a)中,假设 u_{IC} 端开路,则电路实现的功能和工作原理如下:

(1) 复位(输出直接置 0)。复位端 R_D(4 脚)具有最高的优先级别,只要 $R_D=0$,无论其他输入端如何,定时器的输出端 $u_O=0$,放电三极管 T 饱和导通。

(2) 置 1。当 $u_{I1}<\dfrac{2}{3}V_{CC}$,$u_{I2}<\dfrac{1}{3}V_{CC}$ 时,比较器 C_1 输出高电平,比较器 C_2 输出低电平,即锁存器的 $R=1$,$S=0$,使得 $u_O=1$,放电三极管 T 截止。由于 RS 锁存器是输入 0 有效,而使得 $S=0$ 的关键是 u_{I2} 为低电平$\left(u_{I2}<\dfrac{1}{3}V_{CC}\right)$,因此将 u_{I2}(2 脚)称为低电平触发端,$\dfrac{1}{3}V_{CC}$ 称为低电平触发电平。

(3) 置 0。当 $u_{I1}>\dfrac{2}{3}V_{CC}$,$u_{I2}>\dfrac{1}{3}V_{CC}$ 时,比较器 C_1 输出低电平,比较器 C_2 输出高电平,即锁存器的 $R=0$,$S=1$,使得 $u_O=0$,放电三极管 T 饱和导通。由于 RS 锁存器是输入 0 有效,而使得 $R=0$ 的关键是 u_{I1} 为高电平$\left(u_{I1}>\dfrac{2}{3}V_{CC}\right)$,因此将 u_{I1}(6 脚)称为高电平触发端,$\dfrac{2}{3}V_{CC}$ 称为高电平触发电平。

(4) 保持。当 $u_{I1}<\dfrac{2}{3}V_{CC}$,$u_{I2}>\dfrac{1}{3}V_{CC}$ 时,比较器 C_1 和 C_2 均输出高电平,即锁存器的 $R=1$,$S=1$,u_O 保持原状态不变。

由上述分析可得 555 定时器功能表如表 7.2.1 所示。

表 7.2.1　555 定时器功能表(u_{IC} 端开路)

复位端(R_D)	高电平触发端(u_{I1})	低电平触发端(u_{I1})	R 端	S 端	输出端(u_O)	放电管 T	功能
0	$\times$	$\times$	$\times$	$\times$	0	导通	复位
1	$<\dfrac{2}{3}V_{CC}$	$<\dfrac{1}{3}V_{CC}$	1	0	1	截止	置 1
1	$>\dfrac{2}{3}V_{CC}$	$>\dfrac{1}{3}V_{CC}$	0	1	0	导通	置 0
1	$<\dfrac{2}{3}V_{CC}$	$>\dfrac{1}{3}V_{CC}$	1	1	不变	不变	保持

需要注意的是,上述功能表是在控制端 u_{IC} 开路时做出的。如果 u_{IC} 外接一个固定电压,比较器的基准电压 U_{R1} 和 U_{R2} 将发生变化,电路相应的高、低触发电平也将随之变化,并进而影响电路的工作状态。

目前生产的定时器有双极型和 CMOS 两种类型,其型号分别有 NE555(或 5G555)和 C7555 等多种,它们的工作原理以及外部引脚排列基本相同。一般双极型定时器具有较大的驱动能力,而 CMOS 定时电路具有低功耗、输入阻抗高等优点。555 定时器工作的电源电压很宽,并可承受较大的负载电流。双极型定时器电源电压为 $4.5\sim16V$,最大负载电流可达 200mA;CMOS 定时器电源电压为 $3\sim18V$,最大负载电流可达 100mA。此外,一些 CMOS 型 555 定时器内部电路中的分压器阻值为 $100k\Omega$ 而不是 $5k\Omega$。

7.3 施密特触发器

施密特触发器是一种整形电路,它能将边沿变化缓慢的电压波形整形为边沿陡峭的矩形脉冲。与普通触发器相比较,它有以下特点:

(1) 具有两个稳定的状态,但没有记忆作用,输出状态需要相应的输入电压来维持。

(2) 属于电平触发,能对变化缓慢的输入信号做出响应,只要输入信号达到某一额定值,输出即发生翻转。

(3) 具有回差特性,也称为滞回特性,即电路对正向增值和负向增长的输入信号具有不同的阈值电平,这种回差特性使其具有较强的抗干扰能力。

7.3.1 用 555 定时器构成的施密特触发器

1. 电路组成及工作原理

将 555 定时器的高电平触发端(6 脚)和低电平触发端(2 脚)并联在一起,作为输入端,将 3 脚作为输出端(u_O),便构成了施密特触发器,如图 7.3.1(a)所示。图 7.3.1(b)是输入三角波时电路的工作波形。

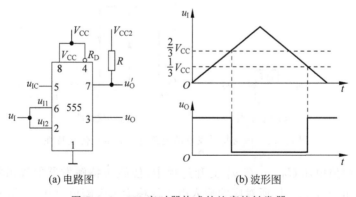

(a) 电路图   (b) 波形图

图 7.3.1 555 定时器构成的施密特触发器

（1）当 $u_I < \frac{1}{3}V_{CC}$ 时，555 定时器的两个电压比较器 C_1 和 C_2 分别输出高电平和低电平，即 $R=1, S=0$，RS 锁存器的输出 $Q=1$，电路输出 $u_O=1$。

（2）当 u_I 上升到 $\frac{1}{3}V_{CC}$ 且小于 $\frac{2}{3}V_{CC}$ 时，电压比较器 C_1 和 C_2 都输出高电平，即 $R=1, S=1$，RS 锁存器保持原状态不变，电路输出 u_O 保持高电平不变。

（3）当 u_I 上升到 $\frac{2}{3}V_{CC}$ 时，电压比较器 C_1 和 C_2 分别输出低电平和高电平，即 $R=0, S=1$，RS 锁存器的输出翻转为 $0(Q=0)$，电路输出 u_O 也翻转为低电平，即 $u_O=0$。当 u_I 由 $\frac{2}{3}V_{CC}$ 继续上升时，电路的这种工作状态一直保持不变。

（4）当 u_I 由大于 $\frac{2}{3}V_{CC}$ 处开始下降时，在 u_I 未下降到 $\frac{1}{3}V_{CC}$ 之前，电路输出 u_O 将保持低电平不变。当 u_I 下降到 $\frac{1}{3}V_{CC}$ 时，电压比较器 C_1 和 C_2 分别输出高电平和低电平，即 $R=1, S=0$，RS 锁存器的输出翻转为 $1(Q=1)$，电路输出 u_O 也翻转为高电平，即 $u_O=1$。u_I 继续下降到 0V 时，电路的这种状态也都不会改变。

2. 电压传输特性和主要参数

图 7.3.2(a)是施密特触发器的电路符号，图 7.3.2(b)是施密特触发器的电压传输特性曲线，它是图 7.3.1 电路电压滞回特性形象而直观的反映。当 u_I 由小于 $\frac{1}{3}V_{CC}$ 的低电平上升到 $\frac{2}{3}V_{CC}$ 时，u_O 由高电平翻转到低电平；但是 u_I 由大于 $\frac{2}{3}V_{CC}$ 的高电平下降时，下降到 $\frac{2}{3}V_{CC}$，u_O 却不改变，只有下降到 $\frac{1}{3}V_{CC}$ 时，u_O 才会由低电平翻转回高电平。由此定义了施密特触发器的几个主要参数：

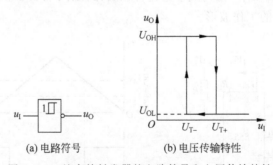

(a) 电路符号　　　　(b) 电压传输特性

图 7.3.2　施密特触发器的电路符号和电压传输特性

（1）上限阈值电压 U_{T+}。在 u_I 上升过程中，使施密特触发器的输出状态由高电平 U_{OH} 翻转为低电平 U_{OL} 时，所对应的输入电压值称为上限阈值电压，并用 U_{T+} 表示。在

图 7.3.2(b)中，$U_{T+} = \dfrac{2}{3}V_{CC}$。

（2）下限阈值电压 U_{T-}。在 u_I 下降过程中，使施密特触发器的输出状态由低电平 U_{OL} 翻转为高电平 U_{OH} 时，所对应的输入电压值称为下限阈值电压，并用 U_{T-} 表示。在图 7.3.2(b)中，$U_{T-} = \dfrac{1}{3}V_{CC}$。

（3）回差电压 ΔU_T。上限阈值电压 U_{T+} 与下限阈值电压 U_{T-} 之差称为回差电压，又称为滞回电压，用 ΔU_T 来表示，表达式为

$$\Delta U_T = U_{T+} - U_{T-}$$

在图 7.3.2(b)中，$\Delta U_T = U_{T+} - U_{T-} = \dfrac{2}{3}V_{CC} - \dfrac{1}{3}V_{CC} = \dfrac{1}{3}V_{CC}$。

若在 555 定时器的电压控制端 u_{IC} 外加电压 U_S，则将有 $U_{T+} = U_S$、$U_{T-} = \dfrac{1}{2}U_S$、$\Delta U_T = \dfrac{1}{2}U_S$，而且当外加电压 U_S 改变时，它们的值也随之改变。

在图 7.3.1(a)中，输出端 u_O'（7 脚）通过 R 接电源 V_{CC2}，与 555 定时器的放电三极管 T 组成回路，其高电平值可以通过改变 V_{CC2} 进行调节，从而实现电平转换。

7.3.2　集成施密特触发器

集成施密特触发器有 CMOS 和 TTL 两大类，有反相输出施密特触发器也有同相输出施密特触发器。

1. CMOS 集成施密特触发器

图 7.3.3(a)是 CMOS 集成施密特触发器 CC40106 的引脚图，一个芯片中含有 6 个反相的施密特触发器，表 7.3.1 是其主要静态参数。从表中可以看出，在不同电源电压 V_{DD} 的条件下，每个参数都有一定的数值范围。

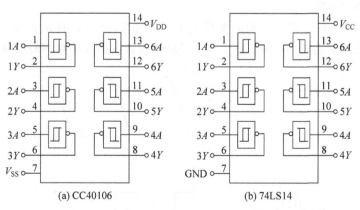

(a) CC40106　　　　(b) 74LS14

图 7.3.3　集成施密特触发器 CC40106 和 74LS14 引脚图

表 7.3.1　集成施密特触发器 CC40106 的主要静态参数　　　　　　　V

电源电压 V_{DD}	U_{T+} 最小值	U_{T+} 最大值	U_{T-} 最小值	U_{T-} 最大值	ΔU_T 最小值	ΔU_T 最大值
5	2.2	3.6	0.9	2.8	0.3	1.6
10	4.6	7.1	2.5	5.2	1.2	3.4
15	6.8	10.8	4	7.4	1.6	5

2. TTL 集成施密特触发器

图 7.3.3(b)是 TTL 集成施密特触发器 74LS14 的引脚图,其主要参数的典型值如表 7.3.2 所示。集成施密特触发器不仅可以制成单输入端反相缓冲器形式,还可以制成多输入端与非门形式,如 CC4093 是 CMOS 四 2 输入端的施密特与非门,74LS132 是 TTL 四 2 输入端的施密特与非门,74LS13 是双 4 输入端的施密特与非门等。

表 7.3.2　TTL 集成施密特触发器几个主要参数的典型值

器件型号	延迟时间/ns	每门功耗/mW	U_{T+}/V	U_{T-}/V	ΔU_T/V
74LS14	15	8.6	1.6	0.8	0.8
74LS132	15	8.8	1.6	0.8	0.8
74LS13	16.5	8.75	1.6	0.8	0.8

施密特与非门和缓冲器具有以下特点:

(1) 即使输入信号边沿的变化非常缓慢,电路也能正常工作;

(2) 对于阈值电压和滞回电压均有温度补偿;

(3) 带负载能力和抗干扰能力都很强。

7.3.3　施密特触发器的应用

1. 用作波形变换

施密特触发器除了能将三角波变换成矩形波之外,还可以将正弦波、锯齿波以及其他不规则的波形变换成矩形波。图 7.3.4 是将正弦波变换成同频率的矩形波。

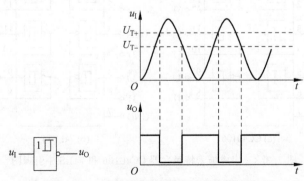

图 7.3.4　用施密特触发器进行波形变换

2. 用于脉冲整形

当传输的信号受到干扰而发生畸变时,可用施密特触发器将其整形成标准的矩形脉冲,如图 7.3.5 所示。

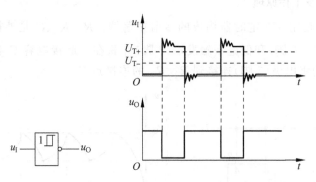

图 7.3.5　用施密特触发器进行脉冲整形

3. 用于脉冲鉴幅

如图 7.3.6 所示,若将一系列幅度不同的脉冲信号施加到施密特触发器的输入端时,只有那些幅度大于 U_{T+} 的输入脉冲才会在输出端产生输出波形,而幅度小于 U_{T+} 的输入脉冲则被滤掉了。显然,施密特触发器具有脉冲鉴幅功能。

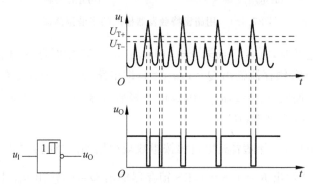

图 7.3.6　用施密特触发器鉴别脉冲幅度

7.4　多谐振荡器

多谐振荡器是一种能产生矩形波的自激振荡器,也称矩形波发生器。与正弦波相比,矩形波中除基波之外,还包含丰富的高次谐波,因此这类振荡器称为多谐振荡器。多谐振荡器起振之后,电路没有稳态,只有两个暂稳态交替变化,输出连续的矩形波,因此它又称为无稳态电路。

7.4.1　用 555 定时器构成的多谐振荡器

1. 电路组成及工作原理

图 7.4.1(a)是用 555 定时器构成的多谐振荡器。R_1、R_2、C 是外接定时元件,定时器的高电平触发端(6 脚)和低电平触发端(2 脚)并联在一起接电容 C 和电阻 R_2 的连接点,放电三极管的集电极(7 脚)连接到 R_1、R_2 的连接点 P。

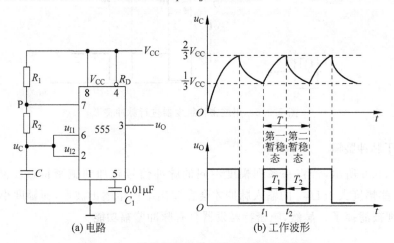

(a) 电路　　　　　　　(b) 工作波形

图 7.4.1　用施密特触发器构成的多谐振荡器

假设在接通电源时,电容 C 尚未充电,即 $u_C=0$。555 定时器的两个电压比较器输出 $R=1$,$S=0$,所以 RS 锁存器输出 $Q=1$,$u_O=1$,即电路处于第一暂稳态。

在第一暂稳态期间,$u_O=1$,$\bar{u}_O=0$,放电三极管 T 截止,V_{CC} 经 R_1、R_2 向电容 C 充电,充电时间常数为 $(R_1+R_2)C$。

电容 C 上的电压 u_C 伴随着充电过程按指数规律增加。当电容电压 u_C 增大至 $\frac{2}{3}V_{CC}$ 时,两个电压比较器输出 $R=0$,$S=1$,RS 锁存器输出 $Q=0$,输出 u_O 由高电平翻转为低电平,电路进入第二暂稳态。

在第二暂稳态期间,$u_O=0$,$\bar{u}_O=1$,555 定时器内部的放电三极管 T 导通,电容 C 经 R_2 和放电三极管 T 放电,放电时间常数为 R_2C,此后,电容 C 上的电压 u_C 伴随着放电过程由 $\frac{2}{3}V_{CC}$ 按指数规律下降。当电容电压 u_C 减小至 $\frac{1}{3}V_{CC}$ 时,两个电压比较器输出 $R=1$,$S=0$,RS 锁存器输出 $Q=0$,u_O 由低电平翻转为高电平,电路又回到第一暂稳态。

以上过程周而复始,在输出端将得到一个连续的矩形波,如图 7.4.1(b)所示。可见该电路没有稳态,只有两个暂稳态,之所以称为"暂稳态",是因为这两个状态都维持不住,会随着电容的充电、放电自动结束。

2. 振荡频率的估算

如图 7.41(b)所示,由电路的输出波形可以看出,振荡周期 $T = T_1 + T_2$。T_1、T_2 分别是电容 C 在振荡过程中的充电、放电时间,均可用电路理论中的过渡过程公式计算:

$$u_C(t) = u_C(\infty) + [u_C(0^+) - u_C(\infty)]e^{-\frac{t}{\tau}}$$

(1)电容充电时间 T_1

将 t_1 作为时间起点,起始值 $u_C(0^+) = \frac{1}{3}V_{CC}$,终值 $u_C(\infty) = V_{CC}$,转换值 $u_C(T_1) = \frac{2}{3}V_{CC}$,电容充电时间常数 $\tau_1 = (R_1 + R_2)C$,代入 RC 过渡过程计算公式进行计算:

$$T_1 = \tau_1 \ln \frac{u_C(\infty) - u_C(0^+)}{u_C(\infty) - u_C(T_1)}$$

$$= \tau_1 \ln \frac{V_{CC} - \frac{1}{3}V_{CC}}{V_{CC} - \frac{2}{3}V_{CC}} = \tau_1 \ln 2 = 0.7(R_1 + R_2)C$$

(2)电容放电时间 T_2

将 t_2 作为时间起点,起始值 $u_C(0^+) = \frac{2}{3}V_{CC}$,终值 $u_C(\infty) = 0$,转换值 $u_C(T_2) = \frac{1}{3}V_{CC}$,电容放电时间常数 $\tau_2 = R_2 C$,代入 RC 过渡过程计算公式进行计算:

$$T_2 = \tau_2 \ln \frac{u_C(\infty) - u_C(0^+)}{u_C(\infty) - u_C(T_2)}$$

$$= \tau_2 \ln \frac{0 - \frac{2}{3}V_{CC}}{0 - \frac{1}{3}V_{CC}} = \tau_2 \ln 2 = 0.7 R_2 C$$

(3)电路振荡周期 T

$$T = T_1 + T_2 = 0.7(R_1 + 2R_2)C$$

(4)电路振荡频率 f

$$f = \frac{1}{T} = \frac{1}{0.7(R_1 + 2R_2)C}$$

$$\approx \frac{1.43}{(R_1 + 2R_2)C}$$

(5)输出波形占空比 q

$$q = \frac{T_1}{T} = \frac{0.7(R_1 + R_2)C}{0.7(R_1 + 2R_2)C}$$

$$= \frac{R_1 + R_2}{R_1 + 2R_2}$$

显然,调节多谐振荡器中的 R_1、R_2 和 C 的数值即可方便地调节振荡周期和频率。

7.4.2 占空比可调的多谐振荡器电路

在图 7.4.1 所示电路中,由于电容 C 的充电时间常数 $\tau_1 = (R_1+R_2)C$,放电时间常数 $\tau_2 = R_2C$,所以 T_1 总是大于 T_2,u_O 的波形不仅不可能对称,而且占空比 q 不易调节。利用二极管的单向导电特性,把电容 C 充电和放电回路隔离开来,再加上一个电位器,便可构成占空比可调的多谐振荡器,如图 7.4.2 所示。

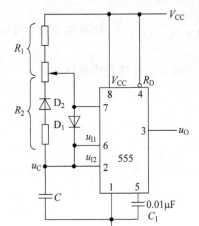

图 7.4.2 占空比可调的多谐振荡器

由图 7.4.2 可见,由于二极管的引导作用,电容 C 的充电时间常数 $\tau_1 = R_1C$,放电时间常数 $\tau_2 = R_2C$。则有

$$T_1 = 0.7R_1C$$
$$T_2 = 0.7R_2C$$

占空比

$$q = \frac{T_1}{T} = \frac{T_1}{T_1+T_2}$$
$$= \frac{0.7R_1C}{0.7R_1C+0.7R_2C} = \frac{R_1}{R_1+R_2}$$

只要改变电位器滑动端的位置,就可以方便地调节占空比 q,当 $R_1 = R_2$ 时,$q = 0.5$,u_O 成为对称的矩形波。

7.4.3 石英晶体振荡器

在许多数字系统中,都要求时钟脉冲频率十分稳定,例如在数字钟表里,计数脉冲频率的稳定性,就直接决定着计时的精度。在上面介绍的多谐振荡器中,由于其工作频率取决于电容 C 充电、放电过程中电压到达转换值的时间,而这些因素易受温度变化和电源波动的影响,因此频率稳定度不够高。在对振荡器频率稳定度要求很高的场合,最常用的方法是采用石英晶体构成石英晶体振荡器。石英晶体振荡器的工作原理在"模拟电子技术"课程中有详细的讲解,这里只做简单介绍。

1. 石英晶体的选频特性

图 7.4.3 是石英晶体的电抗频率特性和符号。由特性曲线可见,当频率 $f = f_s$ 时,石英晶体的电抗 $X = 0$,呈纯阻性;当频率 $f = f_p$ 时,石英晶体呈感性且电感值很大,而且呈感性的频带非常狭窄,因此 $f_p \approx f_s$。石英晶体不仅选频特性极好,而且谐振频率十分稳定,其稳定度可达 $10^{-10} \sim 10^{-11}$。

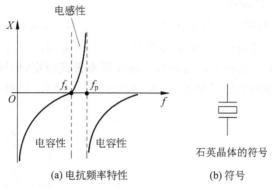

(a) 电抗频率特性   (b) 符号

图 7.4.3 石英晶体的电抗频率特性和符号

2. CMOS 门电路构成放大器

石英晶体振荡器中的放大器常用一个 CMOS 非门和一个反馈电阻 R 组成,如图 7.4.4(a)所示。CMOS 非门的电压传输特性曲线如图 7.4.4(b)所示,由于 CMOS 非门的输入阻抗极高,电阻 R 上的压降可近似为 0,于是有 $u_O = u_I$,这是一个直线方程。在传输特性曲线的坐标系里作出这条直线 OA,该直线与非门的电压传输特性曲线交点 Q 即为工作点。可见,非门工作在转折区。由于转折区很陡,此时如在输入端加一个幅度微小的输入信号,则会产生一个幅度较大的反相输出信号,这样,CMOS 非门就具有放大作用。

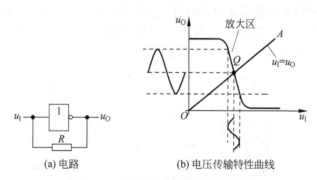

(a) 电路   (b) 电压传输特性曲线

图 7.4.4 CMOS 非门组成的放大器

3. 石英晶体振荡器

1) 串联型石英晶体振荡器

串联型石英晶体振荡器电路如图 7.4.5 所示,R_1、G_1 构成一个放大器,R_2、G_2 构成另一个放大器,两个放大器经耦合电容 C_1、C_2 首尾相连,构成正反馈系统,石英晶体等效为一个比较小的纯电阻。石英晶体串联于反馈回路中,作为选频环节,只有频率为 f_s 的信号才能通过,满足振荡条件,所以该电路的振荡频率为石英晶体的谐振频率 f_s。f_s 仅取决于石英晶体的体积和形状,而与外接的电阻、电容元件无关,所以这种电路振荡频率的稳定度很高。

视频

2）并联型石英晶体振荡器

并联型石英晶体振荡器电路如图 7.4.6 所示，R、G_1 构成放大器，与石英晶体、C_1、C_2 构成电容三点式振荡电路，石英晶体等效为一个大电感。振荡频率为 f_p，改变电容 C_1 可以微调振荡频率。石英晶体振荡器的振荡频率极其稳定，但输出波形不够理想，接近于正弦波，所以在输出端加反相器 G_2 起整形作用，同时 G_2 还可以隔离负载对振荡电路工作的影响。

图 7.4.5　串联型石英晶体振荡器　　　图 7.4.6　并联型石英晶体振荡器

7.4.4　多谐振荡器的应用

1. 简易温控报警器

图 7.4.7 是利用多谐振荡器构成的简易温控报警电路，其中 555 构成可控音频振荡电路，扬声器发声报警，三极管 T 用作温度传感器。三极管 T 可选用锗管 3AX31、3AX81 或 3AG 类，也可选用 3DU 型光敏管。

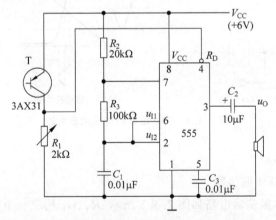

图 7.4.7　多谐振荡器用作简易温控报警电路

在常温下，三极管 T 的集电极和发射极之间的穿透电流 I_{CEO} 一般为 $10\sim50\mu A$，且随温度升高而显著增大。当温度低于设定温度值时，I_{CEO} 较小，555 复位端 R_D（4 脚）的电压较低，电路工作在复位状态，多谐振荡器停振，扬声器不发声；当温度升高到设定温度值时，I_{CEO} 较大，555 复位端 R_D 的电压升高到解除复位状态的电位，多谐振荡器开始振荡，扬声器发出报警声。该电路原理简单、调试方便，可用于火警或热水温度报警等。

注意，不同的三极管，其 I_{CEO} 值相差较大，故需改变 R_1 的阻值来调节控温点。方法是先把测温三极管 T 置于要求报警的温度下，调节 R_1 使电路刚发出报警声。报警的音调取决于多谐振荡器的振荡频率，由元件 R_2、R_3 和 C_1 决定，改变这些元件值，可改变音调，但要求 $R_2 > 1k\Omega$。

2. 双音门铃

图 7.4.8 是用多谐振荡器构成的电子双音门铃电路。

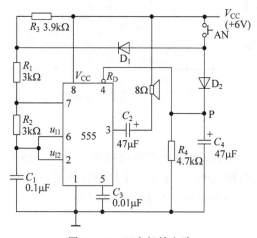

视频

图 7.4.8 双音门铃电路

当按钮开关 AN 按下时，开关闭合，V_{CC} 经 D_2 向 C_4 充电，P 点（4 脚）电位迅速充至 V_{CC}，复位解除，电路起振。由于 D_1 将 R_3 旁路，故此时的充电时间常数为 $(R_1+R_2)C_1$，放电时间常数为 R_2C_1，多谐振荡器产生高频振荡，扬声器发出高音。

当按钮开关 AN 松开时，开关断开，由于电容 C_4 储存的电荷经 R_4 放电要维持一段时间，在 P 点电位降至复位电平之前，电路将继续维持振荡。但此时 V_{CC} 经 R_3、R_1、R_2 向 C_1 充电，充电时间常数增加为 $(R_3+R_1+R_2)C_1$，放电时间常数仍为 R_2C_1，多谐振荡器产生低频振荡，扬声器发出低音。

当电容 C_4 持续放电，使 P 点电位降至 555 的复位电平以下时，多谐振荡器停止振荡，扬声器停止发声。

调节相关参数，可以改变高、低音发声频率以及低音维持时间。

3. 双音报警器

图 7.4.9 所示电路是另一产生两种频率的振荡器，与图 7.4.8 中电路不同，该电路引入了 555 定时器 5 号引脚的控制。电路由两个 555 定时器组成多谐振荡器，（1）号振荡器的输出 u_{O1} 通过一个 20kΩ 的电阻 R_5 接到（2）号 555 定时器的 5 号引脚。这样，（2）号

555 定时器中两个电压比较器 C_1 和 C_2 的基准电压 U_{R1} 和 U_{R2} 不再是 $\frac{2}{3}V_{CC}$ 和 $\frac{1}{3}V_{CC}$，而与 u_{O1} 有关。u_O 产生两个频率交替的方波。该电路可用来制成双音报警器,详细的工作原理请读者自行分析。

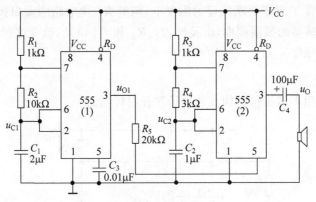

图 7.4.9　双音报警器电路

4. 秒脉冲发生器

图 7.4.10 是一个秒脉冲发生器的逻辑电路图。石英晶体振荡器产生 $f=32768\text{Hz}$ 的基准信号,经 T′触发器构成的 15 级异步计数器分频后,可得到稳定度极高的秒信号。这种秒脉冲发生器可作为各种计时系统的基准信号源。

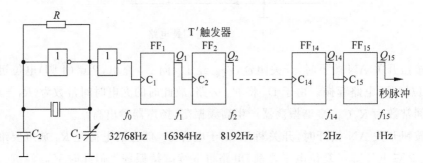

图 7.4.10　秒脉冲发生器

7.5　单稳态触发器

单稳态触发器具有下列特点:第一,它有一个稳定状态和一个暂稳状态;第二,在外来触发脉冲作用下,能够由稳定状态翻转到暂稳状态,暂稳状态维持一段时间后,将自动返回稳定状态;第三,暂稳状态稳定时间的长短与触发脉冲无关,仅取决于电路本身的参数。这种电路在数字系统和装置中,一般用于定时、整形和延时等。

7.5.1 用 555 定时器构成的单稳态触发器

1. 电路组成及工作原理

图 7.5.1(a)所示电路是用 555 定时器构成的单稳态触发器。R、C 是定时元件,输入触发信号 u_1 加在 555 的低电平触发端(2 脚),低电平有效。输出信号从 555 的 3 脚送出。

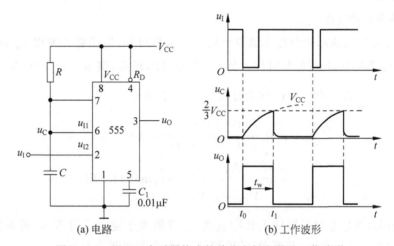

图 7.5.1　用 555 定时器构成的单稳态触发器及工作波形

（1）无触发信号输入时电路工作在稳定状态。

当电路无触发信号时,u_1 保持高电平,电路工作在稳定状态,即输出端 u_O 保持低电平,555 内部的放电三极管 T 饱和导通,7 脚相当于接地,电容电压 u_C 为 0V。

（2）u_1 下降沿触发进入暂稳态。

当 u_1 下降沿到达时,555 的 2 脚由高电平跳变为低电平,两个电压比较器输出 $R=1$,$S=0$,基本 RS 锁存器被置 1,输出端(3 脚)u_O 由低电平翻转为高电平。电路由稳态转入暂稳态。

（3）暂稳态的维持时间。

在暂稳态期间,$u_O=1$,$\bar{u}_O=0$,放电三极管截止,V_{CC} 经 R 向 C 充电,充电时间常数 $\tau_1=RC$,电容电压 u_C 由 0V 开始按指数规律上升。在 u_C 上升到 $\frac{2}{3}V_{CC}$ 之前,电路将保持暂稳态不变。

（4）自动返回(暂稳态结束)。

随着电容 C 充电过程的进行,电容电压 u_C 不断升高,当 u_C 上升至 $\frac{2}{3}V_{CC}$ 时,两个电压比较器输出 $R=0$,$S=1$,基本 RS 锁存器被置 0,u_O 由高电平翻转为低电平,暂稳态结束。

（5）恢复过程。

当暂稳态结束后，$u_O=0$，$\bar{u}_O=1$，放电三极管 T 导通，电容 C 通过三极管 T 放电，时间常数 $\tau_2=R_{CES}C$，R_{CES} 是 T 的饱和导通电阻，其阻值非常小，因此放电非常快。经过 $(3\sim5)\tau_2$ 后，电容 C 放电完毕，u_C 回到 0V，恢复过程结束，电路恢复到稳态。

此时，一个周期完成，单稳态触发器又可以接收新的输入触发信号。图 7.5.1(b)是单稳态触发器的工作电压波形。

2. 主要参数

（1）输出脉冲宽度 t_w。

由图 7.5.1(b)所示的单稳态触发器的工作波形可知，输出脉冲宽度 t_w 就是暂稳态维持时间，也就是电容的充电时间。将 t_0 作为时间起点，则 $u_C(0^+)\approx0$V，$u_C(\infty)=V_{CC}$，$u_C(t_w)=\dfrac{2}{3}V_{CC}$，代入 RC 过渡过程计算公式，可得

$$
\begin{aligned}
t_w &= \tau_1\ln\frac{u_C(\infty)-u_C(0^+)}{u_C(\infty)-u_C(t_w)}\\
&= \tau_1\ln\frac{V_{CC}-0}{V_{CC}-\dfrac{2}{3}V_{CC}}=\tau_1\ln3=1.1RC
\end{aligned}
$$

上式说明，单稳态触发器输出脉冲宽度 t_w 仅取决于定时元件 R、C 的取值，与输入触发信号和电源电压无关，调节 R、C 的取值，即可方便地调节 t_w。

（2）恢复时间 t_{re}。

恢复时间 t_{re} 是指暂稳态结束后，电容 C 经三极管 T 放电的时间。一般取 $t_{re}=(3\sim5)\tau_2$。由于 $\tau_2=R_{CES}C$，而 R_{CES} 很小，所以 t_{re} 极短。

（3）最高工作频率 f_{max}。

若输入触发信号 u_I 是周期为 T 的连续脉冲时，为保证单稳态触发器能够正常工作，则应满足下列条件：

$$T>t_w+t_{re}$$

即 u_I 周期的最小值 $T_{min}=t_w+t_{re}$，因此，单稳态触发器的最高工作频率应为

$$f_{max}=\frac{1}{T_{min}}=\frac{1}{t_w+t_{re}}$$

3. 宽脉冲触发的单稳态触发器

在图 7.5.1 所示电路中，输入的触发信号必须是"窄脉冲"，即 u_I 的脉冲宽度（低电平的保持时间）必须小于 u_O 的脉冲宽度 t_w，否则电路将不能正常工作。图 7.5.2 示出了输入宽脉冲的情况。在暂稳态期间，当电容充电至 $u_C=\dfrac{2}{3}V_{CC}$ 后，因为 u_I 仍为低电平，所以本应结束的暂稳态却结束不了，u_O 仍维持高电平。直到 u_I 变为高电平，u_O 才

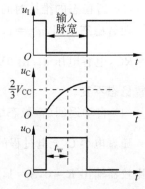

图 7.5.2　宽脉冲触发的问题

能变回低电平。这样 u_O 的脉宽就与 u_I 脉宽相同,就失去了单稳态触发器的作用。

解决这一问题的方法,是在输入端加一窄脉冲形成电路,将输入的宽脉冲变换为窄脉冲后再送到 u_I 端。最简单的窄脉冲形成电路可采用 RC 微分电路,如图 7.5.3(a)所示,R_1、C_1 组成微分电路,利用电容两端电压不能突变的原理,将输入宽脉冲 u_I 变换为很窄的尖脉冲 u_{I2}。二极管 D 起保护作用,在 u_I 上跳时,将 u_{I2} 的上跳值限制在 $V_{CC}+U_D$,以避免过高的电压加入电路的输入端。图 7.5.3(b)是其工作波形图。

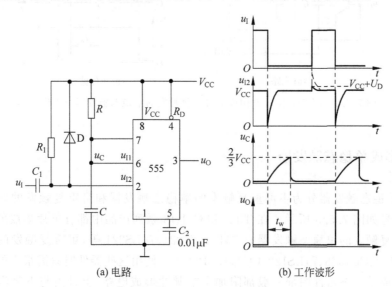

(a) 电路　　　　(b) 工作波形

图 7.5.3　宽脉冲触发的单稳态触发器及工作波形

4. 可重复触发的单稳态触发器

上面介绍的单稳态触发器在暂稳态没有结束以前,再加入触发脉冲不会影响电路的工作过程,必须在暂稳态结束以后,它才能接收下一个触发脉冲而转入下一个暂稳态。这样的单稳称为不可重复触发的单稳态触发器。还有另一类单稳,在电路被触发而进入暂稳态以后,如果再次加入触发脉冲,电路将重新被触发,使输出脉冲再继续维持一个 t_w 宽度,这样的单稳称为可重复触发的单稳态触发器。

图 7.5.4 是由 555 定时器组成的可重复触发的单稳态触发器。与图 7.5.1 相比,该电路多了一个 PNP 三极管 T_P,并联在电容 C 两端。这样 C 就有了两条放电的通路,一条通路是通过 555 定时器内部的放电三极管,另一条通路是通过外接的三极管 T_P,其工作波形如图 7.5.4(b)所示。

当 u_I 输入负脉冲后,电路被触发进入暂稳态,同时三极管 T_P 导通,电容 C 放电。当 u_I 变高电平后,C 开始充电。如果 u_I 高电平的时间比较短,在 u_C 被充至 $\frac{2}{3}V_{CC}$ 以前,即暂稳态还没有结束时,u_I 又输入了一个负脉冲,则 T_P 又导通,电容 C 又放电,电路仍处于暂稳态。直到 u_I 高电平的时间大于 t_w 以后,u_C 才能被充至 $\frac{2}{3}V_{CC}$,电路才能回到稳态。

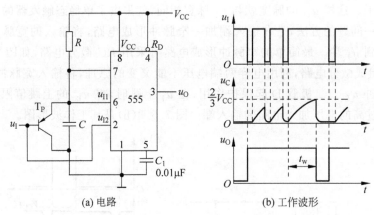

(a) 电路　　　　　　　(b) 工作波形

图 7.5.4　用 555 定时器构成的可重复触发的单稳态触发器及工作波形

7.5.2　集成单稳态触发器

集成单稳态触发器分为不可重复触发的单稳态触发器和可重复触发的单稳态触发器,逻辑符号如图 7.5.5 所示。在 TTL 和 CMOS 系列产品中都有单片集成的单稳态器件,不可重复触发的单稳态触发器有 74121、74221、74LS221 等,可重复触发的单稳态触发器有 74122、CC4528、74LS122、CC74HC123 等。使用这些器件时只需很少的外接元件和连线,集成单稳态器件内部一般都附加了窄脉冲形成电路、上升沿与下降沿触发的控制以及置零等功能,使用极为方便。此外,由于将元、器件集成于同一芯片上,并且在电路上采取了温漂补偿措施,所以电路的温度稳定性比较好。

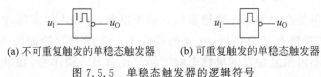

(a) 不可重复触发的单稳态触发器　　　(b) 可重复触发的单稳态触发器

图 7.5.5　单稳态触发器的逻辑符号

1. 不可重复触发的 TTL 集成单稳态触发器 74121

图 7.5.6 是 TTL 集成单稳态触发器 74121 的逻辑符号及工作波形图。该器件是在普通微分型单稳态触发器的基础上附加输入控制电路、窄脉冲形成电路和输出缓冲电路而形成的。

A_1 和 A_2 是两个下降沿有效的触发输入端,B 是上升沿有效的触发输入端。u_O 和 $\bar{u}_O$ 是两个状态互补的输出端。R_{ext}/C_{ext}、C_{ext} 是外接定时电阻和电容的连接端,外接定时电阻 R_{ext} 可选择 $1.4 \sim 40 \text{k}\Omega$,外接定时电容 C 可选择 $10\text{pF} \sim 10\mu\text{F}$。74121 内部已经设置了一个 $2\text{k}\Omega$ 的定时电阻,R_{int}(引脚 9)是其引出端,使用时只需将引脚 9 与引脚 14 连接起来即可,不用时应让引脚 9 悬空。

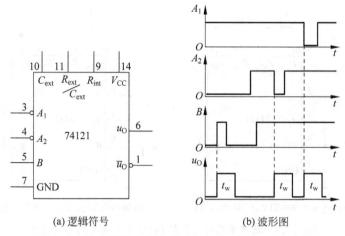

(a) 逻辑符号　　　　　　　(b) 波形图

图 7.5.6　集成单稳态触发器 74121 的逻辑符号和波形图

表 7.5.1 是 74121 的功能表,表中 1 表示高电平,0 表示低电平,↓ 表示下降沿,↑ 表示上升沿,⊓ 表示正脉冲,⊔ 表示负脉冲,×表示任意态(高电平或低电平)。

表 7.5.1　集成单稳态触发器 74121 的功能表

输	入		输	出	工作特征
A_1	A_2	B	u_O	$\bar{u}_O$	
0	×	1	0	1	
×	0	1	0	1	
×	×	0	0	1	保持稳态
1	1	×	0	1	
1	↓	1	⊓	⊔	
↓	1	1	⊓	⊔	下降沿触发
↓	↓	1	⊓	⊔	
0	×	↑	⊓	⊔	上升沿触发
×	0	↑	⊓	⊔	

图 7.5.7 示出了 74121 的外部元件连接方法,图 7.5.7(a)是使用外接电阻 R_{ext} 且电路为下降沿触发的连接方式,图 7.5.7(b)是使用内部电阻 R_{int} 且电路为上升沿触发的连接方式。

74121 的输出脉冲宽度 $\tau \approx 0.7RC$。

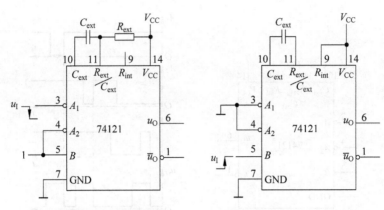

(a) 使用外接电阻R_{ext}(下降沿触发)　　　(b) 使用内部电阻R_{int}(上升沿触发)

图 7.5.7　集成单稳态触发器 74121 的外部元件连接方法

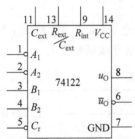

图 7.5.8　74122 的逻辑符号

2. 带清零端的可重复触发的 TTL 集成单稳态触发器 74122

图 7.5.8 和表 7.5.2 分别是 74122 的逻辑符号与功能表。与 74121 相比较,它除了带有清零端和可重复触发以外,它有两个上升沿有效的触发输入端 B_1、B_2,它的清零端 C_r 也可以作触发输入端。

当定时电容大于 1000pF 时,其输出脉冲宽度 $\tau \approx 0.32RC$。

表 7.5.2　可重复触发的集成单稳态触发器 74122 的功能表

输　入					输　出		工 作 特 征
C_r	A_1	A_2	B_1	B_2	u_O	$\overline{u}_O$	
0	×	×	×	×	0	1	清零
×	1	1	×	×	0	1	保持稳态
×	×	×	×	0	0	1	
×	×	×	0	×	0	1	
1	0	×	↑	1	⊓	⊔	上升沿触发
1	0	×	1	↑	⊓	⊔	
1	×	0	↑	1	⊓	⊔	
1	×	0	1	↑	⊓	⊔	
1	1	↓	1	1	⊓	⊔	下降沿触发
1	↓	↓	1	1	⊓	⊔	
1	↓	1	1	1	⊓	⊔	
↑	0	×	1	1	⊓	⊔	清零端触发
↑	×	0	1	1	⊓	⊔	

7.5.3 单稳态触发器的应用

1. 整形

如图 7.5.9 所示，单稳态触发器能够把不规则的输入信号 u_I，整形成为幅度和宽度都标准的矩形脉冲 u_O。u_O 的幅度取决于单稳态电路输出的高、低电平，宽度 t_w 取决于暂稳态时间。

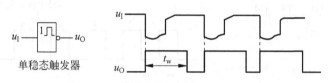

图 7.5.9 单稳态触发器用于波形的整形

2. 调整信号脉宽

仔细观察图 7.5.9 所示单稳态触发器的输入输出波形可以发现，当输入信号的周期大于输出脉宽时，其输出波形的周期与输入波形的周期相同，而输出的脉宽 t_w 取决于定时元件 R、C 的数值。这一特性可用来调整信号的脉宽而不改变周期。图 7.5.10 是用单稳态触发器与多谐振荡器组成的周期可调、脉宽可调的方波信号发生器。改变多谐振荡器中定时元件 R_1、C_1 可改变信号的周期，而改变单稳态触发器的定时元件 R_2、C_2 可改变信号的脉宽。

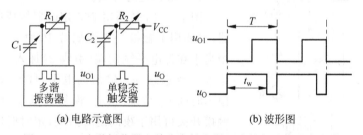

(a) 电路示意图   (b) 波形图

图 7.5.10 多谐振荡器和单稳态触发器组成的方波信号发生器

3. 延时

延时也是单稳态触发器的一种基本功能，常被应用于时序控制中。

（1）基本延时作用。

在图 7.5.11 中，u_O 的下降沿比 u_I 的下降沿延迟了时间 t_w，t_w 可通过改变定时元件 R、C 的数值来改变。

（2）丢失脉冲指示器。

用可重复触发的集成单稳态触发器 74122 组成

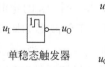
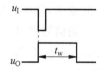

图 7.5.11 单稳态触发器的延时作用

的电路如图 7.5.12(a)所示，输入信号 u_I 是连续均匀的脉冲信号，周期为 T_I，若选定时

元件 R_{ext}、C_{ext} 使得 $T_I < t_w < 2T_I$，在第一个 u_I 上升沿触发后，u_O 端将一直处于 1 状态，一旦输入脉冲列中出现丢失脉冲，u_O 才变为 0，这个 0 信号可作为丢失脉冲指示信号，如图 7.5.12(b) 所示。实际上该电路是利用了 74122 的"可重复触发"的特性。该电路也可以看成一个延时器，在满足上述条件下，只要控制丢失脉冲的位置，就可以控制延时的长短，所以这个电路又称为可控长延时电路。

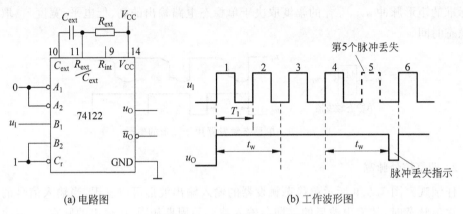

(a) 电路图   (b) 工作波形图

图 7.5.12 丢失脉冲指示器

4. 定时

定时与延时在本质上是一样的，只是作用的对象不同。

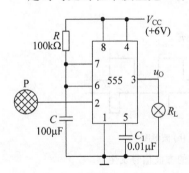

图 7.5.13 触摸式定时控制开关电路

(1) 触摸定时开关。

图 7.5.13 是利用 555 定时器构成的单稳态触发器，只要用手触摸一下金属片 P，由于人体感应电压相当于在低电平触发端(引脚 2)加入一个负脉冲，电路进入暂稳态，u_O 输出高电平，灯泡 R_L 发光，当暂稳态时间 t_w 结束后，u_O 恢复低电平，灯泡熄灭。该触摸开关可用于夜间定时照明，定时时间可由 RC 参数调节。

(2) 产生定时门控信号。

图 7.5.14(a) 是数字测频计的原理框图。根据频率的定义，将被测信号送入计数器，在单位时间里(如 1s)统计出的脉冲个数就是被测信号的频率，怎样产生一个 1s 的定时门控信号呢？将单稳态的输出电压 u_O' 作为与门的输入控制信号即可。工作波形如图 7.5.14(b) 所示，当 u_O' 为高电平时，与门打开，将被测信号 u_F 送进来，即 $u_O = u_F$；当 u_O' 为低电平时，与门关闭，u_F 进不来。调整单稳的定时元件，使 $t_w = 1s$，则与门打开的时间就是 1s，这时计数器记录的便是 1s 内的输入脉冲个数，即输入信号的频率。

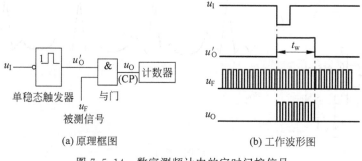

(a) 原理框图　　　　　　　　(b) 工作波形图

图 7.5.14　数字测频计中的定时门控信号

小结

1. 555 定时器是一种用途很广的集成电路,除了能组成施密特触发器、多谐振荡器和单稳态触发器以外,还可以接成各种灵活多变的应用电路。

2. 多谐振荡器是一种自激振荡电路,不需要外加输入信号,就可以自动地产生方波信号。多谐振荡器有多种电路形式,可用 555 定时器组成,也可用石英晶体组成。

3. 施密特触发器虽然不能自动地产生方波信号,但却可以把其他形状的信号变换成为方波,为数字系统提供标准的脉冲信号。

4. 单稳态触发器可在触发信号作用下输出固定脉宽,常用来定时、延时、整形等。可重复触发的单稳态触发器可以被外加信号连续触发,而不可重复触发的单稳态触发器不允许外加信号连续触发。

5. 学习多谐振荡器与单稳态触发器之后,可以发现,它们和触发器有着非常有趣的关系。在第 5 章学过的触发器,无论是 JK 触发器、D 触发器还是 RS 触发器,都有两个稳定的状态,可以称为双稳态触发器。而多谐振荡器没有稳态,只有两个暂稳态,所以又称为无稳态触发器。单稳态触发器正好介于两者之间,它有一个稳态和一个暂稳态。就像三兄弟,它们虽然有很多相似之处,但却性格迥异,本领不同。它们的身影常常出现在数字电路的各个应用场合中,要注意认识和辨别它们。

习题

7.1　555 构成的施密特触发器如题图 7.1 所示,当输入信号为图示周期性心电波形时,试画出经施密特触发器整形后的输出电压波形。

7.2　题图 7.2 所示电路为一个回差可调的施密特触发电路,它是利用射极跟随器的发射极电阻 R_{e1} 来调节回差的。试分析电路的工作原理,并求当 R_{e1} 在 $50\sim100\Omega$ 的范围内变化时回差电压的变化范围。

7.3　题图 7.3 为一通过可变电阻 R_{w} 实现占空比调节的多谐振荡器,图中 $R_{w}=R_{w1}+R_{w2}$,试分析电路的工作原理,求振荡频率 f 和占空比 q 的表达式。

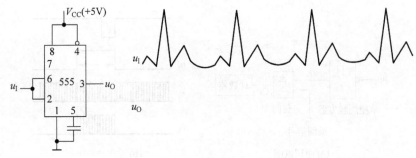

题图 7.1

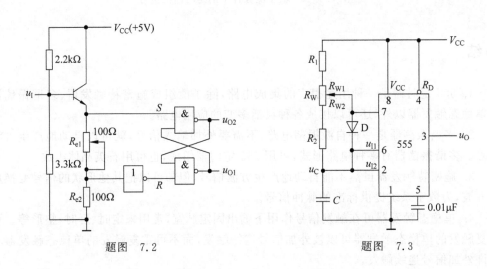

题图 7.2　　　　　　　　　　题图 7.3

7.4　在图 7.4.1 所示 555 构成的多谐振荡器电路中,已知 $R_1=1\text{k}\Omega$,$R_2=8.2\text{k}\Omega$,$C=0.4\mu\text{F}$。试求振荡周期 T、振荡频率 f 及占空比 q。

7.5　题图 7.5 是用两个 555 定时器接成的延时报警器。当开关 S 断开后,经过一定的延迟时间后,扬声器开始发声。如果在延迟时间内开关 S 重新闭合,扬声器不会发出声音。在图中给定参数下,试求延迟时间的具体数值和扬声器发出声音的频率。图中 G_1 是 CMOS 反相器,输出的高、低电平分别为 $U_{\text{OH}}=12\text{V}$,$U_{\text{OL}}\approx0\text{V}$。

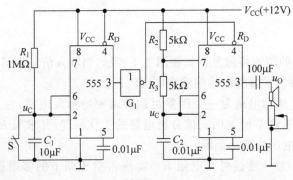

题图 7.5

7.6 题图 7.6 是救护车扬声器发声电路。在图中给定的电路参数下，设 $V_{CC} = 12V$ 时，555 定时器输出的高、低电平分别为 11V 和 0.2V，输出电阻小于 100Ω，试计算扬声器发声的高、低音的持续时间。

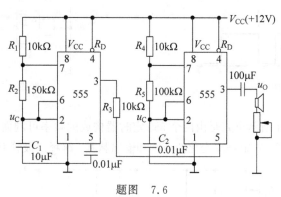

题图 7.6

7.7 一个过压监视电路如题图 7.7 所示，试说明当监视电压 u_x 超过一定值时，发光二极管 D 将发出闪烁的信号。

提示：当晶体管 T 饱和时，555 的引脚 1 端可认为处于低电位。

7.8 图题 7.8 所示电路是由 555 构成的锯齿波发生器，三极管 T 和电阻 R_1、R_2、R_e 构成恒流源电路，给定时电容 C 充电，当触发输入端输入负脉冲后，画出触发脉冲、电容电压 u_C 及 555 输出端 u_O 的电压波形，并计算电容 C 的充电时间。

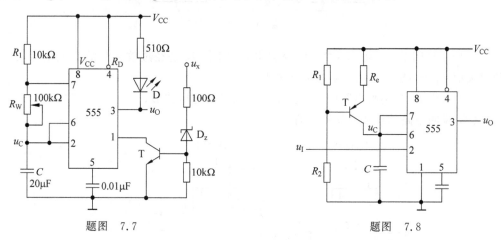

题图 7.7   题图 7.8

7.9 要将如题图 7.9 所示的输入 u_I 波形变换成 u_O，试设计对应的电路，并合理地选择电路参数。

7.10 由 CMOS 施密特与非门组成的占空比可调的多谐振荡器如题图 7.10 所示，假设已知电路中 R_1、R_2、C、V_{DD}、U_{T+}、U_{T-} 的值，定性画出 u_C 及 u_O 的波形图，并写出输出信号频率的表达式。

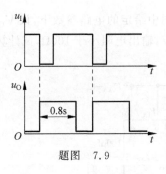

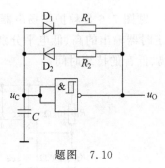

题图 7.9   题图 7.10

7.11 题图 7.11 所示电路是由两个 555 定时器构成的频率可调而脉宽不变的方波发生器,试说明其工作原理;确定频率变化的范围和输出脉宽;解释二极管 D 在电路中的作用。

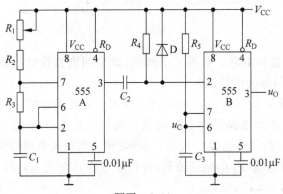

题图 7.11

7.12 题图 7.12 为一心律失常报警电路,图中 u_I 是经过放大后的心电信号,其幅值最大值 $u_{Im}=4V$。设 u_{O2} 初态为高电平。

(1) 对应 u_I 分别画出图中 u_{O1}、u_{O2}、u_O 三点的电压波形;

(2) 说明电路的组成及工作原理。

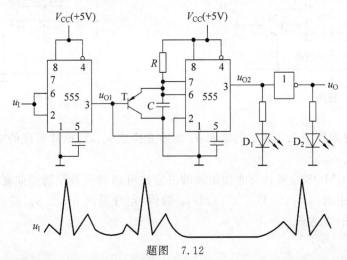

题图 7.12

第8章

半导体存储器

内容提要：

说到存储器，人们并不陌生，现实生活中常见的光盘、优盘，数码相机中的存储卡都是存储器。存储器是一个很大众化的术语，不像译码器、触发器那么专业。计算机是典型的数字系统，随着计算机的广泛使用，人们就常常和存储器打交道了。例如，买一台新计算机时，要考虑内存多少，硬盘多大。电子技术的发展，特别是数码技术的普及，已经使得存储器与人们的日常生活愈发紧密。那么，存储器结构如何？它是怎样工作的？本章将解答这些问题。

存储器的种类很多，按存储介质的不同主要有半导体存储器、磁表面存储器（包括磁带、硬磁盘、软磁盘等）、光存储器（光盘）等，本章主要讨论半导体存储器，首先介绍半导体存储器的基本概念，然后分别介绍只读存储器和随机存储器的基本结构和原理，以及存储器容量扩展的方法。学完这一章的内容，读者会对存储器有一个新的认识，对内存和优盘这些术语也会更加了解。

学习目标：

1. 掌握半导体存储器的功能及分类，了解它们在数字系统中的作用。
2. 了解只读存储器和随机存储器的组成及工作原理。
3. 掌握存储器容量的扩展方法。
4. 了解用存储器实现组合逻辑函数的方法。

重点内容：

1. 半导体存储器的功能及分类。
2. 存储器容量的扩展方法。

扩展阅读

8.1 概述

存储器是一种能够将大量的二值数据存入并取出的器件，它是计算机及其他数字系统的重要组成部分。

触发器能存储 1 位二进制信息，寄存器能存储多位二进制信息，它们都有存储能力，但它们存储的容量太小，不能算存储器，而只能作为存储器的组成单元。存储器是特指那些大容量的以结构化方式存储二值数据的器件。它不仅能存放数码、字符和程序等数据，而且可以存放文本、声音和视频等信息代码。存储器的种类很多，早期使用的磁带、磁盘，以及现在仍然常用的光盘，它们都不是半导体存储器。半导体存储器是用电子电路实现数据存储，是由半导体器件构成的大规模集成电路。现代计算机中存储 CPU 当前工作状态中所用到的指令和数据，且有最高工作速度的主存储器是半导体存储器，数码相机与多媒体播放器中的存储卡是半导体存储器，日常生活中常用的优盘也是半导体存储器。

下面介绍有关存储器的术语。

（1）存储单元。在存储器中用于存储 1 位二进制信息（0 或 1）的器件或电路。最小的信息单位是 1 位（bit）。

（2）存储字。由一个或一组存储单元组成并赋一个地址代码。一个字能存储一位或多位二进制信息,在存储器中,信息的读写是以"字"为单位进行的。

（3）字长。一个存储字所能存储的二进制数信息的位数。如某存储字的字长为 8,意思是能存储一个 8 位的二进制信息。字长也叫位数。

（4）容量。存储器中存储单元的总数。容量＝字数×字长（位数）。比如某存储器能存储 2048 个字,每个字的字长为 8,则该存储器的容量为 $2048×8＝16384B(bit)$。一般存储器的字数都是 $1024(2^{10})$ 的倍数,可以用"K"表示,1KB＝1024B。大容量的存储器也可用"MB(2^{20}B)"及"GB(2^{30}B)"做单位。

（5）读与写。从存储器里取信息称为"读",往存储器里存信息称为"写"。

（6）只读存储器（read-only memory,ROM）。用来存储那些不常改变或永远不变的信息,如计算机的引导程序及数据转换表等。ROM 中的信息是制造商或使用者预先写好的。ROM 属于非易失元件,信息一旦存入将永久保存,断电后信息也不会丢失。对用户而言,正常工作时,只能从中读信息而不能随时写。ROM 也不是绝对不能写信息的,有的 ROM 用户是可以写的,如 PROM 用户可以写入一次,而 EPROM、E^2PROM 及闪存等,用户可以多次改写,但写操作要比读操作复杂得多,写的速度也比读的速度慢。近年来,随着电子技术的发展,ROM 的写入速度越来越快。

（7）随机存储器（random access memory,RAM）。可以随时在任意指定地址的存储字中写入数据或读出数据,写入和读出同样容易,所以也叫读/写存储器。RAM 使用灵活,特别适用于经常快速更换数据的场合。RAM 的缺点是数据的易失性,即一旦掉电,所存的数据将全部丢失。

（8）根据存储单元的结构类型,RAM 分为静态存储器（SRAM）与动态存储器（DRAM）两种类型。静态存储器是用锁存器或触发器存储信息,只要电源供电,存储器中的数据将永久保存。动态存储器是用电容存储信息,需要周期性地重写（刷新）存储器中的数据,才能在不断电的情况下保存数据。

（9）存取时间。该参数值是衡量存储器工作速度的重要指标,一般用读（或写）周期来表示。存储器连续两次读（或写）操作所需的最短时间为读（或写）周期。读（或写）周期越短,即存取时间越短,存储器的工作速度越快。

8.2　只读存储器

8.2.1　固定 ROM

固定 ROM 也称掩膜 ROM,厂家在制造这种 ROM 时,利用掩膜技术直接把数据写入存储器中,ROM 制成后,其存储的数据也就固定不变,用户无法对这类芯片进行任何修改。

1. ROM 的结构框图

ROM 主要由存储矩阵、地址译码器、输出缓冲器三部分组成。图 8.2.1 是一个 $16×8$ 的 ROM 的结构框图。16 个字被排列成矩阵形式,称为存储矩阵,它是 ROM 的核心部分。为了读取方便，给每一个字编上号，如 0 号字为 W_0，1 号字为 W_1，……，所以 W 线又称为字线。读取数据时，每次只能读一个字，那么怎样才能迅速地找到欲读取的那个字呢？这就是地址译码器的任务了。本例中地址译码器采用 4 线-16 线高电平有效的译码器，译码器的输入端为 ROM 的地址码输入端，输出端分别接 16 条字线。4 位地址码 $A_3A_2A_1A_0$。经译码后，只有一条字线为高电平，该字被选中。例如输入地址码 $A_3A_2A_1A_0 = 0001$ 时，$W_1 = 1$，1 号字被选中，1 号字中存储的 8 位数据 $D_7D_6 \cdots D_0$ 同时读出。这样对于任何一个从 0000～1111 的地址码，总有一个字被选中。反过来说，每一个字都对应一个具体的地址码，这就是存储器中地址的概念。每一个字的地址反映该字在存储器中的物理位置。输出缓冲器有两个作用：一是提高 ROM 的带负载能力；二是可以实现对输出端状态的控制，以便与系统总线连接。

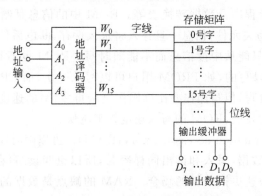

图 8.2.1　ROM 的内部结构示意图

2. 固定 ROM 的基本工作原理

图 8.2.2 所示是一个容量为 4×4 的固定 ROM 的逻辑图。它由 2 线-4 线地址译码器和或门阵列组成。

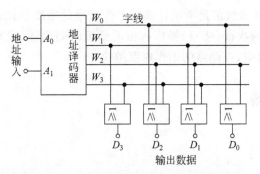

图 8.2.2　4×4 位固定 ROM 的电路结构图

从图中可以写出或门阵列的逻辑表达式如下：

$$D_0 = W_0 + W_2$$
$$D_1 = W_1 + W_2 + W_3$$

$$D_1 = W_0 + W_2 + W_3$$
$$D_3 = W_1 + W_3$$

很容易分析出该 ROM 在 4 个地址下存储的信息,如表 8.2.1 所示。其中的或门可以是二极管或门、三极管或门及 MOS 管或门等。图 8.2.3 是与图 8.2.2 存储内容相同的二极管 ROM 的内部结构图,图中增加了用三态门组成的输出缓冲器,$\overline{EN}$ 是输出使能端。当 $\overline{EN}=0$ 时,4 个三态门选通,存储数据送到输出端;当 $\overline{EN}=1$ 时,4 个三态门处于高阻状态,存储器与输出端隔离。

表 8.2.1 ROM 输出信号真值表

地 址 输 入		地 址 译 码 器 输 出				存 储 内 容			
A_1	A_0	W_3	W_2	W_1	W_0	D_3	D_2	D_1	D_0
0	0	0	0	0	1	0	1	0	1
0	1	0	0	1	0	1	0	1	0
1	0	0	1	0	0	0	1	1	1
1	1	1	0	0	0	1	1	1	0

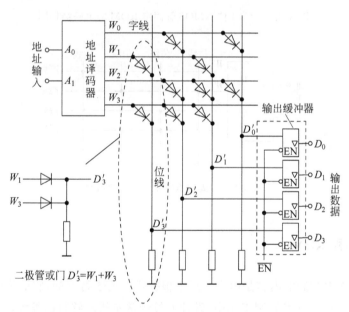

图 8.2.3 4×4 位二极管固定 ROM 的电路结构图

将二极管或门阵列改为 MOS 管或门阵列的固定 ROM,如图 8.2.4 所示。

图 8.2.4 和图 8.2.3 的存储内容是一样的。仔细观察可以看出,在固定 ROM 中,字线与位线的每一个交叉点对应了一个存储单元,接有管子相当于存 1,不接管子相当于存 0。改变每个交叉点处管子的有无就可改变存储内容。

实际的固定 ROM 容量是非常大的,为了简化,可用一个小圆点代表管子,称为矩阵连接图。图 8.2.3 和图 8.2.4 的矩阵连接图如图 8.2.5 所示。

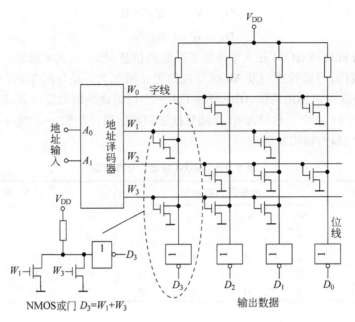

图 8.2.4 4×4 位 NMOS 管固定 ROM 的电路结构图

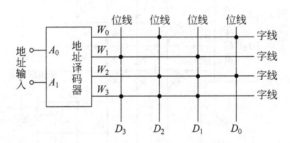

图 8.2.5 固定 ROM 的矩阵接线图

8.2.2 可编程 ROM

固定 ROM 中存储的内容是由生产厂家根据用户要求特制的,它的价格较贵,只在批量生产时应用。而在开发研制工作中,设计人员经常希望能够自己编程,以便快速得到按照自己的设想存储内容的 ROM。可编程 ROM(Programmable read-only memory,PROM)就是为满足这种需求而研制的,它不是在生产时编好程序,而是由用户自己编写程序。

PROM 的结构与固定 ROM 非常相似,只是出厂时在字线与位线的每一个交叉点都接有一个管子,即在每一个地址下读出的信息都为"1"。所谓编程就是根据需要将某些管子"去除",即相当于写 0。

怎样将管子去除呢?PROM 采用了熔丝技术,即出厂时每一个交叉点都接有一个带熔丝的管子,图 8.2.6 所示逻辑图接有带有熔丝的 NMOS 管,这样出厂时,存储的信息全为"1"。编程时,通过编程器给将要写"0"的存储单元的管子加一高电压,通一大电流,使其熔丝熔断,相当于将该管子"去除"了,即写入了 0。编程完毕后,PROM 的功能就与固定 ROM 完全一样了,即使断电数据也不会丢失。由于熔丝一旦熔断就无法再接上,所以 PROM 只能编程一次,一旦编程错误,该芯片即报废。

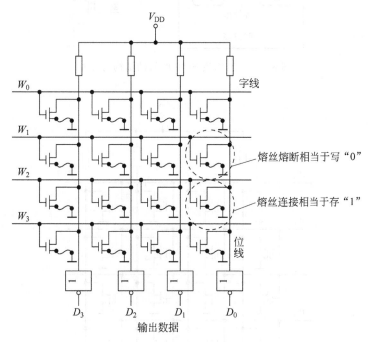

图 8.2.6 PROM 的原理图

8.2.3 光擦除可编程 ROM

光擦除可编程 ROM(Erasable Programmable ROM,EPROM)也是由用户编程,但与 PROM 不同的是,它写错了可以擦除重写。怎样才能使存储器中存储的内容可以反复擦除和重写呢?受 PROM 的启示,EPROM 存储单元中的管子应该想"去除"就"去除",想"连接"就"连接"。

在 EPROM 中采用了浮栅技术,即用浮栅 MOS 管作存储单元。浮栅 MOS 管有三种类型:叠栅注入 MOS 管(SIMOS)、浮栅隧道 MOS 管(Flotox MOS)和快闪 MOS 管。

图 8.2.7 所示是 N 沟道 SIMOS 管的结构与符号,与普通的 NMOS 管相比,除了一个控制栅引出控制栅极 g_c 以外,还有一个叠于控制栅下的浮栅 g_f,g_f"浮置"于 SiO_2 层内,不引出电极,称为浮栅。当浮栅不带电时,相当于一个普通的 NMOS 管,控制栅极 g_c 接高电平导通,接低电平截止。当在浮栅上注入高能电子后,这些电子抵消控制栅所加高电平的作用,使其开启电压大大提高,这时在控制栅加上正常的高电平它也不导通。用 SIMOS 管作存储单元的 EPROM 结构如图 8.2.8 所示。

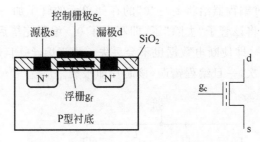

图 8.2.7 N 沟道 SIMOS 管的结构与符号

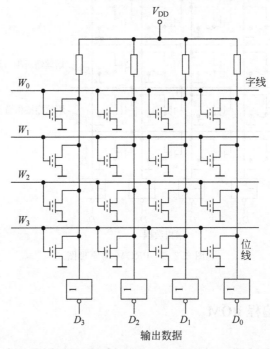

图 8.2.8 用 SIMOS 管作存储单元的 EPROM 的电路结构图

1. EPROM 的编程

所有 SIMOS 管的浮置栅出厂时都不带电,所以存储的信息全为"1"。编程时,给将要写"0"的存储单元的管子漏、源极间加一个 $20 \sim 25\text{V}$ 的高电压,使其发生雪崩击穿,同时在控制栅上加一高压脉冲(幅度约为 $+25\text{V}$,脉宽约为 50ms),在栅极电场的作用下,一些高速的电子会穿越 SiO_2 层到达浮置栅,从而使浮置栅带上负电荷。高电压撤销后,由于浮置栅的四周都是 SiO_2 层,没有放电回路,这些电子将被长久地保存下来。这样在读操作时,即使给该管的控制栅加上正常的高电平它也不会导通,效果上相当于这个管子被"去除",该单元就写入了"0"。

2. EPROM 的擦除

通过在芯片上方的一个石英窗口用光子能量较高的紫外线照射 EPROM,浮栅上聚集的电子获得足够的能量,形成光电流而被泄放掉,使管子恢复到初始状态,该单元回到1状态。紫外线擦除方式同时擦除所有单元,擦除过的 EPROM 所存信息全为"1"。

EPROM 芯片功能可靠、价格便宜,曾经非常流行,主要用于研制和开发中需要经常更换程序的场合。但它也有很明显的缺点:一是擦除和重写必须把芯片从电路中取出;二是只能整片擦除,不能有选择地擦除某个单元;三是擦除较慢,一般需用紫外线照射 15min 左右。随着性能更好的 ROM 芯片的出现,EPROM 的黄金时代已经逐渐过去。

8.2.4 电擦除可编程 ROM

1. E^2PROM 的工作原理

电擦除可编程 ROM(Electrically Erasable Programmable ROM,E^2PROM 或 EEPROM)是为克服 EPROM 的缺点而研制的,它采用浮栅隧道 MOS 管作存储单元。浮栅隧道 MOS 管的结构与 SIMOS 管类似,但在制作时使控制栅和浮置栅有一个突起的部分,从而使浮置栅与漏极之间形成一个极薄的氧化层,称为隧道区,其结构与符号如图 8.2.9(a)所示。

为了提高擦、写的可靠性,并保护隧道区的超薄氧化层,用另一个门控管与隧道MOS 管配合来组成一个存储单元,如图 8.2.9(b)所示。

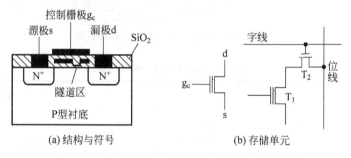

图 8.2.9 隧道 MOS 管的结构、符号与存储单元

(1)E^2PROM 的编程。在隧道 MOS 管的控制栅和字线上分别加上幅度约为$+20V$、宽度约为 10ms 的脉冲电压,在隧道区产生强电场,吸引漏区电子通过隧道汇集到浮置栅。这些电子抵消控制栅所加高电平的作用,使其开启电压大于 7V,在读操作时,即使给该管的控制栅加上正常的高电平它也不导通了,效果上相当于这个管子被"去除"了,位线上输出 1。

(2)E^2PROM 的擦除。让隧道 MOS 管的控制栅为 0V,在字线和位线上分别加上幅度约为$+20V$,宽度约为 10ms 的脉冲电压,浮置栅上存储的电子通过隧道区放电,使开启电压降低到正常值。在读操作时,给该管的控制栅加上正常的高电平它会导通,效果上相当于这个管子被连接上了,位线上输出 0。

2. E²PROM 芯片举例

NMC98C64A 是一种 CMOS 工艺的 E²PROM, 其引脚排列如图 8.2.10 所示。它的容量是 8K×8。$A_0 \sim A_{12}$ 是地址输入端, $D_0 \sim D_7$ 是数据端。$\overline{CE}$ 是片选控制端, 低电平有效。$\overline{OE}$ 是输出使能端, 控制芯片中的输出缓冲器, 低电平有效。$\overline{WE}$ 是写允许信号, 低电平有效。V_{DD} 是正常工作时的标准电源输入端。READY/$\overline{BUSY}$ 是漏极开路输出端, 当写入数据时, 该信号变低, 数据写完后, 信号变高。其工作模式列入表 8.2.2 中。

图 8.2.10 NMC98C64A 的引脚排列图

表 8.2.2 NMC98C64A 的工作模式

模　式	输　入			输　出
	$\overline{CE}$	$\overline{OE}$	$\overline{WE}$	$D_7 \sim D_0$
读	0	0	1	数据读出
输出无效	0	1	1	高阻态
等待	1	×	×	高阻态
编程	0	1	0	数据写入指定存储单元

E²PROM 的优点是既可以对所有单元擦除和重写, 也可以对单个字进行擦除和重写; 擦除和重写可以在电路中完成, 无须专门的擦除器和编程装置; 擦除和重写速度大大提高, 一般为毫秒数量级; 大多数的 E²PROM 都自备升压电路, 只需提供单电源+5V供电, 编程所需的高电压可从+5V 通过升压电路变换得到, 从而实现了在线擦写。E²PROM 的缺点也是显而易见的, 一个存储单元需要两个管子, 所以它的集成度比EPROM 要小, 相同容量的芯片价格也高一些。

8.2.5 快闪存储器

快闪存储器(flash memory)把 EPROM 高集成度、低成本的优点与 E^2PROM 的电擦除性能结合在一起,并保留了两者快速访问的特点。

1. 快闪存储器的工作原理

闪存单元也采用了浮栅技术,每个单元只用一只快闪 MOS 管。图 8.2.11 是快闪 MOS 管的结构、符号与存储单元。快闪 MOS 管与隧道 MOS 管相似,也具有"隧道效应",但浮置栅与衬底间的氧化层更薄,只有 10～15nm。同时,浮置栅与源区重叠的部分是由源区的横向扩散形成的,其等效电容比浮置栅-控制栅电容小得多,当在控制栅和源极间加上电压时,大部分电压都降在浮置栅与源极之间的电容上,易于在浮置栅与源极之间产生高电场。

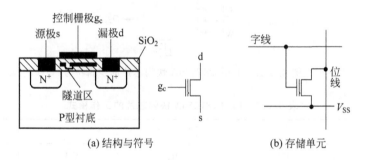

(a) 结构与符号   (b) 存储单元

图 8.2.11 快闪 MOS 管的结构、符号及存储单元

(1)闪存的编程。

在漏极经位线加 6V 左右的电压,源极 V_{SS} 接低电平,同时在控制栅加＋12V 左右的脉冲电压,使漏、源极间发生雪崩击穿,一些高速的电子会穿越 SiO_2 层到达浮置栅,使浮置栅充电,这与 EPROM 的写入方法相同。充电电子抵消控制栅所加高电平的作用,使其开启电压大于 7V,在读操作时,给该管的控制栅加上正常的高电平它也不导通了,效果上相当于这个管子被"去除"了,位线上输出 1。

(2)闪存的擦除。

闪存的擦除与 E^2PROM 的擦除方式类似,也是利用了隧道效应。令控制栅为 0V,在源极 V_{SS} 加上＋12V 左右的脉冲电压,即在栅源之间加了负电压,浮置栅上存储的电子过隧道区放电,使开启电压降为 2V 以下。在读操作时,给该管的控制栅加上正常的高电平它会导通,效果上相当于这个管子被"连接"上了,位线上输出 0。

之所以称为闪存是因为它的擦除速度很快,闪存与 EPROM 一样是整片擦除,但擦除速度比 EPROM 快得多,只需几百毫秒～几秒。闪存写一个字的时间约为 $10\mu s$,而多数 EPROM 为 $100\mu s$,E^2PROM 为 5ms。

2. 快闪存储器芯片举例

图 8.2.12 是 Intel 28F256A CMOS 快闪芯片的逻辑符号,它的容量是 32K×8。它有 15 条地址输入线 $A_0 \sim A_{14}$,8 条数据线 $D_0 \sim D_7$,3 个控制端 $\overline{CE}$、$\overline{OE}$ 和 $\overline{WE}$。3 个控制端的工作模式如表 8.2.3 所示。$\overline{CE}$ 是片选控制端,低电平有效。$\overline{OE}$ 是输出使能端,控制芯片中的输出缓冲器,低电平有效。$\overline{WE}$ 是读/写控制,$\overline{WE}=0$ 为写,$\overline{WE}=1$ 为读。V_{DD} 是正常工作时的标准电压 +5V,V_{PP} 是擦除和编程供电电压 +12V。新型的闪存内部具有 V_{PP} 生成电路,只需一个电源供电。新生产的低电压芯片只需要 1.8V 电压。

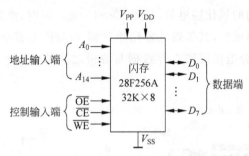

图 8.2.12 Intel 28F256A 快闪芯片的逻辑符号

表 8.2.3 Intel 28F256A 快闪芯片的工作模式

模　　式	输　　　　入			输　　出
	$\overline{CE}$	$\overline{OE}$	$\overline{WE}$	$D_7 \sim D_0$
读	0	0	1	数据读出
等待	1	×	×	高阻态
编程	0	1	0	数据写入

扩展阅读

快闪存储器具有集成度高、容量大、价格便宜、使用方便等优点,近年来得到了迅速发展,产品的集成度逐年提高,价格不断下降。这使得闪存盘在计算机的辅助存储器中使用率越来越高,例如我们所熟知的 U 盘(也称优盘)是闪存盘的一种,其体积小,便于携带,被广泛应用。

8.2.6 用 ROM 产生逻辑函数

ROM 的主要作用是存放从不或很少改变的数据,比如计算机的引导程序及各种数据表。ROM 属于组合逻辑电路,也可以用来产生逻辑函数,下面举例说明。

例 8.2.1 试用 ROM 构成能实现函数 $y=x^2$ 的运算表电路,x 为 0~15 的正整数。

解:(1)分析要求、设定变量。

自变量 x 是 0~15 的正整数,对应的 4 位二进制正整数,用 $B=B_3B_2B_1B_0$ 表示。根据 $y=x^2$ 的运算关系,可求出 y 的最大值是 $15^2=225$,可以用 8 位二进制数 $Y=$

$Y_7 Y_6 Y_5 Y_4 Y_3 Y_2 Y_1 Y_0$ 表示。

（2）列函数运算表的真值表。

表 8.2.4 是根据 $Y=B^2$ 即 $y=x^2$ 所列出的真值表。

表 8.2.4　例 8.2.1 的真值表

B_3	B_2	B_1	B_0	Y_7	Y_6	Y_5	Y_4	Y_3	Y_2	Y_1	Y_0	十 进 制 数
0	0	0	0	0	0	0	0	0	0	0	0	0
0	0	0	1	0	0	0	0	0	0	0	1	1
0	0	1	0	0	0	0	0	0	1	0	0	4
0	0	1	1	0	0	0	0	1	0	0	1	9
0	1	0	0	0	0	0	1	0	0	0	0	16
0	1	0	1	0	0	0	1	1	0	0	1	25
0	1	1	0	0	0	1	0	0	1	0	0	36
0	1	1	1	0	0	1	1	0	0	0	1	49
1	0	0	0	0	1	0	0	0	0	0	0	64
1	0	0	1	0	1	0	1	0	0	0	1	81
1	0	1	0	0	1	1	0	0	1	0	0	100
1	0	1	1	0	1	1	1	1	0	0	1	121
1	1	0	0	1	0	0	1	0	0	0	0	144
1	1	0	1	1	0	1	0	1	0	0	1	169
1	1	1	0	1	1	0	0	0	1	0	0	196
1	1	1	1	1	1	1	0	0	0	0	1	225

（3）写标准与或表达式。

$$Y_7 = m_{12} + m_{13} + m_{14} + m_{15}$$

$$Y_6 = m_8 + m_9 + m_{10} + m_{11} + m_{14} + m_{15}$$

$$Y_5 = m_6 + m_7 + m_{10} + m_{11} + m_{13} + m_{15}$$

$$Y_4 = m_4 + m_5 + m_7 + m_9 + m_{11} + m_{12}$$

$$Y_3 = m_3 + m_5 + m_{11} + m_{13}$$

$$Y_2 = m_2 + m_6 + m_{10} + m_{14}$$

$$Y_1 = 0$$

$$Y_0 = m_1 + m_3 + m_5 + m_7 + m_9 + m_{11} + m_{13} + m_{15}$$

（4）画 ROM 存储矩阵结点连接图。

该函数为 4 输入 8 输出的逻辑函数，可用一个 16×8 的 ROM 实现，将输入量 $B_3 B_2 B_1 B_0$ 接 ROM 的地址输入端，将输出量 $Y_7 Y_6 Y_5 Y_4 Y_3 Y_2 Y_1 Y_0$ 接 ROM 的数据输出端，根据函数的标准与或表达式画出 ROM 的矩阵连接图，如图 8.2.13 所示。

在图 8.2.13 所示电路中，画出了 4 线-16 线地址译码器的接线图。地址译码器是一个固定连接的与门阵列，它产生的字线 $W_0 \sim W_{15}$ 分别与最小项 $m_0 \sim m_{15}$ 一一对应。而

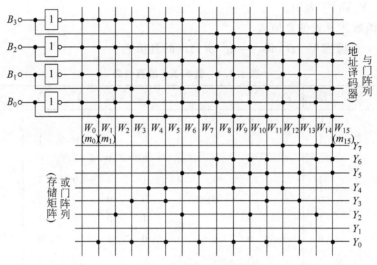

图 8.2.13　例 8.2.1 ROM 存储矩阵的连接图

作为存储矩阵的或门阵列是可编程的,改变各个交叉点的连接状态,也就改变了逻辑函数的具体内容。

8.3　随机存取存储器

8.3.1　RAM 的基本结构

图 8.3.1 给出了 RAM 的典型结构框图,它由存储矩阵、地址译码器、读/写控制器、输入/输出控制及片选控制等几部分组成。

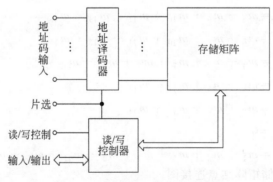

图 8.3.1　RAM 的结构示意框图

1. 存储矩阵

与 ROM 一样,一个 RAM 也由许多个存储字组成,通常被排列成矩阵形式,称为存储矩阵。图 8.3.2 是 128×4 位的存储矩阵结构图。128 个字排列成 16×8 的矩阵,每个虚线框表示一个字,框中的每个小方块代表一个字的一位,即一个存储单元。每次读或写时,一个字的 4 位数据同时读出或写入。为了读写方便,给每一个字编上号,16 行编号为 X_0,X_1,…,X_{15},8 列编号为 Y_0,Y_1,…,Y_7,这样每个字都有了一个固定的编号,如 (1,0) 表示第 1 行第 0 列;(15,7) 表示第 15 行第 7 列,称为地址。这种地址方式与一座大楼中各个房间的地址编号为几层几号一样,便于管理与查找。

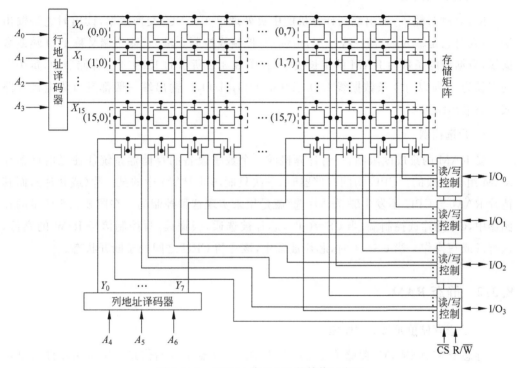

图 8.3.2 128×4 位 RAM 的结构示意图

2. 地址译码器

地址译码器的作用是选择 RAM 的地址。在大容量存储器中通常采用双译码方式,即分别对行地址和列地址进行译码。在图 8.3.2 所示的存储器中,128(字数)=2^7,需要 7 位地址码,把 7 位地址码分成两部分,低 4 位作为行码输入到行地址译码器,高 3 位作为列码输入到列地址译码器。行地址译码器用 4 输入 16 输出的译码器,输入为行地址码 A_0、A_1、A_2、A_3,输出接行选线 X_0,X_1,…,X_{15}。列地址译码器用 3 输入 8 输出的译码器,输入为列地址码 A_4、A_5、A_6,输出接列选线 Y_0,Y_1,…,Y_7。把行地址码和列地址码合起来一共是 7 位地址码。这样对于任何一个 0000000～1111111 的地址码,存储矩阵的行选线和列选线各只有一条有效,处于两线的交叉点的字被选中。例如输入地址码 $A_6A_5A_4A_3A_2A_1A_0$=0000001,则行选线 X_1=1,列选线 Y_0=1,选中第 X_1 行第 Y_0 列那个字,即编号为 (1,0) 的字。

3. 读/写控制

访问 RAM 时,对被选中的字是读还是写,通过读/写控制线进行控制。在图 8.3.2 所示的存储器中,$R/\overline{W}$ 是读写控制线,当 $R/\overline{W}$ 为高电平时进行读操作,为低电平时进行写操作。也有的 RAM 读/写控制线是分开的,一根为读,另一根为写。

4. 输入/输出端

RAM 通过输入/输出端与计算机的中央处理单元(CPU)交换数据,读出时它是输出端,写入时它是输入端,即一线二用,由读/写控制线控制。输入/输出端又称 I/O 端或数据线,数据线的条数由 RAM 的字长决定,在图 8.3.2 所示的 128×4 位存储器中,每个字的字长为 4,所以有 4 条数据线 I/O_0、I/O_1、I/O_2、I/O_3。输出端一般都具有集电极开路或三态输出结构。

5. 片选控制

受 RAM 的集成度限制,一台计算机或一个数字设备的存储器系统往往是由许多片 RAM 组合而成的。CPU 访问存储器时,一次只能访问 RAM 中的某一片(或几片),而其他片 RAM 与 CPU 不发生联系,"片选"就是用来实现这种控制的。在图 8.3.2 所示的存储器中,$\overline{CS}$ 是片选控制端,当 $\overline{CS}=0$ 时,芯片被选通,根据读/写控制信号 $R/\overline{W}$ 的高低,执行读或写操作。当 $\overline{CS}=1$ 时,芯片被禁止,该片与 CPU 之间处于断开状态。

8.3.2　静态 RAM

1. 静态存储单元及工作原理

静态 RAM(SRAM)存储单元是用基本 RS 锁存器来存储信息。按所用器件类型可分为双极型和 MOS 型两种。MOS 型又分 NMOS 型、CMOS 型等,下面以六管 NMOS 静态存储单元为例,说明静态 RAM 存储单元的工作原理及读/写控制。

如图 8.3.3 所示,存储单元由 6 只 NMOS 管($T_1 \sim T_6$)组成。T_1 与 T_2 构成一个反相器,T_3 与 T_4 构成另一个反相器,两个反相器的输入与输出交叉连接,构成基本锁存器,作为数据存储单元。当 T_1 导通、T_3 截止时,$Q=0$,$\overline{Q}=1$,相当于存信息 0;当 T_3 导通、T_1 截止时,$Q=1$,$\overline{Q}=0$,相当于存信息 1。T_5、T_6 是门控管,由行选线 X_i 控制其导通或截止,以控制触发器输出端与位线之间的连接状态。当 $X_i=1$ 时,T_5、T_6 导通,锁存器输出端与位线接通。当 $X_i=0$ 时,T_5、T_6 截止,锁存器输出端与位线断开。T_7、T_8 是每一列存储单元共用的门控管,其导通与截止受列选线 Y_i 控制,用来控制位线与数据线之间的连接状态。

门 $G_1 \sim G_5$ 组成 RAM 的片选及读/写控制电路。当选片信号 $\overline{CS}=1$ 时,G_5、G_4 输出为 0,三态门 G_1、G_2、G_3 均处于高阻状态,输入/输出(I/O)端与存储器内部完全隔离,存储器禁止读/写操作,即不工作。而当 $\overline{CS}=0$ 时,芯片被选通,根据读/写控制信号

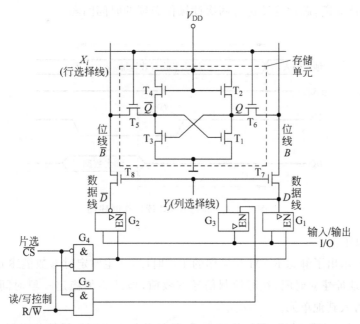

图 8.3.3 六管 NMOS 静态存储单元及控制电路

$R/\overline{W}$ 的高低,执行以下的读或写操作:

(1) 写操作过程。

$R/\overline{W}=0$,G_4 输出高电平,G_1、G_2 被打开,加在 I/O 端的数据以互补的形式出现在内部数据线 D 和 $\overline{D}$ 端。同时行、列对应的 X_i、Y_j 线为 1,该单元被选中,数据线上的信号通过导通的 T_7、T_8 管送到位线 B 和 $\overline{B}$ 上,再通过导通的 T_5、T_6 管写入触发器的 Q 和 $\overline{Q}$。写操作完成后,该单元 X_i、Y_i 线变为 0,但是锁存器的记忆作用能保持住写入的信息。

(2) 读操作过程。

行、列对应的 X_i、Y_i 线均为 1,该单元被选中,触发器存储的信息即 Q 和 $\overline{Q}$ 的状态通过导通的 T_5、T_6 管传到位线上,再通过导通的 T_7、T_8 管送到数据线 D 和 $\overline{D}$ 端。同时 $R/\overline{W}=1$,G_5 输出高电平,G_3 被打开,D 端数据出现在 I/O 端,读操作完成。

2. 静态 RAM 的工作时序

由于地址缓冲器、译码器及输入/输出电路都存在延时,为保证存储器准确无误地工作,加到存储器上的地址、数据和控制信号必须遵守几个时间边界条件。

(1) 读操作。

图 8.3.4 示出了静态 RAM 读操作的工作时序,其主要定时参数如下:

t_{AA}——地址存取时间,从地址信号加到存储器上到数据稳定地传输至数据输出端所需要的延迟时间。

t_{ACS}——片选存取时间,从选片信号有效到数据稳定输出所需要的延迟时间。

t_{RC}——读周期,芯片连续进行两次读操作必须的时间间隔。

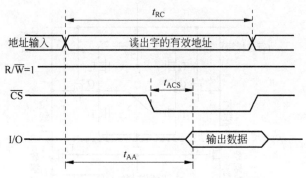

图 8.3.4　静态 RAM 读操作时序图

（2）写操作。

图 8.3.5 示出了静态 RAM 写操作的工作时序,其主要定时参数描述如下:

t_{AS}——地址建立时间,在写控制信号有效前,地址必须稳定一段时间,否则可能将数据错误地写入其他单元。

t_{WR}——片选存取时间,写信号失效后,地址信号至少还要维持的时间。

t_{WP}——写脉冲宽度,写信号有效的最小时间,以保证速度最慢的存储器芯片的写入。

t_{DW}——数据建立时间,写信号失效前,数据线上的数据应保持稳定的时间。

t_{DH}——写结束后,地址维持时间。

t_{WC}——写周期,连续进行两次写操作所需要的最小时间间隔。对大多数静态半导体存储器来说,读周期和写周期是相等的,一般为十几到几十纳秒,最小可到几纳秒。

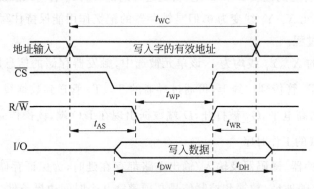

图 8.3.5　静态 RAM 写操作的工作时序图

3. 静态 RAM 芯片举例

图 8.3.6 是 2K×8 位静态 CMOS RAM6116 的引脚排列图。$A_0 \sim A_{10}$ 是地址码输入端,$D_0 \sim D_7$ 是数据输出端,$\overline{CS}$ 是选片端,$\overline{OS}$ 是输出使能端,$\overline{WE}$ 是读/写控制端。表 8.3.1 列出了静态 RAM6116 的工作模式。

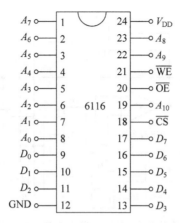

图 8.3.6　静态 RAM6116 的引脚排列图

表 8.3.1　静态 RAM6116 的工作模式

模　式	输　入			输　出
	$\overline{\text{CS}}$	$\overline{\text{OE}}$	$\overline{\text{WE}}$	$D_7 \sim D_0$
读	0	0	1	数据输出
写	0	×	0	数据输入
低功耗维持	1	×	×	高阻态

8.3.3　动态 RAM

　　静态 RAM 是用触发器存储信息，一个存储单元要用多个管子，功耗大，集成度受到限制。动态 RAM(DRAM)正是针对这个问题而设计的。动态存储单元是用电容来存储信息，所以它用的管子少，集成度高。但是由于漏电流的存在，电容上存储的电荷不可能长久保持不变，为了及时补充漏掉的电荷，避免存储信息丢失，需要定时地给电容补充电荷，通常把这种操作称为刷新或再生。

1. 动态 RAM 存储单元及工作原理

　　图 8.3.7 所示是动态 RAM 存储单元的结构示意图，一个存储单元只用一只 MOS 管和一个电容构成。信息存于电容 C 中，当 C 充有电荷，电容上的电压为高电平时，相当于存"1"；当 C 放掉电荷，电容上的电压为低电平时，相当于存"0"。MOS 管 T 是门控管，相当于一个电子开关，当它导通时，把信息从位线送给储单元，或者把信息从存储单元读到位线上。

　　在写入时，行选线 $X=1$，同时读/写控制 $\text{R}/\overline{\text{W}}=0$，三态门 G_1 被选通，G_2、G_3 呈高阻态，数据 D_1 通过 G_1 送到位线上，再通过导通的 MOS 管写入存储单元，如果 $D_1=1$，则电容充电，如果 $D_1=0$，则电容放电。

　　在读出时，行选线 $X=1$，同时读/写控制 $\text{R}/\overline{\text{W}}=1$，三态门 G_2 被选通，G_1、G_3 呈高阻

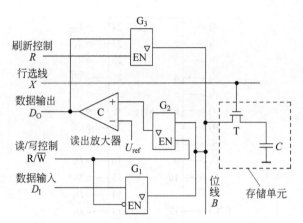

图 8.3.7　动态存储单元及工作原理

态,C 中存储的电压通过 T 和 G_2 送到读出放大器,读出放大器把这个电压与参考电压 U_{ref} 比较后,确定是 0 还是 1,然后送到数据输出 D_O 端。

该电路的缺点是进行读操作时 C 上的电荷要损失一部分,即读操作是破坏性的,因此,在每次读出后需对存储单元进行一次刷新。刷新可与读操作同时进行,在读出时刷新控制端 $R=1$,三态门 G_3 被选通,读出的数据通过 G_3 又反馈到位线上,使电容充电或放电,从而使存储单元刷新。

2. 动态 RAM 的结构及操作时序

动态 RAM 的容量较大,其地址输入端的数量也就较多。比如一个 $4M \times 1$ 的 DRAM 需要 22 个地址输入端。为了减少高容量 DRAM 芯片的引脚数,可以采用地址复用技术,即每个地址输入端引脚分时送入行地址和列地址。这样 4M 字的 DRAM 只需 11 条地址线。

图 8.3.8 是由 TI 公司生产的 $4M \times 1$ 的 DRAM 芯片 TMS44100 的结构图。它由 2048 行×2048 列构成存储阵列。11 条地址线分时传送行地址和列地址,由行地址选通 $\overline{RAS}$ 和列地址选通 $\overline{CAS}$ 信号控制。当 $\overline{RAS}=0$,从 11 条地址线送入的是行地址信号,当 $\overline{CAS}=0$,从 11 条地址线送入的是列地址信号。$\overline{WE}$ 是读/写控制端,高电平时为读,低电平时为写。

DRAM 的工作时序如图 8.3.9 所示,它包括读/写操作和刷新操作。

(1) 读/写操作图。

图 8.3.9(a)是写操作的时序图。$\overline{RAS}$ 先为低电平,将 11 位行地址信号送入行地址寄存器,然后 $\overline{CAS}$ 为低电平,将 11 位列地址信号送入列地址寄存器。行、列地址被译码后选中指定的字。最后读/写控制端 $\overline{WE}$ 为低电平,信息从输入端写入选中的存储字中,写操作完成。读操作与写操作类似,只是在传送完行、列地址信号后,$\overline{WE}$ 为高电平,信息从选中的存储字中读到输出端。

(2) 刷新操作。

DRAM 中最常用的刷新方式是 $\overline{RAS}$ 刷新,如图 8.3.9(b)所示,使 $\overline{RAS}$ 为低电平,

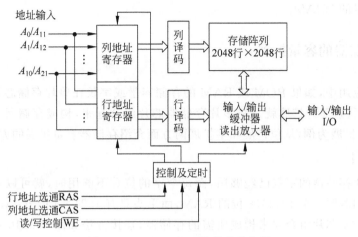

图 8.3.8　TMS44100 简化的结构图

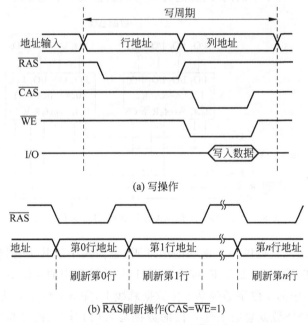

(a) 写操作

(b) $\overline{RAS}$刷新操作($\overline{CAS}=\overline{WE}=1$)

图 8.3.9　DRAM 的工作时序

$\overline{CAS}$ 和 $\overline{WE}$ 都保持高电平不变,刷新计数器依次向 DRAM 地址输入端提供行地址,从第 0 行开始,每次刷新一行,不进行实际的读/写操作,直到最后一行。对于 TMS44100 而言,刷新一遍需要 $113\mu s$,且必须在 16ms 以内重复一次。

除 $\overline{RAS}$ 刷新方式之外,还有 $\overline{CAS}$ 先于 $\overline{RAS}$ 有效刷新方式、隐藏式刷新方式和自动刷新方式等,这里不再赘述。

可见,相对 SRAM 而言,需要刷新是 DRAM 的缺点,但其单元电路结构简单,集成密度通常是 SRAM 的 4 倍,存储容量大大扩展,且功耗低。现在多数计算机中的内存条都使用大容量的 DRAM。

8.3.4 存储器的容量扩展

视频

在实际应用中,如果 ROM 或 RAM 的存储容量或字长在单片存储芯片不能满足要求,就需要进行扩展。扩展就是将多片存储器芯片组合起来,构成存储器系统。下面以 RAM 的容量扩展为例,从位扩展和字扩展两方面介绍存储器容量扩展的方法。

1. 位扩展

如果单片存储器的字数已经够用,而每个字的位数不够用时,就可以选择位扩展连接方式。比如需要一个 1024×8 位的 RAM,而手头只有 1024×4 的 RAM 芯片,就可以用两片 1024×4 芯片组合起来构成所需的存储器,连接方法如图 8.3.10 所示。两个芯片的地址线、读/写线和片选线并联在一起,而数据线则分开使用。让(1)号片作每个字的低 4 位,(2)号片作每个字的高 4 位,这样就可以组合成一个完整的 8 位字。

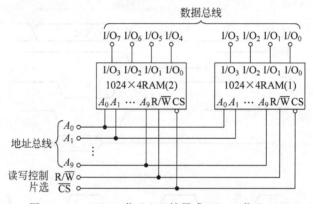

图 8.3.10 $1K \times 4$ 位 RAM 扩展成 $1K \times 8$ 位 RAM

通过向 10 位地址线提供一个正确的地址码,会使两个芯片上相同地址的 4 位字同时被选中,如果这时读/写控制端 $R/\overline{W}=1$,则(1)号片被选中的 4 位字送到低 4 位数据总线上,(2)号片被选中的 4 位字送到高 4 位数据总线上,完成 8 位字的读。如果这时读/写控制端 $R/\overline{W}=0$,则将数据总线上低 4 位的数据写入(1)号片,高 4 位的数据写入(2)号片,完成 8 位字的写。

2. 字扩展

如果每一片 RAM 芯片的数据位数已经够用,但字数不够用时,可采用字扩展连接方式(也称为地址扩展方式)。如图 8.3.11 所示,是用 8 片 $1K \times 8$ 位芯片构成的 $8K \times 8$ 位 RAM。因为位数不需要扩展,所以 8 片的数据线并联起来使用即可。8K 字需要 13 条地址线,而每个芯片只有 10 条地址线,所以除了将每个芯片的 10 条地址线并联起来作低 10 位的地址线以外,外加一片 74138 译码器,将译码器的三个输入端作高 3 位地址线 A_{10}、A_{11} 和 A_{12},译码器 8 个输出低电平有效信号 $Y_0 \sim Y_7$ 分别接到 8 个芯片的 $\overline{CS}$ 端,对它们进行片选。这样合并起来一共有了 13 条地址线,片选情况及相应地址区间见表 8.3.2。

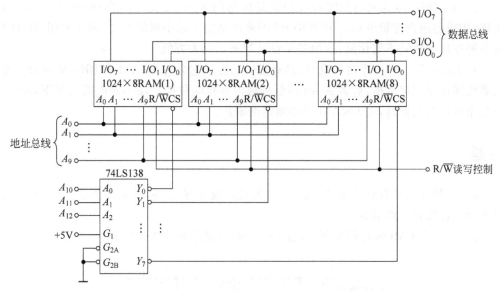

图 8.3.11　1K×8 位 RAM 扩展成 8K×8 位 RAM

表 8.3.2　片选情况及芯片地址区间

A_{12}	A_{11}	A_{10}	Y_0	Y_1	Y_2	Y_3	Y_4	Y_5	Y_6	Y_7	选中芯片	芯片地址区间
0	0	0	0	1	1	1	1	1	1	1	(1)	000 $A_9 A_8 \cdots A_0$
0	0	1	1	0	1	1	1	1	1	1	(2)	001 $A_9 A_8 \cdots A_0$
0	1	0	1	1	0	1	1	1	1	1	(3)	010 $A_9 A_8 \cdots A_0$
0	1	1	1	1	1	0	1	1	1	1	(4)	011 $A_9 A_8 \cdots A_0$
1	0	0	1	1	1	1	0	1	1	1	(5)	100 $A_9 A_8 \cdots A_0$
1	0	1	1	1	1	1	1	0	1	1	(6)	101 $A_9 A_8 \cdots A_0$
1	1	0	1	1	1	1	1	1	0	1	(7)	110 $A_9 A_8 \cdots A_0$
1	1	1	1	1	1	1	1	1	1	0	(8)	111 $A_9 A_8 \cdots A_0$

以上分别介绍了存储器的位和字扩展方法,实际应用中经常采用位与字同时扩展的方法来扩大 RAM 的容量。

扩展阅读

小结

1. 半导体存储器是计算机及现代数字系统中的重要组成部件,它可分为 RAM 和 ROM 两大类,绝大多数属于 MOS 工艺制成的大规模数字集成电路。

2. ROM 是一种组合逻辑电路。它存储的是固定数据,一般只能被读出。根据数据写入方式的不同,ROM 又可分成固定 ROM 和可编程 ROM。后者又可细分为 PROM、

EPROM、E^2PROM 和快闪存储器等,其中 E^2PROM 和快闪存储器可以进行电擦写,已兼有了 RAM 的特性。

3. 从逻辑电路构成的角度看,ROM 是由与门阵列(地址译码器)和或门阵列(存储矩阵)构成的组合逻辑电路。由于 ROM 的输出是输入最小项的组合,因此采用 ROM 构成各种逻辑函数时不需化简,这给逻辑设计带来了很大方便。

4. RAM 是一种时序逻辑电路,具有记忆功能。它分为 SRAM 和 DRAM 两种类型,前者用锁存器记忆数据,后者靠 MOS 管栅极电容存储数据。在不停电的情况下,SRAM 的数据可以长久保持,而 DRAM 则必须定期刷新。

习题

8.1 某存储器具有 6 条地址线和 8 条双向数据线,问它有多少个字? 每个字字长是多少? 存储容量是多少?

8.2 一个 CMOS 存储单元如题图 8.2 所示,试分析其工作原理。

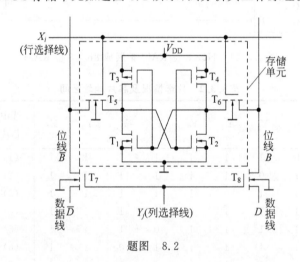

题图 8.2

8.3 指出下列存储系统各具有多少个存储单元,至少需要几条地址线和数据线。

(1) 64K×1   (2) 256K×4   (3) 1M×1   (4) 128K×8

8.4 设存储器的起始地址全为 0,试指出下列存储系统的最高地址为多少?

(1) 2K×1   (2) 16K×4   (3) 256K×32

8.5 用 16×4 位 EPROM 实现下列各逻辑函数,画出存储矩阵的连线图。

(1) $Y_1 = ABC + \overline{A}(B+C)$

(2) $Y_2 = A\overline{B} + \overline{A}B$

(3) $Y_3 = \overline{(A+B)(\overline{A}+\overline{C})}$

(4) $Y_4 = ABC + \overline{ABC}$

8.6 用 16×8 位 EPROM 实现下列各逻辑函数,画出存储矩阵的连线图。

(1) $Y_1 = \sum m(0,2,3,4,6,8,10,12)$

(2) $Y_2 = \sum m(0,2,4,5,6,7,8,9,14,15)$

(3) $Y_3 = \sum m(0,1,5,7)$

(4) $Y_4 = \sum m(0,2,5,7,14,15)$

(5) $Y_5 = \sum m(3,7,8,9,13,14)$

(6) $Y_6 = A\bar{B} + B\bar{C} + C\bar{D} + \bar{D}A$

(7) $Y_7 = \bar{B}D + \bar{C}D + \bar{A}C$

(8) $Y_8 = \bar{A}B + \bar{B}C + AC\bar{D}$

8.7 MCM6264 是 Motorola 公司生产的 8K×8 位 SRAM,该芯片采用 28 脚塑料双列直插式封装,单电源+5V 供电。题图 8.7 给出了该芯片的引脚排列图和逻辑功能表,图中 $A_0 \sim A_{12}$ 为地址输入,$DQ_0 \sim DQ_7$ 为数据输入/输出,G 为读允许,W 为写允许,E_1、E_2 为片选,NC 为空引脚。

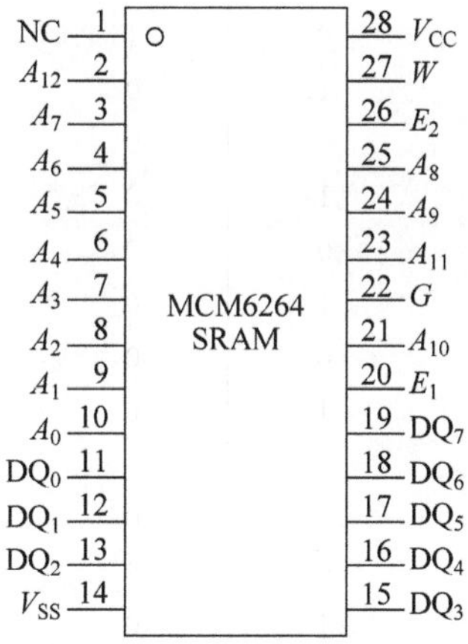

```
NC     ─1    ○      28─  V_CC
A₁₂    ─2           27─  W
A₇     ─3           26─  E₂
A₆     ─4           25─  A₈
A₅     ─5           24─  A₉
A₄     ─6           23─  A₁₁
A₃     ─7    MCM6264 22─  G
A₂     ─8    SRAM   21─  A₁₀
A₁     ─9           20─  E₁
A₀     ─10          19─  DQ₇
DQ₀    ─11          18─  DQ₆
DQ₁    ─12          17─  DQ₅
DQ₂    ─13          16─  DQ₄
V_SS   ─14          15─  DQ₃
```

(a) 引脚图

E_1	E_2	G	W	方式	I/O	周期
H	×	×	×	无选择	高阻态	—
×	L	×	×	无选择	高阻态	—
L	H	H	H	输出禁止	高阻态	—
L	H	L	H	读	D_O	读
L	H	×	L	写	D_I	写

(b) 逻辑功能表

题图 8.7

试用 MCM6264 SRAM 芯片设计一个 16K×16 位的存储器系统,画出其逻辑图。

8.8 利用 ROM 构成的任意波形发生器如题图 8.8 所示,改变 ROM 的内容,即可改变输出波形。当 ROM 的内容如题表 8.8 所示时,画出输出端电压随 CP 脉冲变化的波形。

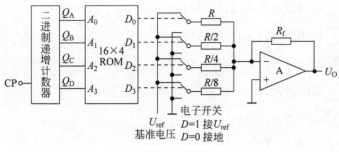

题图 8.8

题表 8.8

A_3	A_2	A_1	A_0	D_3	D_2	D_1	D_0
0	0	0	0	0	1	0	0
0	0	0	1	0	1	0	1
0	0	1	0	0	1	1	0
0	0	1	1	0	1	1	1
0	1	0	0	1	0	0	0
0	1	0	1	0	1	1	1
0	1	1	0	0	1	1	0
0	1	1	1	0	1	0	1
1	0	0	0	0	1	0	0
1	0	0	1	0	0	1	1
1	0	1	0	0	0	1	0
1	0	1	1	0	0	0	1
1	1	0	0	0	0	0	0
1	1	0	1	0	0	0	1
1	1	1	0	0	0	1	0
1	1	1	1	0	0	1	1

数模与模数转换电路

内容提要:

通过前面的学习,读者已经对数字电路有了一个基本的了解,数字技术与模拟技术相比有其独特的优势,在现代控制、通信、检测等越来越多的领域中得到了广泛的应用。但是无论数字技术怎样发展,自然界中的大多数物理量却是模拟量,如温度、压力、位移、图像等,要使计算机或数字系统能识别和处理这些信号,必须先将这些模拟信号转换成数字信号;而经计算机分析、处理后输出的数字量往往也需要转换成为相应的模拟信号才能被执行机构所接收。这样,就需要在模拟信号与数字信号之间架起一座桥梁。数模转换器和模数转换器就起到了这样的桥梁作用。数模转换器是将数字量转换成模拟量,简称 D/A 转换器或 DAC;模数转换器是将模拟量转换成数字量,简称 A/D 转换器或 ADC。本章首先举例说明 D/A 转换器和 A/D 转换器的实际应用过程,然后详细分析常用 D/A 与 A/D 转换器的电路结构、工作原理,并通过典型应用案例介绍集成 D/A 与 A/D 转换器的应用方法。

学习目标:

1. 了解 D/A 与 A/D 转换的基本概念。

2. 理解 D/A 转换器的电路结构、工作原理、主要性能指标。

3. 理解 A/D 转换器的电路结构、工作原理、主要性能指标。

4. 掌握集成 DAC 和 ADC 的应用方法,能够选择芯片解决实际问题。

重点内容:

1. 常用 D/A 转换器的电路结构、工作原理。

2. 常用 A/D 转换器的电路结构、工作原理。

3. 集成 DAC 和 ADC 的应用。

9.1 概述

假设想用计算机来监视或控制一个大容器中水的温度,其控制系统的框图如图 9.1.1 所示,包含五个部分。

(1) 温度传感器,将水温转变成与水温成线性比例的电量。比如水温在 50～120℃ 变化,可用温度传感器变换为 500～1200mV 的电压。

(2) 模数转换器,将温度传感器输出的模拟电压信号转换为与模拟电压量成正比的数字信号。比如将 500～1200mV 的电压量转换成二进制数 00110010(50)～0111010 (120)的二进制数。

(3) 计算机,存储这些数字量,并根据控制要求对其进行处理,得到用于控制温度的输出数据。

(4) 数模转换器,将计算机输出的数字量转换为与数字量成正比的模拟量。比如把计算机输出的 00000000～11111111 的数转为 0～10V 的一个电压量。

(5) 电控阀门(调节器),用来调节水温。它根据 DAC 输出的模拟电压值调节流入容器的热水的流速,流速与模拟电压值成比例,比如电压为 0V 时阀门完全关闭,电压为

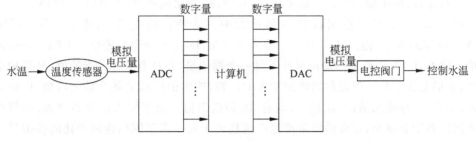

图 9.1.1　用计算机控制水温的系统框

10V 时流量最大。

　　从这个例子中看到,A/D 转换器和 D/A 转换器是用数字系统(如计算机)控制模拟量不可缺少的接口电路。随着计算机的普及以及单片机、微控制器等数字系统的广泛应用,A/D 转换器和 D/A 转换器用得越来越多,其作用也越来越重要。

9.2　D/A 转换器

9.2.1　D/A 转换器的基本原理

　　D/A 转换器的功能是将数字量转换成与数字量成正比的输出电压或输出电流。图 9.2.1 是一个电压输出的 3 位 D/A 转换器的框图,输入为 3 位数字量 D_2、D_1、D_0,来自数字系统的输出寄存器,输出为与数字量成正比的模拟电压量,其输出满度值或输出最大值由基准电压 U_{REF} 的值决定。表 9.2.1 列出了一种理想的输入输出关系。

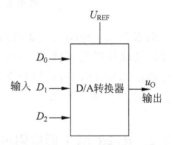

图 9.2.1　电压输出的 3 位
D/A 转换器

表 9.2.1　3 位 D/A 转换器输入输出对应表

输入(数字量)			输出(电压量)
D_2	D_1	D_0	u_O/V
0	0	0	0
0	0	1	1
0	1	0	2
0	1	1	3
1	0	0	4
1	0	1	5
1	1	0	6
1	1	1	7

一般来说,模拟输出＝K×数字输入,其中,K为比例系数,本例中,$K=1$V。

图 9.2.2 是 3 位二进制数 D/A 转换器的传输特性曲线,它具体而形象地反映了 D/A 转换器的基本功能:对于每一个输入数字量,D/A 转换器都输出一个唯一对应的电压值。注意,D/A 转换器的输出量并不是一个模拟量,它只有 8 种可能的值,从某种意义上讲,它仍是数字量。但是如果增加输入的位数,输出值的数量就会随之增加,比如 4 位输入,就有 16 种输出值;5 位输入,就有 32 种输出值。随着输入位数的增加,相邻两个值之间的差别会减小,这样输出量就越来越趋近于在一定范围内连续变化的模拟量。所以,D/A 转换器的输出量只是近似的模拟量。

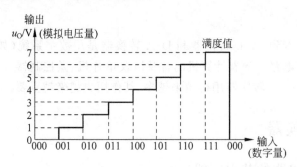

图 9.2.2 3 位 D/A 转换器的传输特性曲线

由表 9.2.1 和图 9.2.2 可以看出,如果数字量是一个有权码,如二进制或 BCD 码,要将其转换成模拟量,只要将每位 1 的代码按其权的大小转换成相应的模拟量,然后将这些模拟量相加,即可得到与数字量成正比的总模拟量,从而实现了数模转换,这就是构成 D/A 转换器的基本思路。

9.2.2 $R/2R$ 倒 T 形电阻网络 D/A 转换器

在单片集成 D/A 转换器中,使用最多的是 $R/2R$ 倒 T 形电阻网络 D/A 转换器。

4 位倒 T 形电阻网络 D/A 转换器的原理图如图 9.2.3 所示。图中输入量为 4 位数字量 D_3、D_2、D_1、D_0;输出量是模拟电压量 u_O;U_{REF} 为参考电压,决定电路输出模拟量的满度值;图中 S_3、S_2、S_1、S_0 为电子开关,$R/2R$ 电阻网络呈倒 T 形连接,实现按权分流;运算放大器 A 构成电流电压转换电路。

该电路的工作原理为:模拟开关 S_i 由输入数字量 D_i 控制,当 $D_i=1$ 时,S_i 打在右端,将电阻 $2R$ 接运算放大器反相输入端,电流流入 i_Σ;当 $D_i=0$ 时,S_i 打在左端,将电阻 $2R$ 接地。根据运算放大器线性应用时的"虚地"概念可知,无论电子开关 S_i 处于何种位置,与 S_i 相连的 $2R$ 电阻均将"接地"(地或虚地)。电阻网络的等效电路如图 9.2.4 所示,从基准电压 U_{REF} 向左看进去的等效电阻 $R_{eq}=R$,由基准电压源提供的总电流 $I=U_{REF}/R$,进一步分析可见,从每个接点向左看的二端网络等效电阻均为 $2R$,流入每个 $2R$ 电阻的电流从高位到低位按 2 的整倍数递减,即流过各开关支路(从右到左)的电流

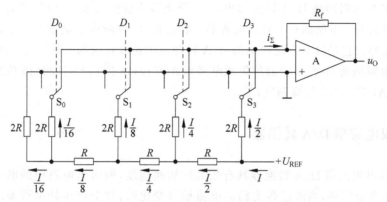

图 9.2.3　倒 T 形电阻网络 D/A 转换器

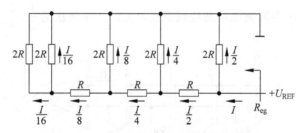

图 9.2.4　倒 T 形电阻网络的等效电路

分别为 $\dfrac{I}{2}$、$\dfrac{I}{4}$、$\dfrac{I}{8}$ 和 $\dfrac{I}{16}$。可得流入由运放组成的求和电路的总电流为

$$i_\Sigma = \frac{U_{\mathrm{REF}}}{R}\left(\frac{D_0}{2^4}+\frac{D_1}{2^3}+\frac{D_2}{2^2}+\frac{D_3}{2^1}\right)=\frac{U_{\mathrm{REF}}}{2^4 \times R}\sum_{i=0}^{3}(D_i \cdot 2^i) \qquad (9.2.1)$$

输出电压为

$$u_O = -i_\Sigma R_f = -\frac{R_f}{R}\cdot\frac{U_{\mathrm{REF}}}{2^4}\sum_{i=0}^{3}(D_i \cdot 2^i) \qquad (9.2.2)$$

将输入数字量扩展到 n 位,可得 n 位倒 T 形电阻网络 D/A 转换器输出模拟量与输入数字量之间的一般关系式如下：

$$u_O = -\frac{R_f}{R}\cdot\frac{U_{\mathrm{REF}}}{2^n}\left[\sum_{i=0}^{n-1}(D_i \cdot 2^i)\right] \qquad (9.2.3)$$

若将式(9.2.3)中的 $\dfrac{R_f}{R}\cdot\dfrac{U_{\mathrm{REF}}}{2^n}$ 用系数 K 表示,中括号中的 n 位二进制数用 N_B 表示,则式(9.2.3)可改写为

$$u_O = -KN_B \qquad (9.2.4)$$

可见,电路中输入的每一个二进制数 N_B,均能在其输出端得到与之成正比的模拟电压 u_O。

在倒 T 形电阻网络 D/A 转换器中,各支路电流直接流入求和电路,它们之间不存在传输上的时间差。电路的这一特点既提高了转换速度,也减少了动态过程中输出端可能出现的尖脉冲。它是目前广泛使用的 D/A 转换器中速度较快的一种。常用的 CMOS 开关倒 T 形电阻网络 D/A 转换器的集成电路有 AD7524(8 位)、AD7520(10 位)、DAC1210(12 位)和 AK7546(16 位高精度)等。

9.2.3 权电流型 D/A 转换器

倒 T 形电阻网络 D/A 转换器具有较高的转换速度,但由于电路中的电子开关存在导通电阻和导通压降,当流过各支路的电流稍有变化时,就会产生转换误差。为进一步提高 D/A 转换器的转换精度,可采用权电流型 D/A 转换器。图 9.2.5 为 4 位权电流 D/A 转换器电路。图中恒流源从高位到低位电流的大小依次为 $\dfrac{I}{2}$、$\dfrac{I}{4}$、$\dfrac{I}{8}$ 和 $\dfrac{I}{16}$。

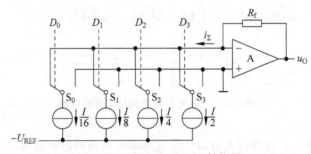

图 9.2.5　权电流型 D/A 转换器

在图 9.2.5 所示电路中,当输入数字量的某一位代码 $D_i=1$ 时,开关 S_i 接运算放大器的反相输入端;当 $D_i=0$ 时,开关 S_i 接地。分析该电路可以得出

$$u_O = i_\Sigma R_f$$

$$= R_f \left(\frac{I}{2} D_3 + \frac{I}{4} D_2 + \frac{I}{8} D_1 + \frac{I}{16} D_0 \right)$$

$$= \frac{I}{2^4} \cdot R_f (D_3 \cdot 2^3 + D_2 \cdot 2^2 + D_1 \cdot 2^1 + D_0 \cdot 2^0)$$

$$= \frac{I}{2^4} \cdot R_f \sum_{i=0}^{3} D_i \cdot 2^i \qquad (9.2.5)$$

采用了恒流源电路之后,各支路权电流的大小均不受开关导通电阻和压降的影响,这就降低了对开关电路的要求,提高了转换精度。

由于在这种权电流 D/A 转换器中采用了高速电子开关,电路仍具有较高的转换速度。采用这种权电流型 D/A 转换电路生产的单片集成 D/A 转换器有 AD1408、DAC0806、DAC0808 等。

9.2.4 D/A 转换器的主要技术指标

1. 分辨率

分辨率定义为输入数字量的最低有效位(LSB)发生一次变化时,所对应的输出模拟量的变化量。从图 9.2.2 中看,分辨率是阶梯波形的每一级的高度值。图 9.2.2 所示的 3 位 D/A 转换器的分辨率是 1V。此外,也可以用能分辨的最小输出电压与最大输出电压之比来定义分辨率,即

$$分辨率 = \frac{u_{O\min}}{u_{O\max}} = \frac{\dfrac{U_{REF}}{2^n}}{\dfrac{(2^n-1)U_{REF}}{2^n}} = \frac{1}{2^n-1}$$

由上式可知,8 位 DAC 的分辨率是 $1/(2^8-1)=1/255 \approx 0.0392$,若基准电压是 10V,则分辨率电压为 0.392V;10 位 DAC 的分辨率是 $1/(2^{10}-1)=1/1023 \approx 0.000\,977\,5$,若基准电压也是 10V,则分辨率电压为 0.009\,775V。可见,输入数字量的位数越多,分辨率就越高。所以,大多数 DAC 生产厂家直接用位数表示分辨率。

2. 转换误差与转换精度

(1)转换误差——DAC 实际输出的模拟电压值与理论值之差,常用最低有效位的倍数表示。例如,转换误差小于 1LSB,是指实际输出的模拟电压值与理论值之差小于分辨率电压值。DAC 的转换误差分为失调误差、增益误差、非线性误差等,产生误差的主要原因有:电阻网络中电阻参数值的偏差,基准电压 U_{REF} 不够稳定及运算放大器的零漂等。

(2)绝对精度——对于给定的满度数字量(输入数字量全为 1 时),DAC 实际输出的模拟电压值与理论值之间的误差。通常这种误差应低于 LSB/2。

(3)相对精度——任意数字量的模拟输出量与它的理论值之差同满度值之比。

3. 建立时间与转换速率

这是描述 DAC 转换速度的参数。建立时间定义为输入的数字量从全 0 变为全 1 时,输出电压达到满量程终值(误差范围 $\pm$LSB/2)所需的时间。有时也用 DAC 每秒的最大转换次数来表示转换速度。例如某 DAC 转换时间为 1μs 时,也称转换速率为 1MHz。

4. 温度系数

温度系数是指在输入不变的情况下,输出模拟电压随温度变化产生的变化量。一般用满刻度输出条件下温度每升高 1℃,输出电压变化的百分数作为温度系数。

9.2.5 集成 D/A 转换器及其应用

集成 DAC 器件有很多种类,以数据输入方式分类,可分为串行输入和并行输入;以

扩展阅读

输出方式分类,可分为电流输出型和电压输出型;以输出通道分类,有单通道输出和多通道输出类型。应用时,需根据实际情况选用,此外还需考虑价格、封装、转换速率、转换精度、工作电平(有 TTL 电平或 3.3V 电平等)等因素。下面将分别介绍电流输出型 AD7524 和电压输出型 TLC7226 的基本情况及使用方法。

1. 电流输出型 8 位 D/A 转换器 AD7524

AD7524 是采用 $R/2R$ 倒 T 形电阻网络的 CMOS D/A 转换器,其框图符号如图 9.2.6(a)所示。它是 8 位的 D/A 转换器,$D_7 \sim D_0$ 是 8 位数字量输入端,I_{OUT1} 是求和电流的输出端,I_{OUT2} 端一般接地。$\overline{CS}$ 为片选,$\overline{WR}$ 为写信号控制端,当这两个端都为低电平时,数字输入 $D_7 \sim D_0$ 在输出端 I_{OUT1} 产生电流输出;当这两个端都为高电平时,数字输入数据被锁存。在锁存状态下输入数据的变化不影响输出值。基准电压 U_{REF} 可选择 $0 \sim 25V$,且电压极性可正可负,因此可产生两个极性不同的模拟输出电流。

1) 单极性输出

单极性输出的基本连接方式如图 9.2.6(b)所示,可将电流输出转换为电压输出,其输出与输入的关系如表 9.2.2 所示。注意 DAC 芯片中已集成了反馈电阻。若取基准电压 $U_{REF} = 10V$,$R_f = R$,根据式(9.2.3)可知输出电压为

$$u_O = -\frac{R_f U_{REF}}{2^8 R} \sum_{i=0}^{7} D_i \cdot 2^i = -\frac{10}{2^8} \sum_{i=0}^{7} D_i \cdot 2^i$$

当输入的数字量在全 0 和全 1 之间变化时,输出模拟电压为 $0 \sim 9.96V$。

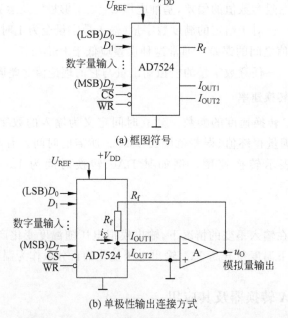

(a) 框图符号

(b) 单极性输出连接方式

图 9.2.6　AD7524 符号与单极性输出连接方式

表 9.2.2 　 AD7524 单极性输出与输入对应表

数字量	11111111	10000001	10000000	01111111	00000001	00000000
模拟量	$\pm U_{\mathrm{REF}}\left(\dfrac{255}{256}\right)$	$\pm U_{\mathrm{REF}}\left(\dfrac{129}{256}\right)$	$\pm U_{\mathrm{REF}}\left(\dfrac{128}{256}\right)$	$\pm U_{\mathrm{REF}}\left(\dfrac{127}{256}\right)$	$\pm U_{\mathrm{REF}}\left(\dfrac{1}{256}\right)$	$\pm U_{\mathrm{REF}}\left(\dfrac{0}{256}\right)$

2）双极性输出

在图 9.2.6(b)电路的基础上，增加一个运放，即可构成双极性输出电路，如图 9.2.7 所示。运放 A_2 组成反相加法器，可求得输出电压为

$$u_{\mathrm{O}} = -\left(\frac{R_4}{R_3}u_{\mathrm{O1}} + \frac{R_4}{R_2}U_{\mathrm{REF}}\right)$$

因 u_{O1} 与 U_{REF} 反相，可得输出与输入之间的关系如表 9.2.3 所示。

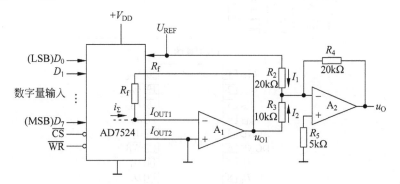

图 9.2.7 　 AD7524 双极性输出连接方式

表 9.2.3 　 AD7524 双极性输出与输入对应表

数字量	11111111	10000001	10000000	01111111	00000001	00000000
模拟量	$+U_{\mathrm{REF}}\left(\dfrac{127}{128}\right)$	$+U_{\mathrm{REF}}\left(\dfrac{1}{128}\right)$	0	$-U_{\mathrm{REF}}\left(\dfrac{1}{128}\right)$	$-U_{\mathrm{REF}}\left(\dfrac{127}{128}\right)$	$-U_{\mathrm{REF}}\left(\dfrac{128}{128}\right)$

2. 电压输出的四路 8 位 D/A 转换器 TLC7226

图 9.2.8(a)是 TI 公司生产的四路 8 位 D/A 转换器 TLC7226 的原理框图，图 9.2.8(b)是其引脚排列图。片内集成了 4 个带运放的 D/A 转换器，四路 D/A 转换器均以电压输出，每路输出能提供 5mA 的输出电流。$D_7 \sim D_0$ 是芯片的 8 位数字量输入端，供四路 D/A 转换器共用，由控制信号 $A_1 A_0$ 选择；$u_{\mathrm{OA}} \sim u_{\mathrm{OD}}$ 是四路模拟电压输出端。V_{DD} 和 V_{SS} 为正负电源输入端。AGND 为模拟地，DGND 为数字地。U_{REF} 是基准电压输入端，允许输入的基准电压为 2～12.5V，标准选择为 10V。$\overline{\mathrm{WR}}$ 为数据写入控制端，当 $\overline{\mathrm{WR}}=0$ 时，选择透明状态，即数据进入寄存器，立即被转换成输出电压，如果数据发生变化，模拟输出也跟随变化；当 $\overline{\mathrm{WR}}$ 为上升沿时，选择锁存状态，即数据被锁存在相应的寄存器中，模拟输出保持在与各自锁存器内数据相对应的数值上，选择方式如表 9.2.4 所示。

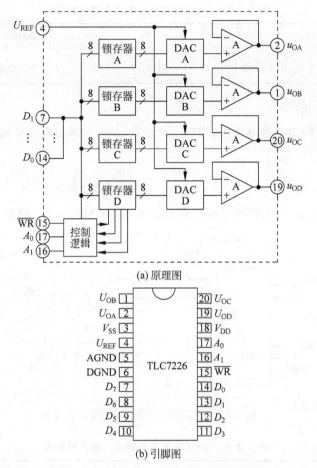

(a) 原理图

(b) 引脚图

图 9.2.8 TLC7226 的原理图和引脚图

表 9.2.4 TLC7226 的选择方式

$\overline{\text{WR}}$	A_0	A_1	功　　能
1	×	×	无操作,器件不被选中
0	0	0	DAC　A 透明
↑	0	0	DAC　A 锁存
0	0	1	DAC　B 透明
↑	0	1	DAC　B 锁存
0	1	0	DAC　C 透明
↑	1	0	DAC　C 锁存
0	1	1	DAC　D 透明
↑	1	1	DAC　D 锁存

　　TLC7226 可以单极性输出,也可双极性输出。单极性输出是芯片的基本工作方式,输出电压与基准电压极性相同,使用单电源供电,将 V_{SS} 接 AGND(地)。

3. 集成 DA 转换器的其他应用

D/A 转换器的主要用途是作为数字系统和模拟系统之间的接口,除此之外,它还在波形发生器、信号运算、数字量/频率之间的转换等电路中得到了广泛的应用。

1) 波形发生器

用一个 4 位的二进制计数器和一个 4 位的 D/A 转换器相连可组成 15 阶的梯形波发生器,如图 9.2.9(a)所示,图 9.2.9(b)是其输出波形图。如果在输出端加一个低通滤波器,即可得到锯齿波。位数越多,锯齿波的线性度越好。

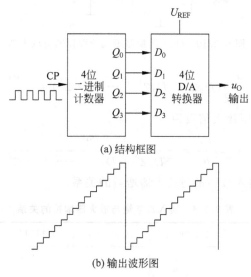

图 9.2.9　计数器与 D/A 转换器组成的阶梯波发生器

如果把计数器的计数值作为地址码送到只读存储器的地址输入端,再把只读存储器的输出数据送给 D/A 转换器,并在输出端加低通滤波器,便可组成一个任意波形发生器,波形的形状取决于只读存储器存储的数据,改变存储数据,就可改变波形的形状。

2) 程控增益放大器

用 AD7524 和集成运放组成的程控增益放大器如图 9.2.10 所示,把 AD7524 的反馈电阻端作为输入信号 u_I 的输入端,外接运算放大器的输出端引到 AD7524 的基准电压 U_{REF} 端,则流入基准电压端的电流为

$$I = \frac{u_O}{R}$$

$$i_\Sigma = \frac{u_O}{2^8 R}(D_0 2^0 + D_1 2^1 + \cdots + D_7 2^7)$$

流入反馈电阻端的电流为

$$i_I = \frac{u_I}{R_f}$$

由于 $i_I + i_\Sigma = 0$,所以有

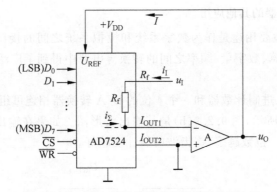

图 9.2.10　D/A 转换器组成的程控增益放大器

$$\frac{u_O}{2^8 R}(D_0 2^0 + D_1 2^1 + \cdots + D_7 2^7) = -\frac{u_I}{R_f}$$

若取 $R_f = R$，则电压放大倍数为

$$A_u = \frac{u_O}{u_I} = -\frac{2^8}{D_0 2^0 + D_1 2^1 + \cdots + D_7 2^7}$$

表 9.2.5 列出了输入数字量与放大器增益的关系。

表 9.2.5　输入数字量与放大器增益的关系

数字量	11111111	10000001	10000000	01111111	00000001	00000000
放大器放大倍数 A_u	$-\dfrac{256}{255}$	$-\dfrac{256}{129}$	-2	$-\dfrac{256}{127}$	-256	开环

9.3　A/D 转换器

9.3.1　A/D 转换的一般步骤

　　A/D 转换器的功能是把模拟量转换为与之成正比的数字量，一般要经过采样、保持、量化和编码四个步骤来完成。在实际电路中，采样和保持、量化和编码通常是在转换过程中同时实现的，如图 9.3.1 所示。

1. 采样与保持

　　所谓采样，就是按一定的时间间隔和顺序采集模拟信号，从而把一个时间上和幅值上都连续变化的模拟信号变换成时间和幅值上都离散的信号，这个离散的信号是一串时间等距、幅度取决于当时模拟量大小的脉冲信号。将采样所得的电压转换为相应的数字量还需要一定的时间，为了给后边的量化和编码电路提供一个稳定值，必须把采样的样值保持一段时间，这就是所谓的保持。进行 A/D 转换时所用的输入电压，实际上是每次采样结束时的 u_I 值，也就是在保持阶段的样值。

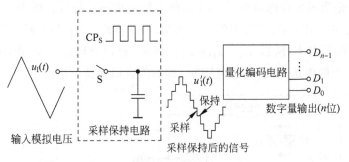

图 9.3.1　模拟量到数字量的转换过程

（1）采样定理。

由图 9.3.1 可见，采样的时间间隔越短，即采样频率越高，采样后的信号越能正确地复现模拟信号 u_I。可以证明，合理的采样频率必须满足

$$f_s \geqslant 2f_{imax} \tag{9.3.1}$$

扩展阅读

式中，f_s 为取样频率，f_{imax} 为输入信号 u_I 的最高频率分量的频率。式（9.3.1）称为采样定理。

（2）采样保持电路。

基本的采样保持电路及工作波形图如图 9.3.2 所示。图中的 N 沟道 MOS 管 T 作为采样开关用。设运放为理想运放，当采样控制信号 u_L 为高电平时，为采样阶段，此时 T 导通，输入信号 u_I 经电阻 R 和 T 向电容 C 充电。根据运放的"虚短"与"虚断"，则充电结束后 $u_O = u_C = u_I$。当采样控制信号 u_L 返回低电平时，为保持阶段。此时 T 截止，由于 C 无放电回路，C 上的电压可以在一段时间内保持不变，所以 u_O 的数值被保存下来。显然，C 的漏电流越小，运算放大器的输入阻抗越高，u_O 的保持时间越长。

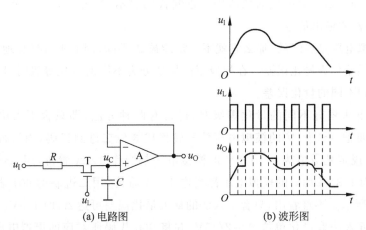

图 9.3.2　采样保持电路的基本形式

图 9.3.3 是集成采样保持电路 LF198 的电路原理图及符号。图中 A_1、A_2 是两个运算放大器，S 是电子开关，L 是开关的驱动电路，当逻辑输入 u_L 为 1 时，S 闭合，A_1、A_2 均工作在电压跟随器状态，所以 $u_O = u'_O = u_I$。当 u_L 返回 0 以后，S 断开，由于 C_h 无放电回路，所以 C_h 上的电压不变，输出电压 u_O 的数值得以保持下来。

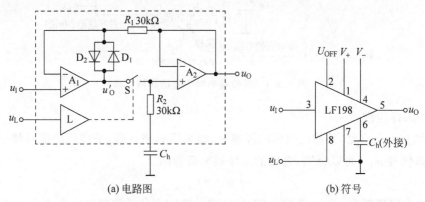

(a) 电路图　　　　　　　　(b) 符号

图 9.3.3　单片集成采样保持电路 LF198 的电路原理图及符号

图中 D_1 和 D_2 构成保护电路，将 u'_O 限制在 $u_I + U_D$ 以内，以避免在 S 闭合期间 u_I 发生较大变化时，u'_O 也跟随变化，产生超过开关电路所能承受的电压。

2. 量化和编码

任何一个数字量的大小，都是以某个最小数量单位的整倍数来表示的。经过采样保持后，在保持阶段输出的离散模拟量是一个电平信号，要把这个电平信号转换为二进制的数字量，也必须把它化成这个最小数量单位的整倍数，这个转化过程称为量化。所规定的最小数量单位称为量化单位，用 Δ 表示。显然，数字信号最低有效位中的 1 表示的数量大小，就等于 Δ。把量化的数值用二进制代码表示，称为编码。这个二进制代码就是 A/D 转换器的输出信号。

既然模拟电压是连续的，那么它就不一定能被 Δ 整除，因而不可避免地会引入误差，通常把这种误差称为量化误差。在把模拟信号划分为不同的量化等级时，用不同的划分方法可以得到不同的量化误差。

将模拟电压划分不同的量化等级时，通常有两种方法，即只舍不入法和四舍五入法。假定需要把 $0 \sim +1V$ 的模拟电压信号转换成 3 位二进制代码，用只舍不入法可取 $\Delta = 1/8V$，并规定凡数值为 $0 \sim 1/8V$ 的模拟电压都当作 $0 \times \Delta$ 看待，用二进制的 000 表示；凡数值为 $1/8 \sim 2/8V$ 的模拟电压都当作 $1 \times \Delta$ 看待，用二进制的 001 表示，……，如图 9.3.4(a) 所示。不难看出，只舍不入法的最大量化误差可达 Δ，即 1/8V。

用四舍五入法取量化单位 $\Delta = 2/15V$，并将 000 代码所对应的模拟电压规定为 $0 \sim 1/15V$，即 $0 \sim \Delta/2$，如图 9.3.4(b) 所示。因这种方式的最大量化误差将减少为 $\Delta/2 = 1/15V$，故被大多数 A/D 转换器所采用。

(a) 只舍不入法　　　　　　　　　(b) 四舍五入法

图 9.3.4　划分量化电平的两种方法

9.3.2　并行比较型 A/D 转换器

A/D 转换器的种类很多,但其基本原理都是通过比较的方法来实现。若按比较的方法区分可以分为直接比较型和间接比较型两大类。直接比较型是将输入模拟信号直接与参考电压比较,从而转换为输出的数字量。间接比较型是先将输入信号与参考电压比较,转换为某个中间变量,再将中间变量进行比较转换为输出的数字量。可见直接比较型 ADC 比间接比较型 ADC 的转换速度要快。并行比较型 A/D 转换器是一种典型的直接比较型 ADC。

用一个电压比较器就可以构成一个 1 位的比较型 A/D 转换器,如图 9.3.5 所示。图中,输入的模拟电压 u_I 与基准电压 U_{REF} 比较,如果 $u_I > U_{REF}$,输出 $D = 1$;如果 $u_I < U_{REF}$,则输出 $D = 0$。这样就把一个模拟电压量转换为数字量。显然这个 1 位的 A/D 转换器的分辨率太低,要提高分辨率可增加电压比较器的个数,即增加输出的位数。

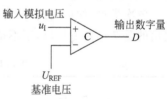

图 9.3.5　1 位比较型 A/D 转换器

3 位并行比较型 A/D 转换器原理电路如图 9.3.6 所示。它由 7 个电压比较器、寄存器和代码转换器三部分组成。输入电压 u_I 为 $0 \sim U_{REF}$ 的模拟电压,输出为 3 位二进制数码 $D_2 D_1 D_0$。

电压比较器中量化电平的划分采用图 9.3.4(b) 所示的方式,用电阻链把参考电压 U_{REF} 分压,得到 $\frac{1}{15} U_{REF} \sim \frac{13}{15} U_{REF}$ 的 7 个比较电平,量化单位 $\Delta = \frac{2}{15} U_{REF}$。然后,把这 7 个比较电平分别接到 7 个比较器 $C_1 \sim C_7$ 的输入端作为基准电压。同时将输入的模拟电压同时加到每个比较器的另一个输入端上,与这 7 个基准电压进行比较。

若 $u_I < \frac{1}{15} U_{REF}$,则所有比较器的输出端全是低电平,CP 脉冲上升沿到达后,寄存器中所有 D 触发器均被置成 0 状态。

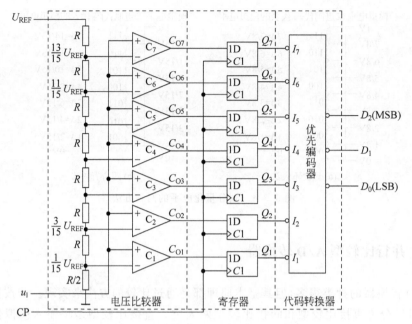

图 9.3.6　3 位并行比较型 A/D 转换器

若 $\frac{1}{15}U_{\text{REF}} \leqslant u_1 < \frac{3}{15}U_{\text{REF}}$，则只有 C_1 输出高电平，CP 脉冲上升沿到达后，触发器 Q_1 被置 1，其余触发器被置 0。

依次类推，便可列出 u_1 为不同电压时寄存器的状态，如表 9.3.1 所示。不过寄存器输出的是 7 位二值代码，还不是所要求的二进制数，因此还必须进行代码转换。

表 9.3.1　3 位并行 A/D 转换器输入输出对应表

输入模拟量	寄存器状态 （代码转换器输入）							数字量输出 （代码转换器输出）		
u_1	Q_7	Q_6	Q_5	Q_4	Q_3	Q_2	Q_1	D_2	D_1	D_0
$0 \leqslant u_1 < (1/15)U_{\text{REF}}$	0	0	0	0	0	0	0	0	0	0
$(1/15)U_{\text{REF}} \leqslant u_1 < (3/15)U_{\text{REF}}$	0	0	0	0	0	0	1	0	0	1
$(3/15)U_{\text{REF}} \leqslant u_1 < (5/15)U_{\text{REF}}$	0	0	0	0	0	1	1	0	1	0
$(5/15)U_{\text{REF}} \leqslant u_1 < (7/15)U_{\text{REF}}$	0	0	0	0	1	1	1	0	1	1
$(7/15)U_{\text{REF}} \leqslant u_1 < (9/15)U_{\text{REF}}$	0	0	0	1	1	1	1	1	0	0
$(9/15)U_{\text{REF}} \leqslant u_1 < (11/15)U_{\text{REF}}$	0	0	1	1	1	1	1	1	0	1
$(11/15)U_{\text{REF}} \leqslant u_1 < (13/15)U_{\text{REF}}$	0	1	1	1	1	1	1	1	1	0
$(13/15)U_{\text{REF}} \leqslant u_1 \leqslant U_{\text{REF}}$	1	1	1	1	1	1	1	1	1	1

代码转换器是一个 7 输入 3 输出的组合逻辑电路，可用组合逻辑电路的设计方法进行设计。将表 9.3.1 与第 4 章表 4.2.3 比较可见，该代码转换器的功能恰巧与优先编码器 74148 的部分功能相同，所以可用优先编码器来实现。将代码转换器的输入端 $Q_7 \sim Q_1$

取反后分别作为优先编码器 74148 的输入端 $I_7 \sim I_1$，将优先编码器 74148 的输出端 $A_2 \sim A_0$ 取反后分别作为代码转换器的输出端 $D_2 \sim D_0$ 即可。

集成并行比较型 A/D 转换器的产品较多，如 AD 公司的 AD9012(TTL 工艺，8 位)、AD9002(ECL 工艺，8 位)、AD9020(TTL 工艺，10 位)等。

并行 A/D 转换器具有如下特点：

(1) 由于转换是并行的，其转换时间只受比较器、触发器和编码电路延迟时间限制，因此转换速度最快。

(2) 由于电路中的比较器和寄存器兼有采样保持的功能，所以此类 A/D 转换器可以不用附加采样保持电路。

(3) 随着分辨率的提高，元件数目要按几何级数增加。一个 n 位转换器，所用的比较器个数为 $2^n - 1$，如 8 位的并行 A/D 转换器就需要 $2^8 - 1 = 255$ 个比较器。由于位数越多，电路越复杂，因此制成分辨率较高的集成并行 A/D 转换器是比较困难的，这是它的突出缺点。

9.3.3 逐次逼近型 A/D 转换器

逐次逼近型 A/D 转换器也属于直接比较型的 ADC，它的转换原理类似于天平称物。如图 9.3.7 所示，假设一个天平的量程为 $0 \sim 15\text{g}$，备有 8g、4g、2g、1g 四砝码。称重时，先放最重的 8g 砝码，若物重大于 8g，该砝码保留，反之该砝码去除。然后再放次重的 4g 砝码，根据平衡情况决定它的去留。这样一直比较下去，直到放完最小的 1g 砝码，使天平两边基本平衡，这时留在天平上砝码的总重量就是物重。逐次逼近型 A/D 转换器的转换原理与天平称物原理基本相同，模拟信号就是被称的物体，而砝码就是数字量每一位上的那个"1"的位权，对于 4 位数字量 $D_3 D_2 D_1 D_0$，每一位的位权分别是 8、4、2、1，这就相当于那 4 个砝码。

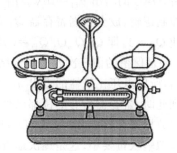

图 9.3.7 天平称物原理

4 位逐次逼近型 A/D 转换器的框图如图 9.3.8 所示。它由电压比较器、控制逻辑电路、数据寄存器、移位寄存器、4 位 D/A 转换器等组成。输入的模拟量从电压比较器的同相端输入，输出的数字量从数据寄存器的输出端 $D_3 D_2 D_1 D_0$ 输出。假定 D/A 转换器的基准电压 $U_{\text{REF}} = 16\text{V}$，模拟输入量 $u_I = 9.3\text{V}$，下面就来看转换过程。

4 位转换器要经过 4 步转换。第一步，转换开始，控制逻辑先使移位寄存器的最高位置 1，即 $Q_A Q_B Q_C Q_D = 1000$，数据寄存器输出为 $Q_3 Q_2 Q_1 Q_0 = 1000$，经 DAC 转换后，DAC 的输出 $u'_O = 8\text{V}$。因为 $u'_O < u_I$，所以电压比较器的输出 $u_C = 1$。这个"1"告诉控制逻辑，保持数据寄存器最高位 $Q_3 = 1$。第二步，移位寄存器左移一位，使次高位置 $Q_B = 1$，即 $Q_A Q_B Q_C Q_D = 0100$，数据寄存器输出变为 $Q_3 Q_2 Q_1 Q_0 = 1100$，注意最高位 $Q_3 = 1$ 是保留的第一次转换后的结果。经 DAC 转换后，DAC 的输出 $u'_O = 12\text{V}$。因为 $u'_O > u_I$，所以电

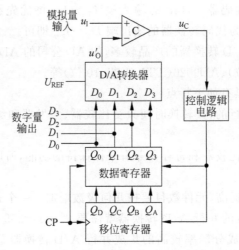

图 9.3.8 4 位逐次逼近型 A/D 转换器原理框图

压比较器的输出 $u_C = 0$。这个"0"告诉控制逻辑,放弃数据寄存器次高位 Q_2 的"1",即使 $Q_2 = 0$。第三步,移位寄存器再左移一位,使 $Q_C = 1$,即 $Q_A Q_B Q_C Q_D = 0010$,数据寄存器变为 $Q_3 Q_2 Q_1 Q_0 = 1010$,注意 $Q_3 Q_2 = 10$ 是保留的前两次转换后的结果。经 DAC 转换后,DAC 的输出 $u_O' = 10\text{V}$。因为 $u_O' > u_1$,所以电压比较器的输出 $u_C = 0$。这个"0"告诉控制逻辑,放弃数据寄存器 Q_1 的"1",即使 $Q_1 = 0$。最后一步,移位寄存器再左移一位,使 $Q_D = 1$,即 $Q_A Q_B Q_C Q_D = 0001$,数据寄存器变为 $Q_3 Q_2 Q_1 Q_0 = 1001$,同理,$Q_3 Q_2 Q_1 = 100$ 是保留的前三次转换后的结果。经 DAC 转换后,DAC 的输出 $u_O' = 9\text{V}$。因为 $u_O' < u_1$,所以电压比较器的输出 $u_C = 1$。这个"1"告诉控制逻辑,保持数据寄存器 Q_0 的"1"。到此时,寄存器所有的位都已处理过,转换过程结束,控制逻辑使输出有效,输出量已存在数据寄存器中,即 $D_3 D_2 D_1 D_0 = Q_3 Q_2 Q_1 Q_0 = 1001$。注意,1001 实际上对应为 9V,比模拟输入量要小,这是逐次逼近法的误差,也是逐次逼近法的特点。很显然,转换的位数越高,误差越小,输出量就越逼近输入量。

4 位逐次逼近型 A/D 转换器的逻辑电路如图 9.3.9 所示。图中 5 位移位寄存器可进行并入/并出或串入/串出操作。输入端 F 为并行置数使能端,高电平有效。其输入端 S 为高位串行数据输入。数据寄存器由 D 边沿触发器组成,数字量从 $Q_4 \sim Q_1$ 输出。

电路工作过程如下:当启动脉冲上升沿到达后,$\text{FF}_0 \sim \text{FF}_4$ 被清零,Q_5 置1,Q_5 的高电平开启与门 G_2,时钟脉冲 CP 进入移位寄存器。在第一个 CP 脉冲作用下,由于移位寄存器的置数使能端 F 已由 0 变 1,并行输入数据 $ABCDE$ 置入,$Q_A Q_B Q_C Q_D Q_E = 01111$,$Q_A$ 的低电平使数据寄存器的最高位(Q_4)置 1,即 $Q_4 Q_3 Q_2 Q_1 = 1000$。D/A 转换器将数字量 1000 转换为模拟电压 u_O',送入比较器 C 与输入模拟电压 u_1 比较,若 $u_1 > u_O'$,则比较器 C 输出 u_C 为 1,否则为 0。比较结果送到 4 个 D 触发器 $\text{FF}_4 \sim \text{FF}_0$ 的输入端 $D_4 \sim D_1$。

第二个 CP 脉冲到来后,移位寄存器的串行输入端 S 为高电平,Q_A 由 0 变 1,同时最高位 Q_A 的 0 移至次高位 Q_B。于是数据寄存器的 Q_3 由 0 变 1,这个正跳变作为有效触

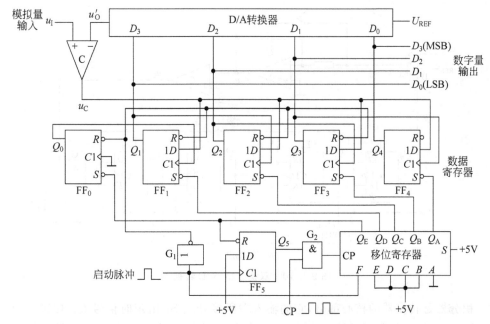

图 9.3.9　4 位逐次逼近型 A/D 转换器的逻辑电路

发信号加到 FF_4 的 CP 端,使 u_C 的电平得以在 Q_4 保存下来。此时,由于其他触发器无正跳变触发脉冲,u_C 的信号对它们不起作用。Q_3 变 1 后,建立了新的 D/A 转换器的数据,输入电压再与其输出电压 u'_O 进行比较,比较结果在第三个时钟脉冲作用下存于 Q_3 ……。如此进行,直到 Q_E 由 1 变 0 时,使触发器 FF_0 的输出端 Q_0 产生由 0 到 1 的正跳变,做触发器 FF_1 的 CP 脉冲,使上一次 A/D 转换后的 u_C 电平保存于 Q_1,同时使 Q_5 由 1 变 0 后将 G_2 封锁,转换过程结束。于是电路的输出端 $D_3D_2D_1D_0$ 得到与输入电压 u_1 成正比的数字量。

　　由以上分析可见,逐次逼近型 A/D 转换器完成一次转换所需时间与其位数和时钟脉冲频率有关,位数越少,时钟频率越高,转换所需时间越短。这种 A/D 转换器具有转换速度快、精度高的特点。

　　常用的集成逐次逼近型 A/D 转换器有 ADC0808/0809（8 位）、AD575（10 位）、AD574A（12 位）等。

9.3.4　双积分型 A/D 转换器

　　双积分型 A/D 转换器是一种间接 A/D 转换器。它的基本原理是:对输入模拟电压和参考电压分别进行两次积分,将输入电压平均值变换成与之成正比的时间间隔,然后利用时钟脉冲和计数器测出此时间间隔,进而得到相应的数字量输出。

　　图 9.3.10 是这种转换器的原理电路,它由积分器（由集成运放 A 组成）、过零比较器（C）、时钟脉冲控制门（G）和定时器/计数器（$FF_0 \sim FF_n$）等几部分组成。

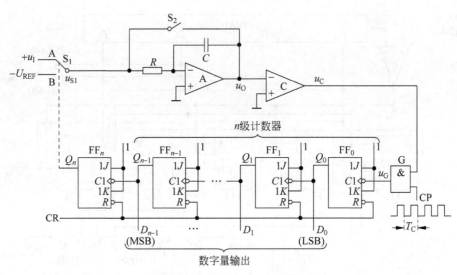

图 9.3.10 双积分型 A/D 转换器

积分器是转换器的核心部分,它的输入端所接开关 S_1 由定时信号 Q_n 控制。当 Q_n 为不同电平时,极性相反的输入电压 u_1 和参考电压 U_{REF} 将分别加到积分器的输入端,进行两次方向相反的积分,积分时间常数 $\tau = RC$。

过零比较器用来确定积分器输出电压 u_O 的过零时刻。当 $u_O > 0$ 时,比较器输出 u_C 为低电平;当 $u_O < 0$ 时,u_C 为高电平。比较器的输出信号接至时钟控制门(G)作为关门和开门信号。

计数器和定时器由 $n+1$ 个接成计数型的触发器 $FF_0 \sim FF_n$ 串联组成。触发器

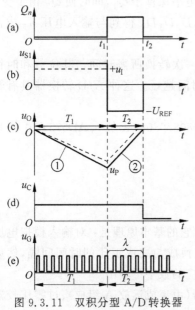

图 9.3.11 双积分型 A/D 转换器
各点工作波形

$FF_0 \sim FF_{n-1}$ 组成 n 级计数器,对输入时钟脉冲 CP 计数,以便把与输入电压平均值成正比的时间间隔转变成数字信号输出。当计数到 2^n 个时钟脉冲时,$FF_0 \sim FF_{n-1}$ 均回到 0 状态,而 FF_n 反转为 1 态,$Q_n = 1$ 后,开关 S_1 从位置 A 转接到 B。

控制门 G 控制时钟脉冲 CP 能否加到触发器 FF_0 的输入端,CP 的周期 T_C 作为测量时间间隔的标准时间。当 $u_C = 1$ 时,与门打开,CP 通过与门加到触发器 FF_0 的输入端。

下面以输入正极性的直流电压 u_1 为例,说明电路将模拟电压转换为数字量的基本原理。电路工作过程分为以下几个阶段进行,图中各处的工作波形如图 9.3.11 所示。

(1) 准备阶段。

首先控制电路提供 CR 信号使计数器清零,同时使开关 S_2 闭合,待积分电容放电完毕,再使 S_2 断开。

(2) 第一次积分阶段。

在转换过程开始时($t=0$),开关 S_1 与 A 点接通,正的输入电压 u_I 加到积分器的输入端。积分器从 0V 开始对 u_I 积分,其输出电压波形如图 9.3.11(c)中斜线①段所示。根据积分器的工作原理可得

$$u_O = -\frac{1}{\tau}\int_0^t u_I \, dt \tag{9.3.2}$$

由于 $u_O < 0V$,过零比较器输出端 u_C 为高电平,时钟控制门 G 被打开。于是,计数器在 CP 作用下从 0 开始计数。经过 2^n 个时钟脉冲后,触发器 $FF_0 \sim FF_{n-1}$ 都翻转到 0 态,而 $Q_n = 1$,开关 S_1 由 A 点转到 B 点,第一次积分结束。第一次积分时间为

$$t = T_1 = 2^n T_C \tag{9.3.3}$$

令 u_I 为输入电压在 T_1 时间间隔内的平均值,则由式(9.3.2)可得第一次积分结束时积分器的输出电压 u_P 为

$$u_P = -\frac{T_1}{\tau}u_I = -\frac{2^n T_C}{\tau}u_I \tag{9.3.4}$$

(3) 第二次积分阶段。

当 $t = t_1$ 时,S_1 转接到 B 点,具有与 u_I 相反极性的基准电压 $-U_{REF}$ 加到积分器的输入端,积分器开始进行第二次积分,其输出电压波形如图 9.3.11(c)中斜线②段所示。触发器 $FF_0 \sim FF_{n-1}$ 组成的计数器重新开始计数。当 $t = t_2$ 时,积分器输出电压 $u_O > 0V$,比较器输出端 u_C 为低电平,时钟脉冲控制门 G 被关闭,计数停止。在此阶段结束时 u_O 的表达式可写为

$$u_O(t_2) = u_P - \frac{1}{\tau}\int_{t_1}^{t_2}(-U_{REF})\,dt = 0 \tag{9.3.5}$$

设 $T_2 = t_2 - t_1$,于是有

$$\frac{U_{REF}T_2}{\tau} = \frac{2^n T_C}{\tau}u_I$$

设在此期间计数器所累计的时钟脉冲个数为 λ,则

$$T_2 = \lambda T_C \tag{9.3.6}$$

$$T_2 = \frac{2^n T_C}{U_{REF}}u_I \tag{9.3.7}$$

可见,T_2 与 u_I 成正比,T_2 就是双积分 A/D 转换过程的中间变量。由式(9.3.6)、式(9.3.7)可得

$$\lambda = \frac{T_2}{T_C} = \frac{2^n}{U_{REF}}u_I \tag{9.3.8}$$

式(9.3.8)表明,在计数器中所计得的数 λ($\lambda = Q_{n-1}\cdots Q_1 Q_0$),与在取样时间 T_1 内输入电压的平均值 u_I 成正比。只要 $u_I < U_{REF}$,转换器就能正常地将输入电压转换为数字量,并能从计数器读取转换结果。如果取 $U_{REF} = 2^n$V,则 $\lambda = u_I$,计数器所计的数在数值上就等于被测电压。

在第二次积分阶段结束后,控制电路又使开关 S_2 闭合,电容 C 放电,积分器回零。电路再次进入准备阶段,等待下一次转换的开始。

双积分 A/D 转换器具有如下特点:

(1) 由于使用了积分器,在 T_1 时间内转换的是输入电压的平均值,因此具有很强的抗工频干扰能力,尤其对周期等于 T_1 或几分之一 T_1 的对称干扰(所谓对称干扰是指整个周期内平均值为零的干扰),从理论上来说,有极大的抑制能力。在工业系统中经常碰到的是工频(50Hz)或工频的倍频干扰,故通常选定采样时间 T_1 总是等于工频电源周期的倍数,如 20ms 或 40ms 等。

(2) 由于在转换过程中,前后两次积分所采用的是同一积分器,因此,R、C 和脉冲源等元器件参数的变化对转换精度的影响可以抵消,所以它对元器件的要求较低,成本也低。这是其他 ADC 所不具备的突出特点。

(3) 由于它属于间接转换,所以工作速度低,这是它的突出缺点。它不能用于数据采集,但可用于像数字电压表这类对转换速度要求不高的场合。

集成双积分式 A/D 转换器有 ADC-EK8B(8 位,二进制码)、ADC-EK10B(10 位,二进制码)、MC14433$\left(3\dfrac{1}{2}\text{位},\text{BCD 码}\right)$等。

9.3.5 A/D 转换器的主要技术指标

1. 分辨率

A/D 转换器的分辨率以输出二进制(或十进制)数的位数表示。它表明 A/D 转换器对输入信号的分辨能力。例如 A/D 转换器输出为 8 位二进制数,输入信号最大值为 5V,那么这个转换器应能区分输入信号的最小电压为 $\dfrac{5}{2^8}$V≈19.53mV。输出位数越多,量化单位越小,分辨率越高。

2. 转换误差

转换误差表示 A/D 转换器实际输出的数字量和理论上的输出数字量之间的差别,通常是以相对误差的形式给出,常用最低有效位的倍数表示。例如给出相对误差 ≤±LSB/2,这表明实际输出的数字量和理论上应得到的输出数字量之间的误差小于最低位的半个字。

3. 转换时间和转换速率

完成一次 A/D 转换所需的时间称为转换时间。每秒完成转换的次数,即转换时间的倒数,称为转换速率。例如转换时间为 $100\mu s$,则转换速率为 10kHz。

A/D 转换器的转换时间与转换电路的类型有关。并行比较 A/D 转换器转换速度最高,8 位集成并行比较 A/D 转换器的转换时间可小于 50ns。逐次逼近型 A/D 转换器次之,它们多数转换时间为 $10\sim50\mu s$,也有达几百纳秒的。间接 A/D 转换器的速度最慢,如双积分 A/D 转换器的转换时间大都在几十毫秒至几百毫秒之间。

在实际应用中,应从系统数据总的位数、精度要求、输入模拟信号的范围及输入信号极性等方面综合考虑 A/D 转换器的选用。

例 9.3.1 某信号采集系统要求用一片 A/D 转换集成芯片在 1s(秒)内对 16 个热电偶的输出电压分时进行 A/D 转换。已知热电偶输出电压为 0~0.025V(对应温度为 0~450℃),需要分辨的温度为 0.1℃,试问应选择多少位的 A/D 转换器,其转换时间为多少?

解:温度为 0~450℃,信号电压为 0~0.025V,分辨的温度为 0.1℃,这相当于 $\frac{0.1}{450} = \frac{1}{4500}$ 的分辨率。12 位 A/D 转换器的分辨率为 $\frac{1}{2^{12}} = \frac{1}{4096}$,所以必须选用 13 位的 A/D 转换器。

系统的采样速率为每秒 16 次,取样时间为 62.5ms。对于这样慢的取样,任何一个 A/D 转换器都可以达到。选用带有采样保持功能的逐次比较型 A/D 转换器或不带采样保持功能的双积分式 A/D 转换器均可。

9.3.6 集成 A/D 转换器及其应用

在集成 A/D 转换器中,逐次逼近型使用较多,下面以 ADC0804 为例,介绍 A/D 转换器及其应用。

1. ADC0804 引脚及使用说明

ADC0804 是 CMOS 工艺制成的逐次逼近型 A/D 转换器芯片,分辨率为 8 位,转换时间为 100μs,输入电压为 0~5V,增加某些外部电路后,输入模拟电压可为 ±5V。该芯片内有输出数据锁存器,当与计算机连接时,转换电路的输出可以直接连接到 CPU 的数据总线上,无须附加逻辑接口电路。ADC0804 芯片引脚图如图 9.3.12 所示。

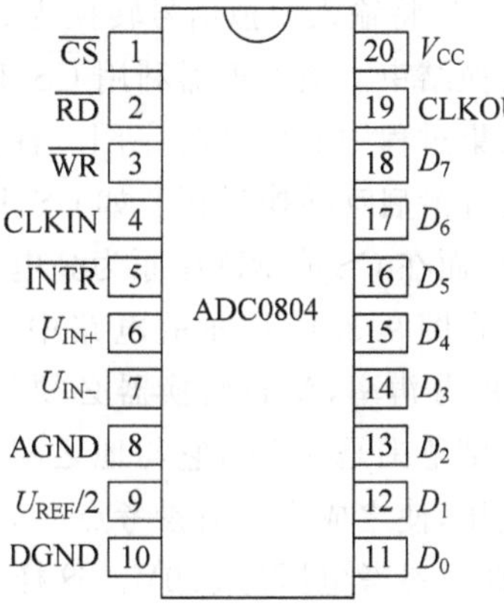

ADC0804 引脚名称及意义如下:

U_{IN+}、U_{IN-}:两模拟信号输入端,用来接收单极性、双极性和差模输入信号。

$D_7 \sim D_0$:数据输出端,具有三态特性,能与单片机、微处理器相连接。

AGND:模拟信号地。

DGND:数字信号地。

CLKIN:外电路提供时钟脉冲输入端。

CLKOUT:内部时钟发生器外接电阻端,与 CLKIN 端配合,可由芯片自身产生时钟脉冲,其频率为 $\frac{1}{1.1RC}$。

图 9.3.12 ADC0804 引脚图

$\overline{\text{CS}}$：片选信号输入端，低电平有效，一旦 $\overline{\text{CS}}$ 有效，表明 A/D 转换器被选中，可启动工作。

$\overline{\text{WR}}$：写信号输入，接收单片机、微处理器、计算机系统或其他数字系统控制芯片的启动输入端，低电平有效，当 $\overline{\text{CS}}$、$\overline{\text{WR}}$ 同时为低电平时，启动转换。

$\overline{\text{RD}}$：读信号输入，低电平有效，当 $\overline{\text{CS}}$、$\overline{\text{RD}}$ 同时为低电平时，可读取转换输出数据。

$\overline{\text{INTR}}$：转换结束输出信号，低电平有效。该端输出低电平表示本次转换已经完成。该信号常用来向单片机、微处理器等发出中断请求信号。

$U_{\text{REF}}/2$：这是一个可选输入端，用来降低内部参考电压，从而改变转换器所能处理的模拟输入电压的范围。当这个输入端开路时，由 V_{CC} 作参考电压，它的值为 2.5V $(V_{\text{CC}}/2)$。如将这个引脚接在外部电源上，则内部的参考电压变为此电压值的两倍，模拟输入值的范围也相应地改变，如表 9.3.2 所示。

表 9.3.2　$U_{\text{REF}}/2$ 的取值与模拟输入电压范围的关系

$U_{\text{REF}}/2/\text{V}$	模拟输入电压/V	分辨率/mV
开路	0～5	19.6
2.25	0～4.5	17.6
2.0	0～4	15.7
1.5	0～3	11.8

2. ADC0804 的典型应用

图 9.3.13 所示为数据采集应用中 ADC0804 与微处理器的典型电路接线图。采集数据时，微处理器通过产生 $\overline{\text{CS}}$、$\overline{\text{WR}}$ 低电平信号，启动 A/D 转换器工作。ADC0804 经 $100\mu\text{s}$ 后将输入模拟信号转换为数字信号存于输出锁存器，并在 $\overline{\text{INTR}}$ 端产生低电平表示转换结束。微处理器利用 $\overline{\text{CS}}$、$\overline{\text{RD}}$ 信号读取 ADC 的输出数据，图 9.3.14 中显示了数据采集过程中的信号时序图。注意，当 $\overline{\text{CS}}$、$\overline{\text{WR}}$ 同为低电平时，$\overline{\text{INTR}}$ 呈现高电平，$\overline{\text{WR}}$ 的上升沿启动转换过程。如 $\overline{\text{CS}}$、$\overline{\text{RD}}$ 同时为低电平，则数据锁存器三态门打开，数据信号送出，而在 $\overline{\text{CS}}$ 或 $\overline{\text{RD}}$ 还原为高电平时，三态门处于高阻状态。

在图 9.3.13 所示的电路中，输入信号为 0.5～3.5V。为充分利用 ADC0804 芯片 8 位的分辨，A/D 转换器必须与给定模拟信号的范围相匹配。本例中 A/D 转换器的满刻度范围是 3.5V，它与地之间存在 0.5V 的偏移值。在反相输入端加入 0.5V 的偏移值电压，使之成为 0 值参考点。3.5V 的输入范围通过给 $U_{\text{REF}}/2$ 接入 1.5V 的电压来设置，此时参考电压为 3.0V。这样可保证在输入最小值 0.5V 时，所产生的输出数字量为 00000000，而在输入最大值 3.5V 时，所产生的输出数字量为 11111111。

模拟与数字接口时要特别注意到地线的正确连接，否则干扰很严重，以致影响转换结果的准确性。ADC、DAC 及采样保持芯片上都提供了独立的模拟地（AGND）和数字地（DGND）。在线路设计中，必须将所有器件的模拟地和数字地分别相连，然后将模拟地与数字地仅在一点上相连接。实际设计中，也经常将数字器件和模拟器件与电源的连线分开布线，然后在每个芯片的电源与地之间接入去耦电容（$0.1\mu\text{F}$）。

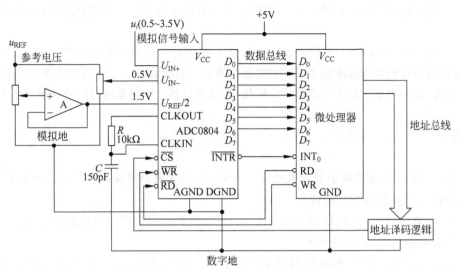

图 9.3.13　ADC0804 应用电路

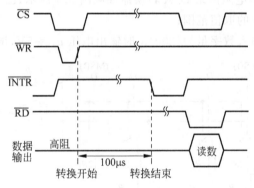

图 9.3.14　采集过程中的时序图

小结

1. A/D 转换器的功能是将模拟量转换为与之成正比的数字量；D/A 转换器的功能是将数字量转换为与之成正比的模拟量。两者是数字电路与模拟电路的接口电路，是现代数字系统的重要部件，应用日益广泛。

2. 最常用的 D/A 转换器有电阻网络型和权电流型等。两者工作原理相似，即当其任何一个输入二进制位有效时，会产生与每个输入位的二进制权值成比例的权电流，这些权值相加形成模拟输出。

3. 常用的 A/D 转换器有并行式、逐次逼近式、双积分等，它们各具特点。并行 A/D 转换器的速度最快，但结构复杂而造价较高，故只用于那些转换速度要求极高的场合；双积分式 A/D 转换器抗干扰能力强，转换精度高，但速度不够理想，常用于数字式测量仪表中；逐次逼近式 A/D 转换器在一定程度上兼有以上两种转换器的优点，因此得到普遍应用。

4. A/D 转换器和 D/A 转换器的主要技术参数是分辨率和转换速度，在与系统连接后，转换器的这两项指标决定了系统的精度与速度。目前，A/D 与 D/A 转换器的发展趋势是高速度、高分辨率及易于与微型计算机接口，以满足各个应用领域对信号处理的要求。

习题

9.1 D/A 转换器最小分辨电压 $u_{LSB}=4\text{mV}$，最大满刻度输出电压 $u_{Om}=10\text{V}$，求该转换器输入二进制数字量的位数。

9.2 在 10 位二进制数 D/A 转换器中，已知其最大满刻度输出模拟电压 $u_{Om}=5\text{V}$，求最小分辨电压 u_{LSB} 和分辨率。

9.3 在 8 位倒 T 形电阻网络 D/A 转换器中，已知 $U_{REF}=10\text{V}$，$R=R_f$，当输入 $D_7D_6\cdots D_0=10001100$ 时，求 u_O。

9.4 10 位倒 T 形电阻网络 D/A 转换器如题图 9.4 所示，已知 $R=R_f$。

（1）试求输出电压的取值范围；

（2）若要求电路输入数字量为 $(200)_H$ 时输出电压 $u_O=5\text{V}$，试求 U_{REF}。

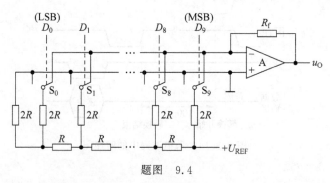

题图 9.4

9.5 n 位权电阻 D/A 转换器如题图 9.5 所示。

（1）试推导输出电压 u_O 与输入数字量之间的关系式；

（2）如 $n=8$，$U_{REF}=-10\text{V}$，当 $R_f=1/8R$ 时，如输入数码为 $(20)_H$，试求输出电压值。

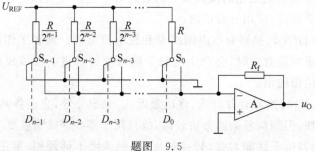

题图 9.5

9.6 由 10 位二进制加/减计数器和 10 位 D/A 转换器组成的阶梯波发生器如题图 9.6 所示。设时钟频率为 1MHz，求阶梯波的重复周期，并画出加法计数和减法计数时 D/A 转换器的输出波形(使能信号 $S=0$，加法计数；$S=1$，减法计数)。

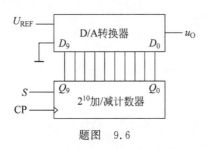

题图 9.6

9.7 在 A/D 转换过程中，采样保持电路的作用是什么？量化有哪两种方法，它们各自产生的量化误差是多少？应该怎样理解编码的含义，试举例说明。

9.8 在图 9.3.9 所示的 4 位逐次比较型 A/D 转换器中，设 $U_{REF}=10V$，$u_I=8.26V$，试画出在时钟脉冲作用下 u_O' 的波形并写出转换结果。

9.9 在图 9.3.9 所示的 4 位逐次比较型 A/D 转换器中，若将位数 n 扩大为 10，已知时钟频率为 1MHz，则完成一次转换所需时间是多少？如果要求完成一次转换的时间小于 $100\mu s$，则时钟频率应选多大？

9.10 在某双积分型 A/D 转换器中，计数器为十进制计数器，其最大计数容量为 $(3000)_D$。已知计数时钟频率 $f_{cp}=30kHz$，积分器中 $R=100k\Omega$，$C=1\mu F$，输入电压 u_I 为 0~5V。试求：

(1) 第一次积分时间 T_1；

(2) 求积分器的最大输出电压 $|u_{Omax}|$；

(3) 当 $U_{REF}=10V$，第二次积分计数器计数值 $\lambda=(1500)_D$ 时，输入电压 u_I 的平均值为多少？

9.11 在图 9.3.10 所示双积分型 A/D 转换器中，设时钟脉冲频率为 f_{cp}，其分辨率为 n 位，写出最高的转换频率表达式。

9.12 在双积分型 A/D 转换器中，输入电压 u_I 和参考电压 U_{REF} 在极性和数值上应满足什么关系？如果 $|u_I|>|U_{REF}|$，电路能完成模数转换吗？为什么？

9.13 在应用 A/D 转换器做模数转换过程中应注意哪些主要问题，如某人用满度为 10V 的 8 位 A/D 转换器对输入信号为 0.5V 的电压进行模数转换，这样使用正确吗？为什么？

第10章

可编程逻辑器件

内容提要：

前面介绍的组合电路和时序电路的集成芯片都属于通用集成电路，它们的功能是固定的，比如译码器只能实现译码，计数器只能实现计数。通用集成芯片可用于任何数字电路的设计中，却很难实现复杂的逻辑电路。而专用集成电路开发周期长、成本高，因此，一种集成的半成品集成芯片——可编程逻辑器件(PLD)应运而生并得到广泛应用，PLD 出厂时不具有特定的逻辑功能，用户可根据需要对其编程而赋予某种逻辑功能，使其成为一种专用芯片。可编程逻辑器件是超大规模集成技术和电子设计自动化(EDA)技术相结合的产物，是数字电路向着超高集成度、超低功耗、超小型封装和专用化方向发展而出现的一种新型芯片。本章首先介绍可编程逻辑器件的基本概念，然后分别讲述不同类别 PLD 的电路基本结构、工作原理等，最后简要介绍硬件描述语言，对前面各章的组合逻辑电路模块和时序电路模块如编码器、译码器、计数器等用 Verilog HDL 进行了描述，并阐述了基于可编程逻辑器件进行数字系统设计的流程。

学习目标：

1. 熟悉 PLD 的分类，理解 PLD 电路结构及工作原理。
2. 了解 PLD 开发软件和 Verilog HDL。
3. 了解基于可编程逻辑器件的数字系统设计流程。

重点内容：

1. GAL、CPLD、FPGA 的电路结构、工作原理。
2. 使用 PLD 设计逻辑电路。

10.1 PLD 的基本概念

10.1.1 PLD 的由来

数字集成电路就其应用而言可以分为三大类。

第一类是通用集成电路，是指那些具有基本功能的数字器件，如门电路、触发器、各种组合逻辑电路和时序逻辑电路等。它们都已被制成了中小规模的集成芯片，是集成电路的早期产品，可用来设计各种各样的数字电路，功能简单，使用方便。采用通用芯片设计数字电路是传统的数字系统设计方法，现在仍在使用。但是由于一个复杂的数字系统可能需要几百片甚至上千片通用芯片才能完成，这使得设计工作很困难，而且还会有许多芯片的引脚和功能被闲置，从而造成电子产品的功耗和体积增加，因此对于复杂逻辑电路的设计，这种设计方法越来越失去吸引力。

第二类是专用集成电路(Application Specific Integrated Circuit，ASIC)，是为特定用户或特定电子系统制作的集成电路，如手机、电视机、数码相机、计算机等，其核心都是专用集成芯片。专用集成电路是针对整机或系统的需要，专门为之设计制造的集成电路，相对于通用集成电路而言，用户在某种程度上参与该产品的开发。专用集成电路可以把分别承担一些功能的数百个、数千个、甚至上万个通用中、小规模集成电路集成在一块大规模、超大规模集成芯片上,进而可将整个系统集成在一块芯片上实现系统的需要。专用芯片的出现是集成电路发展历程中的一次重大技术进步。它使整机电路优化,元器件数减少,布线缩短,体积和重量大大减小,提高了系统可靠性。但是它的开发周期长,工艺生产与测试难度增加,成本较高,只适用于那些大批量生产的电子产品,对于小批量的电子产品来说很不经济。

第三类就是可编程逻辑器件(Programmable Logic Device,PLD),它综合了通用集成电路和专用集成电路的优点,摒弃了两者的缺点。从集成度看,这种集成芯片基本上都属于大规模甚至超大规模集成电路,它相当于一种集成的半成品芯片,其内部包含生成逻辑功能所需的电路,出厂时不具有特定的逻辑功能,用户可根据需要对其进行二次开发,通过编程赋予某种具体逻辑功能,使其成为一种专用芯片。它的编程是用硬件描述语言来描述,然后通过 EDA 软件对器件内部硬件电路各点之间的连接和不连接进行配置来完成的。PLD 的出现是集成电路发展的又一次飞跃,它不仅完全改变了传统的数字系统设计方法,而且推动了电子设计自动化技术的迅猛发展。

扩展阅读

PLD 诞生于 20 世纪 70 年代,80 年代后,随着集成电路技术和计算机技术的发展而迅速发展。自 PLD 问世以来,经历了从 PROM、PLA、PAL、GAL 等低密度 PLD 到 CPLD、FPGA 等高密度 PLD 的发展过程。期间,PLD 的集成度和速度不断提高,功能不断增强,结构趋于更合理,使用变得更灵活方便。

10.1.2　PLD 的结构与分类

PLD 的种类虽然繁多,但其基本结构是类似的,如图 10.1.1 所示,它由输入缓冲、与阵列、或阵列和输出结构四部分组成。其中,输入缓冲电路可以产生输入变量的原变量和反变量,以适应各种输入情况;与阵列和或阵列是 PLD 的主体,与阵列用来产生乘积项,或阵列用来产生乘积项之和以实现各种逻辑函数;输出结构对于不同的 PLD 差异很大,有些是组合输出结构,有些是时序输出结构,还有些是可编程的输出结构,用户可以根据需要选择不同的输出方式,并可将输出信号反馈至与阵列的输入端,以实现复杂的逻辑功能。

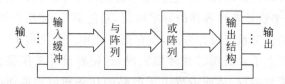

图 10.1.1　PLD 的基本结构框图

根据集成度来分类,PLD 可分为低密度可编程逻辑器件(LDPLD)和高密度可编程逻辑器件(HDPLD)。

低密度 PLD 通常是指那些集成度小于 1000 门/每片的 PLD。从 20 世纪 70 年代初期至 80 年代中期生产的 PROM、PLA、PAL 和 GAL 均属于低密度 PLD。低密度 PLD 与中小规模集成电路相比,有着集成度高、速度快、设计灵活方便和设计周期短等优点,可用来实现一些较简单的逻辑电路。

高密度 PLD 通常是指那些集成度大于 1000 门/每片的 PLD。20 世纪 80 年代中期以后生产的 EPLD、CPLD 和 FPGA 均属于高密度 PLD。

10.1.3　PLD 的电路表示方法

PLD 中的逻辑阵列很大,用逻辑电路的一般表示法很难描述 PLD 的内部电路,为了在芯片的内部配置和逻辑图之间建立一一对应关系,对描述 PLD 基本结构的有关逻辑符号和规则做了某些约定。

（1）连线方式。

如图 10.1.2 所示,PLD 有三种连线方式:"·"表示固定连接,也称硬连接;"×"表示编程连接,即这个接点的接通与断开是靠编程来实现的；若两线的交叉点既无"·"连接,也无"×"连接,则表示两连接线断开,即不连接。

图 10.1.2　PLD 的三种连接方式

（2）输入/反馈缓冲器。

PLD 的输入缓冲器和反馈缓冲器都采用互补的输出结构,以产生原变量和反变量两个互补的信号,如图 10.1.3 所示,A 是输入,B、C 是输出,$B = A$,$C = \bar{A}$。

图 10.1.3　PLD 的输入缓冲器

（3）与门表示方法。

以三输入与门为例,其 PLD 表示方法如图 10.1.4 所示,输出表达式为 $F = ABC$。

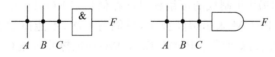

图 10.1.4　PLD 与门的表示方法

（4）或门表示方法。

以三输入或门为例,其 PLD 表示方法如图 10.1.5 所示,输出表达式为 $F = A + B + C$。

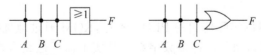

图 10.1.5　PLD 或门的表示方法

（5）三态缓冲器表示方法。

图 10.1.6 画出了高电平有效和低电平有效的 PLD 三态缓冲器的表示方法。

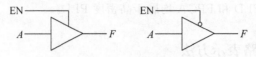

图 10.1.6　PLD 三态缓冲器的表示方法

除了上述常用表示方法，还有一些特殊标识比较常见，以与门为例，图 10.1.7 所示电路是一个三输入的与阵列，从图中可以看出，第一个与门输出 $F_1 = \overline{A}B$；第二个与门输出 $F_2 = A\overline{A}B\overline{B}C\overline{C} = 0$；为了表示方便，可在相应与门符号中加一个"×"，以代替所有输入项所对应的"×"，如第三个门所表示的那样，因此，$F_3 = F_2 = 0$；第四个与门与所有输入都不接通，即它的输入都是悬空的，则此时输出 $F_4 = 1$，一般将其称为"悬浮 1"状态。

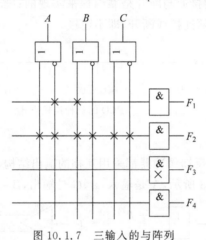

图 10.1.7　三输入的与阵列

10.2　低密度 PLD

最早的 PLD 是 1970 年制成的可编程只读存储器（PROM），它由固定的与阵列和可编程的或阵列组成。PROM 采用熔丝技术，只能写一次，不能擦除和重写。随着技术的发展，此后又出现了光擦除可编程 ROM（EPROM）和电擦除可编程 ROM（E^2PROM）。

无论是 PROM、EPROM 还是 E^2PROM，除了编程方式不同以外，其内部都是由一个固定的与阵列和一个可编程的或阵列组成。换一个角度看，由于 ROM 的与阵列是一个全译码的固定阵列，输入为 n 个变量，输出则为 2^n 个最小项，而或阵列是可编程的，因此，ROM 能够较方便地实现以最小项为基础的多输入、多输出的组合逻辑函数，相关内容可参见第 8 章。

ROM 是第一代可以实际使用的 PLD。不过，ROM 通过地址译码器提供了输入变量所有的最小项（字线），而往往许多数字系统其实不需要这么多最小项，这就造成了器件硬件资源的浪费。同时，ROM 的输出级不提供触发器，无法实现时序逻辑电路，只能实现简单的组合逻辑电路。因此,如果利用 ROM 实现一个数字系统,其类型单一、硬件资源浪费、成本过高,在实际应用中,ROM 主要还是以存储数据为应用目的。

ROM 之后研制出来的低密度 PLD 包括 PLA、PAL 和 GAL 三种类型,本节将介绍这三种低密度 PLD 的基本结构、工作原理及应用方法。

10.2.1 可编程逻辑阵列 PLA

PLA(Programmable Logic Array)是针对 ROM 的缺点,于 20 世纪 70 年代中期研制出来的,它不仅或阵列可编程,与阵列也可编程,即与阵列的内容不再是固定的,而是完全按照用户使用的要求来设计,如图 10.2.1 所示。它所产生的乘积项的数目小于 2^n,而且每一个乘积项也不一定是全部输入信号的组合,而是根据需要来确定。

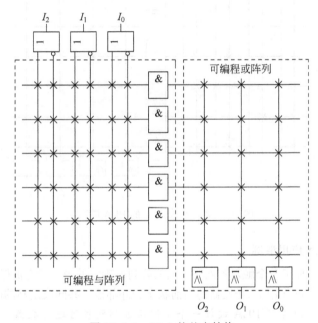

图 10.2.1 PLA 的基本结构

PLA 有组合型和时序型两种类型,分别适用于实现组合电路和时序电路。

1. 组合型 PLA 应用举例

例 10.2.1 用 PLA 设计一个将余 3 码变换成 8421BCD 码的组合逻辑电路。

解:(1)为尽量减少 PLA 的容量,应先化简逻辑函数。根据题目要求,列出真值表如表 4.1.5 所示。本题目为 4 个输入量、4 个输出量。

如图 4.1.10,用卡诺图化简法得到逻辑表达式为

$$L_0 = \overline{A_0}$$

$$L_1 = A_1 \overline{A_0} + A_0 \overline{A_1}$$

$$L_2 = \overline{A_2}\,\overline{A_0} + A_2 A_1 A_0 + A_3 \overline{A_1} A_0$$

$$L_3 = A_3 A_2 + A_3 A_1 A_0$$

（2）用 PLA 芯片实现该变换器。化简后的表达式中共有 8 个与项，可用可编程与阵列实现。如果用 ROM 实现，4 个变量函数必须要有 16 个与项。

画出用 PLA 实现该变换器的电路如图 10.2.2 所示。

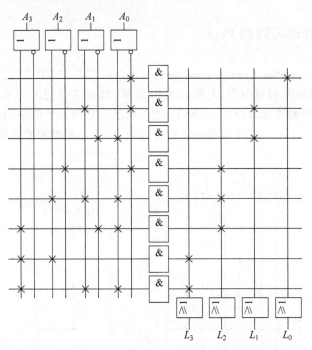

图 10.2.2 例 10.2.1 的 PLA 阵列图

2. 时序型 PLA 应用举例

时序型 PLA 增加了一个触发器网络。由或阵列所确定的当前状态被保存在触发器中，在下一个时钟脉冲 CP 的作用下，触发器的当前状态和外部输入共同决定新的电路状态。

例 10.2.2 用时序型 PLA 设计一个 4 位二进制同步可逆计数器。当控制信号 $X = 1$ 时为加法计数；当 $X = 0$ 时为减法计数，R_d 为清零信号。

解：（1）由第 6 章的内容可知，4 位二进制同步可逆计数器的状态图如图 10.2.3 所示，需要 4 个触发器组成。如选 JK 触发器，则根据电路的状态转换图，PLD 的设计软件会自动生成 4 个 JK 触发器，各触发器的驱动方程为

$$J_0 = K_0 = 1$$

$$J_1 = K_1 = X Q_0 + \overline{X} \overline{Q}_0$$

$$J_2 = K_2 = X Q_0 Q_1 + \overline{X} \overline{Q}_0 \overline{Q}_1$$

$$J_3 = K_3 = X Q_0 Q_1 Q_2 + \overline{X} \overline{Q}_0 \overline{Q}_1 \overline{Q}_2$$

（2）根据驱动方程，可画出 PLA 的阵列图如图 10.2.4 所示。

PLA 与 PROM 相比，有效地提高了芯片利用率，缩小了体积；但它制造工艺复杂，工作速度不够高。由于器件制造和开发软件设计比较困难，PLA 未能被广泛使用。

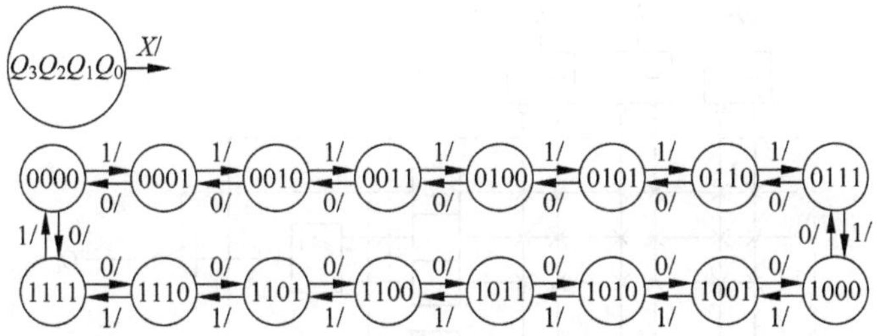

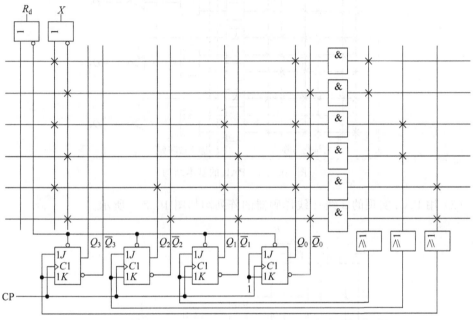

图 10.2.3 4 位二进制同步可逆计数器的状态图

图 10.2.4 用 PLA 实现 4 位二进制同步可逆计数器的阵列图

10.2.2 可编程阵列逻辑 PAL

PAL(Programmable Array Logic)是在 PLA 之后于 20 世纪 70 年代后期出现的一种 PLD。它的结构是与阵列可编程,或阵列固定,这种结构可使得编程比较简单。为了满足不同用户的要求,PAL 有专用输出结构、可编程 I/O 结构、带反馈的寄存器输出结构、异或型输出结构等各种不同的输出结构,可以方便地实现各种组合逻辑电路和时序逻辑电路。用户使用时,需要根据设计要求,具体选择适当规模的 PAL 芯片。图 10.2.5 示出了一种最简单的专用输出结构的 PAL 的结构示意图。

例 10.2.3 用 PAL 实现 2 线-4 线译码器。

解:(1) 2 线-4 线译码器的真值表如表 4.3.1 所示,可写出如下的逻辑表达式:

$$Y_0 = \overline{\overline{EI\overline{A}\overline{B}}} \qquad Y_1 = \overline{\overline{EI\overline{A}B}}$$

$$Y_2 = \overline{\overline{EIA\overline{B}}} \qquad Y_3 = \overline{\overline{EIAB}}$$

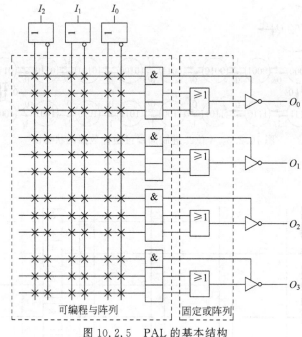

图 10.2.5　PAL 的基本结构

（2）用 PAL 实现的 2 线-4 线译码器的阵列图如图 10.2.6 所示。

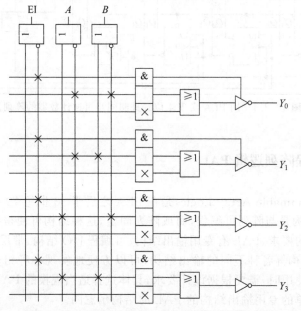

图 10.2.6　用 PAL 实现 2 线-4 线译码器的阵列图

　　PAL 的出现使得 PLD 技术获得了数字电路设计者的普遍接受,典型的 PAL 芯片有 PAL10H8、PAL16L8、PAL16R8 等。但是 PAL 的种类和型号很多,设计不同的电路要选择不同型号的芯片,这意味着 PAL 的通用性比较差,使设计者感觉不够方便。20 世纪

80 年代中期,通用阵列逻辑的出现弥补了 PAL 的这一缺陷。

10.2.3 通用阵列逻辑 GAL

GAL(Generic Array Logic)基本上沿袭了 PAL 的结构,与阵列可编程,或阵列固定。与 PAL 不同的是,GAL 用可编程的输出逻辑宏单元(Output Logic Macro Cell,OLMC)代替了固定输出结构。用户可对 OLMC 自行组态,以构成不同的输出结构,因而 GAL 使用起来比 PAL 更灵活。

1. GAL 的结构

图 10.2.7 所示是普通型 GAL16V8 的功能框图。它包括 1 个 64×32 位的可编程与

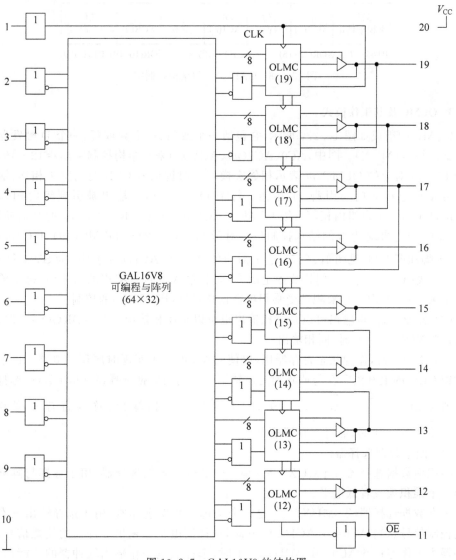

图 10.2.7　GAL16V8 的结构图

阵列、8 个 OLMC、9 个输入缓冲器、8 个三态输出缓冲器和 8 个反馈/输入缓冲器。它有8 个专用输入(引脚 2~9)、2 个特殊功能输入(引脚 1 和 11)、8 个既能做输入又能做输出的引脚(引脚 12~19)。GAL 的与阵列的每个交叉点上设有 E^2PMOS 存储单元,擦除和编程都用电完成,并可反复编程。GAL 的特点在于其可编程的输出宏单元 OLMC。

2. 结构控制字

GAL16V8 的结构控制字配置其片内资源。结构控制字的组成如图 10.2.8 所示,8 个 OLMC 有两个公共的结构控制字单元 SYN 和 AC0,每个 OLMC 各有两个可编程的结构控制单元 AC1(n)和 XOR(n)($n=12\sim19$),PT0~PT63 位分别控制与阵列的 64 个乘积项是否使用。

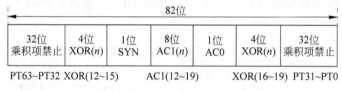

图 10.2.8 GAL16V8 的结构控制字

3. OLMC 及其工作模式

OLMC 的组成如图 10.2.9 所示,它包括一个或门、一个异或门、一个 D 触发器和四个数据选择器(MUX)。图中,AC0、AC1(n)、AC1(m)来自结构控制字,$n=12\sim19$,表示引脚 12~19 对应的 OLMC,m 表示相邻宏模块。时钟信号 CLK 与引脚 1 相连,输出使能信号 OE 通过非门与引脚 11 相连。每个 OLMC(n)的输出被引到组内相邻下级 OLMC,I/O(m)来自组内相邻上级 OLMC;AC1(n)是属于本级 OLMC 的结构控制位,AC1(m)是属于相邻上级的结构控制位。对于 OLMC(12)和 OLMC(19),I/O(m)分别是第 11 脚和第 1 脚(见图 10.2.7),它们对应的 AC0 和 AC1(m)分别改为 $\overline{\text{SYN}}$ 和 SYN。

(1) 或门,该 8 输入或门构成固定的或阵列,输入来自可编程的与阵列,每个输入对应一个乘积项,其中一个乘积项受乘积项数据选择器(PTMUX)的控制。

(2) 异或门,使得输出可以是同相输出也可以是反相输出。当 XOR(n)=1 时,反相输出;当 XOR(n)=0 时,同相输出。

(3) D 触发器,作为状态寄存器用,以使 GAL 可用于实现时序逻辑电路。D 触发器在时钟 CLK 的上升沿寄存与或阵列的逻辑结果。输出数据选择器(OMUX)可选择有无寄存器输出,当 $\overline{\overline{\text{AC0}}+\text{AC1}(n)}=0$ 时,不通过寄存器输出,称为寄存器旁路;当 $\overline{\overline{\text{AC0}}+\text{AC1}(n)}=1$ 时,通过寄存器输出。

(4) 四个数据选择器。

乘积项数据选择器(PTMUX)——是一个 2 选 1 数据选择器,用于选择与阵列输出的第一个乘积项或者低电平。

三态数据选择器(TSMUX)——是一个 4 选 1 数据选择器,用于选择输出三态缓冲器的控制信号。当 AC0=0、AC1(n)=0 时,选择高电平作输出缓冲器的使能信号,输出缓冲器为工作态;当 AC0=0、AC1(n)=1 时,选择低电平作输出缓冲器的使能信号,输

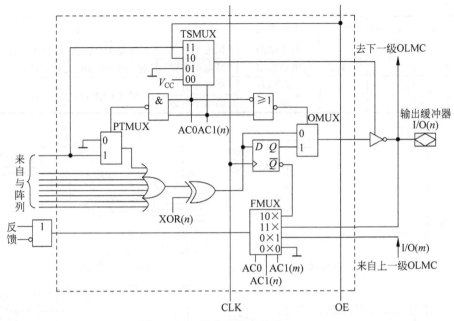

图 10.2.9 输出逻辑宏单元 OLMC

出缓冲器为高阻态；当 AC0=1、AC1(n)=0 时,选择芯片统一的选通信号 OE 作输出缓冲器的使能信号；当 AC0=1、AC1(n)=1 时,选择与阵列输出的第一个乘积项输出缓冲器的使能信号。

反馈数据选择器(FMUX)——是一个 4 选 1 数据选择器,用以决定送到与阵列的反馈信号的来源。可供选择的来源有:触发器的 $\overline{Q}$ 端、本单元输出、相邻单元输出或低电平。当 AC0=0、AC1(m)=0 时,选择低电平作反馈信号,等效为没有反馈；当 AC0=0、AC1(m)=1 时,选择邻级 I/O 端作反馈信号；当 AC0=1、AC1(n)=0 时,选择 D 触发器的 $\overline{Q}$ 端作反馈信号；当 AC0=1、AC1(n)=1 时,选择本级 I/O 端作反馈信号。

输出数据选择器(OMUX)——是一个 2 选 1 数据选择器,从触发器输出 Q 端或者异或门输出端这两个信号中选择一个作为本单元输出。

综上所述,通过设置结构控制字中的 SYN、AC0、AC1(n)、XOR(n) 可以使 OLMC 处于不同的工作模式。OLMC 共有 5 种工作模式,如表 10.2.1 所示。图 10.2.10 为 OLMC 在 5 种工作模式下所对应的简化电路。

表 10.2.1 OLMC 的 5 种工作模式

SYN	AC0	AC1(n)	XOR(n)	工作模式	输出极性	备　　注
1	0	1	/	专用输入	/	1 和 11 脚为数据输入、三态门禁止
1	0	0	0	专用组合输出	低电平有效	1 和 11 脚为数据输入、三态门选通
			1		高电平有效	
1	1	1	0	反馈组合输出	低电平有效	1 和 11 脚为数据输入、三态门选通信号是第一乘积项,反馈取自 I/O
			1		高电平有效	

SYN	AC0	AC1(n)	XOR(n)	工作模式	输出极性	备　注
0	1	1	0	时序电路	低电平有效	1 脚接 CLK,11 脚接 $\overline{OE}$,至少另
			1	组合输出	高电平有效	有一个 OLMC 为寄存器输出模式
0	1	0	0	寄存器	低电平有效	1 脚接 CLK,11 脚接 $\overline{OE}$
			1	输出	高电平有效	

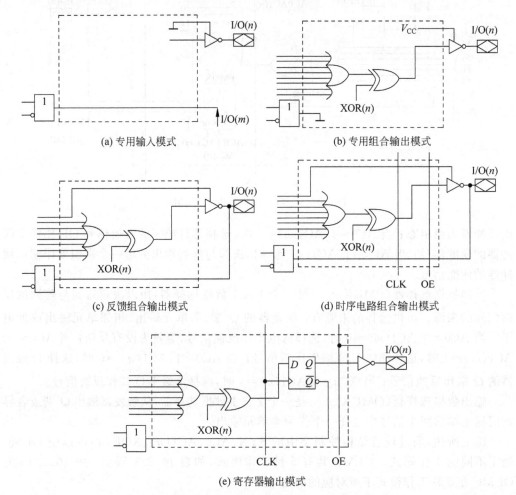

图 10.2.10　OLMC 的 5 种工作模式

　　与 PAL 相比,GAL 采用高性能的 E^2 PMOS 工艺,具有高速度、低功耗的优势,且编程数据可保存 20 年以上;GAL 具有灵活的可编程输出结构,使得为数不多的几种 GAL 器件几乎能够代替所有 PAL 器件和数百种中小规模标准器件;GAL 的编程数据由逻辑设计软件产生,并通过专门的编程器写入 GAL,不需要设计者手工设计,所以 GAL 的使用比较方便,得到了广泛的应用。

　　GAL 的主要缺陷体现在两个方面:一是 GAL 器件的规模小,一般而言,一片 GAL

器件相当于几十个普通逻辑门,相对于现在越来越大的设计要求,GAL 的规模太小就成了其主要缺陷;另一方面,GAL 内部的 OLMC 的时钟信号一般都接在一起,因此,实现时序逻辑电路时,一般只能实现同步时序逻辑电路,同时,OLMC 内的触发器也只能同时置 0 或置 1,这都在一定程度上限制了 GAL 的应用灵活性。

10.3　高密度 PLD

20 世纪 80 年代中期,第一代高密度 PLD,即可擦除的、可编程逻辑器件(Erasable Programmable Logic Device,EPLD),其集成度比 PAL、GAL 高得多,达到一万门以上。EPLD 仍采用与/或阵列结构,仍由可编程的与阵列和固定的或阵列组成,并同样采用可编程的输出逻辑宏单元 OLMC。

通俗地讲,EPLD 可看作高集成度的 GAL,并且采用了一些技术革新来弥补 GAL 的缺陷,例如,增加了 OLMC 的触发器的预置数和异步清零功能,采用更先进的集成技术进一步降低功耗、提高速度等;其缺点是内部互连功能较弱。

EPLD 之后,又出现了两类功能更强大的高密度 PLD,一类是复杂可编程逻辑器件(Complex Programmable Logic Device,CPLD),另一类是现场可编程门阵列(Field Programmable Gate Array,FPGA)。在现代大规模数字系统的设计与开发中,CPLD 和 FPGA 已经获得广泛应用,其性能不断完善,产品日益丰富,本节将主要介绍这两类器件。

扩展阅读

10.3.1　复杂可编程逻辑器件 CPLD

CPLD 是在 EPLD 的基础上研制成功的,通过采用增加内部连线,对输出逻辑宏单元结构和可编程 I/O 控制结构进行改进等技术,采用 CMOS EPROM、E^2PROM、FLASH 存储器和 SRAM 等编程技术,具有集成度高、可靠性高、保密性好、体积小、功耗低和速度快的优点,所以,一经推出就得到了广泛的应用。

尽管各厂商生产的 CPLD 器件千差万别,但其基本结构是类似的,如图 10.3.1 所示为一般 CPLD 器件的结构框图,其中功能块(也称为逻辑块,LAB)就相当于一个 GAL 器件,CPLD 中有多个功能块,这些功能块通过可编程内部连线(Programmable Interconnect Array,PIA)相互连接,这种连接由软件编程实现。实际上,目前一些厂商(如 Altera、Xilinx 和 Lattice 等)生产的 CPLD 和 FPGA,都是硬件和软件的结合。为了增强对输入/输出的控制能力,提高引脚的适应性,CPLD 中还增加了 I/O 控制块,每个 I/O 块中有若干个 I/O 单元。

通常,以宏单元或者功能块的数量来衡量 CPLD 集成度的大小,现有的器件中,集成度从数十个宏单元到超过两千个宏单元不等。大多数的 CPLD 使用 E^2PROM 或者 SRAM 来进行编程,工作电压为 2.5～5V,功耗为几毫瓦到几百毫瓦。下面以 Altera 公司生产的 MAX7000S 系列 CPLD 为例,介绍 CPLD 的结构及工作原理。

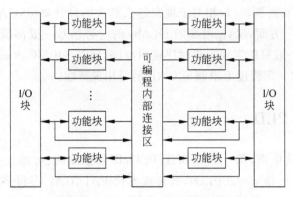

图 10.3.1 CPLD 器件的结构框图

1. MAX7000S 系列的系统结构

MAX7000S 采用 E^2PROM 工艺,其结构框图如图 10.3.2 所示,主要由逻辑阵列块 LAB、可编程的互连矩阵 PIA、输入/输出控制块等几部分组成。每个 LAB 中包含 16 个宏单元,每个宏单元由可编程的与/或电路和可编程的触发器组成。各 LAB 之间通过 PIA 连接。PIA 属于全局总线,它可使器件内任何信号源与任何目的地互连。

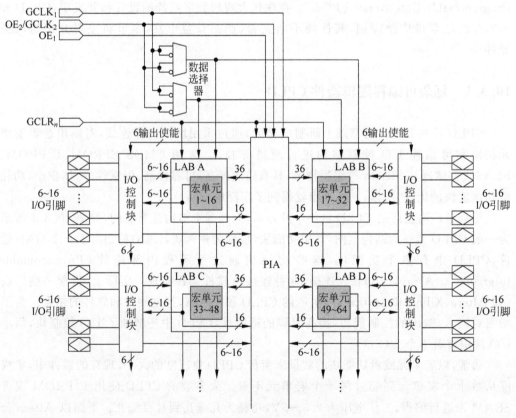

图 10.3.2 MAX7000S 的结构框图

MAX7000S 有 4 个专用输入端,可用作特定的高速控制信号或一般的用户输入。$GCLK_1$ 是所有宏单元的全局时钟脉冲输入端,可使所有寄存器进行同步操作;$GCLK_2$ 是备用引脚,可作为具有三态输出的任一宏单元的第 2 个全局输出使能信号(OE_2);OE_1 是主要的三态使能信号;$GCLR_n$ 是任一宏单元中寄存器的异步清零端,低电平有效。

I/O 控制模块的作用是确定每一个 I/O 引脚工作于输入、输出或者双向三种方式之一。

2. MAX7000S 系列中的宏单元

图 10.3.3 是 MAX7000S 宏单元的框图,主要由逻辑阵列、乘积项选择矩阵、可编程寄存器等几部分组成。

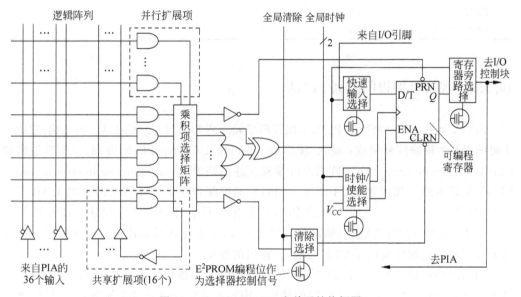

图 10.3.3　MAX7000S 宏单元结构框图

逻辑阵列产生乘积项,每个乘积项的变量选自从 PIA 来的 36 个信号以及从逻辑阵列块 LAB 来的 16 个共享扩展项信号。每个宏单元能产生 5 个与项,使用共享扩展项后则最多可产生 20 个与项。乘积项选择矩阵的作用是选取与项送入或门及异或门以构成组合逻辑函数。

可编程寄存器(触发器)可被编程为 D、T、JK、RS 触发器的功能,每个可编程触发器具有三种不同的触发方式,由"时钟/使能选择器"选择:①用全局时钟脉冲($GCLK_1$、$GCLK_2$)触发;②用带有时钟使能控制的全局时钟脉冲触发,时钟使能信号来自乘积项;③用隐藏的宏单元产生的阵列时钟脉冲信号或某个引脚输入(非全局的)时钟脉冲触发。

可编程寄存器的置位(PRN)选自乘积项。清除(CLRN)信号可选自乘积项,也可选自全局清除信号,由"清除选择器"来控制。触发器的输入信号可来自组合逻辑部分,也可来自 I/O 引脚,由"快速输入选择器"选择,当选择来自 I/O 引脚的信号时,触发器的输入建立时间很短(3ns),处于快速工作方式。上电时器件中的全部寄存器自动清零。如果需要组合逻辑输出,则由"寄存器旁路选择器"控制将寄存器旁路,直接由组合逻辑部分送到宏单元的输出。

表 10.3.1 中给出了 MAX7000S 系列器件的主要模块数目。

表 10.3.1　MAX7000S 系列芯片的主要模块数目

器　　件	模　　块			
	所含门数	宏单元数	LAB 数	最大 I/O 引脚数
EPM7032S	32	600	2	36
EPM7064S	64	1250	4	68
EPM7128S	128	2500	8	100
EPM7160S	160	3200	10	104
EPM7192S	192	3750	12	124
EPM7256S	256	5000	16	164

10.3.2　现场可编程门阵列 FPGA

FPGA 是另一种高密度的 PLD,采用逻辑单元阵列 LCA(Logic Cell Array)结构,它由三个可编程基本模块阵列组成:输入/输出块 IOB(Input/Output Block)阵列、可配置逻辑块 CLB(Configurable Logic Block)阵列及可编程互连网络 PI(Programmable Interconnection),FPGA 的基本结构如图 10.3.4 所示。FPGA 的可配置逻辑块不像 CPLD 的 LAB 那么复杂,但是其数量很多,一些大型的 FPGA 含有数万个可配置逻辑模块。IOB 围绕着 CLB 分布,其可以配置为输入、输出或者双向传输,用来与外部器件进行数据传输。分布式的可编程互连网络提供了 CLB 与输入/输出的连接。

FPGA 的逻辑单元与 CPLD 不同,它不是使用可编程与阵列或固定的或阵列,而是基于查找表(Look-Up Table,LUT)的结构。FPGA 的编程可通过非易失方式(反熔丝技术)或易失方式(SRAM 技术)实现。所谓"易失",就是当系统电源切断时,编程数据就会丢失。因此,基于 SRAM 技术的 FPGA 必须要配置一块非易失的片内存储器(EPROM、E^2PROM 等只读存储器)以保存编程数据,在 FPGA 器件每次重新上电后,将片内存储器的数据读出并对 FPGA 重新配置,或者使用片外的存储器存储编程数据,由主机处理器将片外存储器的数据读出后再写入 FPGA。

现有的 FPGA 器件的逻辑单元数从数百个到上千万个,下面以 Altera 公司的 FLEX10K 系列为例,介绍 FPGA 的结构及工作原理。

1. 查找表的概念

FLEX10K 系列是基于 SRAM 的查找表结构,即利用存储函数的输出结果来产生逻辑函数,其功能就像逻辑函数的真值表。这种结构比基于 E^2PROM 的器件密度要大得多,速度也快得多。但由于 SRAM 是易失性的,在接通电源时必须对器件进行重新配置。

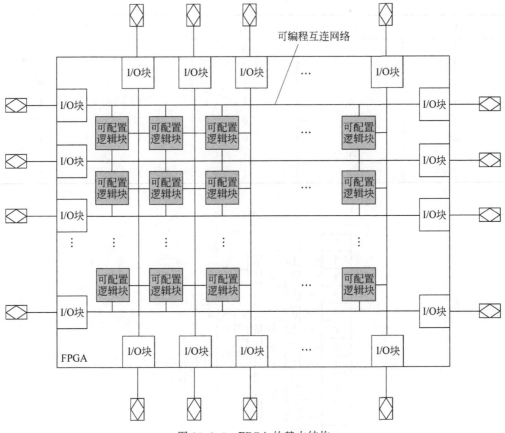

图 10.3.4　FPGA 的基本结构

例如要实现函数 $L = A_3 \oplus A_2 \oplus A_1 \oplus A_0$,用查找表法就是将函数 L 的真值表(见表 10.3.2)存入 SRAM,而将输入变量作为四组二选一选择器的控制信号,低位控制前组,高位控制后组,如图 10.3.5 所示。图 10.3.5 中的结构其实就是一个 16×1 的 SRAM 存储模块,对其进行编程,使其触发器中存储一组适当的 0 或 1,就可方便地实现任意 4 变量组合逻辑函数,其复杂度和传输延时与乘积项的数量无关。

表 10.3.2　真值表

A_3	A_2	A_1	A_0	L
0	0	0	0	0
0	0	0	1	1
0	0	1	0	1
0	0	1	1	0
0	1	0	0	1
0	1	0	1	0
0	1	1	0	0
0	1	1	1	1

A_3	A_2	A_1	A_0	L
1	0	0	0	1
1	0	0	1	0
1	0	1	0	0
1	0	1	1	1
1	1	0	0	0
1	1	0	1	1
1	1	1	0	1
1	1	1	1	0

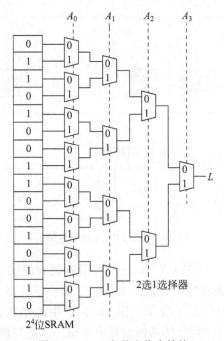

图 10.3.5　4 变量查找表结构

2. FLEX10K 的逻辑单元

图 10.3.6 所示是 FLEX10K 逻辑单元(LE)的结构图。除了 LUT 以外,还包括选择各种控制功能(如时钟、复位)的附属电路、用于时序输出的触发器、扩展电路(级联和进位)以及连接到局部和全局总线的互连结构。其中可编程寄存器(触发器)可被编程为D、T、JK 或 RS 触发器。触发器的时钟、清零(CLRN)、置位(PRN)及使能(ENA)可选自专用输入引脚或通用 I/O 引脚,也可由内部逻辑电路产生。如将寄存器旁路,就可实现组合逻辑函数。

进位链可提供 LE 之间的快速进位功能,用于加法器、比较器和需要由低位的组合产生高位的逻辑函数。级联链具有扩展功能,使 FLEX10K 能产生超过 4 个变量的逻辑函数。

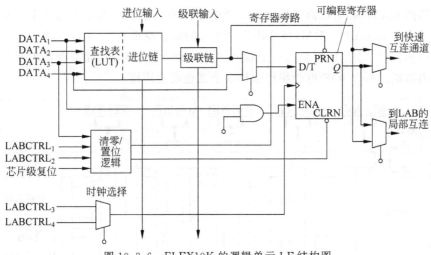

图 10.3.6　FLEX10K 的逻辑单元 LE 结构图

3. FLEX10K 的逻辑阵列块

　　FLEX10K 逻辑阵列块(LAB)的结构如图 10.3.7 所示。每个 LAB 由 8 个逻辑单元 LE 和一个局部互连结构组成。LAB 和器件的其他部分通过一系列的快速通道(行互连和列互连)连接起来。

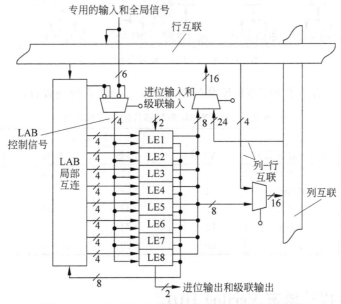

图 10.3.7　FLEX10K 的逻辑阵列块 LAB 的结构图

4. FLEX10K 器件的结构图

　　FLEX10K 器件是由一系列 LAB 和嵌入式阵列块 EAB 构成的,如图 10.3.8 所示。 LAB 呈行列排序,每行嵌入一个 EAB。EAB 是一个有着 2048 个存储单元、带有输入/输出寄存器的 RAM 块,可以高效地实现复杂逻辑功能。把一个芯片上的多个 EAB 合并,可形成较大的 RAM 块。EAB 还可用来产生大的组合逻辑函数,实现方法与 LUT 相似。IOE 为引脚接口,每个 IOE 包含一个双向缓冲器和一个寄存器,此寄存器可用来存储输入或输出数据。每个 IOE 可经编程选择多个互连通道连接。

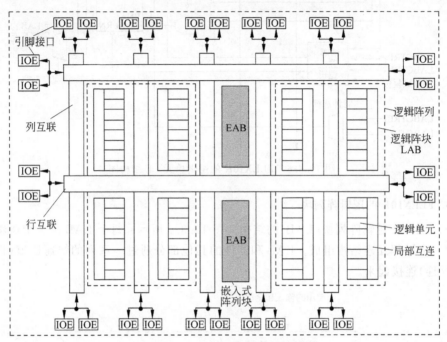

图 10.3.8   FLEX10K 器件的结构图

表 10.3.3 中给出了 FLEX10K 系列中几种型号的主要模块数目。

表 10.3.3   FLEX10K 系列芯片的主要模块数目

器　件	模　块				
	所含门数最大值	EAB 数	LAB 数	LE 数	最大 I/O 引脚数
EPF10K10	31000	3	72	576	150
EPF10K30	69000	6	216	1728	264
EPF10K70	118000	9	468	3744	358
EPF10K100	158000	12	624	4992	470
EPF10K250	310000	20	1520	12160	470

10.4   硬件描述语言 Verilog HDL

10.4.1   概述

1. PLD 开发软件

为了便于应用,所有可编程逻辑器件生产厂商为每个硬件器件都提供了专用软件支持,也可以使用第三方公司提供的通用开发软件,将硬件和软件组合到一起。使用这些软件对各种 PLD 器件进行开发的一系列技术过程,统称为 EDA(Electronic Design Automation)技术。不论采用哪种类型的 PLD、哪种开发软件,开发者都需要在工作中遵照规范合理的设计流程,才能保证系统设计、仿真和测试的正确性,并合理控制设计成本。

早期的 PLD 开发软件主要是汇编型软件,要求以化简的与或表达式输入,而且对不同类型 PLD 的兼容性较差。在 PLD 器件得到大范围推广和应用后,类似于使用高级语言设计计算机程序一样,许多种硬件描述语言(HDL)应运而生,使用硬件描述语言(HDL)作为输入方式的开发软件得到了广泛应用,这些软件不仅功能更强、兼容性更好,而且具有自动化简、优化设计、自动测试等附加功能,具体可以分为两类:EDA 专业软件商开发的通用型 EDA 软件和 PLD 生产厂商提供的专用型 EDA 软件。

通用型 EDA 软件一般可以支持各大 PLD 生产厂商的硬件,具有较高的通用性和兼容性,内置丰富的开发工具,往往涉及电子设计的许多领域,如数字系统、模拟系统等,并提供了仿真综合、仿真验证、电磁兼容性测定等功能。但此类软件往往对硬件环境和操作系统要求较高,开发成本较高。

目前,比较流行的专用型 EDA 软件主要由主流 PLD 供应商开发推出,例如,Altera 公司(2015 年被 Intel 收购)的 Quartus 系列软件,Xilinx 公司的 vivado 软件,Lattice 公司的 isp Design EXPERT 软件等。这些专用型 EDA 软件的使用相对简单,便于掌握,对硬件环境的要求也相对较低。同时,由于它们是由 PLD 供应商开发的,所以对自己的器件支持优秀,提供了很多优化设计,以提高资源利用率、改善性能、降低功耗,但不支持其他公司的产品。

2. 硬件描述语言(HDL)

HDL(Hardware Description Language)是一种用形式化方法来描述数字电路和数字逻辑系统的语言。数字逻辑电路设计者可利用硬件描述语言来描述自己的设计思想,然后利用 EDA 工具进行仿真,再自动综合到门级电路,最后可编程逻辑器件实现其功能。20 世纪 80 年代后期至今,VHDL 和 Verilog HDL 两种硬件描述语言成为业界主流并先后成为 IEEE 标准。

1) VHDL

VHDL(Very High Speed integrated circuit hardware Description Language),即超高速集成电路硬件描述语言,起源于 20 世纪 80 年代美国国防部的超高速集成电路计划(Very High Speed Integrated Circuit,VHSIC)。

VHDL 推出后获得广泛认可,很多 PLD 供应商和 EDA 软件开发商都宣布支持 VHDL。1987 年,IEEE 接纳其成为标准硬件描述语言,即 VHDL-87,标准号为 IEEE 1076—1987;1993 年 IEEE 再次对 VHDL 的系统描述能力加以扩展,推出改进版本 VHDL-93,标准号为 IEEE 1076—1993。

VHDL 主要用于描述数字系统的结构、行为、功能和接口,除了含有许多具有硬件特征的语句外,其语言形式、语法和描述风格十分类似于一般的计算机高级语言,易于掌握。

2) Verilog HDL

Verilog HDL 是 GDA(Gateway Design Automation)公司于 1983 年在 C 语言的基础上开发的一种专用硬件描述语言,简称 Verilog 语言,其语法结构及书写与 C 语言有很多相似之处,继承了 C 语言中很多操作符和结构。1989 年,Cadence 公司收购了 GDA 公司,并在第二年成立了 OVI(Open Verilog International)组织,以促进 Verilog 语言的推广和发展。

1995 年,IEEE 接纳 Verilog 语言成为标准硬件描述语言,并推出标准化的 Verilog 1995 版本,标准号为 IEEE 1364—1995;2001 年,IEEE 对 Verilog 语言进行了修正和扩展升级,解决用户在使用 Verilog 1995 版本过程中反映的问题,这个扩展后的版本成为了 IEEE 1364—2001 标准,即通常所说的 Verilog-2001,它具备一些新的实用功能,例如敏感列表、多维数组、生成语句块、命名端口连接等,目前大多数 EDA 软件的综合器、仿真器都已经支持该标准;2005 年 System Verilog IEEE 1800—2005 标准的发布,使得 Verilog 语言在综合、仿真验证和模块的重用等方面的性能大幅度提高。

采用 VHDL 或 Verilog HDL 进行电路设计的最大优点是其与实现工艺的无关性,这使得设计者在进行电路设计时可以不必过多考虑工艺实现的具体细节,只需要根据系统设计的要求施加不同的约束条件,即可设计出实际电路。

下面将从程序易读的角度介绍 Verilog HDL 最基础的入门知识,使读者对使用 Verilog 语言进行数字电路设计有一个初步的了解,要全面掌握该语言及 PLD 的应用,读者还需要自行深入学习相关资料。

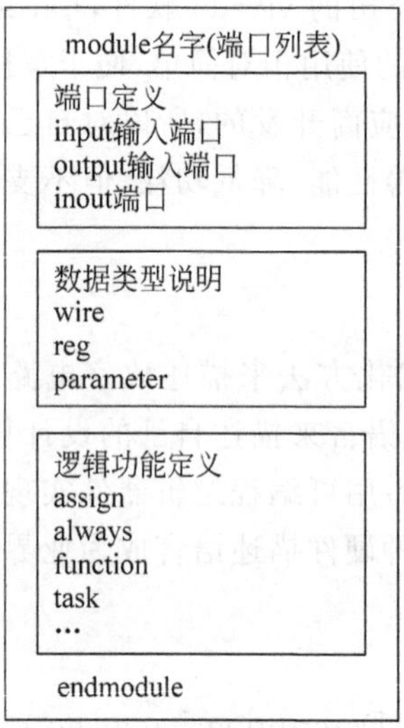

图 10.4.1　Verilog 模块的基本结构

10.4.2　Verilog 模块结构

"模块"(module)是 Verilog 设计电路和编程的基本单元。Verilog 模块的基本结构如图 10.4.1 所示。Verilog 模块结构完全嵌在 module 和 endmodule 关键字之间,每个 Verilog 程序包括 4 个主要部分:模块声明、端口定义、信号类型声明和逻辑功能定义。

1. 模块声明

模块声明包括模块名字和模块输入、输出端口列表。模块定义格式如下:

module 模块名(端口 1,端口 2,端口 3, ……);

模块结束的标志为关键字:endmodule。

例如,声明一个名称为 code8_3 的模块,端口列表为 EI,I,A,EO,GS,程序如下:

module code8_3(EI,I,A,EO,GS);
……

```
endmodule
```

2. 端口(Port)定义

对模块的输入输出端口要明确说明,其格式为:

```
input 端口名 1,端口名 2,……,端口名 n;          //输入端口
output 端口名 1,端口名 2,……,端口名 n;         //输出端口
inout 端口名 1,端口名 2,……,端口名 n;          //输入/输出双向端口
```

端口是模块与外界连接和通信的信号线,有三种类型,分别是输入端口(input)、输出端口(output)和输入/输出双向端口(inout)。

定义端口时应注意如下几点:

(1) 每个端口除了要声明是输入、输出还是输入/输出双向端口外,还要声明其数据类型,是 wire 型、reg 型,还是其他类型。

(2) 输入和双向端口不能声明为寄存器型。

(3) 在测试模块中不需要定义端口。

3. 信号类型声明

对模块中所用到的所有信号(包括端口信号、节点信号等)都必须进行数据类型的定义。Verilog 语言提供了各种信号类型,分别模拟实际电路中的各种物理连接和物理实体。例如:

```
reg cout;                            //定义信号 cout 的数据类型为 reg 型
wire a,b,c,d;                        //定义信号 a,b,c,d 为 wire(连线)型
```

如果信号的数据类型没有定义,则综合器将其默认为是 wire 型。

在 Verilog-2001 标准中,规定可将端口声明和信号类型声明放在一条语句中完成,例如:

```
output reg cout;                     //定义 cout 为输出端口,其数据类型为 reg 型
```

还可以将端口声明和信号类型声明放在模块列表中,而不是放在模块内部,这样就不需要在模块内部再重复声明。例如:

```
module code8_3(input wire EI,I, reg [3] A, output reg EO,GS);
……
endmodule
```

4. 逻辑功能定义

模块中最核心的部分是逻辑功能定义。有多种方法可在模块中描述和定义逻辑功能,还可以调用函数(function)和任务(task)来描述逻辑功能。下面介绍定义逻辑功能的几种基本方法。

(1) 用 assign 持续赋值语句定义。

例如:

```
assign f = A&B;                                    //与逻辑计算结果赋给 f
```

assign 语句一般用于组合逻辑的赋值,称为持续赋值方式。赋值时,只需将逻辑表达式放在关键字 assign 后即可。当 assign 语句右边表达式中的变量发生变化时,表达式的值会重新计算,并将结果赋给左边的变量。

(2) 用 always 过程块定义。

always 过程语句声明格式如下:

```
always @(<敏感信号表达式 event - expression >)
begin
    …… //过程赋值
    …… //if - else,case, case, case 选择语句
    …… //while, repeat, for 循环
    …… //task, function 调用
end
```

always 过程语句通常是带有触发条件的,触发条件写在敏感信号表达式中,只有当触发条件满足时,其后的 begin-end 块语句才能被执行。例如:

```
always @ (posedge clk)                      //在时钟 clk 上升沿执行其后的块语句
    begin
    ……
    end
```

(3) 调用元件(元件例化)。

调用元件的方法类似于在电路图输入方式下调入图形符号来完成设计,这种方法侧重于电路的结构描述。在 Verilog 语言中,可通过调用如下元件的方式来描述电路的结构:

- 调用 Verilog 内置门元件(门级结构描述);
- 调用开关级元件(开关级结构描述);
- 在多层次结构电路设计中,高层次模块调用低层次模块。

下面是内置门元件调用的例子:

```
and a3(out, a, b, c);                        //调用一个三输入与门
and c2 (out, in1, in2);                      //调用二输入与门
```

综上所述,可总结 Verilog 模块的模板如下:

```
module <模块名>(<输入/输出端口列表>)
input 输入端口列表                            //输入端口声明
output 输出端口列表                           //输出端口声明
//定义数据、信号的类型,函数声明,用关键字 wire、reg、task 等定义
wire 信号名;
reg 信号名;
//逻辑功能定义
assign <结果信号名> = <表达式>                //使用 assign 语句定义逻辑功能
always @(<敏感信号表达式>)                    //用 always 块描述逻辑功能
```

```
    begin
        ......                                    //过程赋值
        ......                                    //if - else,case 语句;for 循环语句
        ......                                    //task, function 调用
    end
<调用模块名><例化模块名>(<端口列表>);         //调用其他模块
<门元件关键字><例化门元件名>(<端口列表>);     //门元件例化
endmodule
```

从书写形式上看,Verilog 程序与 C 语言类似,字母区分大小写,其中的关键字全部为小写,Verilog 程序具有以下一些特点:

- Verilog 程序是由模块构成的。每个模块的内容都嵌在 module 和 endmodule 两个关键字之间。
- 每条 Verilog 语句以";"作为结束(块语句、编译向导、endmodule 等少数语句除外)。
- Verilog 程序的书写格式自由,一行可以写几个语句,也可以一个语句分几行写,具体由代码书写规范约束。
- 每个模块实现特定的功能,模块可进行层次嵌套,因此可以将大型的数字电路分成大小不一的模块来实现特定的功能,最后由顶层模块调用子模块实现整体功能,这就是自顶向下(top-down)的设计思想。

Verilog 语言规范允许将多个模块保存在一个文本文件中,但是大多数设计者还是习惯在每个文件中只保存一个模块,根据模块名来命名文件的名字(例如将加法器模块文件命名为 adder.v),便于识读和调用。

Verilog 模块可以混合地使用行为描述和结构描述,分层进行。与高级编程语言中的过程和函数可以"调用"其他模块一样,Verilog 模块可以实例化其他模块。高层次的模块可以多次使用较低层次的模块,多个顶层模块可以使用较低层次的同一模块。Verilog 的模块在大型系统设计中使用非常灵活。例如,在大型系统的初始设计阶段,可以先给定一个模块指定大致的行为模型,以便检查整个系统的操作。在进行综合时,可以采用更加精确的行为模型去取代初始模块,或者采用手工调整结构化设计的方法,获得比综合实现方法更高的性能。

10.4.3　Verilog HDL 语法

1. 标识符

标识符(identifier)是程序代码中对象的名字,用于定义模块名、端口名、信号名等。Verilog 中的标识符由字母、数字字符、下画线(_)和 $ 符号组成,但标识符的第一个字符必须是字母或者下画线。以下是标识符的例子:

```
Count
COUNT                                    //注:与 Count 不同的标识符,标识符是区分大小写的
R56_68
```

FIVE $

Addr   //表示地址信号,常用单词的缩写形式作标识符

2. 注释

Verilog 中有两种注释的方式,一种是以"/ * "符号表示开始,"* /"符号表示结束,在两个符号之间的语句都是注释语句,因此可扩展到多行。例如:

```
/ * statement1,
Statement2,
……
statement n * /
```

以上 n 行语句都是注释语句。另一种是以"//"符号开头的行注释语句,它表示以该符号开始到本行结束属于注释语句,在前述例子中采用了该注释方式。

3. 关键字

Verilog 定义了一系列保留字,称为关键字,下面给出了 Verilog 语言中的所用到的所有关键字。关键字都是小写,例如,标识符 always(关键字)与标识符 ALWAYS(非关键字)是不同的。

always,and,assign,begin,buf,bufif0,bufif1,case,casex,casez,cmos,deassign,default,defparam,disable,edge,else,end,endcase,endmodule,endfunction,endprimitive,endspecify,endtable,endtask,event,for,force,forever,fork,function,highz0,highz1,if,initial,inout,input,integer,join,large,macromodule,medium,module,nand,negedge,nmos,nor,not,notif0,notif1,or,output,parameter,pmos,posedge,primitive,pull0,pull1,pullup,pulldown,rcmos,reg,releses,repeat,mmos,rpmos,rtran,rtranif0,rtranif1,scalared,small,specify,specparam,strength,strong0,strong1,supply0,supply1,table,task,time,tran,tranif0,tranif1,tri,tri0,tri1,triand,trior,trireg,vectored,wait,wand,weak0,weak1,while,wire,wor,xnor,xor

注意:在编写 Verilog 程序时,变量的定义不要与关键字冲突。

4. 数据类型

数据类型用来表示数字电路中的物理连线、数据存储和传输单元等物理量。

Verilog 使用四值逻辑系统,1 位的信号只能取以下四种基本的值。

0:逻辑 0 或"假";

1:逻辑 1 或"真";

X:未知值;

Z:高阻。

这四种值的解释都内置于语言中。如一个为 Z 的值意味着高阻抗,一个为 0 的值通常是指逻辑 0。此外,X 值和 Z 值都是不分大小写的,也就是说,值 0x1z 与值 0X1Z 相同。

Verilog 中变量共有两种数据类型:net 型和 variable 型。net 型中常用的有 wire、tri,variable 型包括 reg、integer 等。请注意:在 Verilog-1995 标准中,variable 型变量称

为 register 型；在 Verilog-2001 标准中,将 register 改为 variable,以避免初学者将 register 和硬件中的寄存器概念混淆。

1) net 型

定义为 net 型数据类型的变量常被综合为硬件电路中的物理连接,其特点是输出的值紧跟输入值的变化而变化。因此常被用来表示以 assign 关键词引导的组合电路描述。net 型数据的值取决于驱动的值。net 型变量的另一使用场合是在结构描述中将其连接到一个门元件或模块的输出端。如果 net 型变量没有连接到驱动,其值为高阻态 z。Verilog 程序模块中,输入、输出型变量都默认为 net 类型中的一种子类型,即 wire 类型。

Verilog 的 net 型数据类型包含多种不同功能的子类型,其中可综合的子类型仅有 wire、tri、supply0 和 supply1 四种。其中,wire 类型最为常用。tri 和 wire 唯一的区别是名称书写上的不同,其功能及使用方法完全一样。对于 Verilog 综合器来说,对 tri 型和 wire 型变量的处理也完全相同。定义为 tri 型的目的仅仅是为了增加程序的可读性,表示该信号综合后的电路具有三态的功能。supply0 和 supply1 类型分别表示地线(逻辑 0)和电源线(逻辑 1)。

2) variable 型

variable 类型变量除了可以描述组合电路外还具有寄存特性,即具有在接受下一次赋值前,保持原值不变的特性。variable 类型包含五种不同的数据类型,常用的变量类型是 reg(寄存器)和 integer(整数)型。

reg 型变量是最常用的 variable 型变量,定义方法与 wire 型类似。例如:

```
reg a,b;                              //定义两个 reg 型变量 a 和 b
```

上面两个 reg 型变量 a 和 b 的宽度都是 1 位,若要定义一个多位的 reg 型向量(即寄存器),可按如下格式定义:

```
reg[n-1:0] 数据名 1,数据名 2,…… ,数据名 i;
reg[n:1] 数据名 1,数据名 2,…… ,数据名 i;
```

例如,定义一个 8 位的 reg 型向量,可以有如下两种方式:

```
reg[7:0] qout;
```

或

```
reg[8:1] qout;
```

注意,reg 型变量不是硬件上的寄存器或触发器,在综合时,综合器会根据具体情况来确定将其映射成寄存器还是连线。

integer 型变量多用于表示循环变量,如用来表示循环次数等,其定义方法与 reg 型变量相同。

5. 常量

Verilog 中有三种常量:整型、实型、字符串型。下画线符号"_"可以随意用在整数或实数中,它们对数量本身没有意义,可用来提高易读性;这里,下画线符号不能用作为首字符。

下面主要介绍整型和字符串型。

1) 整型

整型数可以按两种方式书写,即简单的十进制数格式和基数格式。

(1) 简单的十进制格式。

这种形式的整数定义为带有一个可选的"+"(一位)或"−"(一位)操作符的数字序列。下面是这种简易十进制形式整数的例子。

① 32 代表十进制数 32;

② −15 代表十进制数−15。

(2) 基数表示法。

这种形式的整数格式为[size] 'base value。

size 定义以二进制 bit 位计算的常量的位宽。"base"为 o 或 O、b 或 B、d 或 D、h 或 H 分别表示后面的 value 是一个八进制、二进制、十进制和十六进制的数,value 是基于 base 的数字值。当值是 x、z 以及十六进制中的 a 到 f 时,不区分大小写。

下面列出了一些具体实例。

① 5'o37 表示 5 bits 宽度的八进制数 37(也就是用二进制表示的 11111 值);

② 7'Hx 表示 7 bits 宽度的十六进制 x 值,因为是 x,所以表示 7 位的 xxxxxxx 值;

③ 4'hZ 表示 4 bits 宽度的十六进制 z 值,即 zzzz;

④ (2+3)'b10 这种表示格式是非法的,位宽不能够为表达式;

⑤ 16'b1010_1011_1111_1010 是合法格式,下画线用来提高易读性。

若一个数字被定义为负数,只需在位宽表达式前加一个减号,减号必须写在数字定义表达式的最前面。注意,减号不可以放在位宽和进制之间,也不可以放在进制和具体的数之间。例如:

① −8'd5 这个表达式代表 5 的补数(用 8 位二进制数表示);

② 8'd−5 这种表示格式是非法格式,数值不能为负。

2) 字符串

字符串是双引号内的字符序列,例如:

① "INTERNAL ERROR";

② "REACHED-> HERE"。

字符串不能分成多行书写。用 8 位 ASCII 值表示的字符可看作无符号整数,因此字符串是 8 位 ASCII 值的序列。例如,为存储 14 个字符的字符串"INTERNAL ERROR",变量需要 8×14 位。

6. 向量(数组)

宽度为 1 位的变量称为标量,如果在变量声明中没有指定位宽,则默认为标量。宽度大于 1 的变量(包括 net 型和 variable 型)称为向量(vector)。向量类似于 C 语言中数组的概念,但是 Verilog 给其赋予了电路引脚的功能。向量的宽度,用下面方式定义:

[MSB:LSB]

方括号左边的 MSB 表示最高有效位,右边 LSB 表示最低有效位,例如:

reg[7: 0] byte1;

它表示定义了一个 8 位 reg 型的向量 byte1,从左边开始是最高位,右边是最低位。

向量的调用可以是调用整个向量,或者是调用向量当中的某一位。调用完整向量时,直接调用 byte1 向量即可。如果需要调用向量中的某一位,则按顺序在括号中标识,例如,调用 byte1[2]表示调用 byte1 向量中的右边数起第 3 位。如果需要调用向量中的某几位,可以用 byte1[0:3]表示调用 byte1 向量的右边 4 位。

7. 操作符

操作符也称为运算符,Verilog 语言提供了丰富的操作符,按功能可以划分为 9 类,包括算术操作符、逻辑操作符、关系操作符、等式操作符、缩减操作符、条件操作符、位操作符、移位操作符和拼接操作符。如果按照运算符所带操作数的个数来区分,可以分为单目运算符(一个操作数)、双目运算符(两个操作数)和三目运算符(三个操作数)。

当一个表达式中存在多种运算符时,操作执行优先级顺序如表 10.4.1 所示。

表 10.4.1　操作符的优先级

优先级序号	操 作 符	操作符名称
1	!,～	逻辑非,按位取反
2	* ,/,%	乘,除,求余
3	+,—	加,减
4	<<,>>	左移,右移
5	<,<=,>,>=	小于,小于或等于,大于,大于或等于
6	==,!=,===,!==	逻辑等于,逻辑不等,全等,不全等
7	&,～&	位与,位与非
8	^,～^	位异或,位同或
9	|,～|	位或,位或非
10	&&	逻辑与
11	||	逻辑或
12	?:	条件操作符

为了提高程序的可读性,明确表达各运算符间的优先关系,建议使用圆括号来控制运算的优先级,这样也能有效地避免错误。运算符说明如下。

(1) 算术操作符:+(加)、-(减)、*(乘)、/(除)、%(求余)。

算术运算符都属于双目运算符。符号"+、-、*、/"表示常用的加减乘除四则运算,"%"是求余运算符,或称为求模运算符,例如:

① $8/5=1$　(除法操作符,结果为整数)

② $-8\%5=-3$　(求余操作求出与第一个操作数符号相同的余数)

③ $A=4'b01x1$;$B=4'b1001$;$A+B=4'bxxxx$。(如果算术操作符中任意操作数有

x 或 z,结果为 x)

（2）逻辑操作符：&&（逻辑与）、||（逻辑或）、!（逻辑非）。

在逻辑运算中,如果逻辑操作符的操作数不止 1 位,那么将操作数作为一个整体来对待。例如：

A = 4'b0001;B = 4'b0000;

则 $A\&\&B=0$；$A||B=1$；$!A=0$；$!B=1$。

（3）位操作符：～（按位取反）、&（按位与）、|（按位或）、^（按位异或）、～^（按位同或）。

位操作符在对应数据上按位操作,两个宽度不同的数据进行位运算时,会自动地将两个操作数按右端对齐,位数少的,操作符会在高位用 0 补齐。例如：

A = 4'b1001;B = 4'b0001;C = 6'b110001;

则 $～A=4'b0110$；$A\&B=4'b0001$；$A|B=4'b1001$。

而 A 与 C 运算时,需要将 A 高位补 0,然后与 C 进行运算,所以有

A&C = 6'b000001;A|C = 6'b111001。

（4）关系操作符：<（小于）、<=（小于或等于）、>（大于）、>=（大于或等于）。

关系操作符对两个操作数进行比较,如果结果为真则为 1,结果为假则为 0,如果操作数有 1 位是 x,结果为 x。例如：

A = 4'b1001;B = 4'b1100;C = 4'b01x0;

则 $A<B$ 结果为真；$B>=C$ 结果为 x。

（5）等式操作符：==（逻辑等于）、!=（逻辑不等于）、===（全等）、!==（不全等）。

等式操作符是双目运算符,也就是两个操作数进行运算。操作符的结果为真（1）或假（0）。在等于操作符使用过程中,如果待比较数有 1 位为 x 或 z,那么结果为 x。在全等操作符使用过程中,值 x 和 z 严格按位比较。例如：

4'b01x0;B = 4'b01x0;

则 $A==B$ 结果为 x；$A===B$ 结果为真。

（6）缩减操作符：&（与）、～&（与非）、|（或）、～|（或非）、^（异或）、～^（同或）。

缩减操作符对单一操作数的所有位操作,并产生 1 位的结果。例如：

A = 4'b1100;

则 $|A$ 的结果是 1,表示从 A 的高位开始逐位或,得到 1 的结果。

（7）移位操作符：<<（左移）、>>（右移）。

根据操作数进行左移或右移,移出的位用 0 来添补。例如：

A = 4'b1101;

则 $A>>2$ 的结果是 4'b0011。

（8）条件操作符：?:。

条件运算符是一个三目运算符,即具有三个变量参与操作的运算。其定义方式为

信号 = 条件?表达式 1:表达式 2;

对条件判断,如果条件为真则信号为表达式 1 的值,如果条件为假则信号为表达式 2 的值。例如:

```
A = 10;B = 20;
Y = A > B?a:b;                                  //结果为 Y = b
```

(9)拼接操作符。

将两个或者多个信号的某些位拼接起来。例如:

```
A = {a[3:0],b[2]};                             //表示将 a 的 3～0 位与 b[2]位并列拼接成变量 A
```

拼接操作符一般使用{}符号括起来,所以不存在与其他操作符并列的情况,其运算优先级由{}确定。

10.4.4 Verilog HDL 描述逻辑电路实例

组合逻辑电路任一时刻的输出只取决于该时刻各输入状态的组合,与电路的原状态无关。时序逻辑电路任意时刻的输出不仅取决于当时的输入信号,还与电路的原状态有关。前面的章节介绍了常用的组合逻辑电路模块和时序逻辑电路模块。本节中将运用 Verilog HDL 的相关格式与定义,以编码器、译码器、数据选择器和 D 触发器、计数器、移位寄存器为例,说明组合逻辑电路和时序逻辑电路的 Verilog 语言描述方法。

1. 组合逻辑电路的 Verilog 语言描述

1)编码器

优先编码器 74148 的真值表如表 4.2.3 所示,针对 74148 的 Verilog 语言描述如下:

```
module code8_3(EI,I,A,EO,GS);
input [7: 0] I;                                //8 位编码输入端(低电平有效)
input EI;                                      //选通输入端(低电平有效)
output [2:0] A;                                //3 位二进制编码输出信号
output GS;                                     //输出优先编码工作标志
output EO;                                     //输出使能端
reg [2:0] A;
reg EO, GS;
always@ (EI or I)
begin
  if( EI) begin A = 3'd7; EO = 1; GS = 1; end
  else
    begin
      if(～I[7]) begin A = 3'd0; EO = 1; GS = 0; end
      else if(～I[6]) begin A = 3'd1; EO = 1; GS = 0; end
      else if(～I[5]) begin A = 3'd2; EO = 1; GS = 0; end
      else if(～I[4]) begin A = 3'd3; EO = 1; GS = 0; end
      else if(～I[3]) begin A = 3'd4; EO = 1; GS = 0; end
```

```
        else if(～I[2]) begin A = 3'd5; EO = 1; GS = 0: end
        else if(～I[1]) begin A = 3'd6; EO = 1; GS = 0: end
        else if(～I[0]) begin A = 3'd7; EO = 1; GS = 0; end
        else begin A = 3'd7; EO = 0; GS = 1; end
    end
end
endmodule
```

上述例子中使用了 if 和 else if 的结构，else if 结构执行后面的 begin 到对应的 end 之间的任务。

2）译码器

3 线-8 线译码器 74138 的真值表如表 4.3.2 所示，其对应的 Verilog 语言描述如下：

```
module decoder38(G1,G2A,G2B,A2,A1,A0,Y0,Y1,Y2,Y3,Y4,Y5,Y6,Y7);
input G1,G2A,G2B;                              //输入使能端数据
input A2,A1,A0;                                //输入 A2,A1,A0
output wire Y0, Y1, Y2, Y3, Y4, Y5, Y6, Y7;    //输出
    assign Y0 = ((G1 & !G2A & !G2B) == 1'b1) ? ! (!A2 & !A1 & !A0) : 1'b1;
    assign Y1 = ((G1 & !G2A & !G2B) == 1'b1) ? ! (!A2 & !A1 & A0) : 1'b1;
    assign Y2 = ((G1 & !G2A & !G2B) == 1'b1) ? ! (!A2 & A1 & !A0) : 1'b1;
    assign Y3 = ((G1 & !G2A & !G2B) == 1'b1) ? ! (!A2 & A1 & A0) : 1'b1;
    assign Y4 = ((G1 & !G2A & !G2B) == 1'b1) ? ! (A2 & !A1 & !A0) : 1'b1;
    assign Y5 = ((G1 & !G2A & !G2B) == 1'b1) ? ! (A2 & !A1 & A0) : 1'b1;
    assign Y6 = ((G1 & !G2A & !G2B) == 1'b1) ? ! (A2 & A1 & !A0) : 1'b1;
    assign Y7 = ((G1 & !G2A & !G2B) == 1'b1) ? ! (A2 & A1 & A0) : 1'b1;
endmodule
```

上例中用到了 assign 语句，后面紧接着判断赋值语句。

3）数据选择器

8 选 1 数据选择器 74151 的功能表如表 4.4.2 所示，其对应的 Verilog 语言描述如下：

```
module mux_8(A, in1, in2, in3, in4, in5, in6, in7, in8, Y, G);
input [2: 0] A;                                //输入 3 位地址信号
input[7:0] in1,in2,in3,in4,in5,in6,in7,in8;    //输入 8 位数据信号
input G;                                       //输入使能端信号
output [7: 0] Y;
reg [7: 0] Y;
always@ (A or in1 or in2 or in3 or in4 or 5 or in6 or in7 or in8 or G);
    begin
        if(!G)                                 //G 为低电平时,数据选择器工作
        case(A)
        3'b000: Y = in1;
        3'b001: Y = in2;
        3'b010: Y = in3;
        3'b011: Y = in4;
        3b'100: Y = in5;
        3'b101: Y = in6;
        3'b110: Y = in7;
```

```
            3'b111: Y = in8;
            endcase
        else                                    //G 为高电平时,关闭数据选择器
            data_out = 0;
        end
endmodule
```

2. 时序逻辑电路的 Verilog 语言描述

1）D 触发器

D 触发器的功能是在上升沿触发时刻输出 Q 等于输入 D,其 Verilog 语言描述如下:

```
module DFF(Q, D, clk);
output Q;                                        //输出信号
input D, clk;                                    //输入信号和时钟信号
reg Q;
always@ (posedge clk)                            //时钟上升沿触发
begin
  Q < = D;
end
endmodule
```

2）计数器

根据计数器 74161 的功能可写出其 Verilog 语言描述如下:

```
module up – count(D, clk, Rd, Ld, EP,ET, Q, RCO);
input [3:0] D;                                   //输入预置数据
input clk, Rd, Ld, EP, ET;                       //输入控制信号
output[3:0] Q;                                    //输出信号
output RCO;
reg [3:0] cnt;
reg RCO;
assign Q = cnt;
always @ (posedge clk and Rd)
  begin
    if(!Rd)
      cnt < = 4b0;                               //异步清零,低电平有效
    else if(!Ld)
      cnt < = d;                                 //同步预置数
    else begin
      case({EP,ET})
        2'b10: begin cnt < = cnt; RCO < = 0; end
        2'b11: begin
          If(cnt == 15)
            cnt < = 4'b0;
            RCO < = 1;
          else
            cnt < cnt + 1;
          end
        default: begin cnt < = cnt; end
      endcase
```

```
      end
    end
endmodule
```

3）移位寄存器

对于一个同步清零的 8 位左移移位寄存器,用 Verilog 语言可以描述如下:

```
module shifter(out_data, in_data, clk, clr);
input in_data, clk, clr;                    //输入移位、时钟、复位信号
output[7:0] out_data;                       //输出信号
reg [7: 0] out_data;
always @ (posedge clk)                      //时钟上升沿触发
if(clr)                                     //复位清零,这里是同步清零,高电平有效
    out_data < = 8'b0;
else
    begin
        out_data < = out data << 1;
        out_data[0] < = in_data;
    end
endmodule
```

10.5   基于可编程逻辑器件的数字系统设计流程

通过前面内容可知,基于可编程逻辑器件的数字系统设计技术是 PLD 技术与 EDA

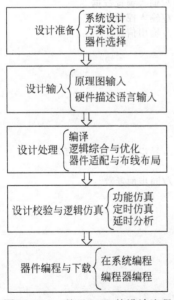

图 10.5.1   基于 PLD 的设计流程

技术共同发展、相互支撑的硬件和软件相结合的结果,对于目标是 FPGA 和 CPLD 的设计,其设计的基本流程如图 10.5.1 所示。

1. 设计准备

根据设计任务确定设计方案、选择器件、对项目进行逻辑划分等。

2. 设计输入

用 EDA 工具将需要完成的逻辑电路输入计算机。一般有两种输入方式,一种是图形输入法,即用 EDA 软件提供的图形编辑器以电路原理图的方式进行输入。这种方式适用于自底向上的板级系统的设计。图形输入法的优点是直观易读、便于调整、容易仿真,但是对于复杂系统和大规模系统的设计它很难胜任。另一种是文本输入法,即用硬件描述语言 VHDL 或 Verilog HDL 对电路进行描述、编辑和编译,可以实现自顶向下的设计过程。硬件描述语言具有很强的逻辑描述和仿真功能,且语言与工艺无关,可使设计者在系统设计、逻辑验证阶段便可确立方案的可行性。在大

规模系统的设计中,一般都采用这种输入方式。

3. 设计处理

(1)编译。通过编译对输入文件的规范和法则进行校验,给出并定位错误信息,供设计者纠正,然后产生编程文件和仿真文件。

(2)逻辑综合与优化。用 EDA 软件的综合器对输入项目进行优化、转换和综合,以使设计所占的资源最少,提高器件的利用率。

(3)器件适配与布局布线。对逻辑综合后产生的网表文件,针对具体的目标器件进行逻辑映射操作,包括底层器件配置、逻辑分割、布局与布线等,最终产生数据文件(熔丝图文件或位数据流文件)。

4. 设计校验与逻辑仿真

(1)功能仿真(在逻辑综合之前进行)。对硬件描述语言描述的逻辑功能进行测试模拟,以了解实现的功能是否满足设计要求。

(2)时序仿真(在适配后进行)。通过时序仿真检测系统的动态特性,比如设计方案中的毛刺、寄存器的建立和保持时间、竞争冒险等。某些软件还支持延时分析,计算节点到节点之间的器件延时,以确定系统的脉冲工作特性。

5. 器件编程与下载

将数据文件通过编程器或下载电缆下载到目标芯片,对 CPLD 来说,是将文件 JED 下载到 CPLD 器件中;对 FPGA 来说,是将位流数据文件 BG 配置到 FPGA 中。器件编程与下载后,可对系统进行功能检测,以检验在真实环境中硬件描述语言程序的运行情况。

小结

1. 可编程逻辑器件是一种由用户自行设计逻辑功能的半成品集成电路,具有集成度高、可靠性高、处理速度快和保密性好等特点。

2. 可编程逻辑器件的核心部分是与或阵列。低密度的 PLD 主要有 ROM、PLA、PAL 和 GAL 四种类型。一般采用熔丝、EPROM、E^2PROM 技术进行编程。

3. 高密度 PLD 主要有 CPLD 和 FPGA 两大类。CPLD 是在 GAL 的基础上发展起来的,一般采用 E^2PMOS 或快闪工艺,且可以在系统(在线)编程。FPGA 是基于 SRAM 的可编程器件,由于 SRAM 是易失性的,所以在接通电源时必须对器件进行重新配置。

4. 基于硬件描述语言 HDL 进行硬件描述和设计是未来数字系统设计的重要发展趋势。Verilog HDL 的程序结构、语法与 C 语言相似,本章简单介绍了 Verilog HDL 的基础知识,作为读者今后深入学习 PLD 开发与应用的入门知识。

5. 用 PLD 设计数字电路,要与 EDA 软件配合。通过软件将设计原理图或用硬件描述语言编写的源程序输入,经过编译、综合、优化后,自动完成布局与布线并生成编辑所需要的熔丝图文件,然后下载到 PLD 芯片。

习题

10.1 可编程逻辑器件可分为哪几类？它们之间有什么区别？

10.2 可编程逻辑器件的基本结构是什么？如何构成不同类别的 PLD 器件？

10.3 实现同样的逻辑功能，PLA 与 PROM 有何不同？

10.4 分析题图 10.4 所示的逻辑电路，写出输出 L_1、L_2、L_3 的最小项表达式。

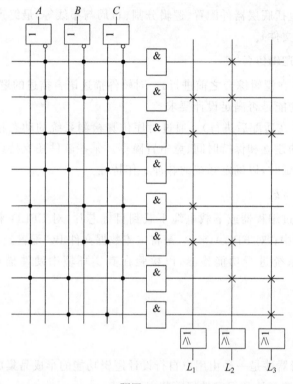

题图 10.4

10.5 分析题图 10.5 所示的逻辑电路，写出输出 L_1、L_2 的逻辑表达式。

10.6 试分析题图 10.6 所示的逻辑电路，写出输出 L 的逻辑表达式。

10.7 试分析题图 10.7 所示的逻辑电路，列出电路的状态转换图，并说明该电路的功能。

10.8 设输入逻辑变量为 A、B、C、D，试分别用 PROM 和 PLA 的逻辑设计方法实现下列逻辑函数：

(1) $L_1(A,B,C,D) = \sum m(0,5,10,11)$

(2) $L_2(A,B,C,D) = \sum m(4,7,11,14)$

(3) $L_3(A,B,C,D) = \sum m(1,3,5,15)$

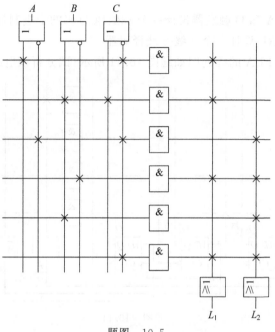

题图 10.5

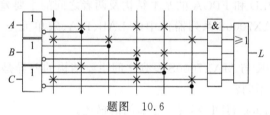

题图 10.6

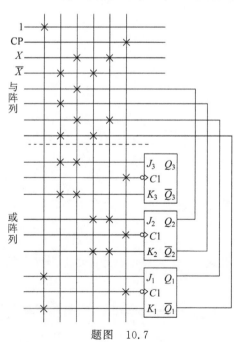

题图 10.7

10.9 试用 PLA 和 D 触发器设计一个 8421BCD 码的十进制加法计数器。

10.10 试用 PAL 设计一个 3 线-8 线译码器。

10.11 时序型 PLA 的阵列图如题图 10.11 所示,试分析该电路的逻辑功能。

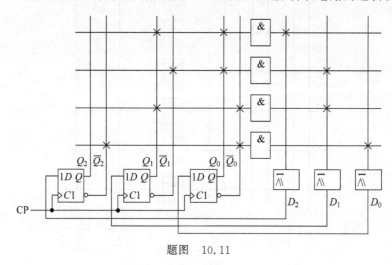

题图 10.11

10.12 简述 CPLD 和 FPGA 的基本结构及两者之间的主要差别。

10.13 说明 MAX7000S 系列器件中的 LAB、PIA、宏单元三个组成部分各有什么功能。

10.14 FLEX10K 与 MAX7000S 系列之间主要结构的差异是什么?各个系列所采用的编程技术有什么不同?

10.15 试用 Verilog HDL 实现三态非门的描述。

附录 **A**

常用逻辑符号对照表

名　　称	国标符号	曾用符号	国际符号
与门	&		
或门	≥1	+	
非门	1		
与非门	&		
或非门	≥1	+	
与或非门	& ≥1	+	
异或门	=1	⊕	
同或门	=	⊙	
集电极开路与非门	& ◊		
三态输出与非门	& ▽ EN	EN	

名　称	国标符号	曾用符号	国际符号
传输门	TG	TG	
半加器	Σ　CO	HA	HA
全加器	Σ　CI　CO	FA	FA
基本 RS 锁存器	S　R	S　Q　R　$\overline{Q}$	S　Q　R　$\overline{Q}$
主从 JK 触发器	S　$1J$　$C1$　$1K$　R	J　Q　CP　K　$\overline{Q}$	J　S_D　Q　CLK　K　R_D　$\overline{Q}$
上升沿触发 D 触发器	S　$1D$　$C1$　R	D　Q　CP　$\overline{Q}$	D　S_D　Q　CLK　R_D　$\overline{Q}$
下降沿触发 JK 触发器	S　$1J$　$C1$　$1K$　R	J　Q　CP　K　$\overline{Q}$	J　S_D　Q　CLK　K　R_D　$\overline{Q}$
带施密特触发特性的与门	$\&$		

附录 B

常用数字集成电路型号索引

1. 常用 TTL 数字集成电路型号表

类　型	型　号	品　种　名　称	备　注
与门	74LS08	四 2 输入与门	
	74LS09	四 2 输入与门（OC）	OC 门
	74LS11	三 3 输入与门	
	74LS15	三 3 输入与门（OC）	OC 门
	74LS21	双 4 输入与门	
或门	74LS32	四 2 输入或门	
非门	74LS04	六反相器	
	74LS05	六反相器（OC）	OC 门
与非门	74LS00	四 2 输入与非门	
	74LS01	四 2 输入与非门（OC）	OC 门
	74LS10	三 3 输入与非门	
	74LS12	三 3 输入与非门（OC）	OC 门
	74LS20	双 4 输入与非门	
	74LS22	双 4 输入与非门（OC）	OC 门
或非门	74LS02	四 2 输入或非门	
	74LS25	双 4 输入或非门	有选通端
	74LS27	三 3 输入或非门	
异或门	74LS86	四 2 输入异或门	
	74LS136	四 2 输入异或门（OC）	OC 门
编码器	74LS147	10 线-4 线优先编码器	
	74LS148	8 线-3 线优先编码器	
	74LS348	8 线-3 线优先编码器	
译码器	74LS42	4 线-10 线译码器	BCD 输入
	74LS138	3 线-8 线译码器	
	74LS139	双 2 线-4 线译码器	
	74LS154	4 线-16 线译码器	
显示译码器	74LS47	4 线-七段译码器（OC）	低电平驱动
	74LS48	4 线-七段译码器	高电平驱动,带上拉电阻
数据选择器	74LS151	8 选 1 数据选择器	有选通输入端,互补输出
	74LS150	16 选 1 数据选择器	有选通输入端,反码输出
	74LS153	双 4 选 1 数据选择器	有选通输入端
数值比较器	74LS85	4 位数值比较器	
加法器	74LS83	4 位二进制全加器	快速进位
	74LS183	双进位保存全加器	
	74LS283	4 位二进制超前进位全加器	
锁存器	74LS373	8D 锁存器	带输出控制端、使能端
JK 触发器	74LS72	与门输入主从 JK 触发器	
	74LS76	双 JK 主从触发器	带预置端和清零端
	74LS112	双下降沿 JK 边沿触发器	带预置端和清零端

类　　型	型　　号	品　种　名　称	备　　注
D 触发器	74LS74	双上升沿 D 触发器	带预置端和清零端
计数器	74LS160	十进制同步加法计数器	异步清零,同步置数
	74LS161	4 位二进制同步加法计数器	异步清零,同步置数
	74LS162	十进制同步加法计数器	同步清零,同步置数
	74LS163	4 位二进制同步加法计数器	同步清零,同步置数
	74LS169	4 位二进制同步加/减法计数器	同步置数
	74LS190	十进制同步加/减法计数器	异步置数
	74LS191	4 位二进制同步加/减法计数器	异步置数
	74LS192	十进制同步加/减法计数器	双时钟,异步清零,异步置数
	74LS193	4 位二进制同步加/减法计数器	双时钟,异步清零,异步置数
	74LS90	二-五-十进制异步计数器	
	74LS290	二-五-十进制异步计数器	
	74LS196	二-五-十进制异步计数器	
	74LS197	二-八-十六进制异步计数器	二-八分频 4 位二进制计数器
	74LS293	二-八-十六进制异步计数器	二-八分频 4 位二进制计数器
	74LS393	双 4 位二进制异步计数器	
数据寄存器	74LS175	4 位并入/并出数据寄存器	上升沿 D 触发器,带清零端
	74LS174	6 位并入/并出数据寄存器	上升沿 D 触发器,带清零端
	74LS374	8 位并入/并出数据寄存器	上升沿 D 触发器,三态输出
移位寄存器	74LS95	4 位并入/并出移位寄存器	
	74LS194	4 位并入/并出双向移位寄存器	
	74LS195	4 位并入/并出移位寄存器	
施密特触发器	74LS14	六反相施密特触发器	
	74LS13	双 4 输入与非施密特触发器	
	74LS132	四 2 输入与非施密特触发器	
单稳态触发器	74LS121	单稳态触发器	有施密特触发器,不可重复触发
	74LS221	双单稳态触发器	有施密特触发器,不可重复触发
	74LS122	可重复触发单稳态触发器	带清零端,可重复触发
	74LS123	可重复触发单稳态触发器	带清零端,可重复触发

2. 常用 CMOS4000 系列数字集成电路型号表

类　　型	型　　号	品　种　名　称	备　　注
与门	4081	四 2 输入与门	
	4082	双 4 输入与门	
	4073	三 3 输入与门	
或门	4071	四 2 输入或门	
	4072	双 4 输入或门	
	4075	三 3 输入或门	

续表

类 型	型 号	品 种 名 称	备 注
非门	4069	六反相器	
	4049	六反向缓冲器	
与非门	4011	四 2 输入与非门	
	4012	双 4 输入与非门	
	4023	三 3 输入与非门	
或非门	4001	四 2 输入或非门	
	4002	双 4 输入或非门	
	4025	三 3 输入或非门	
异或门	4030	四异或门	
	4070	四异或门	
与或非门	4085	双 2 路 2 输入与或非门	
	4086	4 路 2 输入与或非门	
传输门	4066	四双向开关	
编码器	40147	10 线-4 线优先编码器	
译码器	4028	4 线-10 线译码器	
显示译码器	4055	BCD-七段译码器	
	4054	4 级液晶显示驱动器	
数据选择器	4051	8 选 1 数据选择器	
	4052	双 4 选 1 数据选择器	
数值比较器	4063	4 位数值比较器	
加法器	4008	4 位二进制超前进位全加器	
锁存器	4042	四 D 锁存器	
JK 触发器	4027	双上升沿 JK 触发器	
D 触发器	4013	双上升沿 D 触发器	
计数器	4029	加/减法计数器	二进制或十进制
	40160	十进制加法计数器	异步清零
	40161	4 位二进制加法计数器	异步清零
	40162	十进制加法计数器	同步清零
	40163	4 位二进制加法计数器	同步清零
	40192	十进制加/减法计数器	双时钟
	40193	4 位二进制加/减法计数器	双时钟
移位寄存器	40194	4 位并串入、并串出移位寄存器	
施密特触发器	4093	四 2 输入与非施密特触发器	
	40106	六反相施密特触发器	
单稳态触发器	4047	单稳态触发器/多谐振荡器	

3. 常用 CMOS4500 系列数字集成电路型号表

类　型	型　号	品　种　名　称	备　注
编码器	4532	8 位优先编码器	
译码器	4514	4 线-16 线译码器	
	4515	4 线-16 线译码器	
显示译码器	4511	BCD-七段译码器	
	4513	BCD-七段译码器	
数据选择器	4512	8 选 1 数据选择器	
	4539	双 4 选 1 数据选择器	
数值比较器	4585	4 位数值比较器	
计数器	4510	十进制加/减法计数器	
	4516	4 位二进制加/减法计数器	
	4518	双十进制同步计数器	
	4520	双 4 位二进制同步加法计数器	
单稳态触发器	4528	双单稳态触发器	

参 考 文 献

[1] 范爱平,周常森.数字电子技术基础[M].北京:清华大学出版社,2008.

[2] 康华光.电子技术基础 数字部分[M].5 版.北京:高等教育出版社,2006.

[3] 阎石.数字电子技术基础[M].6 版.北京:高等教育出版社,2016.

[4] 余孟尝主编,丁文霞,齐明修订.数字电子技术基础简明教程[M].4 版.北京:高等教育出版社,
2018.

[5] 李文渊.数字电路与系统[M].北京:高等教育出版社,2019.

[6] 潘松,陈龙,黄继业.数字电子技术基础[M].2 版.北京:科学出版社,2014.

[7] 唐治德.数字电子技术基础[M].2 版.北京:科学出版社,2017.

[8] 唐朝仁.数字电子技术基础[M].北京:科学出版社,2014.

[9] Floyd T L.数字电子技术基础系统方法[M].娄淑琴,盛新志,申艳,译.北京:机械工业出版社,
2014.

[10] 杨聪锟.数字电子技术基础[M].2 版.北京:高等教育出版社,2019.

[11] 潘松,黄继业,陈龙.EDA 技术实用教程——Verilog HDL 版[M].5 版.北京:科学出版社,2013.

[12] 王金明.数字系统设计与 Verilog HDL 版[M].5 版.北京:电子工业出版社,2014.

[13] 王济浩.模拟电子技术基础[M].北京:清华大学出版社,2009.